高压长距离输水管道设计与建造关键技术

中水珠江规划勘测设计有限公司

陆 伟 王自新 汪艳青 石长征 梁欣然 等著

黄河水利出版社

·郑州·

内 容 提 要

本书总结了高压长距离输水管道在设计、建造、施工、工程实践等方面的进展和成就。全书共分六章,主要包括绪论、管道布置与设计、管道设计关键技术、管道制造关键技术、管道施工关键技术、典型工程简介等内容。全书以十里河水库高压管道跨断裂带分析、水锤防护和爆管防护分析、高压管道冲压成型和焊接性能、高压空气阀研发等科研专题为重点,全面系统总结了高压长距离输水管道的设计与建造关键技术,内容具有一定的创新性和较高的实用价值,是高压长距离输水管道领域的实用手册。

本书由长期从事水利工程设计、具有丰富经验的专业人员共同撰写,是一本系统完整、实用性强的技术专著,可供从事水利、市政、生态环境等工作的科研、设计、施工及管理方面的技术人员使用,也可供高等院校相关专业师生学习参考。

图书在版编目(CIP)数据

高压长距离输水管道设计与建造关键技术/陆伟等著.—郑州:黄河水利出版社,2023.10
ISBN 978-7-5509-3770-3

Ⅰ.①高… Ⅱ.①陆… Ⅲ.①长距离-输水管道-管道工程-研究 Ⅳ.①TV672

中国国家版本馆 CIP 数据核字(2023)第 201616 号

组稿编辑:王志宽 电话:0371-66024331 E-mail:wangzhikuan83@126.com

责任编辑	赵红菲	责任校对	鲁 宁
封面设计	黄瑞宁	责任监制	常红昕

出版发行 黄河水利出版社
　　　　　地址:河南省郑州市顺河路 49 号 邮政编码:450003
　　　　　网址:www.yrcp.com E-mail:hhslcbs@126.com
　　　　　发行部电话:0371-66020550
承印单位 广东虎彩云印刷有限公司
开　　本 787 mm×1 092 mm 1/16
印　　张 31.5
字　　数 728 千字
版次印次 2023 年 10 月第 1 版　　　2023 年 10 月第 1 次印刷
定　　价 350.00 元

《高压长距离输水管道设计与建造关键技术》

撰写人员

陆　伟　王自新　汪艳青　石长征　梁欣然

何　喻　冯梦雪　艾志华　尼　珂　闫世建

序

当前,水资源短缺已经逐渐成为全球普遍现象,我国经济已转向高质量发展阶段,迫切需要加快补齐水利基础设施等领域短板,实施国家水网重大工程。《国家水网建设规划纲要》明确要求,实施一批重大引调水工程,加强互联互通,加快形成战略性输水通道,优化水资源宏观配置格局,增强流域间、区域间水资源调配能力和城乡供水保障能力。

我国是世界上最早兴建调水工程的国家之一,著名的调水工程有都江堰、郑国渠、灵渠等,这些工程在当时发挥了重要作用,有些至今还在发挥效益。新中国成立以来,我国先后兴建了一批引调水工程,其中以南水北调、引江济淮、引汉济渭等工程为代表的长距离、跨地区、跨流域引调水工程世界瞩目。压力管道作为长距离输水工程中重要的输水建筑物,其敷设形式和管材种类多样。近年来,压力管道在形式、规模、钢材冶炼技术、制作安装工艺、防腐方法、监测设备等方面获得了快速发展,新技术、新材料、新工艺、新设备得到了大量应用。随着管道输水压力的不断提高,高压长距离输水管道的水力过渡计算与防护、高压管道制造与安装、运行期的安全保障等难题给工程设计、施工和运行管理带来了新的挑战,国内目前缺乏相关著作和技术总结。

该书作者长期从事水利工程设计和研究,主要来自中水珠江规划勘测设计有限公司。此公司前身是成立于1985年的原水利部珠江水利委员会勘测设计研究院,是水利部珠江水利委员会的主要技术支撑单位,是中国水力发电工程学会水工及水电站建筑物专业委员会和水电站压力管道信息网主要成员单位,先后承接了东莞市东江与水库联网供水水源工程、珠海竹银水源工程、环北部湾广东水资源配置工程、云南省红河州石屏灌区工程、云南省新平县十里河水库工程等一批大中型高压供水灌溉工程,在高压长距离输水管道设计与制造方面积累了丰富经验。珠江水系途经6省,水系内的江河湖泊等水资源丰富,取水水源、引调水、城市供水、农业灌溉、水环境治理和水生态修复等方面的建设项目众多,以云南省新平县十里河水库工程静水压力13.0 MPa为代表的亚洲最高压长距离输水管道必将使得压力管道的设计、制造、安装、运行管理水平再攀新高,必将造就出一批科研技术成果,锻炼出大量优秀工程技术人员。

该书收集了大量工程技术资料,全面系统地总结了高压长距离输水管道的设计与建造关键技术,填补了高压长距离输水管道的空白,是专业理论和工程实践经验的最新成果,具有很好的借鉴意义。

　　该书可作为工程技术人员的工具书,也可作为学习参考书,具有很好的实用价值。

中水珠江规划勘测设计有限公司总经理:

2023 年 9 月 30 日

前　言

　　党的十八大以来,习近平总书记提出"节水优先、空间均衡、系统治理、两手发力"治水思路,统筹解决水灾害频发、水资源短缺、水生态损害、水环境污染等问题,推动水利高质量发展和加强生态文明建设,为水利工程的设计、施工和运行管理提供了科学指南和根本依据。

　　引调水工程建设依托国家水网主骨架和大动脉,统筹调配和提升水资源,是国家水网"联网、补网、强链"的关键。目前,我国已经建成了南水北调、引江济淮、引汉济渭、引大入秦、引滦入津、引黄济青、引黄入晋、引松入长、掌鸠河引水、牛栏江-滇池补水、珠江三角洲水资源配置等一大批长距离、跨地区、跨流域的引调水工程,滇中引水、环北部湾广东水资源配置等大型引调水工程也正在建设中。已建成长距离输水管道中直径最大的达4.0 m(新疆雅玛渡水电站),设计水头最高的达 635 m(老挝南梦 3 水电站),HD 值最大的达 1 204.5 m²(西藏德罗水电站),这些工程的兴建使得输水建筑物在理论研究、工程设计、材料选用、施工技术、运行管理等方面都取得了长足进步和丰硕的成果,工程技术已达到甚至超过了国际水平。

　　引调水工程中的输水建筑物主要有引水隧洞、输水管道、渠道、渡槽及涵洞等形式,其中压力管道是有压输水建筑物的主要形式,其敷设方式以回填管为主。在云贵川等西部多山地区,压力管道面临的水头高、水力过渡复杂,部分管道需跨地震活动性断裂带等技术难题亟须解决。管道的合理布置与设计、制造安装工艺,以及开展相关专题技术研究是解决上述问题的关键所在。

　　近年来,工程技术人员在管道设计中大量使用 BIM、有限元分析等新技术,在管道制造和运行维护中借鉴油气管道经验,使用高强管线钢、环氧粉末、3PE、阴极保护、在线监测等新材料和新产品,以及螺旋卷制、冲压成型等新工艺和新设备,这些都为提高压力管道制造能力,延长使用年限,实现安全、智能化运行管理提供了重要保障。

　　本书广泛收集了国内外输水管道工程的设计理论、技术成果和工程案例,以设计建造为主线,穿插了检测监测、运行管理内容,系统总结了我国高压长距离输水管道的设计与建造技术,以及相关工程实践经验,大部分插图和工程资料来自中水珠江规划勘测设计有限公司设计的工程。全书图文并茂,浅显易懂,内容丰富,对工程设计人员具有很强的指导性和实用性。

　　本书由中水珠江规划勘测设计有限公司陆伟负责主要撰写和统稿工作。陆伟是中国水力发电工程学会水工金属结构专业委员会委员和水工金属结构产品(压力管道)认证检查员;石长征是武汉大学副教授,艾志华是江西省信江船闸通航中心技术专家,其他编者均为中水珠江规划勘测设计有限公司的技术专家和骨干。本书各章节撰写人员及分工如下:前言和第一章绪论由陆伟撰写;第二章管道布置与设计,由陆伟、汪艳青、石长征、梁欣然、冯梦雪撰写;第三章管道设计关键技术,由陆伟、汪艳青、石长征、何喻、冯梦雪撰写;第四章管道制造关键技术,由陆伟、王自新、艾志华、尼珂、闫世建撰写;第五章管道施工关键技术,由陆伟、王自新、梁欣然、艾志华、尼珂、闫世建撰写;第六章典型工程简介,由陆伟、王自新、汪艳青、梁欣然、何喻、艾志华、尼珂、闫世建撰写。

　　本书在撰写过程中得到了中水珠江规划勘测设计有限公司、武汉大学、江西省信江船闸通航中心的领导和同事的大力支持和帮助,还得到了新平县水利局、河海大学、武汉楚皋水电科技有限公司、番禺珠江钢管(珠海)有限公司、武汉大禹阀门股份有限公司、水利部水工金属结构质量测试中心、中国葛洲坝集团机械船舶有限公司、广东粤水电装备集团有限公司、广东省源天工程公司、广东省建筑机械厂有限公司等有关部门和诸多专家的协助,特别是武汉大学伍鹤皋教授给出了宝贵意见,以及出版社的编辑们在文字体例方面做了大量的工作,在此谨向以上各单位及关心、帮助本书出版的同志一并表示感谢!

　　由于撰写人员水平和经验有限,错误和不足之处在所难免,敬请读者批评指正。

作　者
2023 年 8 月

目　录

第一章 绪 论

第一节 引调水工程现状

我国具有丰富的水力资源,但基本水情一直是夏汛冬枯、北缺南丰,水资源时空分布极不均衡;水资源人均占有量低,全国人均水资源占有量仅为世界平均水平的1/4,水土资源不相匹配是目前我国水资源安全存在的主要问题。在经济快速增长和城市化进程加快的新形势下,水资源配置问题已成为经济社会可持续发展的瓶颈。为了缓解日益尖锐的水资源供需矛盾,促进区域经济快速发展,2014年国务院部署并实施了重大水利工程建设的重要战略,分步建设了172项重大水利工程,绝大多数工程已建成并发挥了效益。这些重大水利工程的建设实施,完善了水利基础设施网络,为我国水安全、粮食安全、国民经济发展、生态环境改善、脱贫攻坚和人民生活水平的提高提供了强有力的支撑和保障。

以习近平同志为核心的党中央将水安全上升为国家战略,要求统筹提高水资源高效利用水平,做好水资源、水环境和水生态治理。目前,解决水资源时空分布不均问题的主要措施有开源节流、兴修水库闸坝蓄水、跨流域跨地区长距离引调水[1]。长距离引调水工程兼具开源与水资源配置优化两者的优点,是缓和水资源时空分布不均、达到水资源合理配置目的的重要调控手段和措施,实现长距离引调水,既实现了国家水资源的共享,也是水资源在重要地域空间的重新分配过程[2-3]。

《国家水网建设规划纲要》指出,"坚持先节水后调水、先治污后通水、先环保后用水,聚焦流域区域发展全局,兼顾生态、航运、发电等用水保障,推进南水北调后续工程高质量发展,实施一批重大引调水工程,加强互联互通,加快形成战略性输水通道,优化水资源宏观配置格局,增强流域间、区域间水资源调配能力和城乡供水保障能力,促进我国人口经济布局和国土空间利用格局优化调整。"

国家水网建设的主要任务是立足流域整体和水资源空间配置,以大江大河大湖自然水系、重大引调水工程和骨干输配水通道为"纲",以区域河湖水系连通工程和供水渠道为"目",依托南水北调等重大跨流域调水工程,逐步形成"干线贯通、水网相连、连通联调、丰枯调剂"的河湖水系连通总体格局,即通过建设南水北调东、中、西线调水线路,与长江、淮河、黄河、海河四大水系连接,构成我国水资源"四横三纵、南北调配、东西互济"的总体格局。在"四横三纵"总体框架覆盖区外,为合理调配重点地区水资源,从20世纪中后期,我国陆续建设了引江济淮、辽西北供水、闽江北水南调、云南滇中引水、贵州黔中水利枢纽、珠江三角洲水资源配置、环北部湾广东水资源配置、环北部湾广西水资源配置等大批跨流域跨地区的引调水工程,基本形成了重点区域内部水系互联互通的总体格局。广东省打造"五纵五横"水网主骨架,以西江、北江、东江、韩江、鉴江五条干流为"纵",以珠江三角洲水资源配置、环北部湾广东水资源配置、粤东水资源优化配置、珠中江水资源一体化配置、东深供水等工程为"横",构建覆盖全省 16 个地级以上市、受益人口超 7 600 万的水网主骨架和大动脉。

引调水工程改善了区域水资源供需矛盾和配置状况,实现了水资源的再分配,有效解决了水资源时空分布不均匀的问题,缓解了受水区的供水紧张状况,降低了缺水、水资源过度开发利用对水生态环境的负面影响,对促进地区经济和社会发展发挥了极其重要的支撑作用。引调水工程在工程规划和建设过程中应全面落实"节水优先、空间均衡、系统治理、两手发力"治水思路,统筹规划、科学论证、有序实施,按照"确有需要、生态安全、可以持续"的原则,合理确定工程建设的布局、规模和方案。国内部分著名跨流域引调水工程见表 1.1-1,国内外部分长距离输水钢管工程见表 1.1-2。

表 1.1-1 国内部分著名跨流域引调水工程

工程名称	所在地域(简称)	引水流量/m³	年引水量/亿 m³	输水长度/km
南水北调东线	苏、鲁、冀、津等	1 000	148	1 466.5
南水北调中线	鄂、豫、冀、京、津等	800	130	1 431.945
南水北调西线	陕、甘、宁、青、内蒙古、晋等	600	170	1 451
引滦入津	津	66	10	234
东深供水	粤	80.2	17.43	68
引黄济青	鲁	45	2.43	291
引黄入晋	晋	48	12	452.4
引大入秦	甘	36	4.43	86.8(总干渠)
牛栏江-滇池补水	云	23	5.43	115.8
滇中引水	云	135	34.03	664
珠江三角洲水资源配置	粤	90	17.08	113.1
环北部湾广东水资源配置	粤	110	26.1	477

表 1.1-2 国内外部分长距离输水钢管工程

名称	管径 D/m	设计水头 H/m	HD/m²	壁厚/mm	埋深/m	钢材
重庆武隆区花园水库	0.125	630	78.75	10	浅埋	Q355C 无缝管
台山核电淡水水源工程	双 0.8	100	80	10~16	浅埋	Q235C+PCCP
云南省红河州石屏灌区	0.9	2.93	2.64		浅埋	Q355C+球铁
红河勐甸水库工程	1.0	330	330	12~20	浅埋	Q235B+球铁
白牛厂汇水外排工程	1.0	250	250	10~16	1.5	Q235B
贵州栗子园水利枢纽	1.2	184	220.8	16	2.0	Q235C

续表 1.1-2

名称	管径/m	设计水头 H/m	HD/m²	壁厚/mm	埋深/m	钢材
贵州朱昌河水库工程	双 1.2	400	480	16~20	1.5	Q355C+球铁
特吾勒二级水电站	1.2	450	540	10~16	1.8	Q235C/X60
王圪堵水库输水工程	1.4~1.6	160/250	256~350	16/18	2.5/5	Q345R
海南南渡江引水工程	2.2	100	220	20	浅埋	Q245R+球铁
云南掌鸠河引水工程	2.2	416	915.2	—	浅埋	16MnR
珠海珠银供水工程	2.4	116	278	—	浅埋	Q235B+PCCP
三亚西水中调工程	1.6~2.6	100	160~260	16~22	隧洞+浅埋 2.5	Q355C
四川某循环水系统	1.02~2.64	80	81.6~211.2	10~18	0.7~2.5	Q235B
杭州萧山供水工程	2.8	60	168	—	3.2~3.7	—
东莞水库联网工程	3.2	90	288	—	双管浅埋+顶管	Q355C+PCCP
辽宁某重点输水管线	3.2	130/160	416~512	20	2.03	
西藏德罗水电站	3.3	365	1 204.5	—	2	Q345R
江西某火电厂循环水管	3.6	40	144	18	2.5	Q235B
广州西江引水工程	3.6	95	342	—	浅埋	Q355C+PCCP
塔尕克一级水电站	3.8	—	—	12~26	1	Q235C
云南滇中引水工程	4.0	205	820	—	龙川倒虹吸	Q345R
新疆雅玛渡水电站	4.0	227	908	12~36	2	16MnR
珠江三角洲水资源配置	4.8	100	480	16~26	隧洞深埋 40~60	Q355C
环北部湾广东水资源配置	7.0	214	1 498	22~40	10~130	Q345R/500CF
老挝南梦 3 水电站	1.78	635	1 130.3	14~27	1.6/3.5/10	Q235/Q345/610CF
斐济南德瑞瓦图水电站	2.25	402	904.5	—	—	—
尼日利亚输水管道	3.0	1 500	4 500	—	—	—
美国南加州输水管道	3.7	80	296	13	—	—

在引调水工程中,输水建筑物主要有明渠、渡槽、箱涵、隧洞、管道等多种形式。其中,明渠、渡槽、箱涵用于无压输水,完全利用自然地形由高向低布置输水工程,适用于流量较大、对水质要求较低、季节性供水的农业灌溉用水。隧洞、管道用于无压输水和有压输水,其优点是水被密封在管道系统内,几乎没有蒸发也不会被污染,供水保证程度高、损失水量少、运行管理方便、维护工作量小、防污染性强,且隧洞、管道埋设在地下,对环境影响小,大大减少了永久占地和拆迁量,且不受外界自然因素的影响,人为破坏的概率很低,便

于管理和维护,可以克服因无压输水造成的沿线建筑物过多、工程可靠性差的缺点,尤其适用于对供水保证率和水质要求较高的工程。但隧洞施工较困难、造价较高,因此地埋管道输水是国内大量的城镇生活及工业供水工程首选的输水方式,除阀门、阀件和监测、供电系统需定期检查和维护外,管道基本不需要维护,运行维护费用很低。

长距离压力管道输水根据产生压力方式的不同,可分为重力水流输水和泵压水流输水两种方式。重力水流输水是指利用压力管线进出口的地形落差,完全利用重力形成管道内的压力水流输水,其特点是管道内压力波动小,适用于各种管材。但要形成重力水流,需要有合适的地形条件,以保证地形水头大于管道沿程水头损失和局部水头损失。当输水管线较长时,管线实际水头损失会因输水流量、糙率、水温、悬浮物含量的变化而产生波动,从而影响管道进出口水位。因此,重力水流输水的管线进口一般设置调压池,以调压池内一定范围的水位变化来适应管道水头损失的变化。泵压水流输水是利用水泵进行加压形成的管道内压力水流输水,其特点是对地形的适应性好,可以利用调整水泵机组的运行参数来适应管线实际水头损失的波动,目前普遍采用在加压泵站设置变频装置的措施来实现。由于水泵机组存在启动、突然停机、电压不稳等特殊运行条件,管道内压力波动较大,对管道的水锤防护要求较高,宜采用刚性管材输水。长距离输水管道一般根据地形起伏敷设,在穿越道路、河渠等处通常采用顶管、倒虹吸、管桥等形式,以解决管道施工和运行对河道行洪和外部交通的影响。

第二节　压力钢管行业管理

在长距离管道输水使用的各种管材,仅压力钢管实行行业管理。压力钢管自 2007 年正式实行生产许可证管理,由国家质量监督检验检疫总局负责生产许可证的实施和监督管理工作。2018 年 9 月,国务院印发《国务院关于进一步压减工业产品生产许可证管理目录和简化审批程序的决定》(国发〔2018〕33 号)和《国务院关于在全国推开"证照分离"改革的通知》(国发〔2018〕35 号),压减工业产品生产许可证管理目录,正式取消水工金属结构产品生产许可证管理制度。2019 年 9 月,国务院印发《国务院关于调整工业产品生产许可证管理目录加强事中事后监管的决定》(国发〔2019〕19 号),文件要求,"各地区、各有关部门要抓紧做好工业产品生产许可证管理目录调整工作,减证不减责任,全面加强事中事后监管","对取消生产许可证管理的产品,要充分利用信息化手段,建立健全检验检测机构、科研院所、行业协会等广泛参与的质量安全监测预警机制"。水工金属结构产品从此转为事中事后监督管理,推行行业管理自愿性认证制度。

按照国务院推进简政放权、放管结合、优化服务的决策部署和"水利工程补短板、水利行业强监管"水利发展改革总基调的要求,为推进水工金属结构产品健康有序高质量发展,中国水利企业协会机械分会于 2020 年 6 月 4 日下发了《关于推进水工金属结构产品自愿性认证的通知》(中水企机械〔2020〕1 号)(见图 1.2-1),北京新华节水产品认证有限公司同日下发了《关于启动水工金属结构产品自愿性认证的通知》(新节综〔2020〕07 号)(见图 1.2-2),正式在水利行业推行水工金属结构自愿性认证工作[4]。

中国水利企业协会
机械分会文件

中水企机械〔2020〕1号

关于推行水工金属结构产品
自愿性认证的通知

各有关单位：

按照国务院推进简政放权、放管结合、优化服务的决策部署，根据《国务院关于进一步压减工业产品生产许可证管理目录和简化审批程序的决定》（国发〔2018〕33号）、《国务院关于在全国推开"证照分离"改革的通知》（国发〔2018〕35号）等有关规定，水工金属结构产品生产许可证取消后，应加强事中事后监督管理，推行行业产品自愿性认证。

为深入贯彻落实"水利工程补短板、水利行业强监管"水利改革发展总基调，进一步强化行业产品质量监督管理，推进水工金属结构产品健康有序高质量发展，中国水利企业

－1－

协会机械分会在水利部综合事业局等相关部门的指导下，推行水工金属结构产品自愿性认证工作。

鼓励各单位本着自愿原则，积极参加，若有疑问请与分会联系。

联系方式：洪伟　010-63204460、15011531596

中国水利企业协会机械分会
2020年6月4日

－2－

图1.2-1　中水企机械〔2020〕1号文件

北京新华节水产品认证有限公司文件

新节综〔2020〕07号

关于启动水工金属结构产品
自愿性认证工作的通知

各相关单位：

推行行业产品自愿性认证是国务院强化行业产品质量监督管理的重要手段。中国水利企业协会机械分会根据《国务院关于进一步压减工业产品生产许可证管理目录和简化审批程序的决定》（国发〔2008〕33号），下发《关于推行水工金属结构产品自愿性认证的通知》（中水企机械〔2020〕1号），在行业内推行水工金属结构产品自愿性认证工作。

北京新华节水产品认证有限公司依托行业资源，立足行业需求，服务行业发展，在水利部综合事业局、中国水利企业协会机械分会的指导下，在水利部水工金属结构质量检验测试中心等单位的配合下，正式启动水工金属结构产品自愿性认证工作，水工金属结构产品认证实施方案见附件。

欢迎水工金属结构产品生产企业咨询和参与。

联系人及联系方式：

北京新华节水产品认证有限公司

官　网：www.xhrz.com.cn

市场部：

兰晋慧　13810644554/010-63203458

赵景燕　13581549562/010-63204883

任黎黎　18811184728/010-63204784

周　锦　18701158637/010-63204647

技术部：

蔡文辉　15510085230/010-63204711

水利部水工金属结构质量检验测试中心

官　网：www.chinatesting.org

孔垂雨　13526445396/0371-65591878

郑　莉　13653858063/0371-67714011

特此通知。

附件1.水利水电工程钢闸门认证实施规则

附件2.水利水电工程清污机认证实施规则

附件3.水利水电工程压力钢管认证实施规则

附件4.水工金属结构产品工厂质量保证能力要求

北京新华节水产品认证有限公司
2020年6月4日

图1.2-2　新节综〔2020〕07号文件

北京新华节水产品认证有限公司负责水工金属结构自愿性认证的具体实施(见图1.2-3),根据相关产品认证的实施细则开展压力钢管等认证工作。

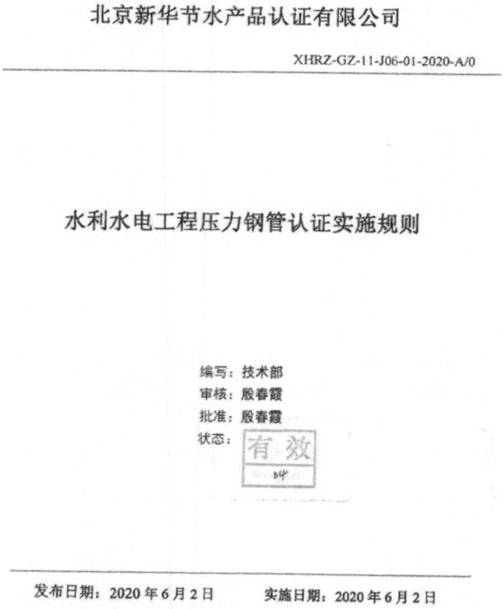

北京新华节水产品认证有限公司

XHRZ-GZ-11-J06-01-2020-A/0

水利水电工程压力钢管认证实施规则

编写:技术部
审核:殷春霞
批准:殷春霞
状态:有效

发布日期:2020年6月2日　　实施日期:2020年6月2日

图1.2-3　《水利水电工程压力钢管认证实施规则》的封面

压力钢管等产品认证采取"初始工厂检查+产品抽样检测+获证后监督"的认证管理模式,生产企业规模应与其所生产的产品规模相匹配,自愿申报并接受认证检查。钢管、岔管规格划分见表1.2-1,生产人员数量要求见表1.2-2,生产设备要求见表1.2-3。

表1.2-1　钢管、岔管规格划分

序号	产品单元	规格
1	岔管	超大型:$DH>1\,500$
2	钢管	大型:$300<DH\leqslant1\,500$
		中小型:$DH\leqslant300$

注:DH=内径(m)×设计水头(m);岔管内径取主管管口内径;同一规格下岔管覆盖钢管。

表1.2-2　钢管、岔管生产人员数量要求

焊工人员数量/人			无损检测人员数量/人		
中小型	大型	超大型	中小型	大型	超大型
≥10,其中全位置焊工≥3	≥20,其中全位置焊工≥6	≥30,其中全位置焊工≥12	2级,无损检测人员≥2	2级,无损检测人员≥3	2级,无损检测人员≥4,且至少包含1名3级人员

表 1.2-3 钢管、岔管生产设备要求

设备名称	参数	中小型	大型	超大型
单台起重设备	荷载/t	5	15	20
卷板机	卷板宽×厚/mm	2 000×16	2 000×40	2 000×60
压头设备	—	—	有	有
刨边机或坡口机	加工长度/mm	—	9 000	12 000
数控切割机	切割宽度/mm	—	2 000	3 000
焊接设备	—	焊条、电弧焊、气体保护焊及埋弧焊		
焊材烘干装置	—	最高烘干温度应能达到 400 ℃		
工装平台	面积/m²	10	20	30
环缝焊接装置或滚轮架	—	有		

第二章　管道布置与设计

第一节　管线布置

一、管线的平面布置

长距离引调水工程的工程开发任务通常为城乡生活供水和农业灌溉供水,根据供水点及灌区的高程分布,依照运行安全、便于管理、工程量省、水头损失小、能控制较大供水点及灌溉面积、保证供水点及灌区交通通畅等原则,进行输水线路布置。输水线路一般沿线地形起伏较大,为了减少水量损失及占地投资,通常采用管道输水。

管道输水线路的平面布置原则为:①输水线路服从灌区分布及城乡分布原则,输水线路应尽可能覆盖更多的灌区,并尽可能兼顾到沿程乡镇供水,干管不偏离供水对象,避免引过长的支管。②干、支管线路应充分利用水源点的位置水头形成重力流输水,局部供水范围内的高地可使用泵站提水。③输水线路应尽可能避开村寨和人口密集区,减少沿途房屋搬迁、移民安置和对村寨的干扰。④输水线路应满足技术可行、经济合理的原则,管线尽可能避开不良地质、地形段,避开沿线文物区和矿产资源区。⑤输水线路应尽可能短、顺直规整,在满足自流供水的前提下尽量采用直线布置形式,以节省水头损失和工程投资。⑥输水管道尽量布置在承载能力大的天然地基上,以减小基础处理的工程量。⑦输水线路尽量靠近公路布置,有利于施工材料的运输,改善施工和检修条件。⑧输水线路尽量避免穿越铁路、公路、河流、沟渠,必须穿越时应尽量正交。⑨输水线路跨沟(河)布置应根据现场踏勘,并结合 1/10 000、1/2 000 地形图实地勾绘,结合地形、地貌及现有水利设施分布情况,可采用下埋式或立墩架桥方式跨沟(河)布置。⑩输水管线的数量应根据输水系统的重要性、输水量、分期建设安排等因素确定;允许间断供水或水源不止 1 个时,可只布置 1 条输水管线;不得间断供水时,应设 2 条及以上输水管线;采用 2 条输水管线时,管道间每隔一定距离应设连通管和隔断阀。

二、管线的纵断面布置

一般情况下,管道应尽量埋设于地下以延长使用年限,并减小永久占地,只有在特殊需要及特殊情况下才考虑明敷。在基岩出露或覆盖层很浅的地区,可明露或浅沟埋设,但需考虑防晒、防冻、保温和其他安全措施。管道埋深根据土壤冰冻深度、地面荷载的种类和大小确定。

管道输水线路的纵断面布置原则:①非冰冻地区管道的管顶埋深主要由外部荷载、管材强度、管道交叉及土壤地基等因素决定。为保证非金属管管体不因动荷载的冲击而降低强度,应根据选用管材材质适当加大埋深。管线复耕埋深为 2.0~3.0 m;道路密集及城镇区,埋深不小于 3.0 m。冰冻地区管道的管顶埋深需考虑土壤的冰冻深度,管线应埋置于冻土线以下。②开挖回填施工的管顶覆土一般恢复至原状地面,深挖方段考虑管道结构要求限制最大埋深,如必须回填至原地面,则采取工程措施保护管道。钢管的埋深一般不小于 0.7 m,当埋深大且影响钢管安全时,可在钢管外包裹混凝土承受外部荷载。③对于大型管道,埋深根据管道放空时的抗浮计算确定,确保管道的整体稳定性。④管线纵断面的最小管顶水头不小于 2.0 m,管道内流速应大于不淤流速。⑤为改善地基受力状况,管道转弯处的竖向折角不宜大于 10°。⑥管道穿过河流时,可采用管桥或河底穿越等形式,有条件时尽量利用已有或新建桥梁进行架设。穿越河底的管道,应避开锚地。管顶距河底的埋深应根据水流冲刷条件确定,一般不小于 1.0 m,同时尽可能埋置在冲刷线以下,并设有检修和防止冲刷的保护设施。⑦管线与建筑物、铁路和其他管线的水平净距应满足《城市工程管线综合规划规范》(GB 50289)的要求。

第二节 管道分类与布置

一、管道分类

输水管道通常按布置形式分类,分为明管、地下埋管、钢衬钢筋混凝土管、回填管,包括钢岔管、伸缩节、阀等附件[5]。按管材分为钢管(SP)、球墨铸铁管(DIP)、预应力钢筒混凝土管(PCCP)、玻璃钢夹砂管(RPMP)、聚乙烯(PE)管等。高压管道通常采用钢管;中压管道通常采用钢管、球墨铸铁管、预应力钢筒混凝土管;低压管道通常采用玻璃钢夹砂管、聚乙烯管等化学管道。

(一)明管

明管是暴露在空气中的压力管道,通常架空敷设,设有支墩和镇墩,也可直接跨沟设置,广泛应用于水电站和引水工程中。明管见图 2.2-1。

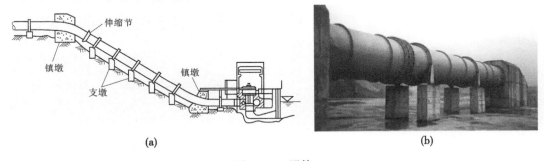

(a)   (b)

图 2.2-1 明管

明管由于直接暴露在空气环境中,受到环境温度的影响较大,容易受到大气腐蚀。为了适应温度变化和地基不均匀沉降等外界因素引起的管道位移变化,减少或消除明管变位带来的附加应力,通常在明管的两个镇墩之间设置伸缩节,常用的伸缩节有套筒式和波纹管式两种。

有的明管沿地面或山坡敷设,在管身外包裹一定厚度的混凝土形成外包混凝土管,以加强管身稳定性,一般在混凝土中配置一定数量的抗裂钢筋,不设支承环和支座,钢管承受全部内水压力和外水压力,外包混凝土承受钢管自重和管内水重。有时为了减小内水压力外传至外包混凝土,尽量减小混凝土开裂或限制裂缝宽度,可以在钢管与外包混凝土之间包裹一定范围的弹性垫层,以减小配筋量,这种钢管仍然按照明钢管允许应力进行设计,目前这种明钢管与外包混凝土之间设垫层的研究相对较少。外包混凝土管可以根据工程地形地质条件进行回填,减小外界温度变化对管道的影响,同时恢复地表植被,有利于环境保护。

(二)地下埋管

地下埋管是埋入岩体中,钢管与岩壁之间填筑混凝土的压力管道。地下埋管也称钢衬,主要用于承受水压力和防渗。当管径较大或埋深较深时,对于由外压控制的地下埋管,通常在管壁四周设有加劲环,并在管外设可靠的外排水措施降低地下水位,避免钢管失稳。当围岩性能较好时,可考虑钢管与围岩联合受力以节约钢材用量。地下埋管受洞内环境和狭窄的安装空间限制,洞内运输和施工难度大,对焊接和防腐质量要求高。地下埋管见图 2.2-2。

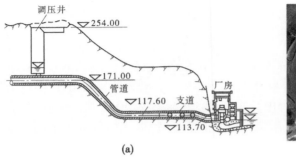
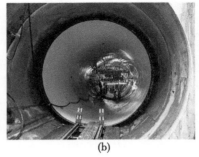

(a)　　　　　　　　　　　　　　　(b)

图 2.2-2　地下埋管

(三)钢衬钢筋混凝土管

钢衬钢筋混凝土管由钢衬与钢筋混凝土组成并共同承载,可沿坝面、地面或山坡敷设,顺着大坝下游坡面敷设的钢衬钢筋混凝土管习惯称为坝后背管。钢衬钢筋混凝土管见图 2.2-3。

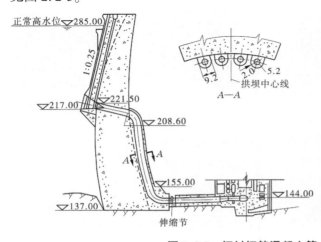

图 2.2-3　钢衬钢筋混凝土管　(单位:m)

钢衬钢筋混凝土管的工作原理和设计原则考虑外包钢筋混凝土与钢管联合承载,可以用钢筋代替部分钢板,以达到减小钢管壁厚、减小混凝土裂缝宽度、降低造价的目的。与明管相比,钢衬钢筋混凝土管道具有支承方式简单、受温度等环境影响小、抗震性能好的特点。当承受较大的填土荷载、车辆荷载等外荷载时,钢衬钢筋混凝土管是地面式大直径钢管结构形式的最佳选择,此时钢管承受全部内水压力和外水压力,钢筋混凝土承受钢管自重、管内水重和填土荷载、车辆荷载、外水压力等外荷载。钢衬钢筋混凝土管可以根据工程地形、地质条件进行回填,减小外界温度变化对管道的影响,同时恢复地表植被,有利于环境保护。

(四)回填管

回填管是埋在管沟槽内并回填土的压力管道,是长距离输水工程中广泛采用的形式。根据管道制作所采用的材料,回填管包括钢管(SP)、球墨铸铁管(DIP)、预应力钢筒混凝土管(PCCP)、玻璃钢夹砂管(RPMP)、聚乙烯(PE)管等多种形式。回填管见图2.2-4。

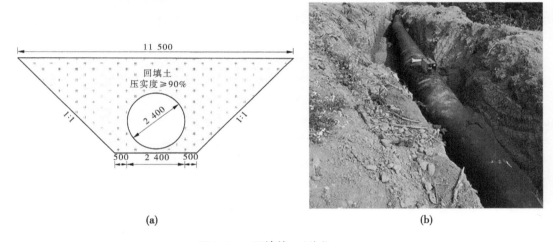

(a)　　　　　　　　　　　　　　　　(b)

图2.2-4　回填管　(单位:mm)

虽然回填管管材多,在城市供排水管网中已有广泛应用,但在水利水电工程领域还是一种比较新型的管道形式。由于回填管经济性优、施工方便,在水利水电工程领域,特别是在长距离引调水工程中应用的机会也将越来越多,具有较大的发展潜力,因此本书重点介绍回填管的设计和建造技术,并对回填钢管开展相关专题技术研究,这对于完善水电站压力管道设计制造安装具有重要的理论意义和工程推广价值。

(五)多种布置组合式

长距离输水工程一般线路长,沿线地形、地质条件复杂,尤其是西部地区,地形起伏落差大,水头较高。管道采用多种布置形式组合,以开挖浅埋回填管为主。跨沟多采用明管,过河、穿堤、过路多采用沉管、顶管或管桥,也有采用外包混凝土或钢衬钢筋混凝土管浅埋回填。中高压输水管材以钢管、球墨铸铁管为主,中低压输水管材以钢管、球墨铸铁管、玻璃钢夹砂管为主,低压输水管材也可选用玻璃钢夹砂管、聚乙烯管等化学管材。长距离输水管道见图2.2-5。

钢管间通常采用焊接连接,球墨铸铁管间、预应力钢筒混凝土管间及玻璃钢夹砂管间

(a)   (b)

图 2.2-5　长距离输水管道

通常采用承插连接或法兰连接,聚乙烯管间采用热熔连接,不同管材间采用承插连接或法兰连接,管道与阀、流量计、补偿接头等附件间采用法兰连接。管道采用法兰连接时,法兰应与管道保持同心,法兰接口面应平行;连接螺栓规格应相同,且安装方向应一致;螺栓对称紧固,紧固好的螺栓应露出螺母之外。与法兰接口相邻的刚性接口,待法兰螺栓紧固后方可施工。钢管、预应力钢筒混凝土管上的法兰与管壁间采用焊接方式连接,球墨铸铁管、玻璃钢夹砂管上的法兰与管整体铸造,聚乙烯管上的法兰与管整体聚合。

二、管道布置

(一) 明管布置

明管线路宜避开滑坡、崩坍、坠石、山洪、泥石流等不良地质段,不能避开时,应采取其他管型(如洞内明管、地下埋管或外包混凝土管)通过。若遇有河沟,可用倒虹吸管或管桥等形式通过,并应考虑洪水和泥石流等对建筑物的影响。明管底部应留出供施工和运行人员焊接及交通的空间,至少应高出其下地表 0.6 m,大直径明管可适当加大此空间,底部应设有排水设施。

明管宜布置成分段式,其间设置支墩,支墩间距一般不超过 10 m;明管在转弯处宜设置镇墩;布置在岩基上的管段,当直线管段超过 150 m 时,宜在其间加设镇墩。当管道纵坡较缓且长度不超过 200 m 时,也可以不加镇墩,而将伸缩节布置在管段的中部。布置在软基上的管段,镇墩间距宜适当减小。刚果(布)利韦索水电站明管布置见图 2.2-6。

两镇墩间应设置伸缩节,伸缩节宜设在镇墩上游侧,以减小伸缩节承受的内水压力,对于密封式的波纹伸缩节可设置在管道中部。通过活动断裂带的地面明钢管,宜采用多个柔性伸缩节组合的布置形式,以适应工程正常使用年限内可能出现的各向不均匀变形,如云南掌鸠河引水工程和牛栏江滇池补水工程,钢管水平段采取每 31 m 左右设一个复式

图 2.2-6　刚果(布)利韦索水电站明管布置

万向型波纹管伸缩节。与伸缩节相适应,支座采用聚四氟乙烯双向滑动支座与固定支座间隔布置。伸缩节的设计:伸缩量应满足钢管因温度变化、地基不均匀沉降等产生的轴向、径向和角变位的要求,并应有足够的刚度。

　　伸缩节形式有套筒式、压盖限拉式、波纹密封套筒式、波纹管式等,以套筒式和波纹管式最为常用,见图 2.2-7。套筒式伸缩节在水电行业已运用多年,可以适应管道的位移条件,但是由于受钢管制造安装精度和止水材料性能的影响,容易产生不同程度的漏水。波纹管式伸缩节在冶金、石油化工、火电等行业中运用较多,近 30 年来开始在水电站上使用,具有不漏水、免维修等特点。

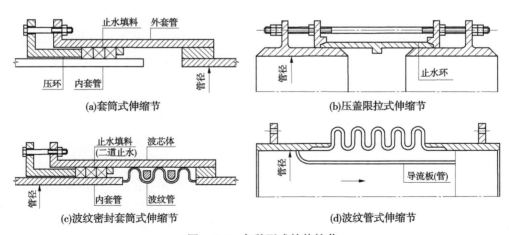

图 2.2-7　各种形式的伸缩节

　　钢管支座可按管径分为鞍形滑动支座、平面滑动支座、滚动支座、摇摆支座等形式,按管径、支墩间距和其重要性选定。当压力钢管内径 $D \leqslant 1$ m 时,不设支承环,仅在底部设 120°包角鞍形滑动支座;当 1 m$<D \leqslant 2$ m 时,设支承环和鞍形滑动支座;当 2 m$<D \leqslant 4$ m

时,设支承环,根据计算需要选用平面滑动支座或滚动支座;当 $D>4$ m 时,设支承环,根据计算需要选用滚动支座或摇摆支座。随着桥梁工程中盆式支座在水利水电工程中的应用,滑动支座已经突破了管径 4 m 的限制。各种形式支座见图 2.2-8。

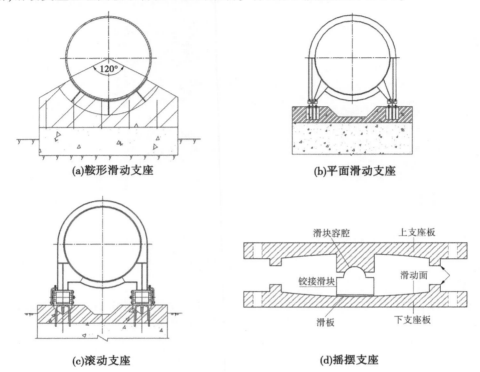

(a)鞍形滑动支座　　　　　　　　　　　(b)平面滑动支座

(c)滚动支座　　　　　　　　　　　　　(d)摇摆支座

图 2.2-8　各种形式支座

　　工程中出现过,钢管放空检修时由于两侧不均匀温差的作用,钢管侧向变形过大甚至从支座上滑落的情况,因此应根据工程所在区域的日照情况,决定是否在钢管两侧温差较大的区域,在支座上设置侧向限位措施,防止钢管从支墩上横向滑脱。

(二)地下埋管布置

　　长距离输水地下埋管线路应选择地形、地质条件相对优良的地段,宜避开成洞条件差、活动断层、滑坡体、地下水位高和涌水量大的地段。洞井形式(平洞、斜井、竖井)及坡度应根据布置要求、工程地质条件和施工方法、钢管运输方式等选用。一般开挖时向上出渣的斜井坡度为 30°～35°;向下出渣的斜井坡度各工程不同,有的为了溜渣方便,取 45°以上,有的为了方便上下交通,取 40°以下。总之,斜井坡度可根据交通运输、施工设备和施工经验选用。

　　对于斜井或竖井的长度和高差过大的情况,宜布置中间平段。如十三陵抽水蓄能电站,斜井长度约 680 m,坡度 50°,在其中间布置了一个 30 多 m 长的中间平段,以利于施工。天荒坪抽水蓄能电站,斜井长度 622 m,坡度 58°,高差达 618 m,但在斜井段未设中间平段,所以在斜井段是否设置中间平段要根据工程的施工情况等确定。

　　地下埋管管道埋深宜适中,既要满足围岩抗力要求,又要考虑岩爆和外水压力的影响。管道埋得过深,可能地下水位很高,从而对设置管外排水系统增加了难度,对钢管的外压稳定不利,同时管壁厚度的增加造成费用的增加。

地下埋管灌浆措施包括回填灌浆、接触灌浆和固结灌浆,应采取不同的灌浆压力和施工措施。平洞和坡度小于45°的缓斜井应对顶拱进行回填灌浆。竖井和坡度较陡的斜井,根据具体情况确定是否回填灌浆。如十三陵抽水蓄能电站,钢管全线不设灌浆孔,回填灌浆由管外预埋纵向灌浆管进行。顶拱回填灌浆压力不得小于 0.2 N/mm²,且应在混凝土浇筑后至少 14 d 才能开始顶拱回填灌浆。

对于地下水位较高的隧洞,钢管与回填混凝土间不进行接触灌浆时,隧洞漏水或水库渗水沿管外缝隙长驱直下,外水压力将严重威胁钢管的稳定,因此钢管与混凝土间通常进行接触灌浆。灌浆压力不宜大于 0.2 N/mm²,且应在顶拱回填灌浆后至少 14 d 才能进行。接触灌浆宜在气温最低季节施工,接触灌浆与固结灌浆一般在同一孔内分期进行,部分可利用回填灌浆孔。接触灌浆需在钢管壁上预留灌浆孔,灌浆施工完毕后对灌浆孔补强、封孔将引起应力集中或焊接裂纹,尤其对高强钢危害更大。洞内施工时多半有水,封孔焊接困难,若封堵不好,产生内水外渗将严重影响钢管运行安全。地下埋管设计时,若钢管承担全部外水压力,也可不设灌浆孔,采用致密性混凝土,避免灌浆施工对钢管的影响,加快施工进度,尤其适用于高强钢管道。如十三陵抽水蓄能电站钢管全线不设灌浆孔,而在钢管回填混凝土中适量掺加 UEA 膨胀剂,以尽量消除钢板与混凝土、混凝土与围岩之间的缝隙。

当岩石较松散或覆盖层较薄且有条件时,宜进行固结灌浆,对提高岩石的抗渗能力、减少抗力的不均匀性、减小围岩塑性变形有较大作用。固结灌浆灌浆压力不宜小于 0.5 N/mm²,固结灌浆与接触灌浆一般在同一孔内分期进行,部分可利用回填灌浆孔。对于高强钢管不宜开设灌浆孔,宜在钢管安装前进行无压重围岩固结灌浆。当基岩很完整或灌不进时,也可不进行固结灌浆,计算时不应考虑围岩抗力对钢管的有利影响。如十三陵抽水蓄能电站,钢管除上平段和 1#、2# 弯管段由于围岩较差、上覆岩体较薄,需要进行固结灌浆外,其他管段均不进行围岩固结灌浆。

对于埋置较深的钢管,应研究地下水位与管道的关系。在地下水富集和部位明确的地区,钢管承受的外水压力取值若考虑折减,则地下水排水设施和抗外压措施必须有效、可靠,才能保证钢管的安全。国内某水电站,调压井后高压管道为地下埋管,内径 4.3 m,最大设计内水头 300 m,钢管下弯段处实测地下水位高出管中心线 145 m。钢管抗外压稳定设计时取外水压力折减系数为 0.6,管壁厚度为 16~26 mm,管外加强措施采用锚筋。高压管段 2/3 范围内围岩为玄武岩,下弯段顶部有岩性较软的凝灰岩岩层斜穿洞线,其附近围岩破碎,钢管安装期地下水渗漏量较大。为排积水,在下弯段混凝土衬砌圈外侧埋设两根 φ150 mm 的透水软管,从下弯段起引至相距 480 m 远处的洞外集水井内。首台机组运行 3 个月后停机检查时发现钢管失稳,管底向上翘起,从下弯段起失稳段长度达 330 m。近十几年内,国内外已有数起地下埋管失稳的实例。工程上宜优先设置排水洞作为可靠的外排水系统,但应进行经济比较。实际工程中较多采用的是沿管轴线建立岩壁或管壁外排水系统,此外排水系统存在淤堵风险,宜作为降低外水压力的辅助措施,计算中不予考虑。外排水系统应安全可靠,并有检修条件,同时应埋设渗压计等设备监测地下水位变化。管外排水措施的形式较多,马堵山水电站集水管型管外排水系统布置见图 2.2-9、十三陵抽水蓄能电站排水管型管外排水系统布置见图 2.2-10。

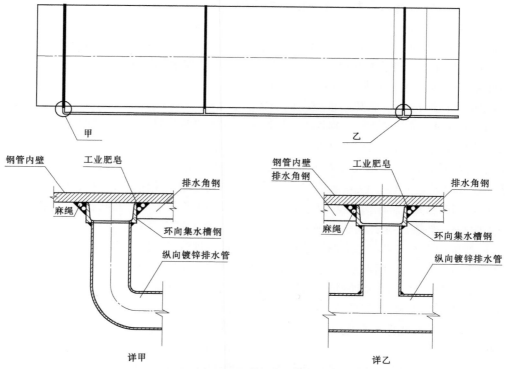

图 2.2-9　马堵山水电站集水管型管外排水系统布置

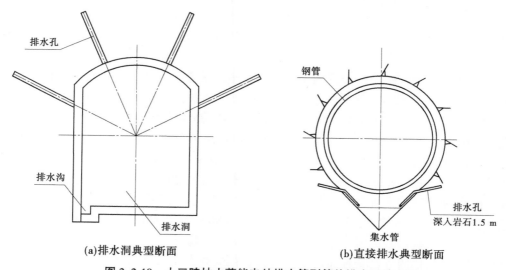

(a)排水洞典型断面　　　　　　　(b)直接排水典型断面

图 2.2-10　十三陵抽水蓄能电站排水管型管外排水系统布置

钢管抗外压稳定措施宜设置加劲环,宜在加劲环接近管壁处开设半圆形串浆孔,沿管轴线方向可采用梅花形间隔布置。光面管在弯管处应设置止推环,在地下埋管和坝内埋管首部应设多道阻水环。光面地下埋管外压失稳波及范围较大,会给工程带来巨大的损失,应每隔 10~30 m 设置一道构造加劲环,阻止管壁失稳扩展。在断层带或岩体破碎带区域,加劲环宜加密。

(三) 弯管布置

转弯半径应进行经济比较。转弯半径大时水头损失小,但增加占地面积和开挖量;转弯半径小时占地面积和开挖量小,但水头损失会增大。转弯半径通常取不宜小于 2~3 倍管径,以 3 倍为宜。市政供水工程明钢管往往将弯管作为温度补偿节,此时弯管转弯半径有的仅为 1 倍管径。

位置相近的平面转弯和立面转弯宜合并为空间弯管,但地下埋管洞内安装条件较差,空间弯管不易就位,仍可分作立面弯管和平面弯管。位置相近的弯管和变径管宜合并成变径弯管以减小管道的水头损失,渐变段长度不宜小于 1 倍管径,锥顶角不宜大于 1°。方形渐变段断面与钢管圆形断面的面积比应根据管线布置、结构形式、进水口流态、水头损失等因素,综合比选确定。

(四) 回填管布置

在引水式电站、供水和灌溉工程中,埋设在管沟内并回填土石的压力钢管,在《水利水电工程压力钢管设计规范》(SL/T 281—2020)中称为回填管,采用容许应力设计法;而在《给水排水工程埋地钢管管道结构设计规程》(CECS 141:2002)中称为埋地管,采用以概率理论为基础的极限状态设计法。这两种规范所采用的计算公式和参数选取基本一致,本书统称为回填管。

回填管在城市管网输水、输油、输气、排污管道,以及火力发电厂循环水管道中已有广泛的应用,但管径一般较小。但在水利水电工程领域是一种新型的管道布置和结构形式,主要用于引水式电站、供水、灌溉管线。国内外一些工程中由于气候严寒、环保等要求,采用了回填管,如西藏德罗水电站、老挝南梦 3 水电站、斐济南德瑞瓦图水电站等。国内外回填管工程实例见表 2.2-1。

表 2.2-1　国内外回填管工程实例

工程名称	特吾勒二级水电站	西藏德罗水电站	新疆雅玛渡水电站	塔尕克一级水电站	老挝南梦 3 水电站	斐济南德瑞瓦图水电站	贵州朱昌河水库工程	三亚市西水中调工程
国家	中国	中国	中国	中国	老挝	斐济	中国	中国
单管引用流量/(m³/s)	2.2		33.3	37.9	9.2	15	1.554	7.89
管道长度/km	5.98	2.1	1.745	0.522	3.157	1.45	8.2	1.6
管道条数	1	1	3	2	1	1	2	1
管道直径/m	1.2	3.3	4.0	3.8	1.78	2.25	双 1.2	1.6~2.6
最大静水头/m	362.15		186		544	347	303.6	63.6
最大内水压力/m	450	365	227		635	402	400	100

续表 2.2-1

工程名称	特吾勒二级水电站	西藏德罗水电站	新疆雅玛渡水电站	塔尕克一级水电站	老挝南梦3水电站	斐济南德瑞瓦图水电站	贵州朱昌河水库工程	三亚市西水中调工程
钢材	Q235C/X60	Q345R	16MnR	Q235C	Q235/Q345/610CF		Q355C+球铁	Q355C
壁厚/mm	10~16	—	12~36	12~26	16~27		16~20	16~22
埋深/m	1.8	2	2	1.0	1.6/3.5/10		1.5	隧洞+浅埋2.5
管底垫层	中粗砂30 cm	混凝土10 cm	混凝土10 cm垫层+连续混凝土座垫（90°包角）	混凝土薄垫板	砂壤土、中砂、粗砂座垫（120°支承角）		中粗砂20 cm	中粗砂30 cm
伸缩节		镇墩前后和机组进口前设伸缩节	两个镇墩之间设伸缩节室				局部明管段设伸缩节	
防腐			内壁喷锌125 μm+厚浆型环氧沥青125 μm，外壁涂厚浆型环氧沥青0.15 mm		内壁涂环氧煤沥青0.4 mm，外壁包三油一布0.4 mm	外包防腐保护缠带	3PE	内壁涂超厚浆型无溶剂耐磨环氧漆0.5 mm，外壁PE管1.4 mm

回填管线路布置应选择地形、地质条件相对优良的地段,宜避开崩坍、滑坡等不稳定土层,以及活动断层、流砂、淤泥、人工填土、湿陷性黄土、永久性冻土、膨胀土、地下水位高和涌水量大的地段。管道通常敷设在挖掘的沟槽中,其埋置深度应根据地质、地基状况、外荷载、地下水位、地层冻结深度、地表植被、环境温度、交通、河流冲刷等因素确定。

埋设管道的地基必须满足地基承载力的要求,应避免发生不均匀沉降。回填管的承载力与管外回填土的质量密切相关。密实度较高的回填土能提供可靠的弹性抗力,对提高管道的承载力有利。不同区域回填土的作用不同,对回填密实度要求也不同。对管道两侧的回填土,帮助管道承载,要求的密实度较高;对不设管座的管体底部,其土基的压实度却不宜过高,以免减小管底的支承接触面,使得管体内力增加,承载力降低。管底垫层的压实度不宜小于90%;管两侧的压实度不宜小于95%;管顶以上的回填土压实度应根据地面要求确定,不宜小于85%~90%。柔性管道沟槽回填部位与压实度示意见图2.2-11。

回填管转弯处,应根据管线布置通过稳定计算确定是否设置镇墩。市政工程给水管

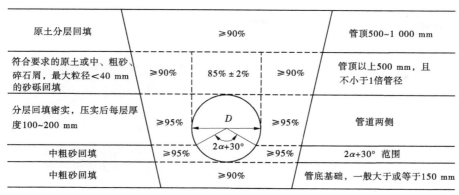

原土分层回填	≥90%			管顶500~1 000 mm
符合要求的原土或中、粗砂、碎石屑，最大粒径<40 mm 的砂砾回填	≥90%	85%±2%	≥90%	管顶以上500 mm，且不小于1倍管径
分层回填密实，压实后每层厚度100~200 mm	≥95%		≥95%	管道两侧
中粗砂回填	≥95%		≥95%	2α+30° 范围
中粗砂回填	≥90%			管底基础，一般大于或等于150 mm

槽底，原状土或经过处理回填密实的地基

图 2.2-11　柔性管道沟槽回填部位与压实度示意

道直径较小、水压较低，一般较少设置镇墩，但水电站回填管或引调水工程大直径回填管转弯处不平衡力较大，常设置镇墩。

　　输水管道与建筑物、铁路和其他管道的水平净距，应根据建筑物基础结构、路面种类、卫生安全条件、管道埋深、管径、管材、施工条件、管内工作压力、管道上附属构筑物大小和有关规定等确定。输水管道应设在污水管上方；与污水管平行设置的输水管道，管外壁净距不应小于 1.5 m；设在污水管下方的输水管道，应外加密封性能好的套管，套管伸出交叉管的长度每边不应小于 3.0 m，且套管的两端应采用防水材料封闭；与给水管道交叉的输水管道，管外壁净距不应小于 0.15 m；穿越铁道、河流等人工和天然障碍物的输水管，应经计算采取相应的安全措施，并应征得有关部门同意。

　　敷设于砂砾石、碎石、砂、粉土等相对均匀的柔性基础上的管道，可不设人工土弧基础。敷设于岩石和坚硬黏性土层上的管道，应避免管道直接敷设于刚性基础，宜在管道下方设置人工土弧基础，管道与人工土弧基础之间形成圆弧形接触面，可使地基反力分布均匀，改善管道受力状态。人工土弧基础应采用中粗砂或细碎石铺设，不宜采用人工碎石。管底以上部分人工土弧基础的尺寸可根据工程需要的砂基角度确定。管底以下部分人工土弧基础的厚度不宜大于 0.3 m。为避免管道在软、硬地基变化处受力不均匀，导致敷设于不同地基上的管道产生较大的变形破坏，在软、硬地基过渡段，特别是硬地基段应至少在 2 个标准管长度范围内除按要求设置土弧基础外，同时还应对硬地基段人工土弧基础进行渐变过渡处理，然后同软地基过渡顺接，以适应管道基础变形。在流砂等土壤松软地区，应对管道进行基础处理，采用混凝土基础时，宜为圆心角 90°~120° 的连续式基础，所采用的混凝土强度等级不应低于 C15。

　　回填管由于钢管埋在土体中，土体对钢管的摩擦力约束较大，特别是钢管设加劲环以后，即使设伸缩节作用也不大，故沿线一般不设伸缩节。但对敷设在地震区或过活动断裂带的管道，为了适应地基非均匀沉降和温差应力，沿线可设置一定数量的伸缩节，宜采用不需更换止水填料的波纹管伸缩节和配套补偿接头，并将伸缩节设置在专门的井内。因埋深大或地面荷载大而导致刚度要求管壁厚度过大的回填管时，可在管外设加劲环或外包混凝土，带加劲环的回填管不需设置伸缩节。

三、岔管布置

(一) 岔管布置形式

岔管布置应结合地形、地质条件,与主管线路布置、水电站及泵站厂房等建筑物布置协调一致,布置方案重点考虑结构合理、安全可靠、应力集中和变形小、水头损失小、制作运输安装方便、经济合理。

岔管水头损失主要影响因素有主、支管断面比,流量分配比,分岔角度,主、支管锥角,钝角区转折角等,岔管布置应使水流平顺,减少涡流和振动,分岔后流速宜逐步加快。若布置有几个岔管,还要考虑不同组合运行的影响。对于重要工程的岔管宜做水力学模型试验、有限元计算分析。

岔管的典型布置有非对称 Y 形、对称 Y 形、三岔形等三种布置形式及其组合布置,见图 2.2-12。

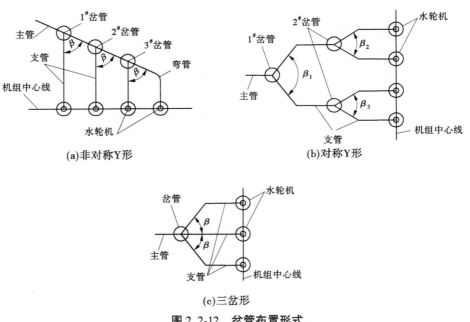

(a)非对称Y形 (b)对称Y形

(c)三岔形

图 2.2-12 岔管布置形式

(二) 岔管形式和应用

岔管按结构形式分为月牙肋岔管、三梁岔管、球形岔管、贴边岔管、无梁岔管。其中:月牙肋岔管经验成熟,广泛应用于大中型管道;三梁岔管和贴边岔管结构简单,多用于中小型管道;球形岔管仅用于中小型高压管道,球径规模受制造能力限制;无梁岔管因计算复杂,目前应用尚少。

1. 月牙肋岔管

月牙肋岔管从 20 世纪 70 年代起至目前为止,是国内采用最多的岔管形式。其结构布置的特点是其加强肋板插入岔管内一定深度而管外露出一定高度,形成月牙肋岔管与三梁岔管组合的新管型。受力状态主要为拉力,避开了三梁岔管的不利受力状态。插入管内深度减小,对岔管内腔水流流态改善有利,外伸部分增加,有利于焊接制造。岔管与主管、支管采用锥段过渡,减小腰线折角,使应力集中降低。

月牙肋岔管的分岔角 β 宜用 $55° \sim 90°$,钝角区腰线折角 α_0 宜用 $10° \sim 15°$,支锥管腰线折角 α_2 宜小于 $20°$,主锥管腰线折角 α_1 宜用 $10° \sim 15°$,最大公切球半径 R_0 宜为主管半径 r 的 $1.1 \sim 1.2$ 倍。月牙肋岔管形式见图 2.2-13~图 2.2-15,国内已建部分工程月牙肋岔管的主要参数见表 2.2-2。

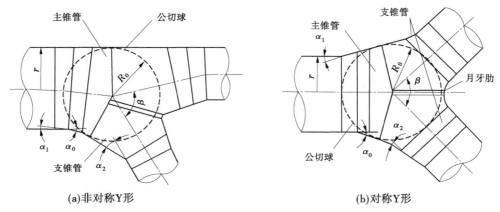

(a)非对称Y形　　　　　　　　　　　　(b)对称Y形

图 2.2-13　月牙肋岔管形式

图 2.2-14　大龙洞水库月牙肋岔管示意　　图 2.2-15　朱昌河水库上游取水泵站月牙肋岔管示意

表 2.2-2　国内已建部分工程月牙肋岔管的主要参数

工程名称	主管直径 D/m	设计水头 H/m	HD/m²	岔管形式	设计情况
朱昌河水库	1.2	400	480	非对称 Y 形月牙肋	Q355C,主锥厚 24 mm,肋板厚 50 mm
白水河二级海子水电站	1.4	700	980	月牙肋	
羊卓雍湖抽水蓄能电站	2.1	1 000	2 100	月牙肋岔管	
珠银供水	2.4	116	278	非对称 Y 形月牙肋	Q235B+PCCP,主锥厚 28 mm,肋板厚 50 mm

续表 2.2-2

工程名称	主管直径 D/m	设计水头 H/m	HD/m^2	岔管形式	设计情况
西龙池抽水蓄能电站	3.5	1 015	3 553	非对称 Y 形月牙肋	管壁厚 68 mm,肋板厚 150 mm,HT-80
西江引水	3.6	95	342	非对称 Y 形月牙肋	Q355C+PCCP,主锥厚 30 mm,肋板厚 60 mm
十三陵抽水蓄能电站	3.8	684	2 599	月牙肋岔管	SHY70(800 MPa 级)高强钢
平江抽水蓄能电站	3.8	1 140	4 332	对称月牙肋岔管	800 MPa 级高强钢
敦化抽水蓄能电站	3.8	1 176	4 469	对称月牙肋岔管	800 MPa 级高强钢
绩溪抽水蓄能电站	4.0	1 012	4 048	对称月牙肋岔管	800 MPa 级高强钢
响水水电站	4.3	280	1 204	月牙肋岔管	国产 60 kg/mm² 级高强钢
洪屏抽水蓄能电站	4.4	850	3 740	对称月牙肋岔管	800 MPa 级高强钢
天池抽水蓄能电站	4.5	910	4 095	对称月牙肋岔管	800 MPa 级高强钢
阜康抽水蓄能电站	4.6	837	3 850	对称月牙肋岔管	800 MPa 级高强钢
呼和浩特抽水蓄能电站	4.6	900	4 140	对称月牙肋岔管	800 MPa 级高强钢
鲁布革水电站	4.6	430	1 978	月牙肋岔管	
宜兴抽水蓄能电站	4.8	650	3 120	对称月牙肋岔管	600 MPa 级高强钢
丰宁抽水蓄能电站	4.8	762	3 658	对称月牙肋岔管	800 MPa 级高强钢
镇安抽水蓄能电站	4.8	795	3 816	对称月牙肋岔管	800 MPa 级高强钢
仙居抽水蓄能电站	5.0	784	3 920	对称月牙肋岔管	800 MPa 级高强钢
蟠龙抽水蓄能电站	5.0	800	4 000	对称月牙肋岔管	800 MPa 级高强钢
文登抽水蓄能电站	5.0	819	4 095	对称月牙肋岔管	800 MPa 级高强钢
张河湾抽水蓄能电站	5.2	515	2 678	对称月牙肋岔管	800 MPa 级高强钢
官帽舟水电站	5.4	163	880	非对称 Y 形月牙肋	Q345R,主锥厚 42 mm,肋板厚 84 mm
沂蒙抽水蓄能电站	5.4	678	3 661	对称月牙肋岔管	800 MPa 级高强钢
鲁基厂水电站	5.6	126	706	非对称 Y 形月牙肋	Q345R,主锥厚 36 mm,肋板厚 70 mm
中山包水电站	5.74	300	1 722	月牙肋岔管	压力容器钢(调质)月牙肋锻钢
徐村水电站	7.0	85	595	月牙肋岔管	16 MnR

近 20 多年来,国外尤其是日本月牙肋岔管的规模越来越大,其显著特点是岔管布置为对称 Y 形,分岔角达到 70°~80°,岔管内水流平顺、水流流态改善,水头损失减小,这种布置对于大直径、高水头的岔管比较适用。

2. 三梁岔管

三梁岔管用 U 形梁及腰梁加强,岔管段长度一般为 1~1.2 倍主管管径。在布置和制作工艺许可的条件下,宜选用较小的分岔角。分岔角 β:对称 Y 形宜用 60°~90°,非对称 Y 形宜用 45°~70°,三分岔形宜用 50°~70°。主管宜用圆柱管,分岔后锥管腰线折角 α_1、α_2 可用 0°~15°,宜用 5°~12°。选用适当的主、支管锥角,对结构和水力流态均有利。

加强梁截面选择:①常用的加强肋截面为矩形和⊥形,在材料许可时,按高宽比来确定,肋高不宜过大。②T 形截面的加强梁,翼缘板与管壳连接处要适当削角,以减缓应力集中。③U 形梁可适当插入管壳内,插入深度在与腰梁连接端为零,在中部断面处最大,梁内侧边宜修成圆角,当肋宽比大于 0.5 时,应设置导流板。④U 形梁和腰梁的连接处,宜设置节点柱。⑤T 形、I 形截面,由于上翼缘板一般在现场焊接,施焊较困难,质量不易保证,另截面形心外移,增加了计算跨度,不宜采用。⑥节点柱介入管内对水流流态很不利,长期振动易引起根部疲劳断裂,已有破坏先例,宜少伸入并打磨光滑。三梁岔管形式及示意见图 2.2-16、图 2.2-17。

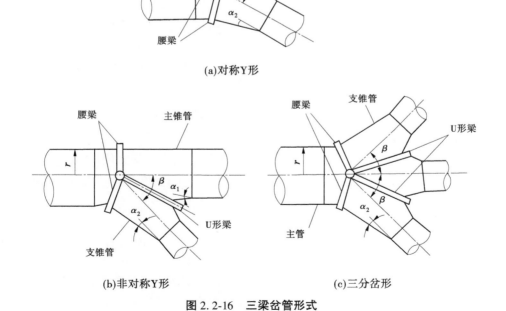

(a)对称Y形

(b)非对称Y形　　　　(c)三分岔形

图 2.2-16　三梁岔管形式

(a)　　　　　　　　　　　　　　(b)

图 2.2-17　朱昌河水库下游取水泵站三梁岔管示意

3. 球形岔管

球形岔管分岔处为球壳,主管和支管与球壳面交接处用补强环加强。分岔角 β:对称 Y 形宜用 60°~90°,三分岔形宜用 50°~70°。球壳内半径 R_0 宜取主管内半径 r 的 1.3~ 1.6 倍,主管内半径较大时取较小值。相邻支管孔口弧长净距应大于 300 mm。球形岔管形式见图 2.2-18。

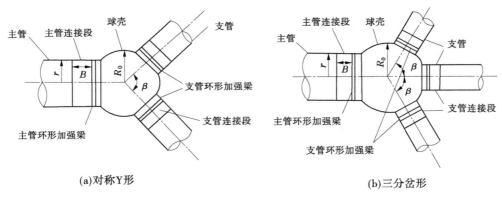

(a)对称Y形　　　　　　　　　　(b)三分岔形

图 2.2-18　球形岔管形式

4. 贴边岔管

贴边岔管是分岔坡口边缘焊有补强板加强,不设加强梁。分岔角 β 宜用 45°~60°;主管腰线折角 α_1 宜用 0°~7°;支管腰线折角 α_2 宜用 5°~10°;支管半径 r_1 与主管半径 r 之比不宜大于 0.5,不应大于 0.7。贴边岔管形式见图 2.2-19。

5. 无梁岔管

无梁岔管是分岔处用多节锥管加强,不设加强梁。分岔角 β,对称 Y 形宜用 40°~60°,非对称 Y 形宜用 50°~70°。球壳片曲率半径 R_0 与主管半径 r 的比值,对称 Y 形宜取 1.15~ 1.30,非对称 Y 形宜取 1.20~1.35,主管半径较大者,可取较小值。腰线转折角 α 不宜大于 12°,若各节等厚,则小直径处可增大至 15°~20°;球壳片与连接锥管可不相切,但连接处球壳片切线与锥管母线间的夹角不宜大于 5°;球壳片在各顶点处应做成圆弧状,圆弧半径可取 3~5 倍壁厚,与球壳片相连的锥管需作相应修正。无梁岔管形式见图 2.2-20。

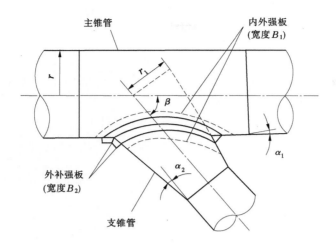

图 2.2-19　贴边岔管形式

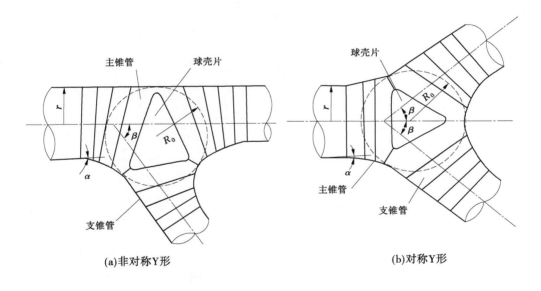

(a)非对称Y形　　　　　　　　　　(b)对称Y形

图 2.2-20　无梁岔管形式

6.岔管应用现状

我国岔管的发展大致分为以下几个阶段:20 世纪 50 年代建造的岔管,由于内压不高,一般多为贴边岔管;60 年代起由于高水头电站的出现,混合梁系和三梁岔管应用较多;70 年代后,因钢管的内压和直径继续增大,大直径、高内压的三梁岔管制作安装困难较大,技术经济指标不佳,逐渐采用月牙肋岔管,个别工程还采用了无梁岔管;80 年代以后,国内已有几个电站采用了球形岔管,目前我国各类岔管的水平已接近国外类似的岔管水平。据不完全统计,国内部分已建岔管 *HD* 值、尺寸见表 2.2-3、表 2.2-4。

表 2.2-3　国内部分已建岔管 *HD* 值

形式	贴边岔管	混合梁式岔管	三梁岔管	月牙肋岔管	球形岔管	无梁岔管
工程名称	南水	潭岭	以礼河三级	敦化	磨房沟	柴石滩
HD	715	990	1 590	4 470	756	832

表 2.2-4　国内部分已建岔管尺寸

形式	贴边岔管	混合梁式岔管	三梁岔管	月牙肋岔管	球形岔管
工程名称	密云	云峰	猫跳河六级	引子渡	柴石滩
主管直径/m	8.2	8.5	5.0	8.7	6.4
支管直径/m	4.0	5.3	5.0	4.94	3.2

国外应用较多的有三梁岔管、球形岔管及月牙肋岔管,贴边岔管一般用于小孔口补强,无梁岔管应用不多。国外大型岔管工程实例见表 2.2-5。

表 2.2-5　国外大型岔管工程实例

国别	电站	岔管形式	内压/m	球径/m	主管径/m	支管径/m	*HD*/m²
日本	第二沼尺	三梁岔管	334.8		6.0	4.0	2 000.8
日本	葛野川	月牙肋岔管	850.0	6.6	5.5	4.5/3.2	4 565.0
日本	奥清津	球形岔(二通)管	654.9	6.2	4.0	3.1	2 619.6
日本	奥吉野	球形岔(三通)管	833.0	7.0	4.3	2.7	3 581.9
美国	CaShaic	月牙肋岔管	183.0		9.144	7.1	1 673.4

第三节　管材与附件

一、管材

(一)管道材料

1. 钢材

钢管所用的钢材应根据钢管的结构形式、钢管规模、使用温度、钢材性能、制作安装工艺要求及经济合理性等因素综合选定。钢管承受冲击荷载(水锤),因此有冲击性能要求。由于钢管正常运行时管内水温不会低于 0 ℃,因此要求钢材的质量等级不应低于 C 级。

月牙肋岔和肋板等沿板厚方向受拉的构件,使用钢板通常较厚,厚度方向性能等级应根据板厚确定 Z15、Z25、Z35,每一张原轧制钢板均应进行检查。沿板厚方向受拉的构件用材,还应符合《厚度方向性能钢板》(GB/T 5313)的要求。月牙肋钢岔管肋板厚度方向性能级别见表 2.3-1。

表 2.3-1　月牙肋钢岔管肋板厚度方向性能级别

板厚/mm	厚度方向性能级别
$t<35$	—
$35\leqslant t<70$	Z15
$70\leqslant t<110$	Z25
$110\leqslant t<150$	Z35

钢管管壁、支承环、岔管加强构件等主要受力构件应使用镇静钢,并根据使用部位、工作条件、连接方式等不同情况选用合适的牌号。明管、岔管宜选用压力容器钢,其他构件,如明管支座滚轮等可选用 Q235、Q355、35、45 及 ZG270～500、ZG310～570 等钢种。如选用强度等级为 800 MPa 及以上的钢材,应选用性能稳定、经验成熟、经过工程实际考验或经过试验充分论证的钢种。压力钢管常用钢材见表 2.3-2,钢管及其他构件常用钢材力学性能见表 2.3-3,常用钢材牌号中外对照见表 2.3-4。

表 2.3-2　压力钢管常用钢材

钢种	牌号(标准)	交货状态
《碳素结构钢》(GB/T 700—2006)	Q235、Q275 的 C、D 级	热轧、控轧或正火
《低合金高强度结构钢》(GB/T 1591—2018)	Q355、Q390、Q420、Q460、Q500、Q550、Q620、Q690 的 C、D、E 级	热轧、控轧或正火、淬火+回火或 TMCP+回火
《锅炉和压力容器用钢板》(GB/T 713—2014)	Q245R、Q355R、Q370R、Q420R	热轧、控轧或正火
《压力容器用调质高强度钢板》(GB/T 19189—2011)	07MnMoVR、07MnNiVDR、07MnNiMoDR、12MnNiVR	调质(淬火加回火)
《低焊接裂纹敏感性高强度钢板》(YB/T 4137—2013)	Q460CF、Q500CF、Q550CF、Q620CF、Q690CF、Q800CF	TMCP(控轧控冷)、TMCP+回火或淬火加回火
《水电站压力钢管用钢板》(GB/T 31946—2015)	Q355S、Q490S、Q560S、Q690S	热轧、控轧或正火、淬火+回火或 TMCP+回火

表 2.3-3　常用钢材力学性能

牌号	交货状态	钢板厚度/mm	拉伸试验			冲击试验		弯曲试验
			抗拉强度 σ_b/ (N/mm²)	屈服强度 σ_s/ (N/mm²)	断后伸长率 δ_s/%	温度/℃	V 型冲击功 A_{kv}/J	180°, $b=2a$
				≥			≥	
Q235B	热轧	≤16	370~500	235	26	20	27	$d=a$
		16~40		225				
		40~60		215	25			
		60~100		205	24			$d=2a$
		100~150		195	22			
		>150		185	21			$d=2.5a$
Q355B	热轧	≤16	470~630	345	20	20	34	$d=2a$
		16~40		335				
		40~63		325				$d=3a$
		63~80		315	19			
		80~100		305				
Q245R	热轧	6~16	400~520	245	25	0	31	$d=a$
		16~36		235				
		36~60		225				
		60~100	390~510	205				$d=2a$
		100~150	380~500	185	24			
		>150	370~490	175				$d=3a$
ZG310-570	正火	—	570	310	24	—	15	—
40Cr	回火	25	980	785	9		47	—
	调质	≤100	735	540	15		39	
		100~300	685	490	14		31	
		300~500	635	440	10		23	
		500~800	590	345	8	—	16	
06Cr19Ni10	—	—	515	205	40	—	—	—
06Cr17Ni12Mo2Ti	—	—	515	205	40	—	—	—
022Cr22Ni5Mo3N	—	—	620	450	25	—	—	—
20Cr13	—	—	520	225	18	—	—	—

注：b 为试样宽度；a 为试样厚度；d 为弯心直径。

表 2.3-4　常用钢材牌号中外对照

中国牌号/中国标准	国际牌号/国际标准	欧洲牌号/欧洲标准	美国牌号/美国标准
Q235 GB/T 700—2006	E235 ISO 630:1995	S235JR1.0038 EN 10025-2:2004	Gr.65 ASTM A573/A573M:2000
Q355 GB/T 1591—2018	E355 ISO 4951:2001	1.0045 EN 10025-6:2004	Gr.50 ASTM A572/A572M:2004
Q245R GB/T 713—2014	P235 ISO 9328-2:2004	P245GH EN 10028-2:2003	Grade415-40 ASTM A27/A27M:2005
06Cr19Ni10/S30408 GB/T 4237—2015	X7CrNi18-10 ISO/TS 15510:2003(E)	1.4301/X5CrNi18-10 EN 10088-1:2005E	304/S30400 ASTM A959:2004
06Cr17Ni12Mo2Ti/S31668 GB/T 4237—2015	X6CrNiMoTi17-12-2 ISO/TS 15510:2003(E)	1.4571/X6CrNiMoTi17-12-2 EN 10088-1:2005E	316Ti/S31635 ASTM A959:2004
022Cr22Ni5Mo3N/S22293 GB/T 4237—2015	X2CrNiMoN22-5-3 ISO/TS 15510:2003(E)	1.4462/X2CrNiMoN22-5-3 EN 10088-1:2005E	S31803 ASTM A959:2004
20Cr13/S42020 GB/T 4237—2015	X20Cr13 ISO/TS 15510:2003(E)	X20Cr13 EN 10088-1:2005E	420/S42000 ASTM A959:2004

　　输水工程大量采用回填管,除选用压力钢管常用的钢材外,也可选用石油、天然气行业管道常用的管线钢。管线钢最初是从国外引进的,主要用于油气输送工程,目前已实现国产量化。管线钢属于低碳或超低碳的微合金化钢,是高技术含量和高附加值的产品,通过添加微量元素,使其具有高强度、高冲击韧性、低韧脆转变温度、良好的焊接性能、优良的抗氢致开裂(HIC)和抗硫化物应力腐蚀开裂(SSCC)性能。常用的管线钢牌号有 API Spec 5L 标准的 B、X42、X46、X52、X60、X65、X70、X80,分别对应 GB/T 9711—2017 标准的 L245、L290、L320、L360、L415、L450、L485、L555,钢级分为 PSL1 和 PSL2 两种。X70M 与 07MnMoVR 化学成分对比见表 2.3-5、力学性能对比见表 2.3-6。

表 2.3-5　X70M 与 07MnMoVR 化学成分对比　　　　　　(%)

牌号	C	Si	Mn	P	S	Cu
X70M (PSL2)	≤0.12	≤0.45	≤1.7	≤0.025	≤0.015	—
07MnMoVR	≤0.09	0.15~0.4	1.2~1.6	≤0.02	≤0.01	≤0.25

牌号	Ni	Cr	Mo	V	B	Pcm
X70M (PSL2)	—	—	—	—	—	≤0.25
07MnMoVR	≤0.4	≤0.3	0.1~0.3	0.02~0.06	≤0.002	≤0.2

表 2.3-6 X70M 与 07MnMoVR 力学性能对比

牌号	钢板厚度/mm	拉伸试验(横向)			弯曲试验	夏比 V 型冲击试验(纵向)	
		屈服强度 R_{el}/MPa	抗拉强度 R_m/MPa	断后伸长率 A/%	180°	温度/℃	冲击功吸收能量 KV_2/J
X70M	≤25	≥485	570~760	≥16	$d=2a$	−20	≥150
07MnMoVR	10~60	≥490	610~730	≥17	$d=3a$	−20	≥80

注:d 为弯心直径;a 为试样厚度。

2. 球墨铸铁

铸铁是含碳量大于 2.11% 的铁碳合金,由工业生铁、废钢等钢铁及其合金材料经过高温熔融和铸造成型而得到,除 Fe 外,还含有其他元素,铸铁中的碳以石墨形态析出,若析出的石墨呈条片状,铸铁叫灰口铸铁或灰铸铁;若呈蠕虫状,铸铁叫蠕墨铸铁;若呈团絮状,铸铁叫可锻铸铁或码铁;若呈球状,铸铁就叫球墨铸铁。

球墨铸铁是 20 世纪 50 年代发展起来的一种带有球状石墨的高强度铸铁材料,其综合性能接近于钢。这种材料具有强度高、韧性好、耐磨性强、展延性和抗冲击性良好、成本低、铸造效率高等优点,广泛应用于输水管道、汽车、拖拉机、内燃机等动力机械的凸轮轴、离合器片、连杆液压缸体及其他一些受力复杂,对强度、韧性、耐磨性要求较高的零件,也可用作高放射性物体储藏运输容器。球墨铸铁化学成分见表 2.3-7,铸件壁厚≤30 mm 的铁素体珠光体球墨铸铁试样的拉伸性能见表 2.3-8。

表 2.3-7 球墨铸铁化学成分

牌号及种类		化学成分(质量分数)/%								
		C	Si	Mn	P	S	Mg	Re	Cu	Mo
QT900−2	孕育前	3.5~3.7		≤0.50	≤0.08	≤0.025				
	孕育后		2.7~3.0				0.03~0.05	0.025~0.045	0.5~0.7	0.15~0.25
QT800−2	孕育前	3.7~4.0		≤0.50	≤0.07	≤0.03				
	孕育后		2.50						0.82	0.39
QT700−2	孕育前	3.7~4.0		0.50~0.80	≤0.08	≤0.02				
	孕育后		2.3~2.6				0.035~0.065	0.035~0.065	0.4~0.8	0.15~0.4
QT600−3	孕育前	3.6~3.8		0.50~0.70	≤0.08	≤0.025				
	孕育后		2.0~2.4				0.035~0.05	0.025~0.045	0.5~0.75	

续表 2.3-7

牌号及种类		化学成分（质量分数）/%								
		C	Si	Mn	P	S	Mg	Re	Cu	Mo
QT500-7	孕育前	3.6~3.8		≤0.60	≤0.08	≤0.025				
	孕育后		2.5~2.9				0.03~0.05	0.03~0.05		
QT450-10	孕育前	3.4~3.9		≤0.50	≤0.07	≤0.03				
	孕育后		2.2~2.8				0.03~0.06	0.02~0.04		
QT400-15	孕育前	3.5~3.9		≤0.50	≤0.07	≤0.02				
	孕育后		2.5~2.9				0.04~0.06	0.03~0.05		
QT400-18	孕育前	3.6~3.9		≤0.50	≤0.08	≤0.025				
	孕育后		2.2~2.8				0.04~0.06	0.03~0.05		

表 2.3-8 铸件壁厚≤30 mm 的铁素体珠光体球墨铸铁试样的拉伸性能（GB/T 1348—2019）

材料牌号	抗拉强度 R_m/MPa	屈服强度 $R_{p0.2}$/MPa	伸长率 A/%
QT350-22L	350	220	22
QT350-22R	350	220	22
QT350-22	350	220	22
QT400-18L	400	240	18
QT400-18R	400	250	18
QT400-18	400	250	18
QT400-15	400	250	15
QT450-10	450	310	10
QT500-7	500	320	7
QT550-5	550	350	5
QT600-3	600	370	3
QT700-2	700	420	2
QT800-2	800	480	2
QT900-2	900	600	2

3. 预应力钢丝

预应力钢筒混凝土管中使用的预应力钢丝是用优质高碳钢盘条经酸洗、磷化后冷拔或再经稳定化处理而成的。预应力钢丝从 20 世纪 20 年代开始工业性生产和应用,根据生产工艺不同,可分为冷拉钢丝和消除应力钢丝两类。按表面状态不同可分为光面钢丝、刻痕钢丝、螺旋肋钢丝和镀层钢丝等,钢丝直径一般为 3~10 mm,强度级别一般为 1 470~1 860 MPa,含碳量为 0.65%~0.85%,硫磷含量均小于 0.035%。

预应力管道用冷拉钢丝的生产工艺流程是:原料—检验—表面处理—烘干—拉拔—收线—检验—验收。为了保证钢丝的抗应力腐蚀性能,在原料、酸洗、烘干、拉拔等各个环节都进行严格控制,钢丝原料主要采用大钢铁集团生产的优质 SWRH82B 盘条,经严格检验合格后才能投入生产,酸洗时严格控制酸洗浓度减少盘条吸氢量。在拉丝过程中,采用先进的拉丝工艺,防止钢丝产生内部和表面缺陷,严格控制钢丝温度,钢丝出模口最高温度不超过 150 ℃并迅速冷却。钢丝温度升高后,会发生应变时效。冷拉钢丝化学成分见表 2.3-9、力学性能见表 2.3-10。

表 2.3-9 冷拉钢丝化学成分

化学成分	C	Mn	Si	S	P	Cr
含量/%	0.81~0.85	0.60~0.70	0.15~0.25	≤0.03	≤0.03	0.15~0.30

表 2.3-10 冷拉钢丝力学性能

公称直径 DN/mm	抗拉强度 σ_b/MPa 不小于	规定非比例伸长应力 $\sigma_{p0.2}$/MPa 不小于	最大拉力下总伸长率(L_0=200 mm)δ_R/% 不小于	弯曲次数/(次/180°) 不小于	弯曲半径 R/mm	截面收缩率 ψ/%	每 210 mm 扭转次数 n 不小于	初始应力相当于70% σ_b 时,1 000 h 后应力松弛率 r/% 不大于
3				4	7.5	—	—	
4	1 470	1 100		4	10	35	8	
5	1 570	1 180	1.5	4	15		8	8
6	1 670	1 250		5	15		7	
7	1 770	1 330		5	20	30	6	
8				5	20		5	

4. 玻璃钢

玻璃钢(FRP)亦称作 GFRP,玻璃钢是一种纤维强化塑料,是以玻璃纤维及其制品(玻璃布、带、毡、纱等)作为增强材料,以合成树脂作基体材料的一种复合材料,不同于钢化玻璃,是玻璃钢夹砂管的主材。玻璃纤维是由熔融的玻璃拉成或吹成的无机纤维材料,其主要化学成分为二氧化硅、氧化铝、氧化硼、氧化镁、氧化钠等。根据采用的纤维不同,分为玻璃纤维增强复合塑料、碳纤维增强复合塑料、硼纤维增强复合塑料等。

　　我国有 90% 以上的玻璃钢产品是手糊法生产,日本的手糊法仍占 50%,其他有模压法、缠绕法、层压法等。手糊法的优点是用湿态树脂成型,设备简单,费用少,一次能糊 10 m 以上的整体产品。缺点是机械化程度低,生产周期长,质量不稳定。我国从国外引进了挤拉、喷涂、缠绕等工艺设备,随着玻璃钢工业的发展,新的工艺方法将会不断出现。

　　玻璃钢的优点:轻质高强,相对密度为 1.5~2.0,只有碳钢的 1/4~1/5,可是拉伸强度却接近,甚至超过碳素钢,而强度可以与高级合金钢相比,某些环氧玻璃钢的拉伸强度、弯曲强度和压缩强度均能达到 400 MPa 以上,在航空、火箭、宇宙飞行器、高压容器及其他需要减轻自重制品中的应用卓有成效;玻璃钢是良好的耐腐材料,对大气、水和一般浓度的酸、碱、盐及多种油类和溶剂都有较好的抵抗能力,已应用到化工防腐的各个方面,正取代碳钢、不锈钢、木材、有色金属等;玻璃钢是优良的绝缘材料,用来制造绝缘体,高频下仍能保持良好的介电性;玻璃钢的微波透过性良好,已广泛用于雷达天线罩;玻璃钢的热导率低,室温下为 1.25~1.67 kJ/(m・h・K),只有金属的 1/100~1/1 000,是优良的绝热材料;在瞬时超高温情况下,是理想的热防护和耐烧蚀材料,能保护宇宙飞行器在 2 000 ℃ 以上承受高速气流的冲刷;玻璃钢的可设计性好,可以根据需要灵活地设计出各种结构产品,来满足使用要求,可以使产品有很好的整体性;玻璃钢的工艺性优良,可以根据产品的形状、技术要求、用途及数量来灵活地选择成型工艺;玻璃钢生产工艺简单,可以一次成型,经济效果突出,尤其对形状复杂、不易成型的数量少的产品,更突出它的工艺优越性。

　　玻璃钢的缺点:玻璃钢的弹性模量比木材大 2 倍,但比钢($E = 2.1 \times 10^5$ MPa)小 10 倍,因此在产品结构中常感到刚性不足,容易变形,若要做成薄壳结构、夹层结构,可通过添加高模量纤维或者做加强筋等形式来弥补;长期耐温性差,一般不能在高温下长期使用,通用聚酯玻璃钢在 50 ℃ 以上强度就明显下降,一般只在 100 ℃ 以下使用,通用型环氧玻璃钢在 60 ℃ 以上的强度有明显下降,但可以选择耐高温树脂,使长期工作温度在 200~300 ℃ 是可能的;玻璃钢易老化,在紫外线、风沙雨雪、化学介质、机械应力等作用下容易导致性能下降;玻璃钢的剪切强度低,其层间剪切强度是靠树脂来承担的,所以很低,可以通过选择工艺、使用偶联剂等方法来提高层间黏结力,在产品设计时应尽量避免使层间受剪。玻璃钢种类及特点见表 2.3-11。

表 2.3-11　玻璃钢种类及特点

种类	特点
酚醛玻璃钢	耐酸性强,耐温较高,成型较困难
环氧玻璃钢	机械强度高,收缩率小,耐温不够高
呋喃玻璃钢	耐酸耐碱性好,耐温高,工艺性能差
聚酯玻璃钢	工艺性能优良,力学性能较好,耐蚀性差,收缩率大
酚醛环氧玻璃钢	耐酸性强
酚醛呋喃玻璃钢	耐碱性强
环氧酚醛呋喃玻璃钢	耐酸耐碱性强及机械强度高

续表 2.3-11

种类	特点
环氧聚酯玻璃钢	韧性好
环氧煤焦油玻璃钢	造价低
环氧呋喃玻璃钢	耐酸耐碱性强
硼酚醛玻璃钢	高强度,高介电,耐高温,耐腐蚀,耐中子辐射

5. 聚乙烯

聚乙烯(polyethylene,简称 PE)是乙烯经聚合制得的一种热塑性树脂聚合物。聚乙烯无味、无臭、无毒、表面无光泽、乳白色蜡状颗粒,密度约 0.920 g/cm³,熔点 130~145 ℃,可以采用注塑、挤塑、吹塑等加工方法,易于加工,广泛用于农膜、药品与食品包装薄膜、机械零件、日用品、建筑材料、绝缘材料、输水管道、涂层等。

聚乙烯具有优良的耐低温性能,最低使用温度可达-100~-70 ℃;常温下不溶于一般溶剂,吸水率小于 0.01%;电绝缘性优良,化学稳定性好;耐寒、耐低温、耐辐射性能好;耐冲击性和耐穿刺性好;聚乙烯的线膨胀系数大,最高可达(20~24)×10⁻⁵ K⁻¹;热导率较高,电绝缘性好,无极性,具有介电损耗低、介电强度大的电性能;化学稳定性好,能耐大多数酸碱的侵蚀。但拉伸强度较低,抗蠕变性和耐环境应力开裂性较差。聚乙烯规格和技术性能见表 2.3-12。

表 2.3-12　聚乙烯规格和技术性能

规格/mm			技术性能		
项目	尺寸	极限偏差	项目	指标	
厚度	2~8	±(0.08+0.03S)	密度/(g/cm³)	0.919~0.925	0.940~0.960
宽度	≥1 000	±5	拉伸屈服强度(纵横向)/MPa	≥7.0	≥22.0
长度	≥2 000	±10	简支梁缺口冲击韧性	无破裂	无破裂
对角线最大差值	每1 000边长	≤5	断裂伸长率(纵横向)/%	≥200	≥500

(二)管材比选

常用的输水管材有钢管(SP)、球墨铸铁管(DIP)、预应力钢筒混凝土管(PCCP)、玻璃钢夹砂管(RPMP)、聚乙烯(PE)管等,各种管材的特性如下:

(1)钢管(SP)。具有空心截面,其长度远大于直径或周长的圆形钢材,分为无缝钢管和焊接有缝钢管两大类,是目前大口径埋地管道中运用最为广泛的管材。钢管具有较高的强度和不透水性,适用于任何管径和压力,钢管的设计强度大,可以承受的内压高,管件加工方便,使用性好。缺点:钢管的刚度小,易变形,管材价格较为昂贵,且钢管内外壁均需防腐处理,腐蚀性土壤中的输水管道尚需采用阴极保护法防腐,施工过程中现场焊接安装不方便。

(2)球墨铸铁管(DIP)。是铸造铁水经添加球化剂后,经过离心球墨铸铁机高速离心铸造成的管材,简称为球管、球铁管和球墨铸管等。是近年来广泛应用于自来水的输送管材,最大公称直径已达 4 m。球墨铸铁中的碳以球状游离石墨存在,因而对基体的削弱和造成的应力集中很小,具有强度高、韧性好、延伸率大、铸造性能好、耐冲击、耐震动、耐腐蚀、抗拉强度高、韧性好、延伸率高、工作压力大等优点,采用柔性 T 形、K 形、自锚式和承插式等接口连接方式止水效果好,对地基变形适应性强,管道承插式接口安装快速方便。缺点:重量大、二次运输较为不便、价格较高。球墨铸铁管通常采用内衬水泥砂浆,外部喷锌后涂沥青防腐。

（3）预应力钢筒混凝土管（PCCP）。是指在带有钢筒的高强混凝土管芯上缠绕环向预应力钢丝,再在其上喷制致密的水泥砂浆保护层而制成的输水管。适用于输水、市政、工业供排水和农业灌溉的供配水管网,在全球范围内广泛使用。PCCP 管径范围为 600～4 000 mm,承压能力≤2.0 MPa。预应力钢筒混凝土管的生产和应用至今已有 70 多年历史,美国是生产和使用 PCCP 最多的国家,应用最大管径达 7 600 mm,我国 PCCP 经过 30 多年的发展,产品目前已完全国产化。PCCP 是由薄钢板、高强钢丝和混凝土构成的复合管材,它充分而又综合地发挥了钢材的抗拉、易密封和混凝土的抗压、耐腐蚀性能,具有高密封性、高强度和高抗渗的特性。PCCP 采用钢制承插口,同钢筒焊在一起,承插口带有凹槽和胶圈形成滑动式胶圈的柔性接头。根据钢筒在管芯中位置的不同,可分为两种:内衬式预应力钢筒混凝土管（PCCPL）、埋置式预应力钢筒混凝土管（PCCPE）。与其他管材相比,PCCP 具有适用范围广、强度高、刚性大、抗外压能力强、抗震性好、经济寿命长、安装方便、运行费用少等优点,管道承插式接口安装快速方便。缺点:自重较大,安装所需吊装设备大,近年来许多管线事故表明,PCCP 容易发生渗漏和爆管事故,不仅影响输水,还可能引发次生灾害,特别是在地下水对混凝土有侵蚀性时,水泥砂浆保护层开裂后,容易造成断丝而爆管。随着引调水工程规模的日益增大,管道的 HD 值也随之增大,采用 PCCP 的风险也将增加,对于内水压力 2 MPa 以上的大口径回填管,PCCP 的应用也受到一定限制。由于 PCCP 存在较高的失效性,美国已不再生产这种管道。

（4）玻璃钢夹砂管（RPMP）。是改革开放以来我国从意大利和瑞士引进的一种新型制管工艺,它的最大特点是无须防腐处理,适用于腐蚀性强的土壤和化学废水的输送。此种管材运输轻便,劳动强度低,管道承插式接口安装快速方便。玻璃钢夹砂管是由玻璃纤维和树脂混合而成的化学复合管材,生产工艺复杂,工序人工环节多,产量低,质量受人工影响较大,且玻璃钢夹砂管结构层复杂,无法现场检验,客户主要通过工厂监造进行质量控制。为节约运输成本,玻璃钢夹砂管选择在施工现场附近临时建厂,由于缺乏检测设备,质量控制无法实现。玻璃钢夹砂管的主要失效形式为竖向荷载大或管内真空压力造成的环向失稳,承受外压能力较差,在抗击水压时（如水锤）或外界负荷时,容易变形、撕裂甚至爆管。同时,对管道回填土、基础处理和施工技术要求较高。玻璃钢夹砂管直径范围为 300～2 700 mm,承压能力≤2.0 MPa,管径越大,承压能力越小。

（5）聚乙烯（PE）管。是一种绿色环保新型化学管材。特点是化学性质稳定、摩阻系数小、管壁粗糙系数小、过水能力大;耐腐蚀性好,对水质不产生二次污染;管材重量小,运输及装卸费用低,安装方便,施工费用低;PE 管承压低,随工作压力增高,管壁加厚,管径越大,价格增加比例越大,适用于低压排水、污水管道。管径≥300 mm 的 PE 管的工作压力不超过 1.0 MPa。

各种管材示意见图 2.3-1,管材性能优缺点比较见表 2.3-13,管材综合性能比较见表 2.3-14。

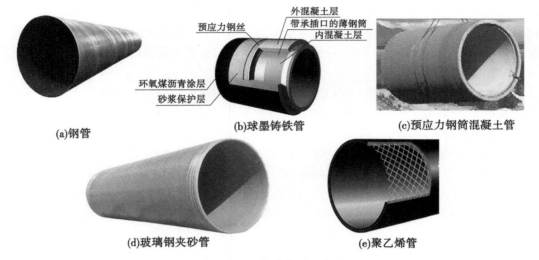

(a)钢管　　(b)球墨铸铁管　　(c)预应力钢筒混凝土管

预应力钢丝
外混凝土层
带承插口的薄钢筒
内混凝土层
环氧煤沥青涂层
砂浆保护层

(d)玻璃钢夹砂管　　(e)聚乙烯管

图 2.3-1　各种管材示意

表 2.3-13　管材性能优缺点比较

序号	名称	优点	缺点
1	钢管(SP)	耐内压高,管材接口灵活,配件齐全,抗渗性能强,管材重量小,抗震性能好,适用于地形复杂地段和穿越各种障碍,钢管的水力条件好($n=0.009$),运行费用少	管材价格较高,管材易腐蚀,管道内、外壁需做除锈和防腐处理,防腐维护费用多。承受外压能力较低。钢管的焊接方式耗时长,而且焊接质量易受现场气候因素及施工条件的影响
2	球墨铸铁管(DIP)	与钢管相似具有较高的承压能力;具有良好的防腐性能;密封性好;接口为柔性,抗震性能高;施工安装方便。中、小口径(DN100~DN2 200),在我国已具备大批量生产能力,因而使用广泛	水力条件稍差($n=0.012$),大口径国内生产厂很少,价格偏高,市场缺乏竞争力,比钢管重
3	预应力钢筒混凝土管(PCCP)	耐腐蚀性能好,除接口处外不需作内外壁防腐处理,寿命长;抗内外压强度较高,工作压力为 0.4~2.0 MPa;施工回填要求较低,管材价格较低,水密性比普通钢筋混凝土水管好	PCCP 管道钢筒承压能力取决于焊工的焊接水平,自重在 5 种管材中最大,是球墨铸铁管的 2~2.5 倍,需做管道基础和修筑较高等级的施工运输临时便道,运输成本较高;配件(弯头、排水三通、排气三通)采用通常的钢制配件,需要再在内外壁喷涂水泥砂浆防腐;对软土地基,需做管道基础,运输和施工不是很方便,造价相对较高

续表 2.3-13

序号	名称	优点	缺点
4	玻璃钢夹砂管（RPMP）	水力条件好（$n=0.01$），自重小，施工安装方便，水密性好，耐腐蚀，抗震性能较好	大口径管材价格较高，容易受外压失稳和因管道受外压变形造成接头渗漏；承受外压能力较差，对基础处理和施工技术要求较高，需用砂回填，提高了工程费用
5	聚乙烯（PE）管	水力条件好（$n=0.009$），自重小，安装方便，水密性好，耐腐蚀	承受外压能力较差，施工回填要求高，大口径管材价格较高

表 2.3-14　管材综合性能比较

项目	钢管（SP）	球墨铸铁管（DIP）	预应力钢筒混凝土管（PCCP）	玻璃钢夹砂管（RPMP）	聚乙烯（PE）管
糙率系数 n	0.009	0.012	0.012	0.01	0.009
耐久性/年	20~50	20~50	50~100	50	20~50
防腐性	自身易腐蚀，需采取工程措施	自身易腐蚀，需采取工程措施	防腐性能较好	无须防腐	无须防腐
耐压性	承受内压最大，抗外压能力较差	最大内压 4 MPa	最大内压 2 MPa，可深埋	最大内压 2 MPa，但易外压失稳	承受内外压最小
管材重量	较小	较小	大	小	小
接头方式	焊接刚性接口	柔性接口	柔性承插式双橡胶圈密封止水	柔性承插式双"O"橡胶圈密封止水	柔性接口
施工方法、安装及维护	现场焊接较困难，检测、维护费用高	运输重量一般，有零配件，施工维护费用低	运输重量较大，有零配件，施工维护费用低	施工安装方便，但对基础与两侧的回填土要求高	施工安装方便，但对基础与两侧的回填土要求高

续表 2.3-14

项目	钢管（SP）	球墨铸铁管（DIP）	预应力钢筒混凝土管（PCCP）	玻璃钢夹砂管（RPMP）	聚乙烯（PE）管
对基础要求	适应不均匀沉降能力强，一般不需基础处理	适应不均匀沉降能力强，需镇墩和基础处理	适应不均匀沉降能力强，需镇墩和基础处理	不适合软土层	属柔性管，承受外压能力较差，在埋地后会产生一定的径向变形；施工回填要求高
抗震性能	强	强	强	弱	弱
价格	压力 >1.5 MPa 时，与球墨铸铁管有竞争力	内压 ≤1.5 MPa 时，比钢管具有优势	在承压范围内，价格小于钢管和球墨铸铁管	在承压范围内，价格小于钢管和球墨铸铁管	管径≥1 m 时价格最高

　　经比较，当管道设计压力不超过 1.0 MPa 的管道选择余度较大，5 种管材都可以，玻璃钢夹砂管最便宜，大口径的 PE 管最贵；当管道设计压力为 1.0~2.0 MPa 时，PE 管已经没有可选型号，预应力钢筒混凝土管和玻璃钢夹砂管相对钢管和球墨铸铁管具有较大的价格优势；当管道设计压力为 2.0~4.0 MPa 时，只有钢管和球墨铸铁管可选，球墨铸铁管在小口径管道上的价格占优势，钢管在大口径管道上的价格占优势。当管道设计压力超过 4.0 MPa 时，只有钢管可选。钢管适用于各种压力，但耐腐蚀性较差；球墨铸铁管耐压次之，安装方便；预应力钢筒混凝土管最重，施工运输最不方便；玻璃钢夹砂管容易受外压失稳，对基础处理和施工技术要求较高；聚乙烯管可选管径和管压范围太小。陆伟等在《水利水电工程金属结构设计技术与实践》中提到了部分采用玻璃钢夹砂管的输水工程案例[4]，值得借鉴。

　　长距离输水管道沿线穿过的地形、地质复杂，经济形势与应用管材的历史状况也不一样，并且每项工程的系统特性也不一样，因此长距离输水工程管材的应用也各不相同。通常长距离输水工程根据工程的规模、管道工作压力、输水距离的长短、工程的重要性、施工工期、地形、地貌及地质、当地管材生产状况、工程资金来源等，进行技术经济、安全等方面的论证，综合比较后确定管材[5]。

　　目前，大型长距离输水管道工程一般都在钢管、预应力钢筒混凝土管、球墨铸铁管中选择。由于钢管能适应各种地质条件，在陆地、江河、湖泊、海洋等场地均可敷设。管道具有基础处理要求低、承受内压高、适应性强等优点，因此对于单条大直径输水管线或地质条件较差、内压较高（1.0 MPa 以上）的管线，宜选择钢管。大型水电站工程通常要求引水管线具有大流量、高内压的承载能力，一般也首选钢管[6]。

二、阀门

（一）阀门种类

高压长距离输水管道与电站压力管道和石油天然气站间管道相比，管线阀门布置和形式是关键,且阀型多、运行条件恶劣,需解决长距离管线的进气排气问题。水电站高压管道通常管径较大,管线短,且一般为单向顺坡,阀型少且简单,管道排气问题易解决;输油管道出于运行安全,首次充水排完气后设计上不再考虑运行期的进气排气问题,站间管线不设进排气阀,这是与长距离输水管道设计理念的最大不同之处。

长距离输水工程管线上一般设有检修阀、空气阀、泄水阀、止回阀、调流调压阀、超压泄压阀、爆管关断阀、水位控制阀,并配有流量计、水位计、伸缩节等,其阀型主要有:蝶阀、闸阀、球阀、偏心半球阀、锥形阀、针阀、活塞阀等。阀典型布置见图2.3-2、图2.3-3。

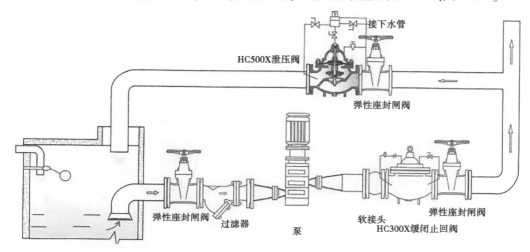

图 2.3-2　取水泵站阀系统布置

图 2.3-3　白牛厂泄水外排工程活塞消能阀和半球检修阀布置

(二) 检修阀

输水工程压力钢管进口应设置事故闸(阀)门,线路较长时,检修阀门间距应根据管路复杂情况、管材强度、事故预期概率及事故排水难易等情况确定。输水管道沿线设置的检修阀主要用于管道分段充水、检修、事故处理时分段排水。

检修阀在正常运行输水时处于常开状态,使用概率很小。目前,国内输水管道工程检修阀设置间距差别较大,间距大的20~30 km设置一处,间距小的1 km左右设置一处。若设置过密,虽然方便检修时排水,有利于减小排水量和缩短检修时间,但增加了投资和管理难度;若设置过疏,虽然节省了投资,但检修段太长,不利于运行管理。根据国内外输水管道工程的实际运行情况,大部分工程检修阀几年都不使用,有的工程甚至连续运行十几年都未使用过,因此检修阀设置间隔可适当取较大值。一般而言,可结合地形条件和运行管理要求,在管线上每间隔 5~10 km 设置一个检修阀室,检修阀前后设置的通气设施和检修孔可结合布置。PN40 及以下中低压管道的检修阀可选用闸阀或蝶阀,PN40 以上高中压管道的检修阀可选用球阀或半球阀。检修工况的阀前后压差超过 1 MPa 时宜设旁通管路和平压阀。设计流速超过 5 m/s 时不宜选用蝶阀。各种阀示意见图 2.3-4。

(a)闸阀 　　　　　　　　　　　　　(b)蝶阀

(c)球阀 　　　　　　　　　　　　　(d)偏心半球阀

图 2.3-4　各种阀示意

(三) 空气阀

输水管线高处或较长输水管线上安装空气阀,用于输水管道初期充水、管路定期检修后充水时将输水管道内的空气往外排出,避免压力波动爆管;在输水管道产生水锤出现负压时,空气阀开启,令管道外空气进入管道,以免在管道内产生较大的负压,起到保护作用;管道系统运行时,当管道内因压力或温度变化而使溶于水中的空气被释放出来时,空气将其及时排出,防止管道中形成气囊而影响管道系统的运行。空气阀造价占输水管道工程的比例很小,但对输水管道的安全运行至关重要,要高度重视。

空气阀按功能分为以下几种：

（1）进排气阀。解决充水排气、负压补气。

（2）空气阀。进排气阀+微量有压排气。

（3）弥合水锤预防阀。空气阀+预防弥合水锤。

（4）真空补气阀。解决大管道的负压破坏。

（5）注气微排阀。真空补气阀+微量有压排气。

（6）注气排气阀。真空补气阀+空气阀。

根据国外相关技术资料和国内近年来的工程实践经验，输水管道上空气阀的布置方式为，在管道坡度小于0.1%时，每隔0.5~1.0 km设一处，一般情况下约1.0 km设一处。空气阀的设置位置，应根据管路纵断面高程情况确定或经水锤防护计算确定，通常都是设在该管段可能出现负压的最高点。当管道起伏较多时，可根据其起伏高度分析是否需要增加，必要时进行相应的水力计算。空气阀的设置应注意间距和口径，并对关阀压差提出要求。阀室上方应预留通气孔以防阀室被淹。空气阀的安装方式一般为每处只装1台，特别重要的位置可在同一处安装1大1小空气阀或2台相同空气阀串联。空气阀通常需配套设置检修阀，可在管道正常运行时关闭检修阀，实现空气阀的在线检修。空气阀的形式和朱昌河水库空气阀的布置见图2.3-5、图2.3-6。

(a)卷帘式　　　　　(b)杠杆式

图2.3-5　空气阀的形式

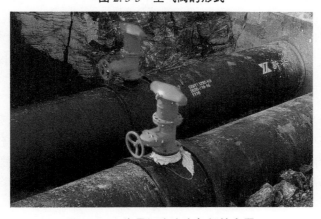

图2.3-6　朱昌河水库空气阀的布置

输水管上所用空气阀的规格与主管道直径的关系,在实际输水工程上有很大差别,排气阀的公称直径可采用主管道直径的 1/12~1/8,但实际应用的一般比较大。如山西某工程主管道直径 DN3 000,排气阀一处安装 2 台直径 DN300;某电厂输水管,主管道直径 DN1 000,排气阀一处安装 DN200 和 DN80 各 1 台;内蒙古某工程主管道直径 DN2 000,排气阀选用直径 DN300;某引水管直径 DN1 600、DN1 400,排气阀选用直径 DN200;某市输水管道直径 DN1200,排气阀选用 DN150、DN100 两种。总结近年来排气阀实际使用规格,公称直径大多为主管道直径的 1/8~1/4,故根据实际应用及相应理论,推荐兼有注气、排气两种功能的排气阀公称直径宜取主管道直径的 1/8~1/5,仅考虑排气功能的取 1/12~1/8。排气阀有效排气口径不得小于其公称通径的 70%。

工程实践证明,空气阀在大多数工况下能排气,但不能保证在管道内任何水流状态下都高速排气,是造成长距离供水管道排气难的根源,给输水工程造成了大量的爆管事故和巨大的经济损失。为及时排出管道存气,理想的空气阀应在管道任何状态下都能高速大量排气,而不是仅能微量排气。合格的空气阀必须具有在管道水气相间的任何压力和状态下,只要阀体内充满气体,就可以打开大、小排气口,高速、大量地排出管道内存气,同时还应具有缓闭功能。充满水时均关闭而不漏水,出现负压时可向输水管道注气。

(四) 泄水阀

为排出管道中的沉淀物及在管道检修时排空管道,宜在管线的低洼处设置一定数量的排水设施。在倒虹吸管道的最低处必须设置泄水阀和放空(兼排沙)管,末端设置进排气阀。泄水阀设有干湿井,宜设潜水排污泵对湿井进行抽排。地形高程允许时,可直接排入河道或沟谷,否则需要抽排。排水设施由泄水管、泄水阀用检修阀、干井、湿井等组成。输水管泄水阀使用概率极低,泄水阀设置的位置和数量,应按两个检修阀之间所限定检修段的地形和放水条件确定,设置数量不宜过多,但两座检修阀室之间不得少于 1 个泄水阀。对于小口径管道不具备进人检修条件的,充排水时间不影响检修维护和事故处理的,也可不设置泄水阀。

泄水阀直径应经水力计算确定,通常可取主管道直径的 1/5~1/4。当两个检修阀距离远、管道坡度又大时,下游泄水阀可能放水过快,易产生安全隐患,这种情况经水力计算选定阀门直径。泄水阀及其检修阀一般手动操作,应保证密封性能良好,多次开关后仍能密封良好无泄漏,尤其是泄水阀,其泄漏量必须为零。在管道运行期间,泄水阀始终承受较大压力,泄水阀处管道内压力小于 1.0 MPa 时宜选用闸阀,1.0 MPa 以上时为避免泄水时高速水流对阀产生振动破坏,宜选用球阀、半球阀或活塞阀,不宜选用蝶阀,避免阀板和阀轴受振动变形。泄水阀布置见图 2.3-7。

(五) 止回阀

用于水泵压力出水管上的止回阀、逆止阀等单向阀,从关闭速度上分为快关、普通和缓闭三种类型。其中,快关型单向阀应用很少。普通止回阀结构简单,价格低,在水泵出口总扬程不大于 20 m、突然停泵时也不会产生直接水锤的低压输水工程中可选用普通止回阀。当输水泵站出口总扬程虽低于 20 m,但管路长度较大或管路情况复杂,突然停泵时也可能发生直接水锤,此时应采用缓闭止回阀。

在一般情况下,当水泵扬程较高,且输水系统复杂易产生很高水锤升压时,长距离输

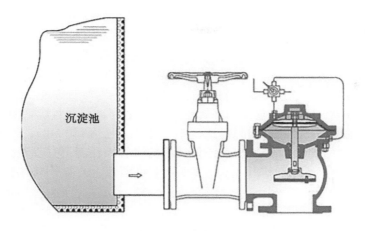

图 2.3-7　泄水阀布置

水系统的水泵压水管上应安装带有缓闭功能的单向阀。在突然停泵时,一般要求缓闭单向阀分快慢两阶段关闭,快关的目的是限制回冲流量,使水泵倒转速度不超过额定转速的 1.2 倍;慢关是为减少水锤升压,使其压力小于 1.5 倍正常使用压力。快慢关角度和历时对水锤防护效果影响很大,宜通过水锤计算确定缓闭止回阀的工作参数。先导式止回阀集成了先导阀和止回阀,可以先经先导阀控制流体的压力和流量表控制止回阀的开启和关闭,防止流体倒流。止回阀示意见图 2.3-8。

(a)普通止回阀　　　　　　　　(b)先导式止回阀

图 2.3-8　止回阀示意

(六) 减压阀、调流阀

当重力输水管的总作用水头超过 0.4 MPa 时,应根据管道水锤防护需要、管道防漏、低流量运行时的消能等因素考虑是否设置减压阀。重力输水管道中的减压恒压阀,无论减压阀进口端流量和压力如何变化,出口端保持恒压值不变,并且出口恒压值可方便地进行调节;用于重力输水管道末端的主要是对出口水流进行消能,减小出口雾化和对周边建筑物的影响。公称管径 DN 大于或等于 600 mm 时,还应具有保证阀芯不振颤的措施。安装在输送原水管道上的减压、消能阀,宜选用膜片式,并有防堵塞措施。用于管道中的减压阀宜选用活塞阀,其单级最大减压不宜超过 1.5 MPa。当需要削减压力很大时,可采用串联减压阀形式,实现多级减压。

当需要控制管道流量时,通常在管道出口设调流阀。当管道出口流速较大时不宜选用抗震性能差的蝶阀、闸阀,当出口调流要求不高时可选用锥形阀,当出口调流要求高时应选用活塞阀,活塞阀和锥形阀均具有线性调节功能。活塞阀是根据阀体内部的活塞前后移动,来控制阀门的开度,从而有效对流量、压力等进行控制。活塞阀内的流道为轴对称形,阀门开启时,水流在出口处汇集,流体流过时不会产生紊流,有效消除气蚀;活塞阀全关时,有效阻止水流流动,达到零泄漏,从而避免了上游压力的传递。活塞阀具有调节精度高,气蚀、噪声和振动小,消能效果好等特点,与水位计或流量计配合使用可实现精准调流。目前工程上使用的活塞阀口径已达 2 m,工作压力已达 1.6 MPa。使用流量计配合调流时,其在管道中的安装位置应满足:流量计前的直管段长度不宜小于 5 倍管径,流量计后的直管段长度不宜小于 3 倍管径。活塞阀示意见图 2.3-9,锥形阀示意见图 2.3-10。

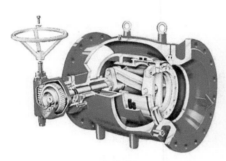 

(a)阀剖面　　　　　　　　　　　(b)阀出口

图 2.3-9　活塞阀示意

(a)倾斜布置锥形阀　　　　　　　(b)水平布置锥形阀

图 2.3-10　锥形阀示意

(七) 超压泄压阀

输水管道中间是否需要设置超压泄压阀,需经分析计算确定。超压泄压阀通常设在泵站出水总管起端、重力输水管道末端的关闭阀上游。超压泄压阀的公称直径宜为主管道直径的 1/5~1/4。当压力较大时,泄流量可能过大,应经计算确定超压泄压阀直径。目前工程上常用的超压泄压阀均为先导式,即用先导辅阀控制主阀后闭泄压,泄压动作滞后,在升压过快时,往往失去泄压保护作用。因此,在选用超压泄压阀时要注意所要防护的水锤类型。超压泄压阀示意见图 2.3-11。

超压泄压阀的泄压值应根据输水管道的最大使用压力和管材强度,经水力计算确定,也可采用最大使用压力加 0.15 ~0.2 MPa,泄压值可以现场调节,泄压值太小可能会产生频繁泄压,泄压值太大起不到保护作用。

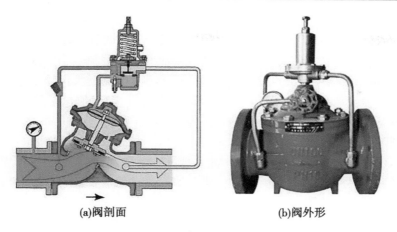

(a)阀剖面　　　　　　　　　(b)阀外形

图 2.3-11　超压泄压阀示意

(八) 爆管关断阀

爆管关断阀是一种能够根据测量管内水流流速与整定流速进行比较结果自行判断,并自动执行关闭动作,对爆管起自动保护作用的阀门。整定流速按大于正常最大流速整定,未发生爆管时,管内水流流速不大于整定流速,爆管关断阀保持打开状态不工作;当发生爆管时,管内水流流速大于整定流速,爆管关断阀接收到信号反馈,会立刻自动关闭,并保持在关闭状态,从而避免了阀前水流下泄,造成冲毁厂房、村庄、公路等事故,并可迅速恢复爆管关断阀前端用户的正常使用。爆管关断阀只反映经过其阀体的实际流速,与水压无关。

爆管关断阀不需供电或外来动力的配合,靠导阀自动测流控制,是一种纯机械式的爆管保护阀。爆管关断阀整定流速可调,生产成本低,在高水头水电站和长距离供水高压管道中采用。重力流引水管段的爆管关断阀宜布置在需要保护管段前方的较低压力段,避免突然关阀对前方管道产生较大水锤而破坏管道,爆管关断阀后应设足够的空气阀,避免突然关阀对后方管道产生负压破坏。爆管关断阀示意见图 2.3-12。

图 2.3-12　爆管关断阀示意

（九）水位控制阀

重力输水管道中间的调节水池,主要用于分段降压和调节,保证正常运行和流量调节时匹配上下游流量。容积越大,越不容易产生溢流和拉空现象。当输水规模不大或要求不高时,重力输水管道中间的水池容积可按不小于 5 min 的最大设计水量确定。多级加压泵站间的压力流输水管道中间吸水池贮水主要用于水泵启动、试泵和泵站间流量匹配,加压泵设有备用泵,吸水池的容积不应小于泵站内 1 台大水泵 15 min 的设计出水量,并应满足一般流量匹配要求。

调节水池和吸水池需要自动控制水池水位,由水位控制阀实现。水位控制阀可选用浮球阀或活塞阀,浮球阀可通过浮球适应水位实现自动调流功能,不需用电;活塞阀需与水位计或流量计配合使用方可实现自动调流功能,需电力驱动。

浮球式水位控制阀通过水位信号带动浮球自动调节阀门开度,自动平衡上下游水量和控制池内水位。当水池充水至最高水位线时,阀门自动关闭,防止池内水外溢。由于一般水位控制阀往往关闭速度较快,当支管直径较大时,水位控制阀突然开关引起的水锤波可能造成主管道内压力波动过大,影响安全供水,应选用带有缓闭功能的水位控制阀。浮球式水位控制阀示意见图 2.3-13。

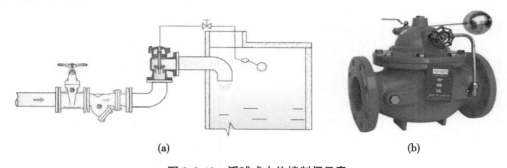

(a)　　　　　　　　　　　　　　　　　　　　　(b)

图 2.3-13　浮球式水位控制阀示意

三、伸缩节

（一）伸缩节的形式和性能特点

伸缩节也称为膨胀节、补偿器,它是泵、阀门、管道等设备与管道的连接件,主要用于补偿吸收管道热胀冷缩、振动、地震、地陷等引起的管道轴向、横向和角向变形,以减小对管道的影响。此外,伸缩节也可用于管道因安装调整等需要的长度补偿。

伸缩节从材料上可以分为金属和非金属两类,水利水电工程中主要采用金属伸缩节。金属伸缩节根据其结构形式,主要分为弯管式伸缩节、套管式伸缩节(也称套筒式伸缩节)和波纹管伸缩节等。三种伸缩节的特点如下:

（1）弯管式伸缩节。是将管道弯成 U 形或其他形体,并利用形体的弹性变形能力进行补偿的一种伸缩节。其优点是强度好、寿命长、可在现场制作;缺点是占用空间大、消耗钢材多和摩擦阻力大。这种伸缩节广泛用于各种蒸汽管道和长管道,主要适用于管径很小的管道,水利水电工程基本不采用。

（2）套管式伸缩节。采用滑动式结构,由本体和伸缩管组成,在管道补偿工作过程中,伸缩管通过在本体内滑动,利用弹性密封圈对存在的缝隙进行静态密封,可降低管道安装和运行中因为误差和热胀冷缩所带来的运行风险。套管式伸缩节在化工、建筑、给水、排水、石油、轻重工业、冷冻、卫生、水暖、消防、电力等基础工程中得到了广泛的应用。

（3）波纹管伸缩节。是一种具有横向波纹的圆柱形薄壁金属壳体,主要应用于因热胀冷缩、振动、下沉等因素引起的轴向、横向、角向的位移补偿与软连接。波纹管伸缩节能承受的压力可超过 30 MPa,密封性好,维护成本低,广泛应用于航空、航天、冶金、石油、化工、建筑、电力、热力、船舶、核工业等领域。

（二）套筒式伸缩节

对于水利水电工程,压力钢管伸缩节通常具备管径大、承受水压力高、流速大等基本特点,还需要能适应地质变位、温差变化和振动等特点。由于水利水电工程结构安全性要求高,其伸缩节水封系统必须安全可靠。20 世纪八九十年代,套筒式伸缩节广泛应用于水电站引水发电系统地面明钢管中,但多为水头较低、直径较小的中小型水电站。套筒式伸缩节是一种由内外套管、填料水封、压圈和紧固件等结构组成的钢管位移补偿器,其设计、制造安装和运行维护已有较多经验。套筒式伸缩节的主要优点是轴向补偿量大、可维修。缺点主要在于:伸缩节径向（横向）补偿能力差,如果需要同时满足钢管轴向和径向变位时,套筒式伸缩节的设计和制造比较困难;套筒式伸缩节通过止水盘根密封防渗,但止水盘根容易变形和老化,每隔 2~3 年都要专门停机或利用电站机组检修的机会进行更换,即使这样仍然无法避免电站运行过程中产生漏水现象,严重时可能影响到明钢管镇支墩和边坡的稳定性。套筒式伸缩节漏水的工程实例见表 2.3-15。

表 2.3-15 套筒式伸缩节漏水的工程实例

工程名称	管径/m	内压/MPa	伸缩节的允许变形	伸缩节出现的问题	原因	处理
万家寨水电站	7.5	1.11	15 mm	漏水严重,形成喷射,水淹尾水廊道。更换盘根后,漏水现象减少,但又出现盘根压盖迸开盘根脱出的问题	产品加工质量问题,安装时温差影响	改造为双层波壳体亚刚体结构伸缩节,内部改为全密封的波纹管
潘家口水电站	7.5			漏水严重,多次处理未能解决	结构设计不合理,安装质量差,分瓣法兰面变形,把合不严;上下游侧钢管安装不同心,下游侧盘根槽沿圆周宽度不均匀,最大相差 16 mm	鉴于钢管伸缩量为 4~5 mm,保持原伸缩节外部结构及强度不变,在钢管内伸缩间距处焊装双层波纹管

续表 2.3-15

工程名称	管径/m	内压/MPa	伸缩节的允许变形	伸缩节出现的问题	原因	处理
飞来峡水电站	7	0.14		压环圆度变形,压环螺栓剪断,伸缩节漏水严重	灯泡贯流式机组振动过大,压环及压环螺栓设计强度不足,伸缩节结构设计不合理	伸缩节压环、法兰、螺栓重新设计,重新制作安装
天荒坪抽水蓄能电站	3.2	6.1		渗漏	伸缩节材料为高强度合金钢TStE355,对锈蚀及磨蚀耐受度不高,由于长时间受高压水冲刷,密封槽各面严重锈蚀,盘根与密封槽不能严密接触	将锈蚀的密封槽消除,在原来的位置对焊不锈钢,再加工出新的密封槽
黄龙滩水电站				伸缩节始终处于漏水状态,法兰合缝处有直径为60 mm压力水柱流出	选用的三角橡胶密封形状不合理,预压缩量达不到封水效果,大法兰组合面变形,组合不严密	三角形橡胶改为梯形截面橡胶,法兰结合面加上楔形铅垫
乌金峡水电站	7	0.13	20 mm	伸缩节漏水,恶化机组运行环境,甚至漏水飞溅到导叶传感器上,造成调速器不能正常工作	加工误差造成转轮室与伸缩节间隙较大或无间隙情况,密封条挤压变形严重,接口错位、断裂,机组振动过大	更换密封条,调整间隙,增加密封圈数量
新疆某倒虹吸工程	2.7	1.4	轴向150 mm,径向50 mm,转角5°	部分伸缩节横向变位异常加大,甚至出现扭动变形。异常变位随季节的变化较大,转角一年内周期性变化规律与倒虹吸所处环境温度的年变化规律相似	季节性及昼夜温差过大,管道左右日照不同	每年5～9月,管内存水降低导致管壁左右存在温差,管道早运行,高温季节备用管线保证管内存水或隔热保温

从上述工程实例来看,套筒式伸缩节由于其自身的结构特点,设计、制造、运行多方面的因素,都容易导致伸缩节压环、止水盘根出现变形导致漏水。另外,温度作用,尤其是管道放空时日照引起的管道不均匀温差是导致伸缩节出现过大变形的重要原因。对于已出现漏水问题的伸缩节,一般都需要进行改造甚至是重新设计生产。若是不改变伸缩节本身的结构形式,只是针对止水盘根进行改造,短期内能解决漏水问题,但不能保证长期盘根不发生老化、变形等,仍需要每隔几年进行维护。万家寨和潘家口两个水电站,由于管道伸缩量并不大,在原有伸缩节基础上进行改造,在伸缩节内部焊接了波纹管,伸缩节改造见图2.3-14,彻底解决了漏水问题,并且能满足钢管伸缩变形要求,两个水电站分别在2003年和2002年完成了伸缩节改造,后续运行良好,也减少了运行维护工作。

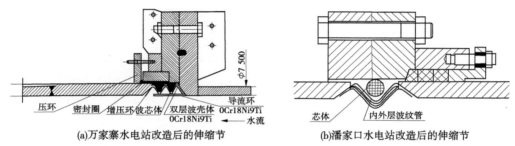

(a)万家寨水电站改造后的伸缩节　　　　(b)潘家口水电站改造后的伸缩节

图 2.3-14　伸缩节改造

(三) 波纹管伸缩节

随着水利水电工程规模越来越大,压力钢管伸缩节主要选用波纹管伸缩节,以解决温度作用下管道轴向伸缩和径向变位问题。金属波纹管伸缩节一般由SUS304奥氏体不锈钢制成的波纹管(起自由伸缩和微小弯曲的作用)和外保护装置(保护波纹管免受外力破坏的作用)组成。用SUS304奥氏体不锈钢制造的波纹管伸缩节,最早期是在航天工业中用于火箭飞行时的一种方向导向装置。早在20世纪70年代初,国内就有压力管道方面的学者提出在压力管道中使用波纹管伸缩节,当时提出的波纹管伸缩节采用的材料是用与主管母材相同的材料,由于所用的材料与主管母材相同,厚度较大,导致加工成波状管体困难、伸缩性能差,虽然有的工程已使用过,但使用范围相当局限,没有广泛使用。后来欧美一些国家把用SUS304奥氏体不锈钢系列材料制造的波纹管伸缩节用于压力钢管中,改善了压力钢管的运行条件,弥补了套筒式伸缩节的缺陷和不足,波纹管伸缩节已开始在国内逐步使用。

波纹管伸缩节的优点为:①简化工地安装工作过程,缩短安装工期;②30~50年内免维护,电站不需要因检修伸缩节而停电;③内设导流筒,水力条件好;④使用的水头范围广,高低水头的压力钢管均可使用。近年来,波纹管伸缩节在水利水电工程中有了越来越多的应用,逐渐开始取代套筒式伸缩节。水利水电工程波纹管伸缩节应用实例见表2.3-16。云南牛栏江–滇池补水倒虹吸工程明钢管伸缩节见图2.3-15、老挝会兰庞雅水电站地面明钢管伸缩节见图2.3-16。目前,波纹管伸缩节已经广泛应用于大中小不同规模的水电站和引调水工程中,大直径、高水头和伸缩节大补偿量的情况均有应用,并且运行良好,较好解决了管道的温度应力、不均匀沉降、断层位移等问题。

表 2.3-16　水利水电工程波纹管伸缩节应用实例

工程项目	直径/m	设计压力/MPa	补偿量				应用场合
			轴向/mm	横向/mm	垂直/mm	角向/(°)	
四川南桠河姚河坝水电站	4	2.5	±30	±50	±50	±1	隧洞地质滑移段
三峡水电站	12.4	1.4	±15	—	±5	—	坝后背管厂坝过缝
四川吉日波水电站	1.8	2.5	±30	±10	±10	±1	地面引水明钢管
重庆狮龙水电站	4	0.28	±20	±10	±10	±0.5	地面引水明钢管
老挝南梦 3 水电站	1.78	1.6	±70	—	—	—	地面引水明钢管
四川黄土坡水电站	3.4	0.15	±60	—	—	±0.5	地面引水明钢管
朱昌河水库	1.2	4.0	±80	±40	±40	±1	泵站出水明钢管
云南掌鸠河引水工程	2.2	4.5	±50	—	—	—	地面引水明钢管
云南牛栏江-滇池补水	3.4	0.5	±100	±100	±100	±1	地面明钢管过断层
刚果(布)利韦索水电站	2.3	0.6	±80	—	—	—	地面引水明钢管
伊朗 Rudbar 水电站	3.4	5.8	±35	±45	±45	±1	地面引水明钢管
	3.8	4.8	±150	±100	±100	±2	地面引水明钢管
	4.4	1.8	±65	±25	±25	±1	地面引水明钢管
	4.4	1.6	±65	±10	±10	±1	洞内引水明钢管
	4.4	1.3	±35	—	—	±0.5	洞内引水明钢管

(a)新春邑倒虹吸

(b)小龙潭倒虹吸

图 2.3-15　云南牛栏江-滇池补水倒虹吸工程明钢管伸缩节(D=3.4 m)

 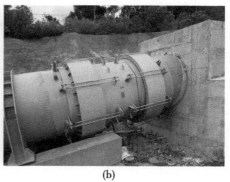

(a)   (b)

图 2.3-16　老挝会兰庞雅水电站地面明钢管伸缩节($D = 2.0$ m)

波纹管伸缩节的结构类型较多,不同类型的伸缩节,适用的场合也各不相同。主要的类型有单式轴向型、单式和复式铰链型、复式自由型、复式拉杆型、直管和弯管压力平衡型等。波纹管伸缩节选型主要考虑以下几个方面。

1. 管道的直径和压力

压力管道的直径越大、内压越大,所需要的管壁厚度越大。增加管道的壁厚比较容易实现,但波纹管受到制造工艺的限制,增加波纹管的厚度难度很大。在水利水电工程中,管道 HD 值较大的情况下,波纹管常采用加强型或者多层结构,也可以应用这两种结构的组合。波纹管的波纹形状也会影响其承压能力,常用的形状包括 U 形和 Ω 形。一般来说,环形截面能承受较高的压力,但允许的位移小,U 形截面则相反。U 形波纹管因成型工艺相对简单,补偿能力大而最为常用,在工作压力高的情况下,可采用多层 U 形波纹结构或加强 U 形波纹结构。

2. 管道的布置

目前,水利水电工程管线中需要设置伸缩节的主要是地面管和回填管。地面管伸缩节可选择常规波纹管伸缩节,但是回填管浅埋于地下环境,除管周土体外,还可能承受一定的外水压力。普通的波纹管伸缩节不能浸泡于水中,更不能直接埋在土中。一方面会影响伸缩节的正常使用;另一方面可能会产生电化学腐蚀,降低使用寿命。因此,对于回填管的波纹管伸缩节应选用特殊的类型。目前,回填式供热管道普遍采用直埋形式,也对应产生了直埋式波纹管伸缩节。直埋式波纹管伸缩节是由一个或多个波纹管串联在一起的,波纹管外有可使波纹管轴向移动的外套筒,在外壳和导向套筒的保护下,伸缩节可实现伸缩补偿,主要用于轴向补偿,同时具有抗弯能力。直埋式波纹管伸缩节按补偿方式分,主要有一次性直埋伸缩节、自由补偿直埋波纹伸缩节和井置式波纹伸缩节三种。

(1)一次性直埋伸缩节。工作原理是将该种产品安装在管道上后,给管道加热到要求的温度,管道受热伸长,波纹管被相应压缩,在此状态下将外套筒在环缝处密封焊接,补偿器成为刚性整体,不再有补偿能力。该类型伸缩节只补偿了设计温差下变形总量的一部分,使管道拉伸、压缩应力基本相等,其补偿量小,无寿命要求,无疲劳失效问题,管路不需滑动支架,造价也低。但施工中需给管路加热和补偿器环焊缝的焊接,增加了施工难度。

（2）自由补偿直埋波纹伸缩节。使波纹管在外壳的保护下实现自由伸缩补偿，其他性能与非直埋波纹伸缩节相同。这种补偿器与一次性直埋补偿器比，管道变形应力小，安装简单，伸缩节有抗弯能力，可不考虑管道下沉的影响。但由于是直埋地下，要求补偿器与管道同寿命，寿命一般不低于 20 年，体积较大，造价高。

（3）井置式波纹伸缩节。是将伸缩节设在井内实现自由补偿的。由于管道埋在地下随土层下沉，使管道轴线对波纹伸缩节轴线产生较大偏离，严重的会使波纹膨胀节损坏，因此应对管道增设一个滑动支座。

上述三种直埋式波纹伸缩节中，一次性直埋伸缩节施工复杂、补偿能力有限，应用具有局限性。自由补偿直埋波纹伸缩节直埋地下，要求产品结构及寿命必须可靠，安装施工必须严格无误，土层及地下水氯离子含量不许超标，否则出现故障时返修工程量大并且十分麻烦。井置式波纹伸缩节设在井内，它的工作状态相当于架空或地沟设置伸缩节的工作状态，相关设计、安装施工都很成熟。过去补偿式直埋伸缩节尚不够成熟，直埋管道采用井置式波纹膨胀节更现实和可靠。但随着直埋管道应用的增多，对施工速度要求更高，补偿式直埋伸缩节也不断发展，目前其应用越来越成熟。自由补偿直埋波纹伸缩节的应用使伸缩节的安装和使用不受环境限制，管道施工时不需要预留埋地安装空间，不需要设置窨井，适用于全埋地管道施工，实现免维护，伸缩节的使用寿命更长。由于水利水电工程中直埋管道应用相对较少，目前直埋式波纹伸缩节的应用较少。

3. 伸缩节的补偿量

伸缩节所需的补偿量是其选型的一个关键因素，一是补偿位移的方向，二是补偿位移的量值。伸缩节位移补偿方向主要包括轴向位移补偿、横向位移补偿和角位移补偿。对于轴向位移补偿，一般情况下选用单式轴向型伸缩节，使用最为广泛；对于横向位移补偿，一般选用横向型伸缩节，常见的形式有复式拉杆型和复式万向铰链型等；对于角位移补偿，一般选用角向型伸缩节，常见的形式有单式铰链型和单式万向铰链型，分别用于吸收单平面角向位移和多平面角向位移。此外，还有万向型伸缩节，用于吸收多个方向位移。补偿量的大小主要影响波纹管波数的选择，同时波数的选择也受结构抗疲劳的制约。对于横向位移，当单个波纹管难以满足要求时，可以选择复式伸缩节，借助中间连接管增大伸缩节横向补偿量。

随着大型水利水电工程的建设，管线越来越长，地质条件越来越复杂，碰到的诸如活动断层等不良地质条件越来越多，常需要适应多个方向的位移，复式波纹管伸缩节应用较多。此类伸缩节由中间接管连接两个具有较强轴向、角向位移补偿功能和一定横向位移补偿功能的单式波纹管功能装置构成的复式波纹管伸缩节，其横向位移补偿被中间接管得到放大，具有良好的三维位移补偿性能。

4. 伸缩节与管道的连接方式

伸缩节与管道的连接采用法兰连接、焊接等，以焊接较为常用。法兰连接的成本较高，两片法兰间要设置密封圈；焊接连接要求管壁较厚的管节开坡口，焊后进行防腐处理。

在设计和选用伸缩节时，除要考虑基本参数和性能外，还应从管道系统整体造价、空间限制、满足受力和使用寿命（补偿量）等方面统筹考虑。

第四节　管道设计

一、设计标准和设计阶段

(一)设计标准

水利水电工程长距离输水管道根据工程布置、输送介质和压力、耐久性要求等,选用钢管、球墨铸铁管、预应力钢筒混凝土管、玻璃钢夹砂管、聚乙烯管等管材,设计、制造、安装和防腐常用的主要技术标准见表 2.4-1。

表 2.4-1　常用的主要技术标准

序号	标准号	标准名称
1	GB/T 12522—2009	不锈钢波形膨胀节
2	GB/T 12777—2019	金属波纹管膨胀节通用技术条件
3	GB/T 13295—2019	水及燃气用球墨铸铁管、管件和附件
4	GB 16749—2018	压力容器波形膨胀节
5	GB/T 18593—2010	熔融结合环氧粉末涂料的防腐蚀涂装
6	GB/T 21238—2016	玻璃纤维增强塑料夹砂管
7	GB/T 21447—2018	钢质管道外腐蚀控制规范
8	GB/T 21448—2017	埋地钢质管道阴极保护技术规范
9	GB/T 23257—2017	埋地钢质管道聚乙烯防腐层
10	GB/T 28897—2021	流体输送用钢塑复合管及管件
11	GB/T 35990—2018	压力管道用金属波纹管膨胀节
12	GB 50268—2008	给水排水管道工程施工及验收规范
13	GB 50332—2002	给水排水工程管道结构设计规范
14	GB/T 50726—2023	工业设备及管道防腐蚀工程技术标准
15	GB 50766—2012	水电水利工程压力钢管制作安装及验收规范
16	SL 105—2007	水工金属结构防腐蚀规范
17	SL/T 281—2020	水利水电工程压力钢管设计规范
18	SL 432—2008	水利工程压力钢管制造安装及验收规范
19	SL 481—2011	水利水电工程招标文件编制规程
20	SL/T 617—2021	水利水电工程项目建议书编制规程
21	SL/T 618—2021	水利水电工程可行性研究报告编制规程
22	SL/T 619—2021	水利水电工程初步设计报告编制规程
23	DL/T 5017—2007	水电水利工程压力钢管制造安装及验收规范
24	NB/T 11013—2022	水电工程可行性研究报告编制规程

续表 2.4-1

序号	标准号	标准名称
25	DL/T 5358—2006	水电水利工程金属结构设备防腐蚀技术规程
26	DL/T 5751—2017	水电水利工程压力钢管波纹管伸缩节制造安装及验收规范
27	NB/T 10337—2019	水电工程预可行性研究报告编制规程
28	NB/T 10349—2019	压力钢管安全检测技术规程
29	NB/T 10791—2021	水电工程金属结构设备更新改造导则
30	NB/T 10859—2021	水电工程金属结构设备状态在线监测系统技术条件
31	NB/T 35056—2015	水电站压力钢管设计规范
32	SY/T 0315—2013	钢质管道熔结环氧粉末外涂层技术规范
33	SY/T 0442—2018	钢质管道熔结环氧粉末内防腐层技术标准
34	SY/T 5037—2018	普通流体输送管道用埋弧焊钢管
35	SY/T 5038—2018	普通流体输送管道用直缝高频焊钢管
36	CECS 17:2000	埋地硬聚氯乙烯给水管道工程技术规程
37	T/CECS 122:2020	埋地硬聚氯乙烯排水管道工程技术规程
38	CECS 140:2011	给水排水工程埋地预应力混凝土管和预应力钢筒混凝土管管道结构设计规程
39	CECS 141:2002	给水排水工程埋地钢管管道结构设计规程
40	CECS 190:2005	给水排水工程埋地玻璃纤维增强塑料夹砂管管道结构设计规程
41	CECS 193:2005	城镇供水长距离输水管(渠)道工程技术规程
42	CECS 246:2008	给水排水工程顶管技术规程
43	T/CWHIDA 002—2018	水利水电工程球墨铸铁管道技术导则

(二)各阶段设计内容和深度

水利工程和水电工程由于所处行业不同,设计阶段的划分有所不同,要求各设计阶段的设计内容和深度亦不同。各阶段设计内容和深度见表 2.4-2。

表 2.4-2　各阶段设计内容和深度

行业	设计阶段	设计内容和深度
水利工程	项目建议书	初步选定管道布置、阀门形式,估算工程量
	可行性研究	基本选定管道的布置、形式和主要尺寸、断面尺寸等,提出工程量汇总表;对有压输水系统,基本选定沿线设置的各类阀门、流量计及其他管道附件的形式、数量、主要技术参数和布置
	初步设计	选定压力管道的布置、形式、高程、断面尺寸、长度及材质等,说明压力输水管道的控制运用条件及水力过渡过程计算条件、方法和成果;提出压力管道工程量和布置图

续表 2.4-2

行业	设计阶段	设计内容和深度
水电工程	预可行性研究	基本选定管道的布置、形式、高程、断面尺寸
水电工程	可行性研究	选定压力管道(包括岔管、旁通管、镇墩、支墩等)的布置、形式、断面尺寸、长度等,说明压力管道稳定和结构计算的条件、荷载及其组合、计算方法和计算成果,说明衬砌支护形式选择,提出采用钢材、混凝土衬砌的要求及结构尺寸;对大型、复杂的岔管应进行专门的应力分析和结构设计;提出压力管道工程量和布置图
水利/水电工程	招标	明确管道制造成型方式、明管支座和伸缩节形式、垫层管形式、岔管形式;明确材质和板厚偏差要求;明确一期预埋件的供货方;明确管道间、管道与阀、流量计等附属设备的连接形式、远控接口方式和供货方;明确管外排水方式和灌浆方式;明确厂内和现场水压试验要求及试验用闷头的供货方
水利/水电工程	施工图	说明管道的布置、形式、数量、工作条件、主要设计参数和技术要求;绘制管道布置图、结构图和主要大样图

二、有限元分析

(一)有限元分析程序及基本理论

1. 线弹性静力有限元基本理论

线弹性静力有限元通过弹性力学变分原理建立弹性力学问题有限单元表达格式。通常采用的基于位移元的线弹性有限元法基本思想是:将结构离散为一系列连续分布的单元,以单元节点位移为基本变量,初始假定单元内的位移与节点位移存在插值函数关系,通过弹性力学的几何方程、物理方程,以及最小位能原理建立单元刚度方程,按单元节点编号在整体坐标下进行坐标转换和刚度集成,得到整个结构的刚度矩阵,再根据单元等效结点荷载、位移边界条件,形成一系列线性方程。按直接解法或迭代法,用收敛精度允许范数求解方程,可得到节点位移,再由几何方程和物理方程进一步得到各单元相应的应变和应力。形成单元刚度矩阵和整体刚度矩阵是上述各过程中最重要的部分,简述单元刚度方程和总体刚度方程。

1)单元刚度方程

单元应变与节点位移的关系:

$$\{\varepsilon\} = [B]\{u\}^e \qquad (2.4\text{-}1)$$

几何矩阵:

$$[B] = [L][N(\xi_i)] \qquad (2.4\text{-}2)$$

其中:$[N(\xi_i)]$ 为形函数矩阵。

单元应力与节点位移的关系:

$$\{\sigma\} = [D]\{\varepsilon\} = [D][B]\{u\}^e \qquad (2.4\text{-}3)$$

若将虚功方程用于单元 e，考虑相邻单元对该单元作用的节点力 $\{f\}^e$，并用节点虚位移 $\{\delta u\}^e$ 表示单元虚位移 $\{\delta u\}$ 和单元虚应变 $\{\delta\varepsilon\}$，可以得到单元平衡方程：

$$(\{\delta u\}^e)^{\mathrm{T}}\int_e [B]^{\mathrm{T}}\{\sigma\}\,\mathrm{d}V = (\{\delta u\}^e)^{\mathrm{T}}(\{f\}^e + \{p\}^e + \{\bar{p}\}^e) \qquad (2.4\text{-}4)$$

若令
$$\{q\}^e = \{p\}^e + \{\bar{p}\}^e \qquad (2.4\text{-}5)$$

把式(2.4-3)代入式(2.4-4)，便得单元刚度方程：
$$[k]^e\{u\}^e = \{f\}^e + \{q\}^e \qquad (2.4\text{-}6)$$

其中单元刚度矩阵：
$$[k]^e = \int_e [B]^{\mathrm{T}}[D][B]\,\mathrm{d}V \qquad (2.4\text{-}7)$$

2）总体刚度方程

建立单元节点位移向量和总体节点位移向量之间的关系：
$$\{u\}^e = [A]^e\{U\} \qquad (2.4\text{-}8)$$

由式(2.4-4)、式(2.4-5)和式(2.4-8)，可得

$$([A]^e)^{\mathrm{T}}\int_e [B]^{\mathrm{T}}\{\sigma\}\,\mathrm{d}V = ([A]^e)^{\mathrm{T}}(\{f\}^e + \{q\}^e) \qquad (2.4\text{-}9)$$

令
$$\{F\} = \sum_{e=1}^m ([A]^e)^{\mathrm{T}}\{f\}^e \qquad (2.4\text{-}10)$$

$$\{Q\} = \sum_{e=1}^m ([A]^e)^{\mathrm{T}}\{q\}^e \qquad (2.4\text{-}11)$$

便得总体平衡方程：
$$\sum_{e=1}^m ([A]^e)^{\mathrm{T}}\int_e [B]^{\mathrm{T}}\{\sigma\}\,\mathrm{d}V = \{P\} \qquad (2.4\text{-}12)$$

其中
$$\{P\} = \{F\} + \{Q\} \qquad (2.4\text{-}13)$$

由式(2.4-3)和式(2.4-8)，可得
$$\{\sigma\} = [D][B][A]^e\{U\} \qquad (2.4\text{-}14)$$

把式(2.4-14)代入式(2.4-12)便得出总体刚度方程：
$$[K]\{U\} = \{P\} \qquad (2.4\text{-}15)$$

其中总体刚度矩阵：
$$[K] = \sum_{e=1}^m ([A]^e)^{\mathrm{T}}[k]^e[A]^e \qquad (2.4\text{-}16)$$

2. 接触非线性

1）接触模型

在状态非线性分析中，接触分析是一种很普遍的高度非线性行为。接触问题存在两大难点：其一，求解问题之前接触区域表面之间的接触或分开是未知的，它根据荷载、材料、边界条件和其他因素而定；其二，大多数的接触问题需要计算摩擦，摩擦使问题的收敛性变得困难。主要的接触方式包括：点-点、点-面和面-面。与其他两种接触方式相比，

面–面接触方式有以下优点:支持低阶和高阶单元;支持有大滑动和有摩擦的大变形,能够为单元提供不对称刚度矩阵的选项;没有刚体表面形状的限制,刚体表面的光滑性不是必需的,允许有自然的或网格离散引起的表面不连续;允许多种建模控制,如绑定接触、渐变初始穿透、单元生死技术等。

三维面–面接触单元模型见图 2.4-1,接触单元(4 节点低阶四边形单元,可退化为 3 节点三角形单元)和目标单元附在实体单元的接触面上,同时程序会自动决定接触计算所需的外法向,"目标面"和"接触面"通过相同的实常数号来识别、建立"接触对"。由于几何模型的多样性,若一个接触面和多个目标面产生接触关系,则可定义多个接触对(使用多组覆盖层接触单元),每个接触对设定不同的实常数号。

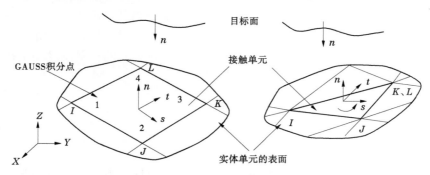

图 2.4-1　三维面–面接触单元模型

单元的形函数形式是有限元离散的关键,它不但决定着近似求解的精度,还决定着求解的收敛性,形函数的具体形式通常是一组分片连续的位移函数,形函数的选择应当满足完备性、协调性和各向同性等要求。

接触单元的插值基函数 $N_i = \dfrac{1}{4}(1+s_i s)(1+t_i t)$,$i=1,2,3,4$,形函数矩阵为

$$
\begin{bmatrix}
N_1 & 0 & 0 & N_2 & 0 & 0 & N_3 & 0 & 0 & N_4 & 0 & 0 \\
0 & N_1 & 0 & 0 & N_2 & 0 & 0 & N_3 & 0 & 0 & N_4 & 0 \\
0 & 0 & N_1 & 0 & 0 & N_2 & 0 & 0 & N_3 & 0 & 0 & N_4
\end{bmatrix}
\qquad (2.4\text{-}17)
$$

计算过程中使用 GAUSS 积分点作为接触检查点。在积分点上,接触单元不渗透进入目标面,但目标面能渗透进入接触面。接触检查点见图 2.4-2。接触单元相对于目标面的运动和位置决定了接触单元的状态,程序检测每个接触单元并给出一种接触状态(未合的远区接触、未合的近区接触、滑动接触、黏合接触)。对于柔体–柔体的三维接触问题,程序将定义一个以接触单元积分点为球心,"2 倍下层单元厚度"为半径的球形区域。当目标面进入球形区域后,接触单元就被当作未合的近区域接触。

2)接触算法

对面–面接触单元模型采用的是罚函数法与拉格朗日法混合的扩展拉格朗日乘子法,计算中为找到精确的拉格朗日乘子(或者接触压力),需对罚函数进行一系列的修正迭代。为控制接缝开度 u_n,通常可以采用两种方法来定义接触协调条件:①罚函数法,用一个弹簧施加接触协调条件,弹簧刚度(接触刚度)称为罚参数;②拉格朗日乘子法,增加

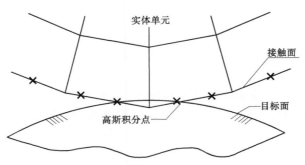

图 2.4-2　接触检查点

一个附加自由度(接触压力),以满足不侵入条件。扩展拉格朗日乘子法将上述两种方法结合起来施加接触协调条件,利用容差 ε(一般为表面单元尺寸的1%)控制最大允许穿透值。如果迭代中发现穿透大于允许的 ε 值,则将各个接触单元的接触刚度加上接触力乘以拉格朗日乘子的数值。

接触压力:

$$p = \begin{cases} 0 & u_n \geqslant 0 \\ k_n u_n + \lambda_{i+1} & u_n \leqslant 0 \end{cases} \tag{2.4-18}$$

式中: $\lambda_{i+1} = \begin{cases} \lambda_i + k_n u_n & |u_n| > \varepsilon \\ \lambda_i & |u_n| < \varepsilon \end{cases}$, $k_n = \dfrac{mEA^2}{V}$, k_n 为法向接触刚度; E 为接触单元周围的实体体积模量; m 为法向接触刚度比例因子; V 为实体单元的体积; A 为实体单元定义的接触面面积; λ_i 为第 i 次迭代的拉格朗日乘子; ε 为容差,定义接触许可的穿透量。

因此,这种扩展拉格朗日乘子法是不断更新接触刚度的罚函数法,直到计算的穿透值小于允许值为止。与纯粹拉格朗日法相比,扩展拉格朗日乘子法的穿透量并不为零;与罚函数法相比,迭代次数可能会更多,但扩展拉格朗日乘子法具有以下优点:①与罚函数法相比,各接触单元的接触刚度取值可能更合理,总体刚度矩阵出现较少的病态,计算容易收敛。②与单纯的拉格朗日法相比,没有刚度阵零对角元,因此在选择求解器上没有限制。③可以自由控制允许的穿透值,可以寻找穿透小、接触刚度大的解,保证计算结果更加准确。

3)库仑摩擦模型

在接触分析中,不仅接触面法向发生相互接触,同时切向还可能发生相对滑动,而库仑摩擦模型是用于判断发生接触的两个面是否发生相对滑动的依据,库仑摩擦模型可定义如下:

$$\left.\begin{array}{l} \tau_{\lim} = \mu p + c \\ |\tau| \leqslant \tau_{\lim} \end{array}\right\} \tag{2.4-19}$$

式中: $\tau_{\lim}$ 为最大允许剪应力; τ 为等效剪应力; μ 为摩擦系数; p 为接触面法向压力; c 为黏聚力。

在库仑摩擦模型中,可直接定义最大允许接触摩擦应力 $\tau_{\max}$,其合理的高估值 $\tau_{\max} = \sigma_y/\sqrt{3}$,其中 σ_y 为变形材料的 Mises 屈服应力。当两个模型材料表面的摩擦力大于式(2.4-19)中的最大允许剪应力或定义的最大允许接触摩擦应力 $\tau_{\max}$ 时,模型之间将产生相对滑动。接触面的库仑摩擦模型见图 2.4-3。滑动支座处面-面接触单元是利用这种接触非线性理论。

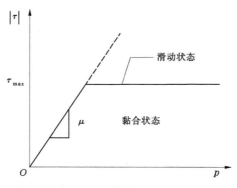

图 2.4-3　接触面的库仑摩擦模型

(二) 明钢管有限元分析

在早期管道的研究中,解析法或者有限元法多采用连续梁模型分析管道的变形和受力。水利水电工程中的明钢管往往截面尺寸较大且承受高内水压力,采用梁模型忽略管道横截面为薄壁管壳这一特点,无法更好地模拟钢管的受力变形,尤其是存在局部约束的部位。同时,随着人们认识的深入,发现沿管道轴向间隔布置的支承构件、伸缩节等对管道的受力影响显著,这些均是采用梁模型不能准确模拟之处。因此,在明钢管的有限元分析中,除管壳单元的选择外,重点在于支承结构和伸缩节模拟。

明钢管管壳单元可以采用梁单元或壳单元,也有学者从综合计算效率与精度的角度提出梁壳混合模型,但学术界存在一个共识,即壳单元可以更好地模拟管道的受力,尤其是局部连接部位的破坏失效。因此,目前在明钢管的有限元分析中,管壳主要采用壳单元模型。

1. 明钢管支座模拟

地面明钢管中钢管与地基通过支座相连,常用的支座主要是滑动支座、固定铰支座。平板滑动支座根据限位情况,分为单向滑动支座和双向滑动支座。明钢管管线中大量采用滑动支座,在过断层等特殊情况下,部分支座会采用固定铰支座。

滑动支座滑板之间的摩擦传力属于面-面接触传力问题。滑动支座滑板间在复杂荷载(比如重力、内水压力、断层错动、地震等)作用下可能出现闭合、滑动和脱开三种状态,属于典型的状态非线性问题,是一种高度非线性行为。目前,工程中常用的有限元分析软件,均提供了接触问题的模块,通过设置接触单元(如 ANSYS)或建立接触对(如 ABAQUS)来模拟两个面的接触滑移,接触面的本构模型可采用库伦摩擦模型。ABAQUS/STANDARD 模块提供了两种弹性体接触模型。第一种为小滑动接触模型,该模型允许两个接触面之间发生网格尺寸量级的相对滑动和任意大小的相对转动,分析开始前根据网格的初始形态,程序将确定从面的每一个节点与主面的哪一个区域发生接触,分析过程中始终保持这种相互作用关系。第二种为有限滑动模型,该模型允许接触面之间出现任意大小的滑动和转动,为此程序在分析过程中将不断地判断从面节点与主面的哪一个区域发生接触,计算量相对小滑动模型要高很多。由于断层错动涉及的变形量较大,明钢管滑动支座的上下滑板之间可能出现较大的变形，在断层错动及地震作用下上滑板甚至有可能从下滑板上脱落，适用于有限滑动模型。

滑动支座为了限制结构从支座上滑落，常常设置限位措施。对限位的模拟，可以按照实际情况在模型中具体模拟限位的挡块等，但这种方式较为烦琐。对于限位，还可以采用施加位移耦合约束的形式加以模拟。例如，侧向限位可以设置上滑板和下滑板的侧向位移相等，上下滑板间不产生侧向变形，等效起到侧向限位的作用。对于固定铰支座也可以采用类似的方式等效模拟，对其上滑板和下滑板的中心，建立三向位移的耦合约束，保证两个中心不产生位移差，但同时不限制两个滑板的相对转动。上述采用位移耦合的等效模拟方式，不需要建立支座的细节，大大简化建模的工作量，提高建模和计算效率。

2. 伸缩节模拟

明钢管采用的伸缩节主要有两类，一类是套筒式伸缩节，另一类是波纹管伸缩节。对于套筒式伸缩节，在有限元模拟中，需要建立伸缩节两端的套筒，然后对两套筒建立接触关系，以模拟伸缩节的伸缩滑移。对于波纹管伸缩节，可直接根据波纹管伸缩节设计图建立详细的模型，见图 2.4-4。此模型可以模拟伸缩节的正常变形及限位装置的作用，若考虑材料非线性，可以获取伸缩节本身的极限承载力。但这类模型建模十分复杂，单元数量较多，主要用于需要了解伸缩节本身的受力变形情况。对于明钢管的受力分析，更多情况下关注钢管本身的受力变形，伸缩节仅是一个约束条件。因此，根据伸缩节的设计参数，建立伸缩节的等效模型用于整体结构的计算分析是更为经济合适的。通过计算，仍然可以分析得到伸缩节本身的变形量，可为伸缩节设计生产厂家提供基本数据，用于伸缩节的校核或优化。

图 2.4-4　波纹管伸缩节有限元模型

波纹管伸缩节模型的简化主要在于采用合适的单元模拟波纹管的变形特征。波纹管伸缩节的简化模型中，波纹管采用梁单元模拟，中间连接管采用管单元模拟，梁单元的刚度等于波纹管的刚度，以此体现波纹管的变形特征。该简化模型仅需要少数几个单元，即可模拟波纹管伸缩节对钢管受力变形的影响，建模和计算效率高。该模型的缺点是无法获取波纹管的应力，主要适应整体模型分析，不需要对波纹管本身应力进行评价的情况。

(三) 回填钢管有限元分析

回填钢管的变形是此类管道设计中的核心控制标准,精确预测和控制管道变形对于保证结构安全和经济至关重要。1941 年,Spangler 提出了考虑管-土相互作用的理论模型,并首次给出了预测管道变形的 Iowa(爱荷华)公式,Watkins 改进了 Iowa 公式的土体反力模量,使其广泛地应用在回填钢管的变形预测,成为管道变形主要计算方法。回填钢管受力的典型特征为钢管和管周土体之间存在复杂的管-土相互作用,目前设计中广泛的解析计算方法,将管道与土体分离,然后将假定的土压力分布作为外荷载施加在管环上,进而用结构力学法求得管壁内力。这种人为地将管道与土体分开计算的方法,不可避免地会简化管-土间复杂的相互作用,从而降低分析结果的准确性。为克服解析计算的局限性,1970 年以后国内外学者开始对回填钢管进行有限元分析,经过近半个世纪的发展,目前有限元法已成为分析回填钢管管-土相互作用特性的一种高效且成熟的工具。

回填钢管的管-土相互作用问题可以归纳为界面上的接触应力确定,分析时需包含土体变形特性、管道结构刚度和周围土体在管道运动时的反应。为了保证有限元计算结果的可靠性,美国土木工程师学会手册 *Buried flexible steel pipe*: *Design and structural analysis*(ASCE MOP 119)中阐述了影响计算结果可靠性的关键因素,要求满足以下四种条件:①土体应采用非线性本构模型;②管道与土体的单元类型不同;③应使用接触单元,以使管道与土体可以相互运动;④柔性管道容易发生大位移,应使用几何非线性计算理论。

1. 土体本构模型

为体现土体对管道变形的反应,必须采用较为真实的土体本构模型。鉴于其复杂性,对于在已知荷载作用下任意时间内的土体本构模型在理论上很难得出,但为满足实际需要,出现了一批理想化的土体本构模型。目前,回填钢管有限元分析时最为常见的土体本构模型有 Mohr-Coulomb 模型和 Drucker-Prager 模型。主应力空间上的 Mohr-Coulomb 和 Drucker-Prager 屈服准则见图 2.4-5。

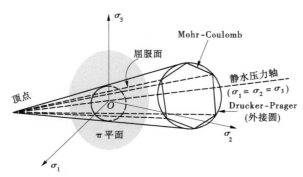

图 2.4-5　主应力空间上的 Mohr-Coulomb 和 Drucker-Prager 屈服准则

Mohr-Coulomb 屈服准则能够较好地描述岩土材料的强度特性,但屈服面在主应力空间中为不规则六角形断面的角锥体表面,π 平面上显示为不等角六边形,数值计算时不易收敛。而 Drucker-Prager 屈服准则与 Mohr-Coulomb 屈服准则相似,屈服面在主应力空间上为光滑圆锥,在 π 平面上显示为圆形,没有强化准则,为理想弹塑性本构模型。Drucker-Prager 屈服准则能够考虑主应力和屈服发生的体积膨胀对土体的影响,具有较高

的数值计算效率,其表达式为

$$f = \alpha I_1(\sigma_{ij}) + \sqrt{I_2(S_{ij})} + k = 0 \tag{2.4-20}$$

式中:f 为塑性势函数;$I_1(\sigma_{ij})$ 为应力张量第一不变量;$I_2(S_{ij})$ 为应力偏张量第二不变量;α、k 为与土体内摩擦角、黏聚力有关的系数。

2. 摩擦接触模型

管-土相互作用实质是管-土交界面的接触问题,该过程涉及复杂的非线性问题即变形引起的材料、几何及接触非线性。合理模拟管-土接触行为是研究回填钢管受力变形机理的重要前提,接触非线性主要来源于两个方面:接触区域大小和接触位置未知,且与作用时间有关;接触条件的非线性,包括接触物不可互相侵入、接触力的法向分量只能是压力和切向接触的摩擦条件。在岩土工程领域,Goodman 无厚度单元首先以节理单元的形式应用于岩石力学,随后应用于土-结构的相互作用和作为接触面单元应用于人工块体结构的有限元计算,鉴于其形式简单、方便应用,目前仍被广泛使用。然而,Goodman 单元虽然对接触面的相对滑移和张开可以很好地模拟,但当接触面出现较大的滑移、张开和重叠后,往往计算结果不收敛,后续国内外学者对该单元进行了研究改进。目前对于接触的模拟,大型通用有限元软件(如 ANSYS 和 ABAQUS)能够较好地处理各种非线性接触问题,可以分别通过定义接触单元和接触面来实现。

ANSYS 中接触的实现分三种:点-点接触、点-面接触及面-面接触。点-点接触单元通过接触对上两点间的相对位置来组建接触关系,这需要目标面与接触面上每个节点能够相互对应,因而阻碍了其在数值计算模型中的应用;点-面接触单元中接触关系的判断标准为点与接触面上的最小距离,计算时会约束接触面上的点不能穿透目标面,使得部分节点场出现应力集中,进而使得接触压力集中;面-面接触单元在单元表面建立接触对,通过穿透周边节点的方式来计算接触应力,进而削减局部应力出现的集中现象和接触压力表现的不均匀性。接触面间的相互作用关系包括法向和切向作用,可用式(2.4-19)判断接触面间是否出现相对滑动。

库仑摩擦模型见图 2.4-6。

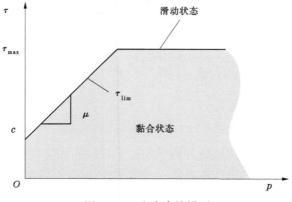

图 2.4-6　库仑摩擦模型

三、设计注意事项

(一)长距离输水管道水锤防护

1. 过渡过程特点

1)事故响应缓慢

当系统中发生事故时,相应的阀门等控制机构应迅速动作,切除事故源。但由于供水管道线路很长,一旦发生爆管事故,管道流量迅速增加,如果快速关闭爆管点附近阀门,将导致直接水锤,诱发二次事故。如30 km长的管道,2 m/s的供水流速,水锤波速1 000 m/s,水锤波反射一相约需1 min,如在50 s内关闭爆管点附近阀门,将导致管路中出现$2×1 000/9.81≈204(m)$的水锤压力,如此高的水锤压力很可能超过管道设计的控制标准,导致管道破坏。

2)易产生直接负水锤

通常情况下,为避免水泵机组造价过高,泵机组的飞轮力矩(转动惯量)不大,当其在正常范围取值时,一旦水泵失电,转速的快速变化导致泵后第一波的水锤压力下降很快,一般在1~2 s,对于较长的输水系统,该段时间将远小于水锤波反射一周的时间,如5 km管道,水锤波速1 000 m/s,水锤波反射一相的时间10 s,较前者大了近一个数量级,水泵失电后泵后产生的第一波压力下降,往往具有直接负水锤的特征。

3)管道内滞留气体排除困难

由于供水管道线路较长,管道中一旦进气,受供水水流影响,气体在管道中滞留的具体位置较难确定,具有一定的随机性,即使设置了进排气阀,也很难将其完全排出,而一旦管道中出现较多的滞留气团,除造成供水流量不足外,还很可能由于水流冲击气团导致管道破坏。

4)水锤防护措施复杂

由于供水管道较长,除日常检修维护困难外,事故响应速度相对迟缓,一旦管道发生破坏,将产生严重后果。为保证各种防护措施的有效性及可靠性,必要时需设超压泄压阀、防爆阀、调压井(塔)等多个防护措施进行联合控制,确保管道安全。

2. 水锤防护设计原则

事故停泵后的水泵最高反转速度不应超过额定转速的1.2倍,超过额定转速的持续时间不应超过2 min;水锤防护措施的设计应保证输水管道最大力不应超过水泵出口额定压力的1.5倍;采用空气罐、单向塔、调压井防护措施时,以轴流式止回阀为工作阀,泵站及管线的负压值可按照-2 m控制。液控球阀作为水锤防护阀时,泵站及管线的负压值可按照-3~-3.5 m控制。排气阀方案沿线负压按照不超过-4.0 m考虑。

目前,对于排气阀在供水工程中的水锤防范效果及应用标准,尚无明确规范加以说明及评述,主要存在两种观点:一是将排气阀作为供水管道防范负压的安全储备;二是将排气阀作为供水管道控制负压的安全措施。《室外给水设计标准》(GB 50013—2018)明确要求不允许供水管道出现负压,为此在供水管道上需要采取多重水锤防护措施,管道中设置排气阀的主要目的不是水锤防护,而是管道充放水需要与排除正常运行中的管道游离气团,排气阀可作为水锤防护的最后一重安全储备,只有在其他安全措施失效后它才会发挥作用。此观点采用双重防护措施,以单向塔为主要防护手段,以供水管道不出现负压为计算控制标准,排气阀为安全储备,同时还进行了空气罐方案比选。后者允许管道出现负压,负压的大小根据管道的抗负压能力、排气阀的进排气能力、水流汽化的安全裕量确定。为了控制负压,允许排气阀动作、管道进气,排气阀的进气量大小、负压控制的效果取决于排气阀的设置位置与口径大小。此观点的负压控制标准为−4.0 m,参照依据是《水力发电厂机电设计规范》(NB/T 10878—2021)、《泵站设计标准》(GB 50265—2022)。

(二)钢管壁厚及抗撕裂性能

钢管设计板厚为理论值,实际采购的钢板会由于不同厚度偏差而出现实际壁厚比设计壁厚小得较多的情况,故设计应对钢板厚度允许偏差提出要求,宜按《热轧钢板和钢带的尺寸、外形、重量及允许偏差》(GB/T 709—2019)的 B 类偏差进行要求。钢管设计计算时,尤其对于地下埋管会出现内压控制和外压控制两种情况,两种情况下钢管的强度和稳定性计算采用不同强度指标的钢材会直接影响钢管的壁厚,进而影响工程的经济性。一般来说,内压控制时宜选用强度指标较高的钢材,减小管壁厚度;外压控制时宜选用强度指标较低的钢材,适当增加管壁厚度,提高管壁刚度和抗外压稳定能力。

由于钢板中硫含量越高,钢板越厚,顺板厚方向拉伸的塑性越低,发生层状撕裂的倾向越大。压力钢管中常用到的沿厚度方向受拉的厚钢板为月牙肋岔管的月牙肋板和三梁岔管的加强梁,《水利水电工程压力钢管设计规范》(SL/T 281—2020)和《水电站压力钢管设计规范》(NB/T 35056—2015)均对沿厚度方向受拉的构件钢板做出规定,要求符合《厚度方向性能钢板》(GB/T 5313)的要求,并且要求每张钢板均应进行检查。设计图纸上应对厚钢板提出 Z 向性能要求:当板厚度小于 35 mm 时,Z 向性能可不做要求;当板厚为 35~70 mm 时,Z 向性能不宜低于 Z15;当板厚为 70~110 mm 时,Z 向性能不宜低于 Z25;当板厚大于 110 mm 时,Z 向性能不宜低于 Z35。景洪水电站升船机的进出水管道有 6 个钢岔管,主管内径 2.5 m,管壳壁厚 18 mm,外加强梁最大宽 300 mm,厚 48 mm。按照明钢岔管设计,钢材为 16 MnR,外包 C20 钢筋混凝土,设计内压 0.9 MPa。2008 年 4 月出现焊接裂纹,现场看到 U 形梁从厚度中间开裂,属于典型的钢材层间撕裂,最后全部更换外加强梁。

(三)加劲环抗外压稳定计算

对明钢管和地下埋管加劲环间管壁临界外压 P_{cr} 采用经典的米赛斯公式,该公式与加劲环间距密切相关,但与加劲环自身的截面尺寸无关。明钢管加劲环自身的临界外压 P_{cr} 计算公式有以下两个:

$$P_{cr1} = (3E_s \times J_R)/(R^3 \times L) \tag{2.4-21}$$

$$P_{cr2} = (\sigma_s \times F_R)/(r \times L) \tag{2.4-22}$$

式中:E_s 为钢材弹性模量;J_R 为支承环或加劲环有效截面对重心轴的惯性矩;F_R 为支承环或加劲环有效截面面积;R 为支承环或加劲环有效截面重心轴处的半径;r 为钢管内半径;L 为加劲环间距。

明钢管要求取两者结果的小值,地下埋管则直接采用 P_{cr2}。实际应用过程中,往往出现两个公式结果差别较大,且加劲环自身临界外压小于环间管壁临界外压的情况,有的甚至小于光面管的临界外压,加劲环自身临界外压计算公式还有待进一步分析研究。

出现这种情况可能有以下两个原因:一是环间管壁稳定计算时,应以加劲环能够提供足够的刚度为前提,即认为加劲环自身应首先满足稳定性。所以,加劲环若断面偏小、刚度不够,起不到足够的加劲作用,环自身稳定不满足要求,环间管壁的稳定即使满足也是虚假的,故应加大环断面,缩小间距以使环自身稳定满足要求;二是计算 P_{cr} 用到的 L 参数取值影响,规范指明 L 是加劲环间距,但从查阅相关国外文献来看,L 取管壁受加劲环影响的区域范围环两侧管壁各 $0.78(r×t)^{1/2}$ 更加合适,此区域之外按环间管壁抗外压计算,这与俄国 F. M 斯沃伊斯基提出的公式是一致的,公式如下:

$$L = 1.556(r × t)^{1/2} + a$$

式中:r 为钢管内半径;t 为钢管壁厚;a 为加劲环厚度。

用此方法计算出的临界外压值提高较多,且与实际情况更为接近。若加劲环前、后距离不等,此时 L 应取该加劲环与前、后相邻加劲环距离和之半。

(四) 波纹管伸缩节

水电站、长距离输水工程中,压力钢管往往直径很大、内压很高。为适应温度变化和基础不均匀沉降、地震、区域活动性断裂带等地质条件变化,需要对钢管进行柔性处理,最常用的措施是设置伸缩节。

在水利水电行业,20 世纪 90 年代以前,伸缩节主要以套筒式伸缩节为主,但在使用过程中容易因钢管制作安装精度和止水材料性能老化影响,产生不同程度的漏水,使用周期短,运行维护困难,且较难适应多向变形要求。而波纹管伸缩节完全封闭,内部可设置导流板,防漏水条件好,水头损失较小,在充分考虑了结构和材料的安全性条件下,可按免维护设计,在工程运行期限内一般不需更换或维修,不影响工程效益正常发挥,被越来越多的工程应用。波纹管伸缩节形式多样,可适应多向变形,波纹管伸缩节根据波纹管使用数量分为单式及复式。其中,单式主要形式有单式轴向型、单式铰链型、单式万向型;复式主要形式有复式自由型、复式铰链型、复式拉杆型、复式万向型,设计时可根据具体条件进行选择。单式轴向型可适宜于高温差地区明钢管管道位移补偿;复式有较强的角变位能力,利用中部连接管段长度调节,具备较强的三维变形能力,可同时适应温度变化和地基不均匀变化、跨越活动断裂所引起的径向位移,还可用于使用安装过程的错位纠偏。

水电站的波纹管伸缩节主要应用在坝后式水电站的厂坝分缝处和引水式或混合式水电站引水管道上。坝后式水电站的厂坝分缝位于坝后压力钢管下游近蜗壳的下平段上,设伸缩节用以补偿温度引起的轴向位移和地质不均匀沉降引起的压力钢管位移变化,如长江三峡水电站($\phi 12.4$ m)、向家坝水电站($\phi 12.2$ m)、亭子口水电站($\phi 8.7$ m)、缅甸 YEYWA 水电站($\phi 6.8$ m)、西藏藏木水电站($\phi 6.1$ m)等。引水式或混合式水电站引水管道上设伸缩节,主要用于补偿压力钢管因温度变化和地质变化引起的位移。如四川姚河坝水电站($\phi 4.0$ m、2.5 MPa)、甘肃黑河西流水水电站($\phi 5.4$ m、2.5 MPa)、西藏羊卓雍湖抽水蓄能电站($\phi 2.3$ m、6.5 MPa)、刚果(布)水电站($\phi 2.3$ m、1.0 MPa)等。

长距离引水管线管桥或倒虹吸跨越沟谷,穿越地震区或区域活动断裂带时,需进行多向的柔性处理,对伸缩节的要求也更高。如云南掌鸠河引水供水工程,管线在厂口隧洞段穿越普渡河断裂带(活断层),该隧洞段管线长 450 m,布置 10 套复式波纹管伸缩节,$\phi 2.0$ m、0.5 MPa,轴向和径向位移均为±100 mm;云南洗马河赛珠水电站,引水压力钢管穿越普渡河断裂带(活断层),穿越段管线长 354 m,布置 14 套复式波纹管伸缩节,

ϕ2.7 m、1.3 MPa,轴向和径向位移均为±150 mm;云南牛栏江-滇池补水工程,在小龙潭倒虹吸和新春邑倒虹吸分别经过小江断裂带(活断层),其中小龙潭倒虹吸段长287 m、新春邑倒虹吸段长924 m,共布置25套复式波纹管伸缩节,ϕ3.4 m、3.5 MPa,轴向和径向位移均为±100 mm;在贵州朱昌河水库工程上游刘官镇方向供水管道泵站上水管和重力流下水管的明管段、管桥段为适应温度变化和不均匀沉降,也设置了52套复式波纹管伸缩节,伸缩节内径统一为ϕ1.2 m,压力等级为4.0 MPa和2.5 MPa,轴向位移补偿量为±50~±80 mm,径向位移为±40 mm,角度补偿量为±1°。

工程设计时,伸缩节的形式及各项补偿量的确定是关键。设计周期内地质条件产生的位移量、工程所在地最大温差和轴向伸缩量、镇墩间的设置位置等,都是伸缩节形式和补偿量的确定条件,要认真分析。

(五) 垫层管

在坝后式水电站中,由于大坝和电站主厂房变位和沉降不同,往往在厂坝连接处出现应力集中和破坏,一般在该处设永久纵缝。压力钢管穿过该纵缝处,易因温度荷载、坝体位移和厂坝不均匀沉降等因素影响产生轴向变位差和径向变位差,早期工程通过设伸缩节来解决,如刘家峡、龙羊峡、乌江渡、五强溪等水电站。但因伸缩节存在造价高、制造安装维修不便、使用中易漏水等缺点,经对现有伸缩节的长期观测并结合有限元计算,一些水电站取消了伸缩节,改用垫层管,如安康、漫湾、岩滩、水口等水电站。三峡工程因其重要性,左岸电站的20台机组引水钢管仍保留伸缩节,仅在靠左岸边的6台机组引水钢管取消了伸缩节,钢管过缝处设垫层管取代伸缩节已成为今后发展趋势。长距离输水工程中一般在隧洞洞口、泵站出水管等大体积混凝土分缝处设垫层管。

垫层管可适应结构不均匀变位和温度变化影响,其长度一般不小于钢管直径。水电站垫层管的通常做法是在厂坝分缝处设宽约20 mm的预留环缝,外加套管,管外包裹弹性垫层,垫层管上下游设止浆止水环。待大坝和厂房浇筑基本完成、水库初期蓄水后,建筑物结构自重和水压力荷载已经施压、分缝处坝体变位和厂坝不均匀沉降已基本完成,再选择稍低于年平均气温的时段焊接此环缝。后期变位由垫层管外的弹性垫层承担,钢管和弹性垫层间设隔热层,避免环缝封闭施焊过程中烤伤弹性垫层。垫层管段不与混凝土间做接触灌浆,也不设加劲环和锚筋,安装时采用专门的临时支架托住钢管,分层浇筑混凝土,以保证垫层管安装完成后可在轴向和径向允许有微小变位。

坝内埋管和坝后背管混凝土裂缝开展深度可通过设置弹性垫层予以限制,并根据不同的设置方式采取不同的设计方法。钢管过缝处的垫层管和主厂房下的坝内埋管,不允许混凝土内圈开裂,管壁全断面包裹弹性垫层,按明管设计。对副厂房或厂坝间平台下的坝内埋管,一般允许混凝土内圈部分开裂,可在混凝土内圈外部上半圈包裹弹性垫层,限制混凝土裂缝向上扩展影响上部结构的安全。

(六) 明钢管滑动支座

水利水电工程中明钢管直径大于4 m时宜采用滚动支座或摇摆支座。但滚动支座和摇摆支座的结构复杂,制造和安装难度较大。随着桥梁工程中盆式支座在水利水电工程中的应用,滑动支座已经突破了钢管直径为4 m的限制。盆式橡胶支座是国外20世纪50年代末开发的一种新型桥梁支座;我国从20世纪70年代末期开始使用,目前盆式橡胶支座已经广泛运用于我国的公路、铁路大跨度桥梁上。水利水电工程的使用首先用于渡槽，其结构形式及受力特性与桥梁基本无异，最典型项目为南水北调工程，后续掌鸠河引水工程及云南牛栏江-滇池补水工程也相继采用。考虑大型项目倒虹吸建筑物运行维护的要求，跨河沟多采用桥式跨越，管道结构受力及抗震也与渡槽无异，在山区引调水倒虹吸钢管道上也逐渐被应用。

　　盆式橡胶支座由顶板、不锈钢冷轧钢板、聚四氟乙烯板、中间钢板、黄铜密封圈、橡胶板、钢盆、防尘圈及防尘围板组成。类型主要有双向活动支座、单向活动支座、固定支座、减震性固定支座及减震性单向活动支座。盆式橡胶支座滑动摩擦系数一般小于 0.06,在润滑条件下,其滑动摩擦系数甚至小于 0.01,摩擦力为支墩正常运行条件,摩擦系数越小,越利于支墩的整体稳定。盆式橡胶支座承载能力高,最大可达 60 MN,基本可满足现有水利水电工程大型管道的承载能力要求。盆式橡胶支座能适应一定的竖向转动,完全可满足正常情况下压力钢管的变形要求,同时对存在地质不均匀沉降问题的压力钢管道适应性较好。盆式橡胶支座滑动部件采用整体密封结构,且滑动部件一般采用不锈钢材料,与传统支座相比,不易发生磨损锈蚀,运行维护简单,可采用免维护设计。

　　盆式橡胶支座可按《公路桥梁盆式支座》(JT/T 391—2019)选用定型产品,共分为33个级别,可满足普通水利水电工程选型要求。盆式橡胶支座的选用原则:单一温度位移或不均匀沉降一般选用单向活动盆式橡胶支座;高支墩抗震明管可选用减震型单向活动盆式橡胶支座,或采用由盆式橡胶支座演变而来的球形橡胶支座;跨越活动断裂时,利用双向滑动盆式橡胶支座、减震性固定盆式橡胶支座进行组合使用,匹配适应断裂蠕滑变形的复式波纹管伸缩节对管道系统进行柔性处理。盆式橡胶支座一般由专业厂家制作,可选用定型产品或提供参数定制,一般提供轴向位移量、横向位移量、竖向荷载、水平向荷载等。阿根廷孔多克里夫水电站压力钢管的内径为 9 m,采用支承环式滑动支承,支座采用盆式支座,压力钢管纵剖面见图 2.4-7。

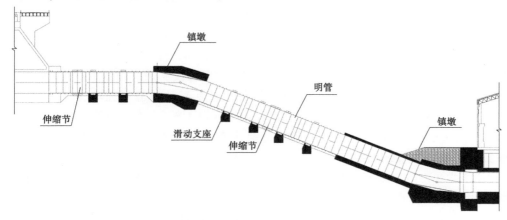

图 2.4-7　阿根廷孔多克里夫水电站压力钢管纵剖面

(七)地下埋管外水压力

　　《水利水电工程压力钢管设计规范》(SL/T 281—2020)规定,地下埋管外水压力应全部由压力钢管承担,地下埋管承受的地下水压力值,应根据勘测资料及水库蓄水和引水系统渗漏、截渗、排水措施等因素确定。地下埋管前期地勘资料外水压力一般只有天然地下水位线、无蓄水后的水位线,有些工程即使提供推测的蓄水后的地下水位线,水库放空检修工况,地下埋管抗外压稳定计算外水压力是否折减一直存在争议。是直接按提供的外水水头进行抗外压稳定计算,还是参考隧洞设计规范取一定的折减系数,至今争议较大。

由于国内不少工程之前出现过地下埋管抗外压失稳的事故,应予以充分重视。美国《水电工程规划设计土木工程导则　第二卷　水道》提出,作用在隧洞钢衬上的外水压力可能来源于隧洞竣工后重新调整的地下水和穿过或绕过钢衬端部的灌浆帷幕流到钢衬段的水,同时认为最大外水压力一般不超过该部位距地面的距离。

由于水工隧洞为透水性结构,因此隧洞设计时根据围岩类别进行外水压力折减是合理的;但钢管为不透水结构,隧洞渗出的外水压力如果无法保证及时排走,将会作用在管壁上形成外压,故不能折减,外压应采用实测压力值或蓄水后推测最大压力值的大值。若外压大于200 m,则建议设外排水洞,外排水洞的外压可根据折减系数折减,排水洞距钢管中心的高度即为设计外压值。如三亚市西水中调工程,无条件从外排水洞排水,则需要提高钢管自身结构的抗外压能力。总之,抗外压稳定安全系数严格满足规范要求。当外水压力较高时,钢管壁厚计算往往由抗外压稳定性控制。在内水压力大于外水压力的地下埋管段,钢管首部应设帷幕灌浆和阻水环,防止内水外渗增大外水压力引起钢管失稳。

(八)地下埋管截水、排水设施

地下埋管钢管起始端与混凝土连接处应有不少于1 m的搭接长度,在混凝土衬砌末端应配置过渡钢筋,在钢管始端应设置阻水环防止内水外渗,必要时做防渗帷幕灌浆。阻水环一般设置3道,环高250~500 mm,第一道距管首200 mm左右。阻水环兼有防止钢管端部因长期水流冲击或施工安装过程中翘曲的作用。

外水压力较大的地下埋管,应设置可靠的管外排水系统,有条件的情况下,应设置排水洞。四川官帽舟水电站工程为地下埋管,为降低钢管外水压力,钢管设管壁外排水系统。排水系统由管首阻水环、管壁环向集水槽钢、纵向排水角钢及镀锌钢管组成。在主管管首,设置3道阻水环,阻水环高度400 mm,环距500 mm,在阻水环后管壁上每隔10 m左右在加劲环上设置1道环向集水槽钢,槽钢外包严麻绳,再涂工业肥皂,防止灌浆时浆液进入排水管发生堵塞。纵向排水角钢沿主、支管管壁各设5条,在钢管外壁间断地焊固定,跳焊长度20 mm,间隔500 mm,非跳焊部位用工业肥皂涂封后再回填混凝土,遇环向集水槽钢断开。直径100 mm镀锌钢管在主管段下方设1根,左右支管段下方各设1根,用来收集环向集水槽钢中的水。主管段管外集水在下平段主洞与4#支洞交汇处分出2条镀锌排水管,顺4#支洞两侧排水沟引至支洞进口排出。支管段管外集水均引至主厂房上游侧排水沟再汇入渗漏集水井,2根排水管末端各装设1套DN100、PN6球阀,阀门常开状态,当水量过大,厂房排水出现临时故障,可临时关闭阀门。

云南普渡河鲁基厂水电站工程为地下埋管,为降低钢管外水压力,钢管设管壁外排水系统。排水系统由管首阻水环、管壁环向集水槽钢、纵向排水角钢及镀锌钢管组成。在首端设了3道阻水环,环高400 mm,环距500 mm。在沿管线方向设了排水系统,通过纵、横向排水系统将外水汇入管底φ100 mm主管再排入厂房排水沟内。具体做法与官帽舟水电站相似。

(九)地下埋管围岩联合承载

埋藏式岔管的应力分布和明岔管相比,因围岩与岔管的联合作用,岔管的变位受到围岩的约束,使得岔管的各部分应力均匀化且数值也明显降低。埋藏式岔管应力分布均匀化主要体现在管壳应力在空间上分布趋于均匀,同时岔管内、外壁应力差减小,即管壳侧向弯曲应力更接近膜应力状态。

围岩弹性抗力系数与围岩分担比例呈非线性关系,当围岩弹性抗力小于某一数值即临界值时,围岩分担内水压力作用的影响是明显的;而当围岩弹性抗力大于临界值时,围岩分担作用的影响不大。

缝隙大小对地下埋藏式岔管的应力状态影响十分敏感,岔管应力随缝隙值的增大而增大,当缝隙值大到一定程度时,岔管受力状态接近明管状态。严格控制缝隙不超过设计值对埋藏式岔管的安全是非常重要的。

一般情况下,随着围岩单位抗力系数的增加,联合承载的钢管需要的钢衬厚度逐渐减小,钢衬厚度控制逐渐变为明管校核。当围岩类别较好时,可根据围岩的不同类别采用相应的围岩承载比,而不是采用30%的固定值,同时要求保证钢管或钢岔管回填混凝土的浇筑质量,做好回填灌浆和接触灌浆,工程上常使用微膨胀混凝土以减小初始缝隙值。

(十)地下埋管灌浆

关于地下埋管各种灌浆的必要性,行业内有不同的看法。若经论证需要灌浆,则应按回填灌浆、固结灌浆、接触灌浆的顺序进行。回填灌浆、固结灌浆、接触灌浆可在同一孔中分序进行。若围岩很完整可不进行固结灌浆,或者在钢管安装前对围岩进行无盖重固结灌浆,高强钢不宜开设灌浆孔,普通钢根据需要开设灌浆孔。当不设灌浆孔时,可通过在管外设置纵向管路系统的方式进行回填灌浆,钢管与混凝土间回填自密实混凝土,不再进行接触灌浆。

对于管线较长、围岩较差的钢管,通常需在钢管管壁上预设灌浆孔进行接触灌浆。灌浆孔沿轴向间隔 3 m 左右,梅花形布置,每个断面根据管径大小设置 4~8 个孔。通常在管壁上预留 ϕ60 mm 左右的孔,外部搭接焊一块带 M50 左右管螺纹的补强板。补强板周围与管壁夹紧焊牢,灌浆前旋紧堵头螺栓,灌浆时取下堵头,安上螺纹保护套管以保护螺纹。灌浆完毕,取下保护套管,将堵头螺栓上的螺纹部分拧入补强板,再将堵头上的焊接坡口与管壁焊接,应按水密焊接接头要求设计,不要求整个管壁厚度焊透。灌浆后,应仔细检查,确保全部灌浆孔均严密封堵,防止漏封部分孔而导致内水外渗。当地下埋管采用高强钢时,不宜开设灌浆孔,宜在管外设置纵向管路进行混凝土回填和回填灌浆,并使用微膨胀混凝土。

(十一)回填管设计

1. 柔性管和刚性管的判别

我国给水排水领域的专家认为,当管道在管顶及两侧土压力的作用下,管壁中产生的弯矩、剪力等内力由管壁结构本身的强度和刚度承担时,管顶处的最大变位不超过 0.01D,属于刚性管。如果管道在管顶上部垂直压力的作用下,管壁产生的竖向变位导致水平直径向两侧伸长,管道两侧土体产生的抗力来平衡该变形,这类由管土共同支承管顶上方荷载的管道属于柔性管。在《给水排水工程管道结构设计规范》(GB 50332—2002)

中,采用管道结构刚度与管周土体刚度的比值 α_s 来判断管道是柔性管道还是刚性管道,$\alpha_s \geqslant 1$ 时,按刚性管计算,$\alpha_s < 1$ 时,按柔性管计算。美国给水工程协会根据管道的柔度将管道分为三类:①刚性管,其横截面形状不能充分改变,当其纵向尺寸或横向尺寸变化大于 0.1% 时钢管就会损坏;②半刚性管,其横截面形状可以充分改变,当其纵向尺寸或横向尺寸变化大于 0.1% 但小于 3% 时钢管不会损坏;③柔性管,其横截面形状可以充分改变,钢管损坏前当其纵向尺寸或横向尺寸变化甚至可以大于 3%。而在实际设计中,常根据管材来确定管道是刚性管还是柔性管。一般钢管、球墨铸铁管可按柔性管设计,而混凝土管、钢筋混凝土管、灰口铸铁管按刚性管设计。

2. 设计压力确定

《给水排水工程管道结构设计规范》(GB 50332—2002)规定,埋地钢管的设计内水压力标准值 $F_{wd,k} = F_{wk} + 0.5$ MPa,且不小于 0.9 MPa,式中 F_{wk} 为工作压力。球墨铸铁管的设计内水压力标准值 $F_{wd,k}$ 的取值原则:当管道工作压力 $F_{wk} \leqslant 0.5$ MPa 时,$F_{wd,k} = 2F_{wk}$;当 $F_{wk} > 0.5$ MPa 时,$F_{wd,k} = F_{wk} + 0.5$ MPa。埋地钢管、球墨铸铁管的设计内水压力标准值与其试验压力值相同。由于输水工程在前期设计时工期要求,方案存在变动,经常来不及进行水力过渡过程计算,一般按此原则确定管道设计压力,是偏保守的。但对于重大工程,应对管道系统的水力过渡过程进行专题分析,确定实际的水锤压力,与上述规范确定的设计内压进行比较,两者取大值计算。

3. 管壁稳定性和竖向变形

《给水排水工程埋地钢管管道结构设计规程》(CECS 141:2002)规定,管壁截面的稳定性验算考虑竖向土压力、放空真空压力及地面车辆荷载或堆积荷载,要求管壁截面的临界压力大于上述压力之和的 2 倍,即 2 倍的安全系数。当管道内防腐材料为水泥砂浆时,最大竖向变形不应超过 $0.02D_0 \sim 0.03D_0$,当管道内防腐材料为延性良好的涂料时,最大竖向变形不应超过 $0.03D_0 \sim 0.04D_0$。无论是稳定性验算公式还是竖向变形验算公式,都与管道自身刚度和截面特性、土体刚度密切相关。CECS 141:2002 未提及管壁抗外压稳定措施采用加劲环,市政工程埋地钢管提高抗外压稳定主要采用增加管壁厚度,提高管道管侧土的综合变形模量 E_d 来实现。提高 E_d 值主要从回填土的压实密度、回填土的类别、选择更好的原状土的变形模量来实现,同时可提高管道的刚度,减小其最大竖向变形。埋地钢管设加劲环反而会限制钢管变形恢复,不利于钢管抗外压稳定。所以,埋地钢管一般不设置加劲环。

4. 管侧土的综合变形模量

管侧土的综合变形模量 E_d 是柔性管道设计的重要参数,在强度验算公式、稳定验算公式和竖向变形验算公式里均起到关键的作用。管侧土的综合变形模量 E_d 不能直接采用回填土本身的变形模量。实际上,E_d 值与管侧回填土的土质、压实度和沟槽两侧原状土的土质有关,应综合评价确定,应依据相关试验数据或规范,根据不同土的类别推荐的原状土变形模量和回填土变形模量,再结合相关公式进行估算。不同土质、不同压实度的综合变形模量不同,对相同土质来说,压实度越大则其变形模量越大,如黏粒含量大于 25% 的黏性土或粉土,在压实度为 85%、90%、95%、100% 时的变形模量分别为 1 MPa、3 MPa、5 MPa、10 MPa;对相同压实度来说,砾石的变形模量大于黏性土,如压实度 90% 的砾石变形模量为 7 MPa,黏粒含量大于 25% 的黏性土或粉土变形模量为 3 MPa。管侧回填土变形模量越大、压实度越高,则 E_d 越大,管道的刚度越大,但管侧回填土受现场施工空间和施工机械限制,施工作业空间和质量控制困难,压实度难以提高。

(十二) 顶管设计

长距离输水工程穿越道路、穿越河道,或在市区走线时经常会用到顶管形式。顶管的设计计算按照《给水排水工程顶管技术规程》(CECS 246:2008)进行,公式中考虑了顶拱的作用。顶管施工完对管周土做注浆处理,以提高管周土的变形模量,从而降低钢管应力,提高钢管刚度,但需控制注浆压力。东莞水库联网供水水源工程环湖路至松木山村市场顶管段,第一根管顶进过程中地面出现部分塌陷,顶管上部土层出现塌陷,塌陷土层对顶管已不能完全形成土拱,将大大增加管顶土压力,对顶管施工期和运行期的安全性极为不利。此时顶拱作用失效,已不能按顶管进行计算,应按回填管进行复核计算。

(十三) 管线沿线阀门的供电

山区部分长距离输水工程管道沿线设置有检修阀、流量计等,需要电动操作或供电时,往往出现供电困难的情况。对于管线上的检修阀,可配置电动头,采用移动式柴油发电机进行临时供电;对于管线上的流量计,因长期在线运行,优先选用风光互补、用直流供电,做到节能环保。风光互补供电系统主要由风力发电机、太阳能电池板、控制器、逆变器、蓄电池组、电缆及支承和辅助件组成一个发电系统。夜间和阴雨天无阳光时由风能发电,晴天由太阳能发电,在既有风又有太阳的情况下,两者同时发挥作用,实现全天候的发电,带有 LCD 显示型控制器可直观显示系统运行参数,可在阴雨天连续供电 5~7 d,并可防雷。

四、防腐蚀

(一) 防腐措施

钢管长期工作在水下或潮湿环境中,内壁长年经受水流或泥沙的冲击,明管外壁直接受到日光、大气紫外线暴晒和空气中 SO_2 和酸雨的侵蚀,回填管受土壤酸碱性和地下水侵蚀,受检修机会少,检修条件差,钢管表面极易发生腐蚀,降低结构承载力,严重影响工程的安全运行。合理选用表面处理方式、涂装涂料、耐蚀材料及防腐工艺技术,对控制钢管的腐蚀,提高钢管使用寿命,减少维修次数,提高安全运行起到非常关键的作用。近年来,水利水电工程压力钢管在表面预处理、防腐材料、涂装工艺等方面相继出现一些革新与变化。在施工工艺上,表面预处理采用了喷丸、高压水喷射技术,大大提高了除锈质量;在涂装设备和材料上,采用了高压无气喷涂技术和新型耐蚀材料、熔融材料,增强了涂层与钢材的附着力。

明管内外壁涂装除采用涂料保护、金属喷涂与涂料联合保护方式外,内壁还可采用熔结环氧粉末、水泥砂浆。埋于腐蚀土壤中的回填管,特别是长距离输水管道宜采用三层结构聚乙烯,必要时设阴极保护与涂装联合防护。钢管外壁与混凝土接触部分仅需涂刷不含苛性钠水泥浆或无机改性水泥浆防护。

用于钢管防腐蚀的涂料,宜选用经过工程实践证明其综合性能良好的产品。对于新产品,应确认其技术性能和经济指标均能满足设计和使用要求。防腐蚀涂层系统应由与基体金属附着良好的底漆和具有耐候性、耐水性的面漆组成,底漆应具备良好的附着力和防锈性能,面漆应具有耐磨性能、耐候性能或耐水性能。当需要中间漆时,中间漆应具有屏蔽性能且与底漆、面漆结合良好。构成涂层系统的各层涂料之间应有良好的相容性和配套性。钢管内壁的涂料宜选用耐水性和耐磨性良好的厚浆型重防腐涂料,供水钢管内壁涂装尚应取得省级人民政府卫生主管部门颁发的卫生许可批准文件,确保对人体健康无害。

(二)表面预处理

钢管防腐蚀方案应根据流经钢管水体流速、水质、泥沙含量及类别、周边环境、地下水和土壤中的有机物等综合确定。对于制作压力钢管的钢板,有条件时,材料进厂后应尽量采用钢板预处理流水线进行防锈预处理,涂上车间底漆,再存放下料和生产。

不论采用何种防腐蚀措施,对于钢板表面均要进行除锈预处理,达到规定的清洁度和粗糙度要求后,才能进行涂装。钢管表面预处理前应将铁锈、油污、积水、遗漏的焊渣和飞溅等附着污物清除干净。当钢板表面温度低于大气露点以上 3 ℃、空气相对湿度大于85%、环境温度低于 5 ℃时,不得进行除锈。按环保施工要求,除锈应在封闭空间内进行,并有废物、粉末回收系统。

表面预处理多采用局部喷射或抛射除锈,所用的磨料应清洁、干燥。使用金属磨料、氧化铝、石榴石、铜矿渣、碳化硅和金刚砂等磨料时,金属磨料粒度范围宜为 0.5~1.5 mm,磨料不应易碎裂,粉尘少,并符合环保条例的有关规定。使用人造矿物磨料、天然矿物磨料时,应根据表面粗糙度等级技术要求选择,粒度范围宜为 0.5~3.0 mm,潮湿环境中不得使用钢质磨料。局部喷射用的压缩空气应经过滤除去油和水。

钢管内壁经局部喷射或抛射除锈后,采用金属热喷涂或涂料涂装的钢管内外壁表面清洁度应符合《涂覆涂料前钢材表面处理 表面清洁度的目视评定 第 1 部分:未涂覆过的钢材表面和全表面清除原有涂层后的钢材表面的锈蚀等级和处理等级》(GB/T 8923.1—2011)中规定的 Sa2.5 级,采用水泥胶浆或水泥浆涂装的钢管外壁,表面清洁度应达到 Sa2 级;手工和动力工具除锈只限用于涂层缺陷局部修理和无法进行喷射处理的部位,表面清洁度等级应达到 St3 级。喷射清理后,涂层类别与表面粗糙度取值见表 2.4-3。

表 2.4-3 涂层类别与表面粗糙度取值

涂层类别	非厚浆型涂料	厚浆型涂料	超厚浆型涂料	金属热喷涂
粗糙度 $Rz/\mu m$	40~70	60~100	100~150	60~100

钢管经喷射或抛射处理后应达到金属白色,粗糙度达到《涂覆涂料前钢材表面处理 喷射清理后的钢材表面粗糙度特性 第 2 部分:磨料喷射清理后钢材表面粗糙度等级的测定方法 比较样块法》(GB/T 13288.2—2011)规定的中级。表面灰尘度应达到《涂覆涂料前钢材表面处理 表面清洁度的评定试验 第 3 部分:涂覆涂料前钢材表面的灰尘评定(压敏胶带法)》(GB/T 18570.3—2005)规定的 2 级。涂装前应使用洁净的压缩空气清洁干净钢管内外表面,所用压缩空气必须清洁、干燥、无油。钢管除锈后,应使用干燥的压缩空气或用吸尘器清除钢丸、沙粒和灰尘。涂装前当发现钢板表面污染或返锈时,应重新处理到原除锈等级。

钢管管节在现场拼装的纵缝、安装环缝两侧各 150~200 mm 范围内和灌装孔及排水孔周边100 mm范围内,可暂时不做防腐蚀处理,仅在该部位粘贴不干胶带,也可涂装不影响焊接的无机富锌底漆、清漆。现场安装焊接完成后,再按规定进行表面预处理和涂装。

(三)涂料涂装

1.无溶剂环氧涂料

无溶剂环氧涂料常用于钢管内壁的防腐。在我国20世纪80年代前,用中分子环氧树脂和部分高分子环氧树脂加入25%以上的溶剂,制成溶剂型液体环氧涂料,在90年代改进成溶剂含量小于20%的厚浆型环氧涂料,在20世纪末研制并生产出无溶剂环氧涂料。该涂料不含挥发性的、有毒性的苯类稀释剂,固体含量接近100%。无溶剂环氧涂料是双组分涂料,一个组分是环氧树脂、活性稀释剂、颜料、体质颜料,另一个组分是固化剂。环氧树脂含量最小不低于25%,环氧树脂含量高,可以一次性涂厚达到300 μm以上,具有涂层黏结力大、机械强度高、涂覆时固化速度快、涂层密实、涂覆速度快、工效高、质量可靠、成本低、节能环保、施工安全等特点,是引领涂料工业发展的良好产品,其缺点是漆膜较脆、黏度大。无溶剂环氧、无溶剂聚氨酯涂料技术指标见表2.4-4。

表2.4-4 无溶剂环氧、无溶剂聚氨酯涂料技术指标

项目		技术指标
在容器中状态		搅拌混合后无硬块,呈均匀状态
固体含量/%		≥98
流挂性/μm		≥350或商定
适用期(时间商定)		通过
干燥时间/h	表干	≤8
	实干	≤24
涂膜外观		正常
耐弯曲性		1.5°涂层无裂纹
耐冲击性(5 J)		不开裂、不剥落
附着力/MPa		≥8
耐磨性(1 000 g/1 000 r)/g		≤0.10
耐中性盐雾性(1 000 h)		不起泡、不生锈、不开裂、不剥落
耐湿热性(720 h)		不起泡、不生锈、不开裂、不剥落
抗氯离子渗透性/[mg/(cm²·d)]		≤5.0×10⁻³
耐阴极剥离性[1.5 V,(65±2)℃/48 h]/mm		≤8

2.环氧沥青涂料

环氧沥青涂料常用于钢管内壁的防腐。环氧沥青涂料是由环氧树脂、煤焦沥青、溶剂固化剂等组成的双组分漆,具有优异的耐海水、耐原油及良好的耐化学药品性和防锈性能。施工时基材表面温度须高于露点3℃以上,当基材温度低于5℃时漆膜不固化,不宜涂装。甲组分充分搅匀后,按配比将乙组分倒入甲组分中,充分混合均匀,静置熟化30

min 后,视涂装方法,用配套稀释剂调至施工黏度。环氧沥青涂料喷涂方便,可用刷涂、滚涂或无气喷涂,25 ℃时的固化时间为 6 h。环氧沥青涂料技术指标见表 2.4-5。

表 2.4-5　环氧沥青涂料技术指标

项目	技术指标	
	普通型	厚浆型
在容器中状态	搅拌混合后无硬块,呈均匀状态	
流挂性/μm	—	≥400
不挥发物含量/%	≥65	
适用期ª(3 h)	通过	
施工性	施涂无障碍	
干燥时间/h	≤24	
涂膜外观	正常	
弯曲试验/mm	≤8	≤10
耐冲击性/cm	≥40	
冷热交替试验(3 次循环)	无异常	
耐水性(30 d)	无异常	
耐盐水性(3%NaCl,168 h)	无异常	
耐湿热性(120 h)	无异常	
耐盐雾性(120 h)	无异常	

注:a.不挥发物含量 95%以上的除外。

3.环氧玻璃鳞片涂料

环氧玻璃鳞片涂料常用于腐蚀条件较恶劣的钢管内壁的面层防腐。环氧玻璃鳞片涂料是由环氧树脂、玻璃鳞片、颜料、固化剂、助剂和溶剂等组成的一种双组分涂料,甲组分:乙组分=10:1(质量比)。环氧玻璃鳞片涂料的闪点 27 ℃;25 ℃干燥时间:表干≤4 h,实干≤24 h;附着力 1 级;柔韧性≤4 mm;冲击强度≥5 MPa;30 d 的耐酸性和耐碱性均不起泡、不脱落,甲、乙混合的固体含量≥78%。施工时将甲组分开启包装后充分搅拌均匀,按质量比加入乙组分,再次充分搅匀通过熟化后使用。涂装方式为无气喷涂,喷击压力 20～30 MPa。

环氧玻璃鳞片涂料具有优良的附着力和耐久性、耐腐性及抗冲击性能;具有优良的耐水性、耐盐水性、耐油性、耐碱性及一定程度的耐酸性;固体成分含量高,可作为厚膜涂料使用,组分中含有大量玻璃鳞片,成膜后屏蔽性强,能有效阻止腐蚀介质的渗透,隔离防锈性能好,耐溶剂性好,但耐候性较差。配套的底层涂料可选用铁红环氧底漆、富锌环氧底漆、红丹环氧底漆、云铁环氧中间漆等,也可配套环氧面漆、聚氨酯面漆、氯化橡胶面漆等面层涂料。环氧玻璃鳞片涂料技术指标见表 2.4-6。

表 2.4-6 环氧玻璃鳞片涂料技术指标

项目		技术指标	
		环氧类	其他类
在容器中状态		搅拌混合后无硬块,呈均匀状态	
不挥发物含量/%		≥75	≥50
玻璃鳞片的定性		含有玻璃鳞片	
干燥时间/h	表干	≤4	
	实干	≤24	
涂膜外观		正常	
附着力/MPa		≥8	≥5
耐磨性(1 000 g/1 000 r,cs-17)/mg		≤250	≤300

4. 丙烯酸聚氨酯涂料

丙烯酸聚氨酯涂料是以高级丙烯酸树脂、颜料、助剂和溶剂等组成的漆料为羟基组分,以脂肪族异氰酸酯为另一组分的双组分自干涂料。丙烯酸聚氨酯涂料的防腐性能好、耐候性强、施工方便。涂层具有良好的附着力、韧性、耐磨性、弹性和耐酸、耐碱、耐盐、耐油、耐石油产品、耐苯类溶剂和耐水、耐沸水、耐海水及耐化工大气性;涂层具有良好的耐候性、保光保色性、高光泽性和装饰性,还有较好的耐温性,可耐 160 ℃高温;涂层干燥速度快,在 0 ℃时也能正常固化,一次成膜厚,施工道数少,采用通用施工方法即可。丙烯酸聚氨酯涂料技术指标见表 2.4-7。

表 2.4-7 丙烯酸聚氨酯涂料技术指标

项目		技术指标
在容器中状态		搅拌混合后无硬块,呈均匀状态
适用期(时间商定)		通过
干燥时间/h	表干	≤2
	实干	≤24
涂膜外观		正常
耐弯曲性/mm		≤2
耐冲击性/cm		≥50
划格试验/级		≤1
附着力(拉开法)/MPa		≥4
耐中性盐雾性		≥1 000 h 不起泡、不生锈、不开裂、不剥落
耐湿热冷循环性(5 次)		无异常

续表 2.4-7

项目		技术指标
耐人工气候老化性	白色和浅色	≥1 000 h 不起泡、不生锈、不开裂、不剥落
	粉化/级	≤1
	变色/度	≤2
	失光/%	≤2
	其他色	≥1 000 h 不起泡、不生锈、不开裂、不剥落
	粉化/级	≤1

5. 涂料配套

所有涂料应存放在阴凉通风处,不得雨淋、曝晒和接近火源和热源,涂料专用存放仓库和喷涂场地必须具备干燥、通风、阴凉等环境条件,照明、开关、通风电气系统必须具有防爆功能。涂料主要用在钢管内壁和明管外壁,钢管内壁涂料配套见表 2.4-8,明管外壁涂料配套见表 2.4-9。

表 2.4-8　钢管内壁涂料配套

设计使用年限/年	序号	涂层配套系统	涂料种类	涂层推荐厚度/μm
>10	1	底层	无溶剂环氧沥青防锈底漆	125
		面层	无溶剂环氧沥青面漆	125
>15	2	底层	环氧沥青防锈底漆	250
		面层	环氧沥青面漆	250
	3	底层	环氧沥青防锈底漆	125
		面层	玻璃鳞片涂料	400
	4	—	无溶剂耐磨环氧	500
>20	5	底层	玻璃鳞片底漆	400
		面层	无溶剂耐磨环氧	400
	6	底层	无溶剂环氧底漆	400
		面层	无溶剂耐磨环氧	400

表 2.4-9　明管外壁涂料配套

设计使用年限/年	序号	涂层配套系统	涂料种类	涂层推荐厚度/μm
<5	1	底层	醇酸树脂底漆	70
		面层	醇酸树脂面漆	80
	2	底层	环氧树脂底漆	60
		面层	丙烯酸树脂面漆或乙烯树脂面漆	80

续表 2.4-9

设计使用年限/年	序号	涂层配套系统	涂料种类	涂层推荐厚度/μm
5~10	3	底层	环氧富锌底漆或无机富锌底漆	60
		中间层	环氧云铁中间漆	80
		面层	氯化橡胶面漆	70
10~20	4	底层	环氧富锌底漆或无机富锌底漆	60
		中间层	环氧云铁中间漆	80
		面层	丙烯酸脂肪族聚氨酯面漆	80
	5	底层	环氧富锌底漆或无机富锌底漆	60
		中间层	环氧云铁中间漆	80
		面层	氟碳面漆	60
>20	6	底层	喷锌层或喷铝层	120
		封闭层	环氧磷酸锌封闭漆	30
		面层	丙烯酸脂肪族聚氨酯面漆	80
	7	底层	喷锌层或喷铝层	120
		封闭层	环氧磷酸锌封闭漆	30
		面层	氟碳面漆	60
	8	底层	喷锌层或喷铝层	150
		封闭层	环氧磷酸锌封闭漆	30
		中间层	环氧云铁中间漆	80
		面层	丙烯酸脂肪族聚氨酯面漆	80
	9	底层	喷锌层或喷铝层	150
		封闭层	环氧磷酸锌封闭漆	30
		中间层	环氧云铁中间漆	80
		面层	氟碳面漆	60

6. 涂装施工和检测

1）涂装施工

钢材表面经除锈后宜在 4 h 内涂装,晴天和正常大气条件下,最长不应超过 12 h。使用的涂料应符合图样规定,涂装层数、每层厚度、每层涂装间隔时间、涂料调配方法等,应按设计文件或涂料供货商要求进行。每层涂装前应对上一层涂层外观进行检测,当发现漏涂、流挂、起皮等缺欠应及时处理。当钢板表面温度低于大气露点以上 3 ℃或高于 60 ℃、空气相对湿度大于 85%、环境温度低于 5 ℃时不得进行涂装。当遇风沙、粉尘、雨、雪和雾霾等天气时,应停止涂装作业。

涂层系统各层间的涂覆间隔时间依据油漆理化性、环境温度和湿度、最短间隔时间限制、最长间隔时间限制确定。最短间隔时间限制是每层油漆指触干,可用手触摸油漆不黏手、漆膜不出现缺陷后才涂装下一层油漆。最长间隔时间限制是限制环境温度大于 25 ℃时不大于 3 d,环境温度小于或等于 25 ℃时不大于 7 d。当涂装间隔时间超过最长间隔时间时,应采用弹性砂轮片或千叶片等器具打毛、拉毛处理后再涂装下一层油漆。

涂装方法应根据涂料的物理性能、施工条件和被涂结构的形状进行选择,焊缝和边角部位宜采用刷涂方法进行第一道施工,其余部位应选用高压无气喷涂或空气喷涂。涂装作业宜在通风良好的室内进行;如在工地现场施工,应在清洁的环境中进行,避免未干的涂层被灰尘等污染。未固化的漆膜,应防止雨水浸淋、水渍、污物和粉尘黏附。吊装、运输及安装过程中应尽量避免对涂层造成损伤,如有损伤应及时进行补涂。

2)涂装检测

涂装后应进行外观检测,涂层表面应光滑、颜色均匀,无皱皮、起泡、流挂、针孔、裂纹、漏涂等缺欠。水泥浆涂层厚度应基本一致,黏着牢固,不起粉。膜固后应进行干膜厚度测定。85%以上的局部厚度应达到设计厚度,没有达到设计厚度的部位,其最小局部厚度不应低于设计厚度的85%,使用测厚仪进行厚度检测。附着力检验为破坏性试验,检测方法采用切割试验法或拉开法。

(四)金属热喷涂

1. 金属涂层

金属热喷涂常用于明钢管外壁的防腐。金属热喷涂保护系统包括金属喷涂层和涂料封闭层,必要时在涂料封闭后涂覆面漆形成复合保护系统。

用于大气和淡水环境中的压力钢管,金属热喷涂材料宜选用锌、铝;用于海水环境中则宜选用铝、铝镁合金、锌、锌铝合金。金属热喷涂使用的金属丝直径为 3 mm,其表面应光洁、无锈、无油、无折痕。金属丝纯度见表 2.4-10,金属涂层类型与厚度见表 2.4-11。

表 2.4-10　金属丝纯度

名称	纯度	名称	纯度
锌丝	Zn:≥99.99%	锌铝合金丝	Al:13%~35%,其余为锌
铝丝	Al:≥99.5%	铝镁合金丝	Mg:4.8%~5.5%,其余为铝

表 2.4-11　金属涂层类型与厚度

所处环境	设计寿命 T/年	涂层类型	最小局部厚度/μm
大气	$T \geq 20$	热喷涂锌(锌合金)	120
		热喷涂铝(铝合金)	120
	$T \geq 10$	热喷涂锌(锌合金)	100
		热喷涂铝(铝合金)	100

续表 2.4-11

所处环境	设计寿命 T/年	涂层类型	最小局部厚度/μm
淡水	$T \geqslant 20$	热喷涂锌(锌合金)	160
	$T \geqslant 10$	热喷涂锌(锌合金)	120
海水	$T \geqslant 10$	热喷涂铝(铝合金)	160
	$T \geqslant 10$	热喷涂锌(锌铝合金)	200

2. 封闭漆

热喷涂金属的涂层为多孔结构,必须进行封闭,以杜绝腐蚀介质通过涂层孔隙对基体造成浸蚀。封闭漆需具备良好的渗透封闭性能和与金属涂层间良好的附着性能,以及与外层复合防腐涂层良好的相容性,要求黏度低,易渗入到金属涂层的孔隙中去,干膜厚度不宜大于 30 μm。

热喷涂金属涂层表面采用环氧类涂料涂装时可选用环氧清漆、环氧锌黄或环氧磷酸锌作为封闭漆,采用聚氨酯类涂料涂装时可选用聚氨酯锌铬黄或聚氨酯磷酸锌作为封闭漆,也可选用经稀释的环氧类、聚氨酯类清漆或涂料作为封闭漆。

3. 喷涂施工和检测

1) 喷涂施工

金属热喷涂前应对表面预处理的质量进行检验,合格后方能进行喷涂。金属喷涂宜在钢材表面预处理后 2 h 内进行,在晴天和正常大气条件下最长不应大于 8 h。当钢板表面温度低于大气露点以上 3 ℃或高于 60 ℃、空气相对湿度大于 85%、环境温度低于 5 ℃时不得进行喷涂。金属喷涂场地必须具备通风、阴凉,不得雨淋和接近火源等条件,照明、开关、通风电气系统必须具有防爆功能。

热喷涂工艺:喷涂用的压缩空气应清洁、干燥,压力不应小于 0.4 MPa;喷嘴与基体表面的距离宜为 100~200 mm;喷枪应尽可能与基体表面垂直,喷束中心线与基体表面法线之间的夹角最大不应超过 45°;喷涂时应分多次均匀喷涂,每次喷涂层厚 25~60 μm,相邻喷幅之间应重叠 1/3;相邻两次喷涂的喷束应垂直交叉。

金属喷涂层经检测合格后,应在任何冷凝发生之前及时进行涂料封闭涂装。涂装前将金属喷涂层表面灰尘清理干净,在金属喷涂层尚有一定温度时进行。因碰撞等原因造成金属喷涂层局部损伤时,应按原施工工艺予以修补。条件不具备时,可用环氧富锌漆修补,然后再涂面漆。

2) 涂层检测

金属涂层施工后应对涂层质量进行外观检测。涂层外观应均匀一致,无杂物、起皮、鼓泡、孔洞、凹凸不平、附着不牢固的金属熔融粗颗粒、掉块、基材裸露的斑点及裂纹等现象。当喷涂时发现涂层外观有明显缺欠应停止喷涂,遇有少量夹杂可用刀具剔刮,当缺欠面积较大时,应铲除重喷。经测厚仪检测的金属涂层最小局部厚度不应小于设计厚度。金属涂层附着力检验为破坏性试验,检测方法采用切割试验法或拉开法。

金属热喷涂复合保护涂层施工完后的表面应均匀一致,无流挂、皱纹、鼓泡、针孔、裂纹等缺陷,经测厚仪检测的涂层最小局部厚度不应小于设计规定的金属涂层厚度和涂料涂层厚度之和。复合涂层附着力检测方法采用切割试验法或拉开法。

(五)环氧粉末内防腐层

1. 环氧粉末

环氧粉末最早用于石油天然气管道,管径较小,近年来用于重要输水工程钢管内壁的防腐。长距离大管径输水管道采用环氧粉末内防腐层的代表工程有:珠江三角洲水资源配置工程采用地下埋管双管供水,钢管内径 4.8 m,环氧粉末厚度 450 μm,目前已完工通水;环北部湾广东水资源配置工程采用地下埋管单管供水,钢管内径 6.6 m,环氧粉末厚度 600 μm,已开工建设。

环氧粉末内防腐层宜为一次成膜的环氧粉末层结构,普通级环氧粉末内防腐层的最小厚度为 300 μm,加强级环氧粉末内防腐层的最小厚度为 500 μm。环氧粉末涂料性能见表 2.4-12,钢管内壁熔结环氧粉末防腐层厚度见表 2.4-13,钢管内壁熔结环氧粉末内防腐层技术指标见表 2.4-14。

表 2.4-12　环氧粉末涂料性能

序号	试验项目		质量指标	试验方法
1	外观		色泽均匀,无结块	目测
2	固化时间/min		符合粉末生产厂家给定的值±20%	划格法
3	热特性	$\Delta H/(\text{J/g})$	≥45	差示扫描量热法
		$T_{g2}/\text{℃}$	≥98 且高于运行温度 40 ℃	
4	胶化时间/s		符合粉末生产厂家给定的值±20%	GB/T 713
5	不挥发物含量(105 ℃)/%		≥99.4	GB/T 713
6	烧烤时质量损失(230 ℃,5 min)/%		≤1.0	GB/T 21782.7
7	粒径分布/%		150 μm 筛上粉末≤3.0 250 μm 筛上粉末≤0.2	GB/T 21782.1
8	密度/(g/m³)		1.3~1.5	GB/T 4472
9	磁性物含量/%		≤0.002	JB/T 6570

表 2.4-13　钢管内壁熔结环氧粉末防腐层厚度

内防腐层等级	厚度/μm
普通级	≥300
加强级	≥500

表 2.4-14 钢管内壁熔结环氧粉末内防腐层技术指标

项目	技术指标
涂膜外观	平整、色泽均匀、无气泡、无裂纹
抗弯曲性(3°)(0 ℃或-30 ℃)	无裂纹
抗冲击性(-30 ℃)/J	≥1.5
耐磨性(Cs10 轮,1 kg,1 000 r)/mg	≤100
附着力(75 ℃,48 h)/级	1~3
黏结强度/MPa	≥50
阴极剥离(65 ℃,48 h)/mm	≤7
电气强度/(MV/m)	≥30
体积电阻率/(Ω·m)	≥1×10^{12}
断面孔隙率/级	1~3
界面孔隙率/级	1~3
蒸馏水吸水率(60 ℃,15 d)/%	≤3.0

2. 环氧粉末涂覆和检测

环氧粉末内防腐层涂覆前,应对钢管均匀加热至 200~275 ℃,温差为±10 ℃。加热不应导致钢管表面氧化,涂覆后的保温时间应满足环氧粉末涂料的固化要求。钢管温度可用接触式温度计、红外线测温仪或其他适宜的方法进行检测,至少每 1 h 记录一次温度值。固化后的环氧粉末内防腐层采用空气冷却或水冷却。未固化的漆膜,应防止雨水浸淋、水渍、污物和粉尘黏附。环氧粉末喷涂设备主要分中频加热和燃气加热两种,中频加热提供的热能大,喷涂均匀,表面光滑,加劲环处需提供更大热能,否则冷却后在加劲环处易形成环状痕迹,对不同管径需不同大小的加热模具,中频加热设备示意见图 2.4-8;燃气加热适用于不同管径,但喷涂不够均匀,冷却后易产生"橘皮"状粗糙面,燃气加热设备示意见图 2.4-9。

图 2.4-8 中频加热设备示意

图 2.4-9 燃气加热设备示意

防腐层涂整完成后,除去管端部位的防腐层,管端预留长度宜为 $100\sim150$ mm,并满足实际焊接和检验要求。熔结环氧涂层局部损坏的涂补或现场安装焊缝的补口涂料,可采用冷涂双组分无溶剂环氧涂料,也可采用补口机热涂熔结环氧粉末、机械压接、内衬短管节等补口方式。修补涂层或现场焊缝补口涂层,与原防腐蚀涂层搭接不应小于 25 mm,且应打磨处理。环氧粉末附着力检测方法采用加热划格法,其附着力可达 20 MPa,远高于涂料结合力。

(六) 三层聚乙烯外防腐层

1. 胶黏剂和聚乙烯

钢管采用聚乙烯外防腐克服了钢管本身存在的易生锈、高污染料及塑料管强度低、易变形等多重缺陷,具备钢管和塑料管的双重优点,是借鉴石油管道防腐经验近年来用于腐蚀较严重工程回填管外壁的防腐措施。挤压聚乙烯防腐层分为二层结构和三层结构两种。二层结构的底层为胶黏剂层,外层为聚乙烯层,通常称"2PE";三层结构的底层为环氧粉末涂层,中间层为胶黏剂层,外层为聚乙烯层,通常称"3PE"。DN500 mm 以上管道宜采用三层结构聚乙烯防腐层。胶黏剂性能见表 2.4-15,聚乙烯专用料性能见表 2.4-16,聚乙烯防腐层技术指标见表 2.4-17,三层聚乙烯外防腐层最小厚度见表 2.4-18,成品管三层聚乙烯外防腐层整体技术指标见表 2.4-19。

表 2.4-15 胶黏剂性能

序号	试验项目	质量指标	试验方法
1	密度/(g/m³)	$0.92\sim0.95$	GB/T 4472
2	熔体流动速率(190 ℃,2.16 kg)/(g/10 min)	≥0.7	GB/T 3682
3	维卡软化点(A50,9.8 N)/℃	≥90	GB/T 1633
4	脆化温度/℃	≤-50	GB/T 5470
5	氧化诱导期(200 ℃)/min	≥10	氧化诱导期测定试验
6	含水率/%	≤0.1	塑料含水率测定试验
7	拉伸强度/MPa	≥17	GB/T 1040.2
8	断裂标称应变/%	≤20	GB/T 1040.2

表 2.4-16 聚乙烯专用料性能

序号	试验项目	质量指标	试验方法
1	密度/(g/m³)	$0.94\sim0.96$	GB/T 4472
2	熔体流动速率(190 ℃,2.16 kg)/(g/10 min)	≥0.15	GB/T 3682
3	炭黑含量/%	≥2.0	GB/T 13021
4	含水率/%	≤0.1	塑料含水率测定试验
5	氧化诱导期(220 ℃)/min	≥30	氧化诱导期测定试验
6	耐热老化(100 ℃,4 800 h)/%	≤35	GB/T 3682

表 2.4-17　聚乙烯防腐层技术指标

序号	试验项目		质量指标	试验方法
1	拉伸强度	轴向/MPa	≥20	GB/T 1040.2
		周向/MPa	≥20	
		偏差/%	≤15	
2	断裂标称应变/%		≥600	GB/T 1040.2
3	压痕硬度/mm	23 ℃	≤0.2	压痕硬度测定试验
		60 ℃或80 ℃	≤0.3	
4	耐环境应力开裂(F50)/h		≥1 000	GB/T 1842
5	热稳定性(ΔMFR)/%		≤20	GB/T 3682

表 2.4-18　三层聚乙烯外防腐层最小厚度

钢管公称直径 DN/mm	环氧粉末涂层/μm	胶黏剂层/μm	最小厚度/mm	
			普通级(G)	加强级(S)
DN≤100	≥120	≥170	1.8	2.5
100<DN≤250			2.0	2.7
250<DN<500			2.2	2.9
500≤DN<800			2.5	3.2
800≤DN≤1 200	≥150		3.0	3.7
DN>1 200			3.3	4.2

表 2.4-19　成品管三层聚乙烯外防腐层整体技术指标

序号	试验项目	质量指标		试验方法
		二层结构	三层结构	
1	剥离强度(20 ℃±5 ℃)/(N/cm)	≥70	≥100(内聚破坏)	剥离强度测定试验
2	剥离强度(60 ℃±5 ℃)/(N/cm)	≥35	≥70(内聚破坏)	
3	阴极剥离(65 ℃,48 h)/mm	≤15	≤5	阴极剥离测定试验
4	阴极剥离(最高运行温度,30 d)/mm	≤25	≤15	
5	环氧粉末底层热特性玻璃化温度变化值(ΔT_g)/℃	—	≤5	热特性测定试验
6	冲击强度/(J/mm)	≥8		冲击强度测定试验
7	抗3°弯曲(-30 ℃,2.5°)	聚乙烯无开裂		抗弯曲测定试验
8	耐热水浸泡(80 ℃,48 h)	翘边深度平均≤2 mm且最大≤3 mm		耐热水浸泡测定试验

2. 三层聚乙烯涂覆和检测

用无污染的热源对钢管加热至确定的涂覆温度,环氧粉末均匀涂覆在钢管表面,黏结剂和聚乙烯在环氧粉末固化过程中依次涂覆。采用侧向绕工艺时,要确保搭接部分的聚乙烯及焊缝两侧的聚乙烯完全辊压密实无空洞,辊压时应避免损伤聚乙烯层表面。聚乙烯层包裹后应用水冷却至钢管温度不高于 60 ℃,并确保熔结环氧涂层固化完全。

防腐层涂覆完成后,应除去管端部位的防腐层。管端预留长度宜为 100 ~ 150 mm,并满足实际焊接和检验要求。聚乙烯层端面应形成不大于 30° 的倒角,聚乙烯层端部外宜保留 10 ~ 30 mm 的环氧粉末涂层。

挤压聚乙烯防腐钢管的现场补口可采用环氧底漆或辐射交联聚乙烯热收缩带方式。无溶剂环氧树脂底漆应由热收缩带(套)厂家配套提供或指定,底漆供应量应满足厚度不小于 150 μm 的涂覆要求。辐射交联聚乙烯热收缩带、收缩套应按管径选用配套的规格,产品的基材边缘应平直、表面应平整、清洁、无气泡、无口及无分解变色。

热涂覆过程中应对钢管加热温度进行连续监测,防腐层漏点采用在线电火花检漏仪连续检测,检漏电压为 25 kV,无漏点为合格。防腐层厚度采用磁性测厚仪或电子测厚仪检测,附着力检测方法采用拉开法,使用拉伸试验机或便捷式剥离强度测定装置进行检测。

(七) 水泥砂浆内防腐层

1. 水泥砂浆

水泥砂浆是由水泥、细骨料和水组成,根据需要配成的砂浆、水泥砂浆及预拌砌筑砂浆强度等级可分为 M5.0、M7.5、M10.0、M15.0、M20.0、M25.0、M30.0,水泥砂浆在使用时,还要经常掺入一些添加剂(如微沫剂、防水粉等),以改善它的和易性与黏稠度。水泥砂浆配合比见表 2.4-20,内防腐层厚度见表 2.4-21,内防腐层技术指标见表 2.4-22。

表 2.4-20　水泥砂浆配合比

原材料标号	水泥:32.5 级,稠度:70 ~ 90 mm		
	水泥/(kg/m³)	河砂/(kg/m³)	水/(kg/m³)
M2.5	200	1 450	310~330
M5.0	210	1 450	310~330
M7.5	230	1 450	310~330
M10.0	275	1 450	310~330
M15.0	320	1 450	310~330
M20.0	360	1 450	310~330

表 2.4-21　水泥砂浆内防腐层厚度

管内径 D/mm	厚度/mm	
	机械喷涂	手工抹压
500~700	8	—
800~1 000	10	—
1 100~1 500	12	14
1 600~1 800	14	16
2 000~2 200	15	17
2 400~2 600	16	18
2 600 以上	18	20

表 2.4-22　水泥砂浆内防腐层技术指标

检测项目	质量标准	检测方法
初凝时间	>45 min	检查配合比及试验报告
终凝时间	<12 h	
抗压强度	≥30 MPa	
黏结强度	≥1.2 MPa	
氯丁胶乳水泥砂浆抗折强度	≥3.0 MPa	
聚丙烯酸酯乳液水泥砂浆抗折强度	≥4.5 MPa	
氯丁胶乳水泥砂浆抗渗强度	≥1.6 MPa	
聚丙烯酸酯乳液水泥砂浆抗渗强度	≥1.5 MPa	
氯丁胶乳水泥砂浆吸水率	≤4.0%	
聚丙烯酸酯乳液水泥砂浆吸水率	≤5.9%	
水泥砂浆基层	必须坚固、密实,严禁有地下水渗漏和不均匀沉降,无油污、起砂、空鼓、裂缝等现象	观察和检查施工记录
水泥砂浆面层	应与基层黏结牢固,表面平整,无裂纹、起壳等现象	

2. 水泥砂浆涂装和检测

水泥砂浆用于钢管内防腐层,抗压强度不得低于 30 MPa。施工前先检查管道的变形情况,其竖向变形不大于设计规定值,且不得大于管径的 2%。施工时先将管道内壁的浮锈、氧化皮、焊渣、油污等彻底清除干净,焊缝突起高度不得大于防腐层厚度的 1/3。现场施工时应在管道试验、土方回填验收合格、管道变形基本稳定后进行。

水泥砂浆必须采用机械充分混合搅拌,砂浆稠度应符合均匀密实度要求,砂浆应在初凝前使用。水泥砂浆质量比可在 1∶1~1∶2 内选用,坍落度宜取 60~-80 mm,当管径小于 1 000 mm 时允许提高,但不宜大于 120 mm。由于水泥砂浆防腐层较厚,对管道过水断面减小较多,设计时应考虑对过流的影响,必要时加大管径。

工厂预制的管道在运输、安装、回填土过程中不得损坏水泥砂浆内防腐层,管道端点或施工中断时应预留搭茬。水泥砂浆内防腐层可采用机械喷涂、人工抹压、拖筒或离心预制法施工,以机械喷涂为主。在弯头、三通特殊管件、邻近闸阀附近管段和接口等处可采用手工涂抹,并以光滑的渐变段与机械喷涂相连接。施工时应用高压水冲洗,保持表面潮湿,施工过程中不得有积水。水泥砂浆内防腐层成型后,应立即将管道封堵,终凝后进行潮湿养护,普通硅酸盐水泥砂浆养护时间不应少于 7 d,矿渣硅酸盐水泥砂浆不应少于 14 d。养护期间管段内所有孔洞严密封闭,当达到养护期限后,及时充水,否则需继续养护。

(八) 阴极保护

阴极保护技术包括外加电流和牺牲阳极两种方法,其原理是通过外加电流或牺牲阳极的溶解使被保护的金属(阴极)电位降到腐蚀电位以下,从而避免被保护金属发生腐蚀。

1. 外加电流阴极保护

外加电流阴极保护又称强制电流阴极保护,是通过外部电源来改变周围环境的电位,使得需要保护的设备电位一直处在低于周围环境的状态下,从而成为整个环境中的阴极,这样需要保护的设备就不会因为失去电子而发生腐蚀。外加电流阴极保护系统由整流电源、阳极地床、参比电极、连接电缆组成,主要用在大型设备的阴极保护或者土壤电阻率比较高的环境中设备的阴极保护,广泛应用在石油天然气输送钢管长距离回填管道、大型储油储罐群,长距离输水管道也开始采用。外加电流阴极保护适合比较大型设备结构的保护、各种大型储罐的阴极保护,但需要持续不断的外部电源供给,导致过保护,引发防腐层的破坏及管材氢脆,且运行维护费用高。

外加电流阴极保护设计应考虑有无现存的低压电源、保护电流需要量、适合阳极地床的低电阻率环境、良好的专门运输线、金属阳极与其他外部装置有足够的间距。外加电流阴极保护示意见图 2.4-10。

阴极保护电源设备可选用恒电位仪和变压器、整流器,应具有恒电位输出、恒电流输出、同步通断、数据远传和远控等功能或整流器运行模式。电源设备的输出电流、输出电压应按实际需要的 1.5 倍,输出电压一般限定在 50 V。如果必须提高输出电压,应对阳极地床位置进行安全防护,如用围栏围护或安装导电网、安全垫层等。恒电位仪无法恒电位运行时,应能自动转换成恒电流工作模式,并具备手动锁定恒电位工作方式的功能。恒电位仪见图 2.4-11。

选择阳极地床场址时,要考虑电源盒较低的土壤电阻率、阳极地床与外部管道的距

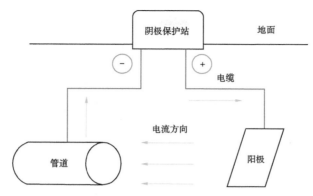

图 2.4-10　外加电流阴极保护示意

图 2.4-11　恒电位仪

离。长距离输水管道要得到较低的阳极电压,可以分段设置若干个阴极保护站和浅埋阳极,每个阴极保护站由较低的电流输出,也可以采用深井阳极、柔性阳极来降低接地电阻,覆土层厚度 20 m 以上的深井阳极特别适用于都市中管道的阴极保护。理想的埋地用辅助阳极应综合保护费用低,具有良好的导电性能,工作电流密度大,极化小,化学和电化学稳定,消耗率低,寿命长,机械性能良好,不易损坏,便于加工制造、运输和安装。

辅助阳极地床分为深井型和浅埋型。深井阳极地床应安装非金属耐氯材料制造的排气管,缓解阳极与导电填料间产生气阻,并应设置永久性地床标识桩。浅埋阳极地床可采用水平式或立式安装,在非永冻土地区应安装在冻土层以下不小于 1 m 深处;在永冻土地区应安装在岛状冻土之间的非永冻土层或冻融土层内,并在首末端设置永久性地床标识桩。辅助阳极可选用高硅铸铁阳极、石墨阳极、钢铁阳极、导电聚合物阳极和金属氧化物阳极,阳极材料和质量应按阴极保护系统设计寿命期内最大预期保护电流的 1.25 倍。阳极通常并不直接埋在土壤中,而是在阳极周围填充碳质回填料而构成阳极地床,碳质回填料通常选用冶金焦炭、石油焦炭或石墨颗粒等,回填料的含碳量宜大于 85%,最大粒径应不大于 15 mm。回填料的作用是降低阳极地床的接地电阻,延长阳极使用寿命。深井阳极地床见图 2.4-12。

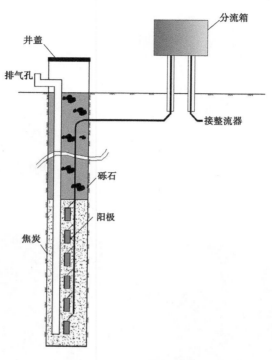

图 2.4-12　深井阳极地床

　　MMO/Ti 柔性阳极为长距离输送管道采用的新一代柔性阳极,阳极材料基体材料为一级钛,混合了金属氧化物,用钛丝替代了点状聚合物。该阳极是将钛丝阳极每隔 10 m 与电缆连接一次,并放置在填料带中,具有保护电位分布均匀、电流效率高、排流密度大、寿命长和可靠性高的优点,克服了传统点状阳极系统的电位分布不均、易产生干扰、屏蔽等问题,应用于储罐底板外侧保护,在实现高可靠性的同时,还可达到电位分布均匀和长寿命的目标。MMO/Ti 柔性阳极的涂层是混合金属氧化物催化剂,这种催化剂由多种热处理方式构成,混合物涂层与基体材料应有良好的黏结性能,能适应高热环境,使晶体结构稳定,可以提高阳极的导电性能。在织物包覆管内应有一根连续的多芯铜芯电缆,此电缆应与线性阳极的电流量和长度相匹配,标称截面面积 $\geq 10\ mm^2$,电缆的绝缘材料应用于耐阳极运行的高氯、高氧化环境,绝缘层厚度满足阳极寿命要求。用于一般土壤环境应采用高密度聚乙烯绝缘电缆,用于含氯化物或化学污染环境的应采用含氟聚合物绝缘高密度聚乙烯护套电缆或聚乙烯交联电缆。MMO/Ti 柔性阳极类型有棒状、管状、带状、网状、丝状、片状/盘状等多种,适用于长距离回填管道的阴极保护、钢质储罐底板外表面阴极保护、涂层老化管道的阴极保护等各类环境。MMO/Ti 线性阳极由阳极线、内部电缆、连接及密封接头、焦炭粉、织物覆盖层及耐磨编织网组成。MMO/Ti 柔性阳极结构示意见图 2.4-13。

　　同沟敷设并行管道、同期建设管径相同或相近的并行管道、阴极保护站合建的并行管道宜联合实施阴极保护,同沟敷设阴极保护站分建的并行管道、非同沟敷设的并行管道,以及与高压输电线路长距离并行、与电气化铁路并行或多次交叉的并行管道宜分别实施阴极保护。联合实施阴极保护的并行管道宜在汇流点及其他适当位置设置跨接线。分别

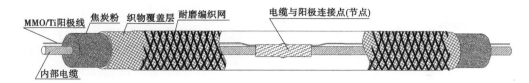

图 2.4-13 MMO/Ti 柔性阳极结构示意

实施阴极保护的并行管道,宜选择各自适宜的阳极地床方式或位置,避免相互之间的干扰,当存在干扰时应采取防治措施,并在投运时应进行联合调试。

2. 牺牲阳极阴极保护

牺牲阳极阴极保护又称牺牲阳极保护,即将还原性较强的金属作为保护极,与被保护金属相连构成原电池。还原性较强的金属将作为负极发生氧化反应而消耗,被保护的金属作为正极就可以避免腐蚀,即牺牲了阳极(原电池的负极)保护了阴极(原电池的正极)。牺牲阳极保护的优点是能提供均匀的电流分配,不需要外部电源,一次性安装方便,不需要维护,后期便于更换;缺点是对于腐蚀环境或劣质涂层的结构物需要较多的阳极,在高电阻率的土壤环境下效果不佳,更换阳极价格高。

牺牲阳极保护适用于海水、淡海水和电阻率低于 6 000 $\Omega \cdot mm$ 的淡水环境中和保护电流需要量小、土壤电阻率低的环境中,常用于保护敷设在电阻率较低的土壤、水、沼泽或湿地环境中的管道、距离较短并带有优质防腐层的管道,保护部位为钢管现场环缝、PCCP钢丝、管道连接法兰或钢质承插口。牺牲阳极保护应和涂料联合作用,被保护的管道应与水中、地层中其他金属结构、场区接地系统电绝缘。当保护对象为明管时,应采用引出线的方法形成电流回路;当保护对象为地下埋管或外包混凝土钢管时,可在现场环缝的环口位置设置若干个包覆式牺牲阳极。管道牺牲阳极示意见图 2.4-14。

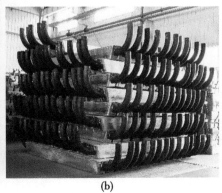

(a)　　　　　　　　　　　　　(b)

图 2.4-14 管道牺牲阳极示意

牺牲阳极材料应能持续提供管道所需的保护电流,总质量应能满足系统设计寿命要求,计算总质量的阳极利用系数一般取 0.8。牺牲阳极材料通常选用锌基、镁基和铝基三种合金阳极。锌合金阳极适合于低温环境及海水、淡海水和海泥环境,因为锌合金阳极的驱动电位随温度的升高而降低,并在 54 ℃时可能会发生极性逆转。锌合金阳极成分中锌的含量应不小于 99.314%,高纯锌合金阳极中锌的含量应不小于 99.99%。铝合金阳极适合于海水、淡海水及油污环境,因铝合金阳极的发电量大、电流效率高,即使发生液位改变或其表面被污染也会自动脱落而不会影响电流的输出。镁合金阳极适合于淡水和淡海水环境,因为镁合金阳极在电阻率低于 1 000 Ω·mm 的水中时镁合金阳极块消耗非常快。土壤环境中棒状锌合金阳极和标准型镁合金、镁锰型镁合金阳极的电化学性能见表 2.4-23,PCCP 牺牲阳极安装示意见图 2.4-15。

表 2.4-23　土壤环境中棒状锌合金阳极和标准型镁合金、镁锰型镁合金阳极的电化学性能

性能	棒状锌合金	标准型镁合金	镁锰型镁合金
开路电位/V	−1.05~−1.10	−1.57~−1.60	−1.77~−1.82
工作电位/V	−1.00~−1.05	−1.52~−1.57	−1.64~−1.69
实际电容量/(A·h/kg)	≥780	1 100	1 100
消耗率/[kg/(A·a)]	11.2	7.5	7.5
适用土壤电阻率/(Ω·m)	<50	50~100	50~100

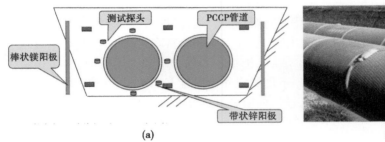

(a)　　　　　　　　　　　　　　　(b)

图 2.4-15　PCCP 牺牲阳极安装示意

　　牺牲阳极要求电位足够负,但也不宜太负,以免阴极区产生析氢反应;阳极的极化率要小,电位极电流输出要稳定;阳极的电容量要大和有高的电流效率;能够溶解均匀,容易装拆;产生的腐蚀产物应无毒无害,不污染环境。为使电流输出尽量保持稳定和降低阳极接地电阻,土壤中的牺牲阳极周围应采用化学填料包,主要由 75% 的石膏粉、20% 的膨润土和 5% 的工业硫酸钠混合而成,牺牲阳极不能埋放在焦炭中。

　　棒状牺牲阳极可采取单支埋设或多支成组埋设两种方式,同组阳极宜选用同一炉号或开路电位相近的阳极。棒状牺牲阳极埋设方式按轴向和径向分为立式和水平式两种。一般情况下牺牲阳极宜距离管道外壁 3~5 m,最小不宜小于 0.5 m,埋设深度以阳极顶部距地面不小于 1 m 为宜。成组埋设时,阳极间距宜为 2~3 m。棒状牺牲阳极应设在冻土层以下、地下水位低于 3 m 的干燥地带,河床中的阳极应适当加深埋设。在冻土区的阳极应安装在冻融地层或岛状冻土之间的非永冻土层。棒状牺牲阳极与管道之间不应存在其他金属构筑物,带状牺牲阳极应根据用途和需要与管道同沟敷设或缠绕敷设。

　　管道测试装置宜安装在管道与交流、直流电气化铁路交叉处或平行段、管道与交流高

压线交叉或平行段、管道与外部管道交叉处、管道与主要道路或堤坝交叉处、管道穿越铁路或河流处。测试装置应与阴极保护系统同步安装,应沿管道线路走向进行布设,相邻测试装置间隔宜不大于 3 km。在城镇市区或工业区,相邻测试装置间隔不应大于 1 km;在杂散电流干扰影响区域内,测试装置可适当加密。测试装置宜安装在管道上方,并进行标识。牺牲阳极在交流牵引系统附近地区应用时,阳极体上的交流感应持续电压不应超过 20 V。在牺牲阳极对被保护构筑物的保护电位不够负时,应即时更换阳极。固定在水下构筑物上的牺牲阳极,若无法测量输出电流,只能根据保护电位测量。阳极与水下结构金属相连的电缆应定期检查,对因波浪、船只造成的破坏及时修复。当管道穿越无人区或很难接近的地方,应采用远程监测、遥感技术或其他数据传输系统,同时配合使用长效参比电极、极化探头或检查井。

牺牲阳极电缆应通过测试装置与管道电连接,电缆与管道连接的焊接位置不宜在弯头上或管道焊缝两侧 150 mm 范围内。电缆与管道的连接可采用铝热焊方法,应分析焊接热量对输送介质的影响,在耐蚀合金管道上不应采用铝热焊。

3. 阴极保护施工和检测

管道外加电流阴极保护施工时,电源设备周围 500 mm 内不应有其他物体,应预留足够空间用于接线安装、检测与维护。电源设备安装时应使其受破坏尽可能小,与电源设备相连的导线应遵循地方和国家电器规程,与所用的供电电源要求一致,应在交流回路中提供外部断路开关,整流器外壳应可靠接地。所有电缆均应仔细检查,检测其绝缘缺陷,应进行以防损伤电缆的绝缘,电缆绝缘的缺陷必须进行修补。浅埋阳极地床安装前应检查阳极不应有损伤和裂纹,阳极接头应牢固密封完整,阳极电缆应完整无损坏,每根阳极电缆长度均应符合安装位置尺寸的要求,并留有余量。深井阳极地床安装过程中应保证电缆的松弛度,电缆不应承重。电缆与管道焊前应将焊点处打磨至露出金属光泽,焊点应牢固无尖锐突出,不应虚焊,焊后应清除焊渣,焊点应防腐密封。

管道外加电流联合保护的平行管道可同沟敷设。均压线间距和规格应根据管道电压降、管道间距离及管道防腐层质量等因素综合考虑。非联合保护的平行管道间距,不宜小于 10 m;间距小于 10 m 时,后施工的管道及其两端各延伸 10 m 的管段做加强级防腐层。被保护管道与其他地下管道交叉时,两者间垂直净距不应小于 0.3 m;小于 0.3 m 时,应设有坚固的绝缘隔离物,并应在交叉点两侧各延伸 10 m 以上的管段上做加强级防腐层。被保护管道与埋地通信电缆平行敷设时,两者间距离不宜小于 10 m。被保护管道与供电电缆交叉时,两者间垂直净距不应小于 0.5 m,同时应在交叉点两侧各延伸 10 m 以上的管道和电缆段上做加强级防腐层。

管道牺牲阳极埋设位置一般距管道外壁 3~5 m,不宜小于 0.3 m,阳极顶部距地面的埋设深度不应小于 1 m。牺牲阳极施工方式根据工程条件确定,立式阳极宜采用钻孔法施工,卧式阳极宜采用开槽法施工。牺牲阳极施工时,要注意保护涂层的完好,另外要避免保护电位过负,防止局部出现过保护而破坏涂层。当无法和其他金属电绝缘时,应考虑其他金属结构设备对牺牲阳极阴极保护系统的影响,并避免保护系统对邻近构筑物的干扰。牺牲阳极阴极保护和涂料保护联合使用时应降低所需的保护电流,延长牺牲阳极的使用寿命。施工前应测量钢管的自然电位,确认现场环境条件、使用的仪器和材料与设计文件一致。牺牲阳极使用前应对表面进行处理,消除表面的氧化膜、油污和油漆,避免阳极溶解速度降低,无法提供足够的保护电流。牺牲阳极与钢管的连接位置应除去涂层并露出金属基底,阳极钢芯与电缆采用焊接、电缆连接或铜管钳接,焊接处应防腐绝缘。阳极电缆的埋设深度不应小于 0.7 m,四周应垫有 50~100 mm 厚的细砂,砂的顶部应覆盖水泥护板或砖,敷设电缆应留有一定裕量。阳极电缆可以焊接到被保护的管道上,也可通过测试桩中的连接片相连。电缆与阳极钢芯宜采用焊接连接,焊后应采取防止连接部位断裂的保护措施。阳极端面、电缆连接部位及钢芯均应防腐、绝缘。牺牲阳极应避免安装在钢管的高应力和高疲劳荷载区域,装焊接接头应无毛刺、锐边、虚焊。

管道牺牲阳极安装后应将安装区域表面处理干净,并按技术要求重新涂装,涂补时不得污染牺牲阳极表面。非预包装牺牲阳极施工时,应除去牺牲阳极的所有防水包装材料。阳极周围应填充填料包,并使阳极置于填料包中心位置。填料包可在室内或现场包装,其厚度不应小于 50 mm,并应保证阳极四周的填料包厚度一致、密实。采用预包装牺牲阳极时,填料包的袋子须用棉麻织品,不得使用人造纤维织品。填料包应调拌均匀并完整包覆阳极,不得混入石块、泥土、杂草等。牺牲阳极就位后应充分浇水浸泡,并达到饱和。

测试电缆与管道连接后应防腐密封,并留有裕量。测试桩应安装铭牌,标识管道信息。阴极保护电缆敷设应减少电缆接头,并在电缆正上方每隔 50 m 及电缆转角处设置电缆走向标志桩。电缆穿越围墙、道路、管道、沟渠及其他电缆时,应当采取套管防护。

阴极保护绝缘处理要求:绝缘垫片应在干净、干燥的条件下安装,并应配对供应或在现场扩孔;法兰面应清洁、平直、无毛刺并正确定位;在安装绝缘套筒时,应确保法兰准直;除一侧绝缘的法兰外,绝缘套筒长度应包括两个垫圈的厚度;连接螺栓在螺母下应设有绝缘垫圈;绝缘法兰组装后应按《埋地钢质管道阴极保护参数测量方法》(GB/T 21246—2020)对装置的绝缘性能进行检测;阴极保护系统安装后,应按《埋地钢质道阴极保护参数测量方法》(GB/T 21246—2020)的规定进行测试,测结果应符合规范的规定和设计要求。

阴极保护系统施工结束后,施工单位应提交安装竣工图,核查阳极的实际安装数量、位置分布和连接是否符合规定。阴极保护系统安装完成交付使用前,应对阴极保护系统进行调试,重点测量钢管的保护电位,确认钢管各处的保护电位符合设计规定。当管道受周边其他干扰源影响时,应分别在干扰源处于正常运行工况和其他典型运行工况时进行测试和对比。系统正常使用后应定期对阳极、电源设备和部件进行监测和维护,确保在使用年限内有效运行。运行管理单位应至少每 6 个月监测一次钢管的保护电位、阳极输出电流、接地电阻等参数,当监测结果不满足要求时,应及时查明原因,更换阳极或采取其他处理措施。

第五节　构筑物设计

一、镇墩设计

管线中一些特殊的管段,如转弯、闷头、渐变段、阀门段等,在管道承受内压的情况下,会产生管轴向力,另外温度变化、泊松效应也会引起管轴向力,轴向力的存在会引起管道的轴向稳定问题。镇墩是设置在管道转角处防止管线移位的水工建筑物,通常为钢筋混凝土结构,当管线过长时也设镇墩。镇墩主要用于明钢管的固定,《水工设计手册　第8卷　水电站建筑物》(第2版)中介绍了明钢管镇墩的设计方法。与明钢管不同,回填钢管埋于土体之中,管道和土体之间存在摩擦力,能在一定程度上限制钢管在管轴线方向的滑移,是管道所受轴向力的阻力。市政工程给水管道直径较小、水压较低,一般不设镇墩,但水电站或引调水工程大直径回填钢管转弯处不平衡力较大,因此需要根据具体情况分析是否需要设置镇墩。

(一)镇墩设置判别条件

在钢管转弯一侧或者两侧设有伸缩节时,伸缩节处可视为自由端,可以伸缩,管道与土体之间便存在摩擦力。将管道上所受的力分解至管轴线方向,如果钢管和土体之间的摩擦力足够抵抗管道所受的轴向力,那么管道可以依靠管土之间的摩擦力维持轴向的稳定,可以不设伸缩节。

钢管与回填土之间的单位长度摩擦力计算公式为

$$F_{\text{fk}} = \frac{\pi}{2}\mu_{\text{s}}\gamma_{\text{s}}D_1\left(\frac{4}{3}H + \frac{1}{2}D_1\cos\beta\right) + \mu_{\text{s}}(G_{\text{w}} + G_{\text{st}})\cos\beta \qquad (2.5\text{-}1)$$

式中:F_{fk}为钢管与回填土之间的单位长度摩擦力,N/mm,其方向视温度变化而定,沿管轴线指向上游为正;μ_{s}为钢管与土体间的摩擦系数,应根据试验确定,当缺乏试验资料时,可采用 0.25～0.4;γ_{s}为土体的容重,N/mm³,当有地下水时,可取浮容重;β为管轴线与水平线之间的夹角,(°);D_1为管外壁直径,mm;H为钢管埋深,mm;G_{w}为单位长度管内水重,N/mm;G_{st}为单位长度管道自重,N/mm。

钢管转弯处一侧或两侧有伸缩节时,镇墩一侧钢管受力示意见图2.5-1。

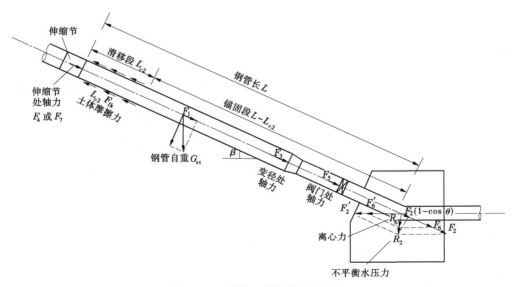

图 2.5-1　镇墩一侧钢管受力示意

考虑一定的安全裕度后,如果伸缩节至钢管转弯处的距离 L_{c1} 满足式(2.5-2)的要求,可不设置镇墩。

$$L_{c1} \geq K_{sl} \sum F / (F_{fk} - K_{sl}F_1) \tag{2.5-2}$$

$$\sum F = F_2(1 - \cos\theta)(\text{或} F_5) + F_3 + F_4(\text{或} F_7) + F_6(1 - \cos\theta) \tag{2.5-3}$$

$$F_1 = G_{st}\sin\beta \tag{2.5-4}$$

$$F_2 = \pi r^2 p \tag{2.5-5}$$

$$F_3 = \pi(r_1^2 - r_2^2)p \tag{2.5-6}$$

$$F_4 = \pi(r_3^2 - r_4^2)p + \pi r_3 b_p \mu_p p \tag{2.5-7}$$

$$F_5 = \pi r^2 p \tag{2.5-8}$$

$$F_6 = \frac{\gamma_w}{g}v^2\pi r^2 \tag{2.5-9}$$

式中:L_{c1} 为伸缩节至钢管转弯处的距离,mm;K_{sl} 为抗滑稳定性安全系数,可取 1.5;θ 为钢管在水平面或立面的转角,°;p 为钢管伸缩节、渐变段中心处或转弯处的水压力,MPa;v 为钢管转弯处的流速,mm/s;r_1、r_2 分别为钢管渐变段进、出口断面的内半径,mm;r_3、r_4 为套筒式伸缩节内套管的外半径和内半径,mm;b_p 为伸缩节止水填料沿管轴向长度,mm;μ_p 为伸缩节止水填料与钢管之间的摩擦系数;F_1 为伸缩节至钢管转弯处单位长度钢管自重沿管轴线的分力,N/mm;F_2 为钢管转弯处的由水压力引起的轴向推力,N;F_3 为钢管直径变化处的轴力,N;F_4 为套筒式伸缩节处的轴向力,由端部水推力和止水填料摩擦力组成,摩擦力方向视钢管滑移方向而定,沿管轴线指向下游为正,N;F_5 为作用在阀门或闷头上的轴力,N;F_6 为作用在弯管段上的水流离心力的轴向分力,N;F_7 为波纹管伸缩节各向变位产生的轴力(数值由厂家提供),N。

当转弯处一侧或两侧设有伸缩节,且管周摩擦力不能保证钢管稳定时,钢管转弯处应设置镇墩。镇墩一侧设置伸缩节时,钢管可滑移的长度计算公式为

$$L_{c2} = \frac{1}{F_{fk}}[(\pm\alpha E_s\Delta T + \nu_s\sigma_{\theta p})A_s + F_1 L + F_3 + F_4(\text{或} F_7) + F_5] \tag{2.5-10}$$

式中:L_{c2} 为镇墩一侧设伸缩节时管道可滑移距离,mm;A_s 为钢管横截面面积,mm²;L 为镇墩至伸缩节的距离,mm;α 为钢材的线膨胀系数,$1.2\times10^{-5}/℃$;E_s 为钢材的弹性模量,MPa;ΔT 为温度变化,℃;ν_s 为钢材的泊松比;$\sigma_{\theta p}$ 为内水压力引起的环向拉应力,MPa。

(二)抗滑稳定验算

镇墩一侧设置伸缩节时,该侧管道对镇墩的轴向推力可按下式计算:

当 $L \leq L_{c2}$ 时

$$T_i = F_1 L + F_2(\text{或} F_5) + F_3 + F_4(\text{或} F_7) + F_6 - F_{fk}L \tag{2.5-11}$$

当 $L > L_{c2}$ 时

$$T_i = F_2 + F_6 - (\pm\alpha E_s\Delta T + \nu_s\sigma_{\theta p})A_s \tag{2.5-12}$$

式中:T_i 为镇墩一侧钢管对镇墩的轴向推力,N。

镇墩的抗滑稳定性应满足：

$$K_p E_p + f_1 + f_2 + f_3 \geq K_{sl}(E_a + T) \tag{2.5-13}$$

$$E_p = \gamma_s Z_p A_p \tan^2(45° + \varphi/2) \tag{2.5-14}$$

$$E_a = \gamma_s Z_a A_a \tan^2(45° - \varphi/2) \tag{2.5-15}$$

$$f_1 = \mu_c N \tag{2.5-16}$$

$$f_2 = \mu_c \gamma_s Z_c A_c (1 - \sin\varphi) \tag{2.5-17}$$

$$f_3 = \mu_c \gamma_s Z_t A_t \tag{2.5-18}$$

式中：K_p 为被动土压力折减系数，当镇墩无位移时可取 0.8～0.9，小位移时可取 0.4～0.7；E_p 为作用在镇墩抗推力一侧的被动土压力，N；Z_p 为镇墩抗推力一侧中心至地表的深度，mm；A_p 为镇墩抗推力一侧面积，mm²；E_a 为作用在镇墩迎推力一侧的主动土压力，N；Z_a 为镇墩迎推力一侧中心至地表的深度，mm；A_a 为镇墩迎推力一侧面积，mm²；A_t 为镇墩顶面面积，mm²；A_c 为镇墩两侧面总面积，mm²；μ_c 为镇墩混凝土与土体之间的摩擦系数；Z_c 为镇墩侧面中心至地表的深度，mm；Z_t 为镇墩顶面至地表的深度，mm；f_1、f_2、f_3 分别为镇墩底面、侧面及顶面与土体的摩擦力，N；T 为镇墩所承受的水平推力（由镇墩两侧管道对镇墩的推力合成），N；N 为镇墩所承受的竖向合力，N。

（三）抗倾覆验算

镇墩抗倾覆验算应满足：

$$K_p E_p h_p + G_1 d_1 + G_2 d_2 \geq K_{ov}(E_a h_a + Th) \tag{2.5-19}$$

式中：K_{ov} 为镇墩抗倾覆安全系数；G_1 为镇墩自重，N；G_2 为镇墩上部覆土重，N；h_p 为被动土压力 K_p 作用点至镇墩底部的距离，mm；h_a 为主动土压力 K_a 作用点至镇墩底部的距离，mm；h 为管道中心线至镇墩底部的距离，mm；d_1 为镇墩重心至镇墩底部抗倾覆计算点的距离，mm；d_2 为镇墩上部覆土重心至镇墩底部抗倾覆计算点的距离，mm。

（四）地基应力验算

镇墩地基应力应满足：

$$\sigma_{av} \leq \sigma_f \tag{2.5-20}$$

$$\sigma_{max} \leq 1.2\sigma_f \tag{2.5-21}$$

$$\sigma_{min} \geq 0 \tag{2.5-22}$$

式中：σ_{av} 为镇墩作用在地基土上的平均压力，MPa；σ_f 为地基土承载力，MPa；σ_{max} 为镇墩作用在地基土上的最大压力，MPa；σ_{min} 为镇墩作用在地基土上的最小压力，MPa。

二、支墩设计

（一）设置条件

当管内水流通过承插接头的弯头、丁字支管顶端、管道顶端等处产生的外推力大于接口所能承受的拉力时，应设置支墩，以防止接口松动脱节。支墩计算设置条件如下：

（1）采用水泥填料接口的球墨铸铁管，管径不大于 350 mm 且试验压力不大于 1.0 MPa 时，在一般土壤地区使用石棉水泥接头的弯头、三通处可不设支墩；但在松软土壤中，则应根据管中试验压力和土壤条件，计算确定是否需要设置支墩。

（2）采用其他形式的承插接口管道，应根据其接口容许承受的内压力和管配件形式，按试验压力进行支墩计算。

（3）管径大于 700 mm 的弯管水平敷设时，应尽量避免使用 90°转角；垂直敷设时，应尽量避免使用 45°及以上的转角。

（4）支墩不应修建在松土上。利用土体被动土压力承受推力的水平支墩，其后背必须为原状土，并保证支墩和土体紧密接触，如有空隙，需用与支墩相同的材料填实。

（5）水平支墩后背土壤的最小厚度应大于墩底在设计地面以下深度的 3 倍。

（二）布置形式

支墩材料一般为 C15 混凝土，设有预埋件和排水沟。支墩布置形式有多种，水平弯管支墩包括 11.25°、22.5°、45°、90°等弯管。水平弯管支墩见图 2.5-2，水平叉管支墩见图 2.5-3，水平丁字管支墩见图 2.5-4，水平管堵头支墩见图 2.5-5，向上弯管支墩见图 2.5-6，向下弯管支墩见图 2.5-7。

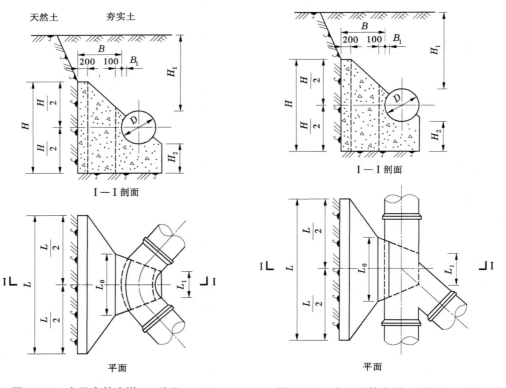

图 2.5-2　水平弯管支墩　（单位：mm）　　　　图 2.5-3　水平叉管支墩　（单位：mm）

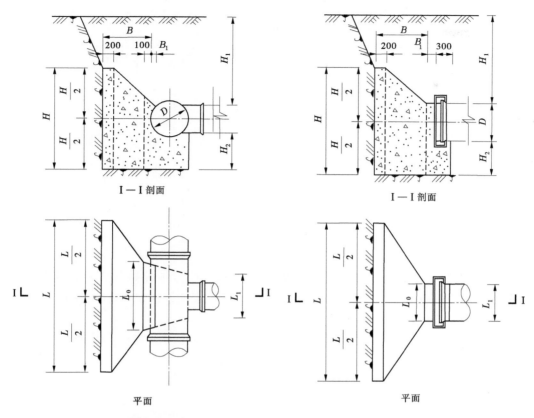

图 2.5-4　水平丁字管支墩　（单位:mm）　　　　图 2.5-5　水平管堵头支墩　（单位:mm）

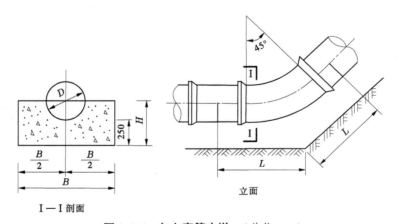

图 2.5-6　向上弯管支墩　（单位:mm）

(三) 设计原则及计算公式

1. 管道截面计算外推力

考虑接口允许承受内水压后的管道截面计算外推力 P 采用下式计算:

$$P = 0.785D^2(p_0 - kp_s) \quad (\text{N}) \qquad (2.5\text{-}23)$$

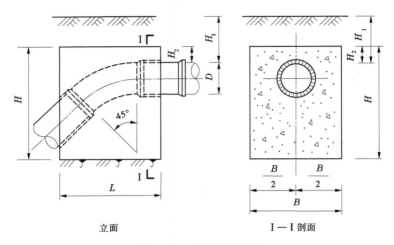

图 2.5-7　向下弯管支墩

式中:p_0 为按国家验收标准规定的试验压力,N/mm²;p_s 为各种接口容许内水压力,N/mm²;D 为管道内径, mm ;k 为考虑接口不均匀性等因素的设计安全系数,$k<1$。

2. 外推力对支墩产生的压力

截面计算弯管受力示意见图 2.5-8,外推力 P 对支墩产生的压力 R 采用下式计算:

$$R = 2P\sin\alpha/2 \quad (\text{N}) \tag{2.5-24}$$

式中:α 为弯管的角度,(°)。

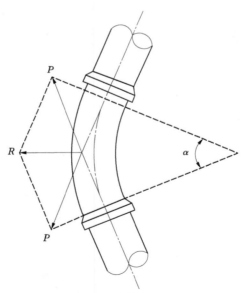

图 2.5-8　弯管受力示意

丁字管受力示意见图 2.5-9,采用下式计算:

$$R = P \quad (\text{N}) \tag{2.5-25}$$

叉管受力示意见图 2.5-10,采用下式计算:

$$R = P\sin\alpha \quad (N) \tag{2.5-26}$$

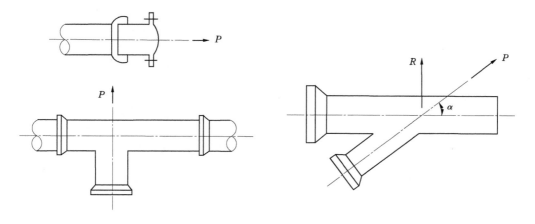

图 2.5-9　丁字管受力示意　　　　　　图 2.5-10　叉管受力示意

水平弯管、丁字管、叉管、堵头等支墩截面外推力的合力 R 应小于支墩后背被动土压力与支墩底面摩擦阻力之和,采用下式计算:

$KR \le$ 支墩总阻力 T 时

$$T = T_1 + T_2 \quad (N) \tag{2.5-27}$$

式中: K 为安全系数, $K \ge 1.5$; T_1 为被动土压力, N ; T_2 为底面摩擦力, N 。

向上弯管受力示意见图 2.5-11,向下弯管受力示意见图 2.5-12,水平弯管支墩受力示意见图 2.5-13。

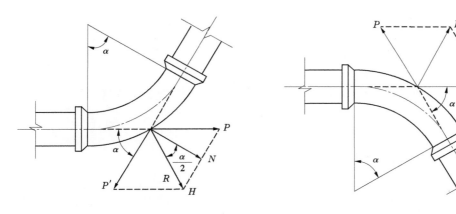

图 2.5-11　向上弯管受力示意　　　　图 2.5-12　向下弯管受力示意

向上弯管支墩:向上截面外推力合力 R 可分解为向下或向上的分力及沿弯管轴线方向的分力,前者由支墩承受,后者由管道接口承受。分力 N 及水管充水重量由墩底地基土承受,其半包支墩投影面积 F 按式(2.5-28)计算:

$$F = (N + G_1')/([R] - \gamma H) \quad (m)^2 \tag{2.5-28}$$

式中: N 为 R 的垂直分力,kN ; G_1' 为作用于支墩的弯管及充水总重,kN ; $[R]$ 为地基容许

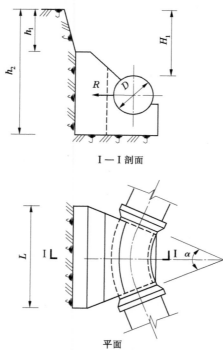

I—I 剖面

平面

图 2.5-13　水平弯管支墩受力示意

承载力,kPa ;γ 为混凝土重度,kN /m^2;H 为墩高,m 。

向下弯管支墩:向下截面外推力合力 R 的竖向分力 N 应小于墩体总重量,水平分力 N_P 应小于管道接口容许承受的摩阻力,且与 α 有关:

当 $\alpha = 11°15'$时,$N_P = 0.02P$;

当 $\alpha = 22°30'$时,$N_P = 0.08P$;

当 $\alpha = 45°$时,$N_P = 0.414P$。

由竖向作用力计算公式可知,向下弯管应尽可能选用小角度的弯管,以减少支墩的重量。

三、穿越设计

(一)管道穿越形式

输水管道在穿越铁路、高速公路、国道、省道、堤防、渠道、县道及以下道路处,管材一般采用钢管,钢管均需做内、外防腐处理。输水管线穿越高速公路、国道、省道宜采用顶套管法穿越,套管管材为预应力钢筋混凝土管;输水管道穿越县级及以下道路,采用开挖铺管再回填的方式,回填后需将路面恢复至原标准。输水管道穿越宽浅河流处,输水管道直接埋设在冲刷线以下,采用钢管外包 C25 混凝土,开挖铺管再回填的方式。

(二)管道穿越铁路

确定管道穿越铁路的地点、方式和施工方法时,必须取得有关铁路部门的同意,并应遵循有关穿越铁路的技术规范。穿越铁路方式取决于铁路等级、线路地形、作业繁忙程度等。一般应遵循：

（1）管道与铁路交叉时，一般均在路基下垂直穿越；当路基很深时，管道可根据具体情况架空穿越，其架空底距路轨的距离一般不小于 6~7 m。

（2）管道应尽量避免从站场地区穿过，当管道必须从车站轨道区间穿越时，应设防护套管。

（3）管道穿越站场范围内的铁路正线，可采用套管（或管沟）防护。

（4）管道穿越除（2）、（3）情况外的其他轨道时，一般可不设套管，水管直接穿越。

（5）管道穿越铁路的两端应设检查井，检查井内设阀门及支墩，并根据具体情况在井内设排水管道或集水坑。

（6）防护套管管顶（无套管时为管道管顶）至铁路轨底的深度，不得小于 1.2 m，管道至路基面高度不应小于 0.7 m。

（三）管道穿越公路

穿越公路一般只有两种方式：①当需穿越一般的非主要的普通公路时，往往要把道路断开，采取大开挖的方式进行铺管埋设，往来车辆绕道而行或另铺一条临时交通道路；②当需穿越高速公路等重要道路，或交通量非常大的主要交通要道时，无法断开交通进行施工，管道从公路底下以隧洞形式穿越，施工方法可采用机械进行挖洞，即顶管、盾构方法，也可采用矿山法进行挖洞。

一般进行管线布置时，都会尽量避开高速公路，但难免会穿越乡村道路。穿越乡村道路时可采用半幅通行或修绕行便道方式，施工时先开挖公路再铺管回填，此时管道应进行以下稳定抗力计算及变形计算。修绕行便道穿越公路示意见图 2.5-14。

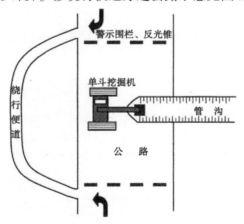

图 2.5-14　修绕行便道穿越公路示意

（1）稳定抗力系数：

$$K_{st} = F_{cr.k} / [F_{sv.k} / (2r_0) + F_{vk} + q_{ik}] \qquad (2.5\text{-}29)$$

式中：K_{st} 为钢管截面稳定性抗力系数；$F_{cr.k}$ 为管壁截面临界压力，MPa；$F_{sv.k}$ 为作用在钢管管顶的竖向土压力；r_0 为钢管计算半径；F_{vk} 为压力管内真空压力标准值，MPa，根据《给水排水工程埋地钢管管道结构设计规程》（CECS 141:2002）第 4.3.2 条，可取 0.05 MPa；q_{ik} 为地面堆积荷载标准值，MPa，根据车辆荷载及不同覆土厚度算得。

（2）变形计算。

钢管的变形应控制在一定限度内,当内防腐为水泥砂浆时,最大竖向变形 $\omega_{d,max}$ 不应超过 $0.02D_0 \sim 0.03D_0$;当内防腐为延性良好的涂料时,最大竖向变形 $\omega_{d,max}$ 不应超过 $0.03D_0 \sim 0.04D_0$。钢管在准永久组合作用下的最大竖向变形应按式(2.5-30)计算:

$$\omega_{d,max} = [D_L K_d r_0 (F_{sv,k} + \psi_q q_{ik} D_1)/(E_p I_p + 0.061 E_d r_0^3)] \qquad (2.5-30)$$

式中:$\omega_{d,max}$ 为管道最大竖向变形;D_L 为变形滞后系数,取 $1.0 \sim 1.5$;K_d 为竖向压力作用下柔性管的竖向变形系数;r_0 为钢管的计算半径,可取管壁中面直径 D_0 的 $1/2$;$F_{sv,k}$ 为管顶的竖向压力标准值,N/mm;ψ_q 为可变作用的准永久值系数;q_{ik} 为地面堆积荷载产生的竖向压力标准值 q_{mk} 或地面车辆轮压产生的管顶处单位面积上竖向压力标准值 q_{vk},应根据设计条件采用其中较大者;D_1 为管道外壁直径;E_p 为钢管管材弹性模量;I_p 为钢管管壁纵向截面单位长度的截面惯性矩,mm^4;E_d 为管侧土的综合变形模量,MPa。

（四）管道穿越河流

管线穿越河流的形式主要有沉管、顶管及围堰施工。

沉管法是目前管道施工中穿越河流常用的一种施工方法,具有施工难度小,工程投资较低的特点,一般用于不能采用围堰施工、宽度较宽的河流,而且河流上必须要有通航的条件。

顶管施工是一种非开挖敷设管道的施工方法,是借助工作井内顶进设备的推力,把工具管(混凝土管或钢管)从工作井内的一端,顶到另一端接收井内的施工方法。主要优点:施工面移入地下,使地面上的活动不受影响,不破坏地面上的设施。缺点:工程投资大,施工难度大,施工周期相对较长等。

围堰施工是在河流上下游修筑挡水围堰,分期施工导流,在围堰的保护下进行基槽开挖、铺设管道的一种施工方法。围堰一般用于穿越水深较浅、流量较小、无通航要求或通航要求不高的河道。该方案具有施工难度小、施工周期短、工程投资小的特点。

四、跨越设计

（一）跨河形式

管道跨越河面时可将管道敷设于车行(人行)桥梁上或设专用的管桥架设过河。管桥形式可因地制宜地选用。选择跨越形式时,需考虑以下因素,并经过技术经济比较后确定:①河道特性。包括河床断面的宽度、深度、流量、水位、流速、冲刷变迁、地质等情况;②河道通航情况及施工期需要停航的可能性;③过河管道的水压、管材、直径;④河两岸地形、地质条件和地震烈度;⑤施工条件及施工机具。

各种跨越河道形式的一般适用条件及比较见表2.5-1。

（二）跨河管桥架设

跨越河道的架空管一般采用钢管、球墨铸铁管或钢骨架聚乙烯塑料类复合管,亦有采用承插式预应力钢管混凝土管的。距离较长时,应设伸缩接头,并在管道高处设排气阀。为了防止冰冻,管道要采取保温措施。跨河管桥的架设方式如下。

1. 敷设在桥梁上

管道跨越河道应尽量利用已有或拟建的桥梁敷设,可将水管悬吊在桥下,或敷设在桥梁上人行道的管沟内。敷设在桥梁上的管道见图2.5-15。

表 2.5-1　各种跨越河道形式的一般适用条件及比较

跨越形式		优缺点	适用条件
河面跨越	敷设在桥梁上	1. 优点： (1) 施工较方便,不需进行水下施工或仅有部分水下施工。 (2) 维修管理方便。 (3) 防腐措施要求一般。 (4) 可利用钢管自身支承跨越 2. 缺点： (1) 需采取保温、伸缩及排气等措施。 (2) 对河道通航有一定影响。 (3) 桁架、拱管等只适用于宽度不大的河道。 (4) 安全性较差,易遭破坏	1. 现有桥梁容许架设时。 2. 一般管径较小
	支墩式		1. 施工时河道容许停航或部分停航。 2. 河床及河岸地形较平缓、稳定。 3. 河床及河岸地质条件尚好
	桁架式(拱架、悬索、斜拉索等)		1. 河床陡峭、水流湍急,水下工程施工极为困难。 2. 两岸地质条件良好、稳固。 3. 两岸地形条件复杂,施工场地较小。 4. 具有良好的吊装设备
	拱管式		1. 河道不容许停航,但有架设拱管的条件。 2. 具有良好的吊装设备。 3. 河床不宜过宽,一般不大于 40~50 m

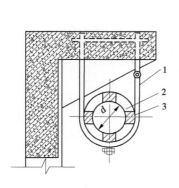

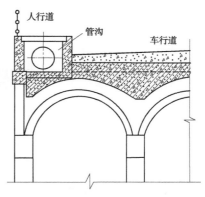

(a)钢筋混凝土桥的吊架　　　　(b)桥边人行道下的管沟

1—吊环;2—钢管;3—块木。

图 2.5-15　敷设在桥梁上的管道

2. 支墩式

在设计过河管道支墩时,如为通航河道,必须取得有关航道管理部门、航运部门及规划部门的同意,并共同确定管底高程、支墩跨距等;对于非通航河道亦应取得有关地区农田水利规划部门的同意。管道应选择在河宽较窄、地质条件良好的地段。支墩可采取钢筋混凝土桥墩式、桩架式支墩(见图 2.5-16)、预制式支墩(见图 2.5-17)。

3. 桁架式

该形式可避免水下工程,但要求具有良好的吊装设备。要求两岸地质条件良好,地形稳定。两岸先建支墩或塔架,由架支承或钢索吊拉管道过河。一般采用的形式如下:

(1)利用双曲拱架的预制构件支承,采取柔性接口。双曲拱桁架过河管见图 2.5-18。

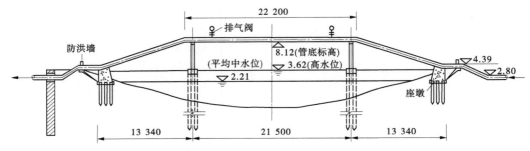

图 2.5-16 **桩架式支墩** （尺寸单位:mm;高程单位:m）

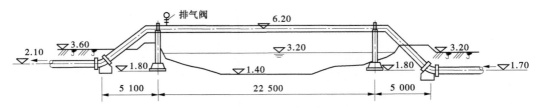

图 2.5-17 **预制式支墩** （尺寸单位:mm;高程单位:m）

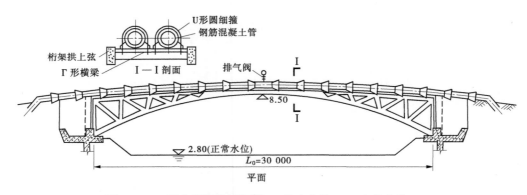

图 2.5-18 **双曲拱桁架过河管** （尺寸单位:mm;高程单位:m）

（2）悬索桁架。所有金属外露构件、钢索等均须采取防腐处理;悬索在使用过程中下垂要增大,安装时应将悬索按设计要求的下垂度,先予以提高 1/300 跨长。悬索桁架过河管见图 2.5-19。

（3）斜拉索过河管。斜拉索过河管的特点是利用高钢索（或粗钢筋）和钢管本身作为承重构件,可节约钢材,跨径越大越可显示其优越性。施工安装可利用两岸的塔架,施工安装方便。斜拉索过河管见图 2.5-20。

4. 拱管式

拱管的特点是利用钢管本身既作输水管道,又作承重结构,施工简便,节省支承材料。拱管一般采用的矢高比为 1/8 ~ 1/6,常用 1/8。拱管一般由若干节短管焊接而成。每节短管长度一般为 1.0 ~ 1.5 m,各节短管准确长度应通过计算确定。各节短管的焊接要求较高,应采用双面坡口焊探伤检查,以避免在吊装时出现断裂。吊装时为避免拱管下垂变形或开裂,可在拱管中部加设临时钢索固定。拱管必须与两岸支座牢固结合,支座应按受

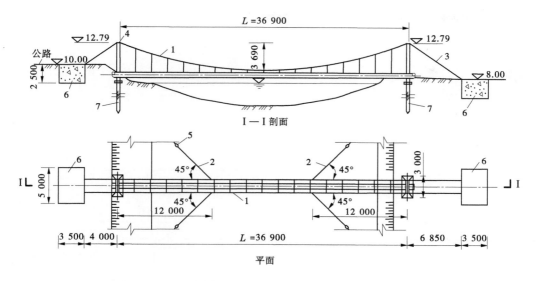

1—主缆;2—抗风缆;3—拉缆;4—索鞍;5—花篮螺丝;6—锁墩;7—混凝土桩。

图 2.5-19　悬索桁架过河管　（尺寸单位:mm;高程单位:m）

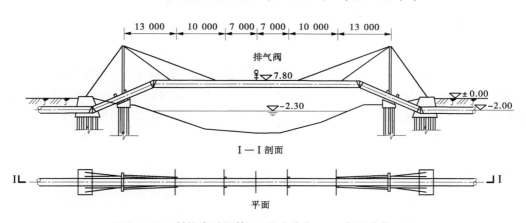

图 2.5-20　斜拉索过河管　（尺寸单位:mm;高程单位:m）

力条件进行计算。过河拱管见图 2.5-21。

五、阀井设计

(一) 阀井布置

为了保证输水线路上的阀件安全,输水管线上的各种阀件均放置在阀井内。阀井布置在满足各种阀件和配件操作及维修的前提下,多种阀件可紧凑地布置在同一井内,以减少阀井的数量和占地。阀井结构布置根据不同阀门井类型及其功能,分别采用不同的断面形式和尺寸。

1.检修阀井

根据规范要求检修阀井一般每 5~10 km 设置 1 处,在穿越河道、公路时也应考虑设

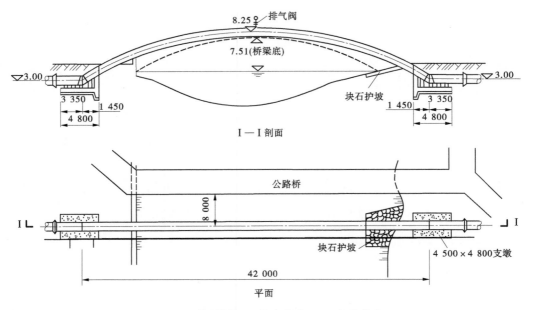

图 2.5-21　过河拱管　(尺寸单位:mm;高程单位:m)

置检修阀,在安装流量计等阀件时也应布置检修阀,检修阀可与其他附件结合布置在检修阀井内。

检修阀井采用 C25 现浇钢筋混凝土矩形结构井,阀井平面净尺寸根据管径调整,井顶高出地面 0.5 m,井深根据地面高程确定,底板下设 0.1 m 厚的 C15 素混凝土垫层。顶板采用 C25 预制混凝土盖板并布置通气管。阀井前后根据需要设有镇墩,以抵抗阀门关闭时的水平推力。进人孔井盖采用 C25 预制混凝土结构。阀井顶部设置 DN200 的通气孔管。检修阀井见图 2.5-22。

2. 空气阀井

为了满足管线系统在启动、检修和正常运行过程中的进排气要求,在管线纵断面的上坡段、下坡段、长水平段和凸顶点、坡度变陡点等起伏变化点,分别配置空气阀,空气阀布置在阀井中,阀井布置可结合空气阀和镇墩布置情况统筹设置。

空气阀井的井身采用 C25 现浇钢筋混凝土矩形结构井,阀井平面净尺寸根据管径调整,井顶高出地面 0.5 m,井深根据地面高程确定,底板下设 0.1 m 厚的 C15 素混凝土垫层,顶板采用 C25 预制混凝土盖并布置通气管。阀井前后根据需要设有镇墩,以抵抗阀门关闭时的水平推力。进人孔井盖采用 C25 预制混凝土结构。阀井顶部设置 DN200 的通气孔管。空气阀井见图 2.5-23。

3. 放空阀井

为了管道在检修时能放空管道内的存水,在管道沿线排水条件较好的沟道附近或管线低洼处布置放空阀井。放空阀井由阀井(干井)、湿井组成,湿井与阀井相邻布置,间距大于 1 m,井顶均高于地面 0.5 m。阀件阀井(干井)和湿井均采用 C25 混凝土矩形结构井,底板下设 0.1 m 厚的 C15 素混凝土垫层,顶板采用 C25 预制混凝土盖板并布置通气

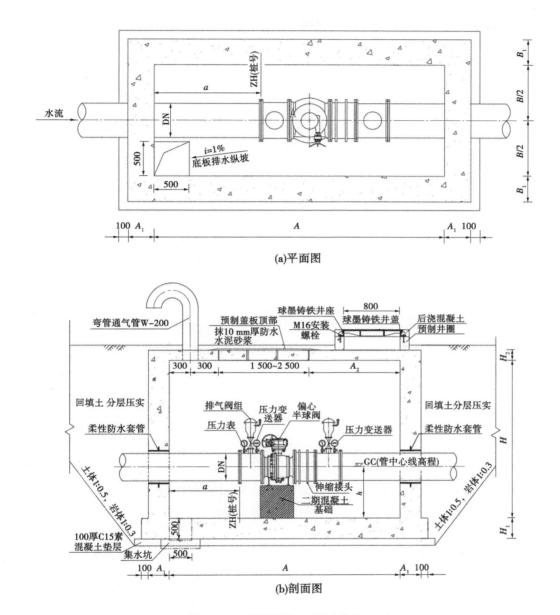

(a)平面图

(b)剖面图

图 2.5-22　检修阀井　（尺寸单位:mm）

管。进人孔井盖采用 C25 预制混凝土结构。

一般输水管道位于地面以下,不能自流排净管内积水,需要排水管将水引出入湿井内,水从湿井内自流至洼地、河沟,或由水泵将湿井内积水抽出。根据供水管道的管径不同,排水管选用直径也不同,一般为直径的 1/5,管底距井底 0.5 m。放空阀井见图 2.5-24。

4. 控制阀井

控制阀井布置在管道的末端,内装控制阀,结合空气阀布置在同一井内。控制阀井平面净尺寸根据管径调整,井顶高出地面 0.5 m,井深根据地面高程确定。控制阀井采用

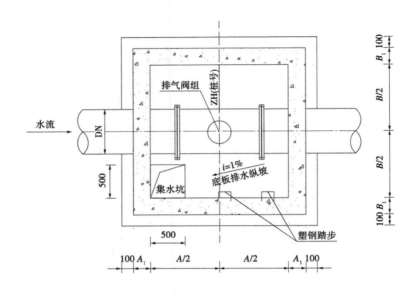

(a)平面图

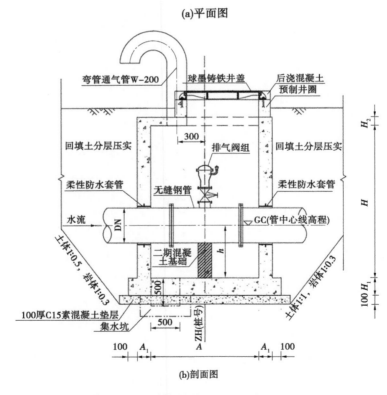

(b)剖面图

图 2.5-23　空气阀井　（尺寸单位:mm）

C25 现浇钢筋混凝土矩形结构井,底板下设 0.1 m 厚的 C15 素混凝土垫层,顶板采用 C25 预制混凝土盖板并布置通气管。阀井前后根据需要设有镇墩,以抵抗阀门关闭时的水平推力。进人孔井盖采用 C25 预制混凝土结构。

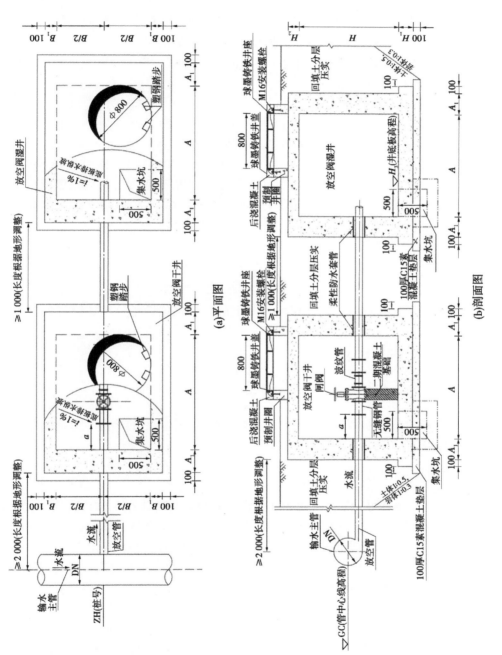

图 2.5-24　放空阀井　(尺寸单位:mm)

5. 流量计井

为了测定管道内的流量及配合控制阀适时调节输水流量,在各干线、分干线及支线管路节点处设流量计井。流量计井地面以下为矩形结构井,阀井平面净尺寸根据管径调整,井顶高出地面 0.5 m,井深根据地面高程确定。流量计井采用 C25 现浇钢筋混凝土结构,底板下设 0.1 m 厚的 C15 素混凝土垫层,顶板采用 C25 预制混凝土盖板并布置通气管。阀井前后根据需要设有镇墩,以抵抗阀门关闭时的水平推力。进人孔井盖采用 C25 预制混凝土结构。流量计井详见图 2.5-25。

(二)阀井基底应力及抗浮计算

线路中的检修阀井、空气阀井、放空阀井、控制阀井、流量计井均为混凝土矩形结构井,相同尺寸阀井的边界条件及受力情况基本相同。依据《水工混凝土结构设计规范》(SL 191—2008)、《水工建筑物荷载设计规范》(SL 744—2016)、《建筑结构荷载规范》(GB 50009—2012),对阀井进行基底应力和抗浮稳定计算,荷载考虑:自重,侧墙传递到底板的剪力、弯矩,阀重,地基反力,静水压力,扬压力。计算结果根据地质资料,满足基底应力应小于地基允许承载力、抗浮稳定安全系数大于规范要求。

基底应力计算公式如下:

$$p = \frac{\sum G}{A} \tag{2.5-31}$$

式中:p 为阀井基底应力,kPa;$\sum G$ 为作用在井上的全部竖向荷载,kN;A 为阀井底面面积,m²。

抗浮稳定安全系数计算公式如下:

$$K_f = \frac{\sum V}{\sum U} \tag{2.5-32}$$

式中:K_f 为抗浮稳定安全系数;$\sum V$ 为作用于阀井基础底面以上的全部重力,kN;$\sum U$ 为作用于阀井基础底面上的扬压力,kN。

六、弹性敷设管沟设计

根据强度、变形条件可分别计算出弹性敷设管道的最小弯曲半径,取两者中的较大值作为管沟设计的最小曲率半径,就能保证管道满足强度和变形条件,实际工程中所采用的管沟线曲率半径应大于其最小曲率半径。在布设管沟的竖面曲线时,转角点的位置坐标、其前后方的坡度都是已知的。管沟线曲率半径确定后,可以计算出转角点到切点的距离(切线长),从而曲线的切点(或称起、终点)位置坐标也就确定了。通常用圆弧曲线法或四次曲线法计算曲线的中间点位置坐标。

选择沟槽断面的形式。通常要考虑管沟深度和土壤的性质、地下水状况、施工作业面宽窄、施工方法、管道材料类别和直径的大小。常用沟槽断面有直沟、梯形沟、混合沟和阶梯沟四种形式。其中,梯形沟槽是沟槽断面的基本形式,其他断面形式均由梯形槽演变而成。梯形沟槽断面尺寸主要指沟深 h、沟底宽 B、沟槽上口宽度 A 和沟槽边坡率 i。管沟断面形式见图 2.5-26。

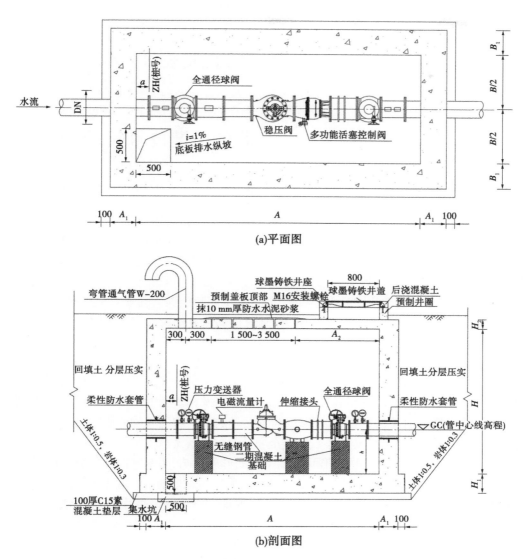

(a)平面图

(b)剖面图

图 2.5-25　流量计井　（尺寸单位:mm）

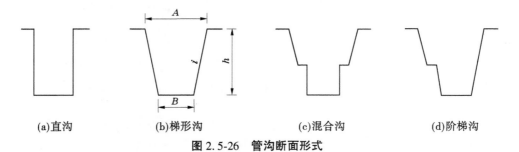

(a)直沟　　　　(b)梯形沟　　　　(c)混合沟　　　　(d)阶梯沟

图 2.5-26　管沟断面形式

第三章　管道设计关键技术

第一节　管道设计面临的关键技术问题

一、跨断裂带

跨流域调水工程是复杂的系统工程,输水线路长,地形、地质条件复杂,面临众多问题,其中跨越活动断裂是常遇到的地质难题。例如,已建成通水的牛栏江-滇池补水工程明钢管,输水线路分别穿越小江活动断裂的东、西支,其中西支断层破碎带宽度达 400 m,水平和垂直滑动速率分别达 17.7 mm/a 和 9.2 mm/a。滇中引水工程引水线路穿越元谋-绿汁江等多条区域性活动断裂,其中元谋-绿汁江断层破碎带宽度达 100~150 m,滑动速率最大达 4.25 mm/a。因此,管道如何适应活动断裂的大变位、保证结构安全是整个引水工程的关键。

以上活动断裂带,无地震动作用时,长期的区域构造运动驱使活动断裂发生极其缓慢的变位,即持续性的蠕滑运动;在地震动作用下,活动断裂可能发生急速变位,即突发性黏滑运动。活动断裂带的黏滑和蠕滑运动,将造成地基及构筑物的震动和变形,可能导致结构发生剪切破坏并引发次生灾害。因此,研究活动断裂对管道结构的影响,优选结构抗错断措施,对保障活动断裂区域引水工程的安全具有重要意义。

为适应活动断裂长年累积变形和地震突发变形的影响,明钢管由于材料韧性好,对不均匀变形的适应能力强,目前设计中常采用明钢管过活动断裂。为了适应活动断裂的大变形,管线中需要设置一定数量的柔性接头,以保证钢管有足够的柔性,减小地基变形对管道结构的影响。例如,牛栏江-滇池补水工程某跨越活动断裂明钢管,约80%布置在断层破碎带上,预计未来百年内该断裂水平和垂直位移量最大可达 2.30 m 和 1.44 m,为此共布置了 8 个波纹管伸缩节,特别是中间两个镇墩间共布置了 6 个波纹管伸缩节,以分担断层的错动变形。除伸缩节外,明钢管支座和镇墩的设计也是一个关键问题。支座一般采用滑动支座,但支座允许滑动的方向、允许滑移的距离、限位措施等都需要根据断裂运动的情况确定。由于管线中大量使用伸缩节和滑动支座,管线过于灵活,也需要在管线中布置一定的镇墩和固定支座,以限制管道的位移,避免出现管道从支座上滑落的情况。对于跨越活动断裂的特殊管段,既要使管道有足够的柔性,又要兼顾管道运行的可靠性,因此伸缩节、支座、镇墩的设计需要有机协调。

明钢管由于结构总体刚度较小,在特殊地质条件下,管道运行的可靠性和稳定性难以得到有效保证。因此,近年来也开始尝试采用钢衬钢筋混凝土管过活动断裂。钢衬钢筋混凝土管要适应断裂的位移,管线中间需要设置一定数量的伸缩节。即便如此,钢衬钢筋混凝土管的刚度很大,管道底部直接与地基接触,对不同类型的断层位移,管道能否适应,建基面能否满足要求,这些问题都需要展开细致研究。

随着长距离引调水工程和引水发电工程的增多,工程中管线穿越活动断裂的情况也随之增多,管道过活动断裂的结构措施是目前工程界比较关心的问题,也是亟待解决的难题。目前相关的设计经验较少,借助数值计算方法对此复杂问题进行研究是更为可行的办法,通过分析明钢管、钢衬钢筋混凝土管穿越活动断裂的一般受力规律,为设计提供有益参考。

二、管桥抗震

在调水过程中,受地形和建筑的影响,往往需要多种水工建筑物进行交替组合,减少经济投资。倒虹吸是穿越山谷、河流、洼地、道路或其他障碍物时常采用的水工建筑物,是利用当地大气压力进行工作的一种压力输水管道,它具有工程量少、施工方便、省工省料、成本低等优点。架空式倒虹吸管桥结构多采用明钢管,明钢管具有结构简单、承压能力较高、对变形适应性强等优点,以往较多的被应用在长引水、小流量、小管径的工程中,对其抗震问题的关注较少。我国地震断裂带十分发育,地震活动频度高、强度大、震源浅、分布广,是一个震灾严重的国家。明钢管运用于受地震影响显著的倒虹吸结构作为调水工程的过流部件具有连续性和不可替代性,一旦在地震中发生损坏,将直接导致调水线路的中断,甚至可能引发严重的次生灾害。

随着调水工程的大批兴建,跨越深切河谷、高差更大、钢管直径更大的倒虹吸管桥不断涌现。例如,滇中引水工程某倒虹吸采用管桥形式跨越河谷,下部采用桥梁结构。跨越处主河道断面宽50~80 m,河底高程约1 695 m,为典型"V"形河谷。倒虹吸采用3根直径4.2 m的压力钢管输水,管道中心线跨江段中心高程为1 734.530 m,钢管最大静水头约206 m。龙川江倒虹吸管桥具有流量大、管径大、水头高、跨度大等特点,且设计地震烈度达Ⅶ度。此类工程输水条件复杂,水力过渡频繁,安全隐患多,高支墩的结构形式导致管桥抗震问题突出。目前,大跨度的管桥结构的抗震研究并不充分。詹胜文等[7]对大跨度悬索管桥减震支座进行了研究;姜树立等[8]采用有限元方法对藤子沟水电站下管桥进行了优化,确定了合理的支承间距;吴婉玲等[9]探讨了套筒式伸缩节存在的问题,建议用波纹管伸缩节代替套筒式伸缩节。上述研究工作主要从设计和施工的角度对管桥结构进行优化。李振富等[10]对普渡河管桥结构进行了有限元计算,分析了结构的自振特性和钢管的地震响应;路军[11]对悬索管桥动力特性及地震非线性时程反应进行了研究,研究发现三向地震综合作用对结构动力响应影响明显;马亚维[12]对梁式跨越输水管道的抗震性能进行了研究,研究发现边跨支座处管道结构受力最大,同时要保证管道和支承结构的可靠连接,防止管道从支座处滑落;聂思敏等[13]对拱式管桥上压力钢管的应力展开了有限元分析,研究发现拱桥的变形对钢管受力影响较大。上述研究虽然对管桥的受力特性有初步分析,但对钢管的支承结构均进行了很大的简化,与实际有一定差距。目前,关于输水管桥的研究,尤其是针对管道结构的研究总体较少,更多偏向于油气行业管桥桥梁结构的分析[14-17]。但以上研究均说明,对于大跨度的管桥结构,"头重脚轻"的明钢管结构面临的地震问题重点集中在支座部位,作为管道与下部结构桥体的连接薄弱环节,需要建立整体模型,并对支座等结构进行细致模拟,才能得到更符合实际的结果。传统使用的平板滑动支座在新的抗震要求中表现并不理想。随着减震隔震技术的不断发展,减震隔震支座在桥梁工程中普遍运用,多用于桥梁与地基的支承,输水工程管桥结构支座减震隔震的研究应用相对较少,值得深入探讨。

三、温度影响

地面压力管道暴露在空气中,因而容易受到温度等复杂的外界环境的影响,产生不利于结构的变形[18]。地面明钢管和地面钢衬钢筋混凝土管道,两者的材料和结构支承形式不同,在温度作用下面临的问题也不同。相对而言,明钢管受温度作用的问题更突出。

在以往的设计中,明钢管所受的温度作用主要是管道的合拢温差,此时管道各处温度变化是相同的,管道承受均匀的温度作用。上述温度作用针对的是通水运行中的管道,若管道处于放空状态,日照也会影响管道的温度场,尤其是在纬度较高、日照比较强烈的区域。日照下,管道的阳面温度可达 60 ℃ 以上,阴面的温度接近气温,甚至可能低于气温,由此会在管道断面上产生不均匀的温度作用。研究表明,日照引起的钢管两侧不均匀温度会使明钢管结构产生水平向弯曲变位,该变位甚至会导致钢管脱离支座,产生落梁破坏,乃至支墩混凝土破坏等情况,明钢管一旦整体失稳将造成严重后果[19]。例如,云南省昆明市掌鸠河引水工程的 4 座明钢管倒虹吸,直径 2.2 m,采用聚四氟乙烯滑动支座和波纹管伸缩节,安装过程中发现因日照导致钢管左右两侧温度不同,管口横向变位达 27 mm;西藏羊卓雍湖明钢管放空时,因日照引起的不均匀温度使得管道产生横向变位,导致右侧部分支座脱位、地螺栓剪断、支墩混凝土破坏,伸缩节左右两侧的伸缩量差值最大达70 mm。除明钢管外,在一些大型桥梁工程中也发现了类似的问题。

明钢管因日照产生的温差与管径相关,管径越大,日照温差越大。近年来,随着明钢管应用的管径越来越大,日照温差的问题得到了越来越多的关注。诸葛睿鑑[20]将管道简化为悬臂梁,推导了日照温差引起的支座的横向推力;王增武等[21]同样将管道简化为悬臂梁,推导了日照温差作用下管道的横向变形。上述研究虽然在一定程度上反映了结构变形的大致趋势,但将管道简化为梁仅适用于直径较小的管道,对于直径较大的管道并不适用,对支座也有很大的简化。杜超等[22]、徐海洋等[23]采用有限元方法探讨了日照温差作用下钢管的变形规律、支座的受力规律,以及限位挡板与滑板间隙对结构受力特性的影响。采用有限元方法对结构的模拟更为细致,能更真实地反映结构的受力特点,但上述研究也只考虑了管道左右温差,实际中也会出现顶底温差造成支座脱空的现象。目前,日照温差对明钢管的影响问题,已经引起了工程界的重视,该工况已经纳入《水利水电工程压力钢管设计规范》(SL/T 281—2020)中。

钢衬钢筋混凝土管道受到温度的影响相对钢管要小,而钢衬沿着管轴向不可能像明钢管一样能够自由伸缩,此时管线中伸缩节能否发挥其作用尚不明确。由于伸缩节的设计制造比较复杂,尤其是传统套筒式伸缩节后期运行维护工作量大,因此工程中更倾向于取消伸缩节。除钢衬钢筋混凝土管道外,在海外明钢管工程中也存在业主要求取消伸缩节的情况。对这些地面管道而言,取消伸缩节后,温度作用对结构的影响如何,均有待展开进一步研究。

四、水锤防护

长距离引水管道距离较长,水头较高,且地形起伏变化较大时,在设计中必须考虑水锤计算。由于阀门、泵的启闭,水流速度发生急剧变化,可产生巨大的瞬时压强,不仅产生巨大的噪声,还会导致管道系统产生强烈的振动,甚至发生爆管;相反当产生的瞬时压强为负压时,可能引起管道系统的失稳。此外,由于这种水锤作用导致的大幅度压力波动,不仅会对管道造成损害,还可能损坏管道上的阀门等构件,对管道系统危害较大。进行长距离输水系统水锤问题研究时,除对管道水击压力变化等调保参数进行计算,制定合理的关阀开阀方案外,采取有效的水锤防护措施也非常关键。因此,在管道的设计中,水锤防护是重要的内容之一。

目前,常用传统水锤防护措施包括单向调压室、双向调压室、空气罐,新型水锤防护设备包括空气阀、逆止阀、安全阀、压力波动预止阀、减压阀、调流调压阀等。长距离输水管道分为有压管道和重力输水管道两种,两者压力产生的原因和运行原理不同,水锤产生的机理及水锤防护也不同。对有压输水管道,止回阀、空气罐、单向/双向调压塔、空气阀、水击泄放阀等是常见的水锤防护措施。对重力输水管道,主要通过输水系统末端设置调流调压阀、水击泄放阀,沿线设置排气阀来减小水锤的影响。由于长距离输水线路十分复杂,采取单一的水锤防护措施已经很难达到理想的效果,因此目前工程中越来越多研究联合防护方案。长距离、大流量输水系统中,水流惯性较大,对于出水池水位较低而管线布置高程较高的输水系统,较大的涌浪降幅对输水系统也会产生较大影响,容易造成调压室涌浪过低,管线出现负压。仅在泵后设置调压室往往需要较大的面积,增加单个调压室的设计难度。因此,可以在输水系统中多处增设调压室即串联多调压室,通过联合防护获得更好的水锤防护效果。

另外,过去进行水锤防护措施选择或优化时,主要针对泵阀关闭规律或单个水锤防护措施,未充分考虑不同指标之间的关联性。随着输水系统、运行工况的复杂化,在实际工程防护设计中,不同参数及防护装置直接影响水锤防护的效果与造价,同时又相互影响,单个目标优化方式已经不能满足工程实际需求,因此水锤防护措施多目标优化设计方法成为新的研究热点。

第二节　回填钢管跨断裂带分析

一、工程概况

新平县十里河水库供水工程从十里河水库取水,建筑物主要由1根供水干管、1根右支管、1根左支管、1个减压池、1个分水池、2个末端水池、1个加压泵站组成,除干管采用有压管道泵站提水输水方式外,其他均采用有压重力流管道输水方式。管道敷设方式主要采用埋地钢管单管敷设。供水工程输水线路布置沿途地形、地貌变化大,高低起伏变化且落差大,其中跨元江倒虹吸位置为最低点,高程为475 m,重力流输水最大静水压力1 300 m。供水管线布置见图3.2-1。

图 3.2-1　供水管线布置

供水管线需穿越两个断裂带:哀牢山山前断裂之"麻栗树-南满断裂"和中谷断裂之"水塘-元江断裂"。两个断裂带均位于供水工程管道处。该工程为超高压长距离输水,最大静水头达 1 300 m,穿越的两个断裂带处压力均很高,静水水头分别达到 965 m 和 1 290 m。因此,穿越断裂的超高压管道能否适应断层的变位,是否具有良好的抗震性能,对工程安全具有重大意义。为此,中水珠江规划勘测设计有限公司与武汉楚皋水电科技有限公司以该工程回填钢管为研究对象,联合开展管线结构对活断层变位的适应性和抗震安全性的研究[24]。

水塘-元江断裂全长近 90 km,地貌表现为断错山脊、水系、断层谷、断层残山等,晚第三纪-中更新世断裂走滑-拉张活动强烈,最新活动为晚更新世末,诸多迹象表明,中谷断裂在管线区一带从元江河谷通过,但未发现其他活动性断层标志。据《中国地震动参数区划图(1:400 万)》(GB 18306—2015),工程区动峰值加速度为 0.15g,反应谱特征周期为 0.45 s,区域构造稳定性较差,抗震设防烈度为Ⅶ度,设计基本地震加速度值为 0.15g。断裂带主要工程地质特征见表 3.2-1,断裂带涉及岩土体主要工程地质参数建议值见表 3.2-2。

表 3.2-1　断裂带主要工程地质特征

断裂带	山前断裂之 麻栗树-南满断裂带	中谷断裂之 水塘-元江断裂带
断裂性质	逆冲右旋挤压-剪切	右旋走滑-拉张
产状	310°/SW∠80°	305°/NE70°
活动性	早-中更新世活动断裂, 位错率(早更新世以来): 水平约 0.5 mm/a;垂直约 0.09 mm/a	晚更新世末活动断裂, 位错率(早更新世以来): 水平约 2.4 mm/a;垂直约 0.15 mm/a

表 3.2-2 断裂带涉及岩土体主要工程地质参数建议值

编号	土层/岩层名称		变形模量 E_0/MPa	泊松比 μ	内摩擦角 φ/(°)	黏聚力 c/MPa	岩/土层位置
S1	（风化残积）粉质黏土		15	0.38	20	0.02	管周边原状土至地面
S2	（冲洪积）含泥砂卵砾石		35	0.32	25	0	元江断裂河床部位
S3	元古界（Pta）黑云母二长片麻岩	强风化	2 500	0.30	22	0.40	南满断层左侧
S4		弱风化	10 000	0.15	45	1.00	
S5	三叠系（T_3g）长石砂岩	强风化	1 500	0.35	20	0.30	元江断裂带、南满断裂带及右侧强风化砾岩
S6		弱风化	6 000	0.25	38	0.70	南满断层右侧底部、元江断裂两侧
S7	碎裂岩、糜棱岩		40	0.35	18	0.05	南满断裂带
S8	断层泥		20	0.38	10	0.01	

　　跨水塘-元江断裂大致位于元江河谷，管线桩号约 K13+200，河底高程约 485 m 处，该位置静水头 1 300 m，设计水头 1 350 m，管径 600 mm，设计流量 0.308 m³/s，材料为 600 MPa 级钢材，屈服强度 490 MPa，钢管壁厚 24 mm。研究跨水塘-元江断裂段管道结构形式、镇墩布置，进行静动力分析和方案优化，为高压管道跨红河断裂带输水钢管结构适应性设计和施工控制提供依据。跨水塘-元江断裂段管道沟槽断面示意见图 3.2-2。

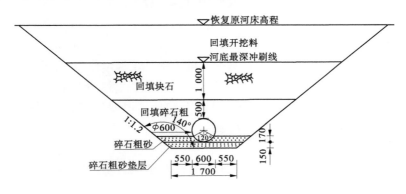

图 3.2-2 跨水塘-元江断裂段管道沟槽断面示意

二、布置方案选择

(一)计算模型及工况荷载

1.计算模型

跨水塘-元江断裂带钢管有限元计算模型分析范围为桩号 K13+018.5～K13+558.5,地基宽度取 60 m,深度取元江下 160 m,钢管的转弯半径采用 2 倍管径,有限元采用四节点壳单元模拟,土体采用八节点实体单元模拟,模型坐标系为 X 轴沿水平方向,指向上游为正;Z 轴为铅直方向,向上为正;Y 轴方向可根据右手螺旋确定。钢管与土体接触面设置面-面接触单元,并采用库仑摩擦模型模拟接触面间的相互关系。为便于分析,将整个管道分为 4 段,并选取各直线段管道两端及中间管顶位置处的关键点来定量分析。管段大体位置如下:A 管段位置为桩号 K13+018.5～K13+094.5,B 管段位置为桩号 K13+094.5～K13+298.5,C 管段位置为桩号 K13+298.5～K13+448.5,D 管段位置为桩号 K13+448.5～K13+558.5。模型整体网格及管段划分见图 3.2-3。

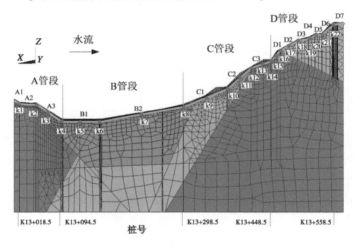

图 3.2-3　模型整体网格及管段划分

2.工况荷载

静力分析时考虑 4 种工况:①正常运行工况,仅有常规的自重、水重、内水压力;②正常运行+温度工况,在正常运行工况荷载的基础上增加了温度作用,温差取±25 ℃;③正常运行+蠕滑变形工况,在正常运行工况的基础上增加了断层蠕滑变形。④正常运行+温度工况+蠕滑变形工况,在正常运行工况的基础上增加了温度作用和断层蠕滑变形。动力分析时对上述 4 种工况分别叠加地震荷载。

计算的主要荷载为:

(1)重力。考虑钢管、管内水体、沟槽内土体及镇墩自重的影响,由于天然地基的沉降位移已经完成,故不考虑天然地基的自重。

(2)内水压力。作用于钢管内壁,跨元江段河底管道设计压力约为 13.5 MPa。

(3)断层蠕滑变形。活动断层的运动形式有黏滑和蠕滑两种,蠕滑是不伴随地震的断裂缓慢错动,它是弹性应变积累和地震形成的抑制因素。水塘-元江断裂以正右旋走滑为主,倾角为70°,断层破碎带宽度达到200 m左右。断裂带水平和垂直滑动速率分别为2.4 mm/a和0.15 mm/a,根据预测未来百年最大水平位移为0.24 m,垂直位移为0.015 m。计算时,管线使用年限按50年设计,则水平位移量累计按0.12 m计算,垂直位移量按0.007 5 m计算。以上位移假定在200 m断层影响带范围内呈线性分布,在计算中,将上述位移转换到整体坐标系下。正断层垂直位移量取为0.007 5 m,相应的水平轴向拉伸0.007 5×cot70°=0.002 7 m;右旋断层位移量为0.12 m,沿断层走向方向施加。断层上盘相对于下盘总的错动位移为:垂直向下错动0.007 5 m,水平横向错动0.12 m,水平拉伸0.002 7 m。所有位移均作用于地基之上,计算时假设模型中断层影响区右端面(下盘)没有水平位移,右端底部没有垂直位移,右端前后面没有错动位移,断层位移示意见图3.2-4。

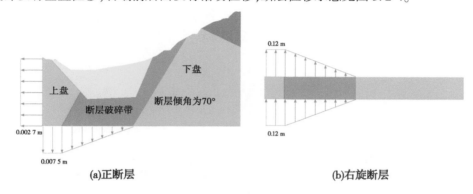

(a)正断层　　　　　　　　　**(b)右旋断层**

图 3.2-4　断层位移示意

(二)敷设方案比选

回填钢管的钢管外围存在模量较低的回填土体,在荷载作用下,钢管在土中具有一定的伸缩变位能力,能够减弱温度、不均匀变形、地震等作用的影响。一般情况下,钢管外部不设镇墩即可满足要求,但由于工程为高压管道,且跨越复杂地形、地质条件,是否有必要设置镇墩需要深入研究。为此,对模型区域内管线中间无镇墩的柔性敷设情况和有镇墩情况分别进行有限元仿真,分析两种敷设方案钢管的变形和受力情况,研究管线是否有必要设置镇墩及镇墩的位置和数量。该工况仅考虑常规的钢管自重、回填土自重、水重、内水压力,计算中第一步施加管槽内回填土及钢管自重,第二步施加管内水重及内水压力。

柔性敷设:由于计算范围仅包含跨断层段管道,模型上下游端部钢管被截断,若上下游临近位置设有镇墩,钢管截断处可认为受到轴向约束,若没有设置镇墩,则钢管实际受力介于自由和轴向约束之间,分析在钢管上下游上游端桩号K13+008.5处、下游端桩号K13+568.5处施加轴向约束和不施加任何约束两种情况分别计算钢管位移、钢管相对土体的轴向滑移量和钢管应力。

对柔性敷设方案的正常运行工况、正常运行+温升/温降工况、正常运行+蠕滑变形工况的有限元分析表明:①钢管两端自由或者轴向约束情况下,主要影响边界附近的钢管的位移及应力,远离边界处影响较小。钢管自由边界时,在内压引起的不平衡水推力作用下,由于钢管可以自由伸缩变形,导致靠近边界位置的转弯处钢管发生过大变形,进而产生极高的弯曲应力。相较而言,钢管两端轴向约束时,边界处变形较小,因此建议在A1

管段上游转弯处设置镇墩。②在不平衡水推力作用下,转弯位置处的钢管易发生较大位移,应引起注意,需要考虑设置镇墩等处理措施来减小钢管变形,正常运行工况下钢管的应力水平较低,尚有较高的安全裕度。③为了研究温度的影响,采用了 25 ℃ 的较大温差对钢管进行分析,温度变化对钢管轴向位移的影响较大,但对应力的影响相对较小。钢管由于埋于土体之中,其实际温度变化主要受水温影响,变化幅度正常不大于 25 ℃,实际中温度的影响小于本计算结果。④在断层蠕滑变形作用下,相较于去除钢管和回填土重力作用下的钢管位移,断层上盘及破碎带附近钢管的位移量相较于正常运行工况下有了明显的增加,位移较大的区域主要集中在模型左侧即断层上盘位置,受管道敷设方式的影响很小,但应力变化并不明显。应力仍然满足设计要求。

镇墩方案:对中间设置镇墩方案的镇墩位置和数量比选了 4 个方案,其中方案一设置了 3 个镇墩,方案二设置了 6 个镇墩,方案三设置了 8 个镇墩,方案四设置了 6 个镇墩。镇墩布置方案见图 3.2-5。

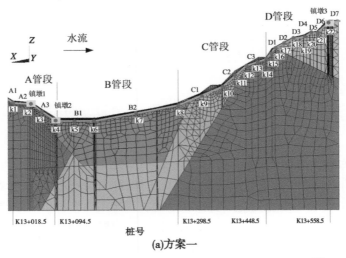

(a)方案一

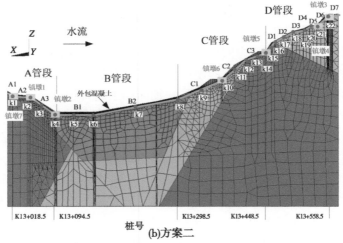

(b)方案二

图 3.2-5 镇墩布置方案

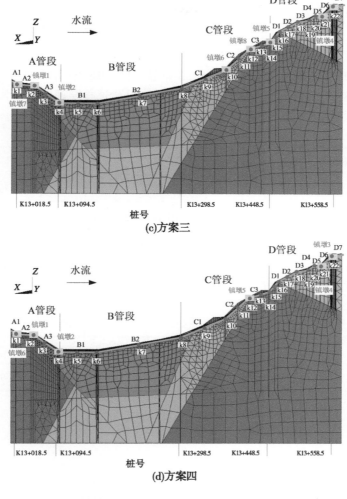

续图 3.2-5

对 4 种镇墩布置方案的正常运行工况、正常运行+温升/温降工况、正常运行+蠕滑变形工况的有限元分析表明：①管线沿程设置镇墩后，镇墩能够有效地约束钢管变形，可显著降低镇墩附近钢管的变形。钢管应力及钢管和土体之间的滑移量，在远离镇墩的位置，转弯处钢管的变形反而有增大的趋势，但钢管的应力均满足设计要求。②在各方案及工况下，钢管的应力分布规律均表现为：直管段处应力较低且分布均匀，而弯管段附近应力较高，这是由于管段转角处形状变化剧烈，产生了较大的应力集中，但总体上钢管的应力满足设计要求，且有较高的安全裕度。③从降低钢管变形情况来看，各镇墩布置方案优劣排序为：方案三、方案二、方案四、方案一。镇墩布置方案三最优，但镇墩数量最多，工程量最大。综合考虑钢管变形和应力影响，选择方案三作为推荐方案，重点对方案三进行静力优化和动力优化分析。④过河段钢管外包混凝土虽然可以部分降低该处钢管的位移情况，但对于远离该区域的钢管位移影响较小，在外包混凝土上下游边界处，还容易产生局部不均匀沉降等问题，因此建议取消外包混凝土，在钢管转弯剧烈处设置较大的镇墩，以减少钢管变形。

三、推荐方案静力优化有限元分析

(一)镇墩布置

推荐的方案三中初步设置了 8 个镇墩,在桩号 K13+018.5～K13+558.5,大体上模型左边界附近设置 3 个镇墩,右边界设置 2 个镇墩,中间 C 管段设置 3 个镇墩。镇墩设置位置和体积见表 3.2-3。推荐方案镇墩布置(方案三)见图 3.2-6。

表 3.2-3　镇墩设置位置和体积

镇墩编号	镇墩位置	镇墩体积/m³
1	A2 到 A3 转弯	175
2	A3 到 B1 转弯	90
3	D6 到 D7 转弯	255
4	D5 到 D6 转弯	90
5	C3 到 D1 转弯	175
6	C1 到 C2 转弯	175
7	A1 到 A2 转弯	175
8	C2 到 C3 转弯	90

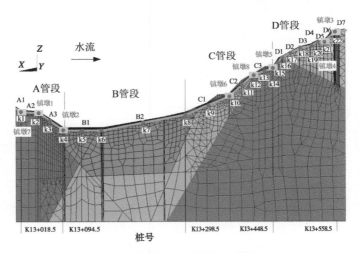

图 3.2-6　推荐方案镇墩布置(方案三)

有限元分析分别计算正常运行工况、正常运行+温升/温降工况、正常运行+蠕滑变形工况、正常运行+温升/温降+蠕滑变形工况,钢管两端边界采取轴向约束形式,分析正常运行+温升+蠕滑变形工况。

(二)钢管位移

为了消除重力引起的回填土体和钢管的位移,将钢管结构的总位移减去由钢管和回填土自重产生的位移,得到钢管结构在内水压力、水重、温升和蠕滑变形作用下的变形及位移。钢管各向位移见图 3.2-7 ~ 图 3.2-9,钢管总位移见图 3.2-10,钢管变形见图 3.2-11,钢管节点位移见表 3.2-4。分析结果表明:整个管段的左侧(上盘)位移量都很大,钢管的总位移最大为 127.1 mm❶,其中 X 向位移量最大为 16.8 mm、Y 向位移量最大为 123.6 mm、Z 向位移量最大为 46.7 mm。该工况结合了温升作用和蠕滑变形作用下的钢管结构的响应特点,在转弯及断层上盘和破碎带附近钢管的位移量较大。此外,该工况下钢管的最大轴向拉应变为 0.001 274,最大轴向压应变为 0.001 409。

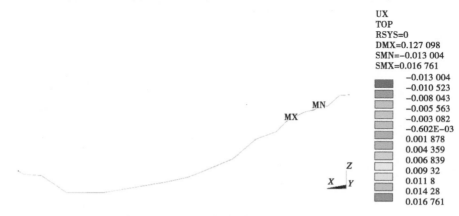

图 3.2-7 钢管 X 向位移 (单位:m)

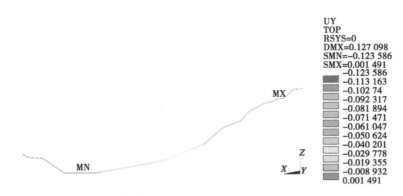

图 3.2-8 (去除钢管和回填土重力)钢管 Y 向位移 (单位:m)

❶ 127.1 mm 对应图 3.2-7 中的数据为 0.127 098 m,图中数据为软件自动生成,文中数据为计算采用且满足精度要求,全书同。

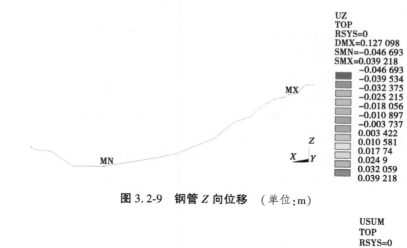

图 3.2-9　钢管 Z 向位移　（单位：m）

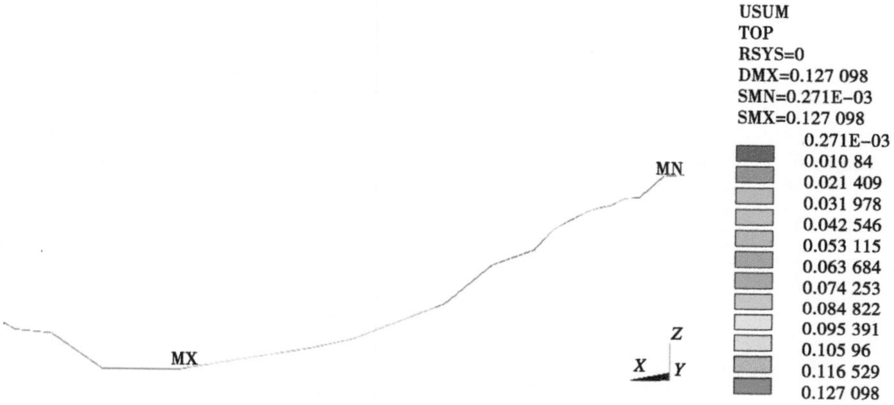

图 3.2-10　钢管总位移　（单位：m）

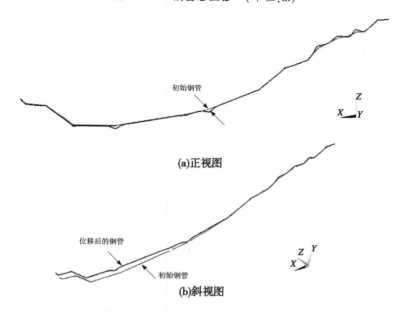

(a)正视图

(b)斜视图

图 3.2-11　钢管变形(放大系数 100)

表 3.2-4 钢管节点位移 单位:mm

节点	X 向位移	Y 向位移	Z 向位移	总位移
k1	9.24	−120.02	−6.60	120.56
k2	3.71	−120.07	−1.37	120.13
k3	4.52	−120.29	−7.48	120.61
k4	7.30	−121.30	−16.27	122.60
k5	4.37	−123.26	−7.35	123.56
k6	1.97	−117.33	−46.69	126.29
k7	3.21	−77.88	−3.97	78.05
k8	−9.93	−42.02	−39.87	58.77
k9	2.17	−24.50	−2.60	24.73
k10	−1.02	−8.49	−1.94	8.77
k11	−1.41	−3.28	−0.64	3.63
k12	0.94	−0.53	4.16	4.30
k13	−3.48	−0.03	−1.14	3.66
k14	−5.12	0.02	0.96	5.20
k15	−2.01	0.03	8.17	8.41
k16	16.32	0.02	30.02	34.17
k17	−5.36	0.02	1.92	5.69
k18	4.33	0.01	32.18	32.47
k19	−12.06	0.01	−10.83	16.21
k20	9.49	0	37.40	38.58
k21	1.96	0	−5.12	5.48
k22	1.42	0	2.17	2.59

(三)钢管相对土体的轴向滑移量

去除钢管和回填土重力,分析钢管在内水压力、水重、温升和蠕滑变形作用下的滑移量,钢管相对土体的轴向滑移量见图 3.2-12。分析表明:钢管的最大滑移量出现在管段 B2 到 C1 转弯处,达到了 18.3 mm,并且滑移量较大值发生在钢管转弯附近。

(四)钢管应力

去除钢管和回填土重力,分析钢管在内水压力、水重、温升和蠕滑变形作用下的应力,钢管中面、内表面、外表面 Mises 应力见图 3.2-13 ~ 图 3.2-15,钢管节点 Mises 应力见表 3.2-5。分析表明:钢管在直管段处应力分布较为均匀,应力一般不超过 190 MPa。应力较高的区域基本发生在钢管转弯位置附近,这是由于管段转角处变形较大,产生了较大的应力集中。其中,钢管中面最大 Mises 应力为 249.6 MPa,不高于其允许应力 288 MPa;

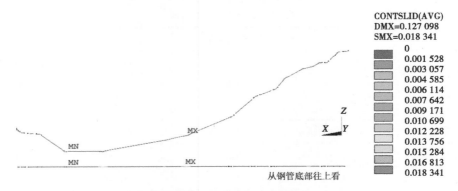

图 3.2-12　钢管相对土体的轴向滑移量　（单位：m）

内表面最大 Mises 应力为 274.3 MPa，外表面最大 Mises 应力为 317.2 MPa，同样均低于其允许应力 346 MPa，设计选用的管材 X70M、管壁厚度 24 mm 可以满足要求。

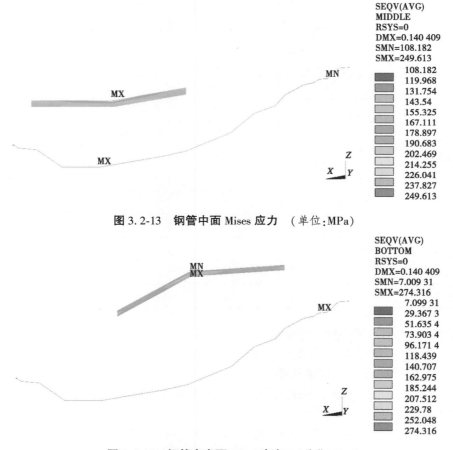

图 3.2-13　钢管中面 Mises 应力　（单位：MPa）

图 3.2-14　钢管内表面 Mises 应力　（单位：MPa）

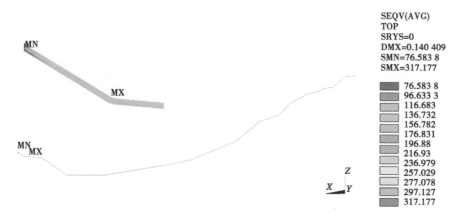

SEQV(AVG)
TOP
SRYS=0
DMX=0.140 409
SMN=76.583 8
SMX=317.177

76.583 8
96.633 3
116.683
136.732
156.782
176.831
196.88
216.93
236.979
257.029
277.078
297.127
317.177

图 3.2-15　钢管外表面 Mises 应力　（单位：MPa）

表 3.2-5　钢管节点 Mises 应力　　　　　　　　单位：MPa

节点	中面 Mises 应力	内表面 Mises 应力	外表面 Mises 应力
k1	156.00	173.05	142.57
k2	127.32	146.56	108.53
k3	154.48	155.14	153.83
k4	182.79	216.83	154.86
k5	160.13	160.81	159.44
k6	249.54	272.46	243.63
k7	158.09	158.75	157.43
k8	238.34	262.13	228.20
k9	153.06	153.74	152.38
k10	173.70	181.56	166.83
k11	156.33	156.90	155.75
k12	121.29	137.69	104.95
k13	151.19	151.84	150.55
k14	157.95	172.56	144.11
k15	137.10	136.37	137.83
k16	117.15	156.36	83.93
k17	138.00	138.14	137.87
k18	116.25	143.26	91.91
k19	179.23	214.79	155.01
k20	115.38	162.43	84.49
k21	160.91	199.38	129.85
k22	113.08	134.18	92.14

(五)镇墩抗滑稳定分析

去除钢管和回填土重力,分析钢管在内水压力、水重、温升和蠕滑变形作用下的镇墩及典型管段抗滑稳定性,镇墩及典型管段抗滑稳定计算见表3.2-6。分析表明:温升作用使结构抗滑稳定安全性降低,但各镇墩轴向和横向抗滑稳定安全系数均总体上不小于1.5,说明镇墩稳定性良好。钢管抗滑稳定安全系数同样均大于10,具有良好的稳定性。

表 3.2-6　镇墩及典型管段抗滑稳定计算

部位	法向合力/MN	摩擦系数	抗滑力/MN	滑动力/MN	抗滑稳定安全系数
镇墩 1(轴向)	1.80	0.35	0.63	0.119 468	5.28
镇墩 1(横向)	1.56	0.35	0.55	0.000 009	61 111.11
镇墩 2(轴向)	3.63	0.35	1.27	0.722 669	1.76
镇墩 2(横向)	3.66	0.35	1.28	0.000 045	28 444.44
镇墩 3(轴向)	2.55	0.35	0.89	0.528 269	1.69
镇墩 3(横向)	2.88	0.35	1.01	0.000 029	34 827.58
镇墩 4(轴向)	2.69	0.35	0.94	0.527 537	1.78
镇墩 4(横向)	2.70	0.35	0.95	0.000 427	2 216.16
镇墩 5(轴向)	3.84	0.35	1.34	0.901 234	1.49
镇墩 5(横向)	4.37	0.35	1.53	0.000 484	3 157.39
镇墩 6(轴向)	3.66	0.35	1.28	0.054 442	23.53
镇墩 6(横向)	3.61	0.35	1.26	0.001 202	1 050.46
镇墩 7(轴向)	3.89	0.35	1.36	0.736 549	1.85
镇墩 7(横向)	4.48	0.35	1.57	0.000 670	2 339.49
镇墩 8(轴向)	1.35	0.35	0.47	0.220 966	2.13
镇墩 8(横向)	1.48	0.35	0.52	0.000 046	11 156.39
管段 B2	1.73	0.25	0.43	0.005 730	75.04
管段 D2	0.21	0.25	0.05	0.003 730	13.04

四、推荐方案动力优化有限元分析

(一)计算工况

有限元分析分别计算正常运行+地震工况、正常运行+温升/温降+地震工况、正常运行+蠕滑变形+地震工况、正常运行+温升/温降+蠕滑变形+地震工况,钢管两端边界采用轴向约束形式,分析正常运行+温升+蠕滑变形+地震工况。

(二)钢管位移

为了消除重力引起的回填土体和钢管的位移,将钢管结构的总位移减去由钢管和回填土自重产生的位移,得到钢管结构在内水压力、水重、温升、蠕滑变形和地震作用下的变形及位移。钢管各向位移见图 3.2-16~图 3.2-18,钢管节点位移见表 3.2-7。分析结果表明:钢管在水重、内水压力、温升、蠕滑变形及地震荷载共同作用下,钢管的 X 向位移范围为 −21.3~30.8 mm,位移量最大值出现在 D1 到 D2 段转角。钢管的 Y 向位移范围为 −137.3~16.2 mm,其位移量较大的区域出现在 A、B 管段即断层上盘及破碎带区域。而钢管的 Z 向位移范围为 −46.6~62.7 mm,其位移量最大值出现在 D5 段。此外,该工况下钢管的最大轴向拉应变为 0.001 561,最大轴向压应变为 0.001 644,但仍在线弹性范围内。

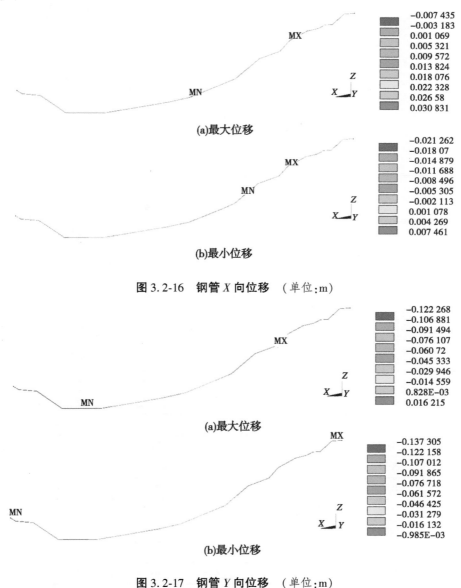

(a)最大位移

(b)最小位移

图 3.2-16　钢管 X 向位移　(单位:m)

(a)最大位移

(b)最小位移

图 3.2-17　钢管 Y 向位移　(单位:m)

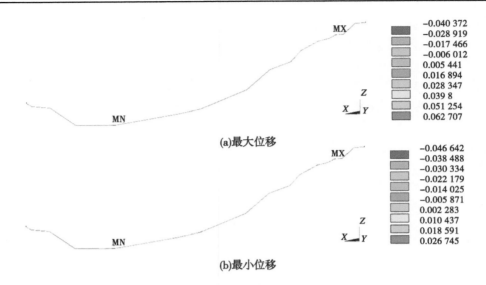

图 3.2-18　钢管 Z 向位移　（单位：m）

表 3.2-7　钢管节点位移　　　　　　　　　　　　　　　　单位：mm

节点	位移（最大值）			位移（最小值）		
	X 向	Y 向	Z 向	X 向	Y 向	Z 向
k1	11.40	−115.22	−5.30	5.03	−125.03	−8.97
k2	3.87	−119.99	−2.37	2.99	−120.14	−2.84
k3	4.34	−118.30	−5.48	1.84	−121.58	−7.39
k4	8.83	−121.22	−16.26	4.80	−121.38	−17.52
k5	6.70	−121.59	−3.72	1.62	−124.91	−7.62
k6	4.86	−116.52	−40.37	−1.41	−118.00	−46.63
k7	5.85	−76.06	−0.06	−0.23	−79.60	−3.60
k8	−7.43	−38.95	−26.75	−12.60	−45.18	−45.34
k9	6.99	−17.10	13.30	−7.73	−30.66	−19.80
k10	0.96	4.42	8.34	−4.42	−22.99	−8.93
k11	10.51	8.93	14.91	−14.76	−16.07	−16.97
k12	3.99	1.25	7.93	−3.87	−2.37	1.68
k13	0.62	15.40	10.36	−7.64	−15.33	−11.92
k14	0.52	12.41	9.55	−10.44	−12.42	−3.19
k15	14.45	5.00	21.09	−13.13	−4.76	6.36
k16	29.93	2.16	51.44	6.81	−2.11	14.13
k17	6.72	3.54	18.08	−16.56	−3.63	−10.38
k18	13.37	4.25	45.91	−1.63	−4.39	22.40
k19	−2.89	3.40	5.57	−19.36	−3.61	−19.28

续表 3.2-7

节点	位移(最大值)			位移(最小值)		
	X 方向	Y 方向	Z 方向	X 方向	Y 方向	Z 方向
k20	21.68	4.48	59.53	0.69	−4.35	25.94
k21	10.01	9.01	5.92	−3.89	−8.73	−12.18
k22	3.75	1.68	7.44	−1.69	−1.80	−3.74

（三）钢管相对土体的轴向滑移量

去除钢管和回填土重力,分析钢管在内水压力、水重、温升、蠕滑变形和地震作用下的滑移量,钢管节点相对土体的轴向滑移量见表 3.2-8。分析表明:钢管的最大滑移同样出现在 D 管段,达到了 31.1 mm。

表 3.2-8　钢管节点相对土体的轴向滑移量

关键点	k1	k2	k3	k4	k5	k6	k7	k8	k9	k10	k11
滑移量/ mm	1.5	0.7	2.8	1.0	3.3	4.5	6.4	12.0	10.6	1.9	18.5
关键点	k12	k13	k14	k15	k16	k17	k18	k19	k20	k21	k22
滑移量/ mm	1.9	22.3	2.7	15.9	31.1	17.3	10.5	19.1	19.2	1.2	1.7

（四）钢管应力

去除钢管和回填土重力,分析钢管在内水压力、水重、温升、蠕滑变形和地震作用下的应力,钢管中面、内表面、外表面最大 Mises 应力见图 3.2-19～图 3.2-21,钢管节点 Mises 应力见表 3.2-9。分析表明:钢管中面最大 Mises 应力为 262.5 MPa,发生在 B1 到 B2 转角附近,低于其设计允许应力 346 MPa;内表面最大 Mises 应力为 332.8 MPa,发生在 D5 段转角附近,低于其设计允许应力 385 MPa;外表面最大 Mises 应力为 327.4 MPa,同样发生在转角附近,低于其设计允许应力 385 MPa。总体来看,相较于正常运行+蠕滑变形+温升工况,地震作用下的钢管发生了较大的位移,进而产生较大的弯曲应力,但钢管应力水平均远低于允许应力。设计选用的管材 X70M、管壁厚度 24 mm 可以满足要求。

图 3.2-19　钢管中面最大 Mises 应力　（单位:MPa）

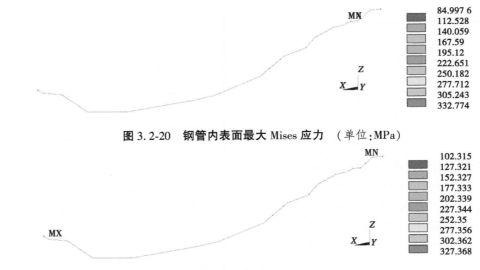

图 3.2-20　钢管内表面最大 Mises 应力　（单位：MPa）

图 3.2-21　钢管外表面最大 Mises 应力　（单位：MPa）

表 3.2-9　钢管节点 Mises 应力

节点	Mises 应力/MPa		
	中面	内表面	外表面
k1	179.33	200.92	167.50
k2	129.18	150.61	117.37
k3	159.14	159.83	158.46
k4	186.13	223.33	160.33
k5	164.91	165.60	164.21
k6	262.34	284.04	259.36
k7	166.39	167.06	165.73
k8	256.31	280.63	249.10
k9	168.01	167.89	168.14
k10	195.56	207.22	187.19
k11	181.83	182.07	181.60
k12	141.02	149.51	134.60
k13	194.95	194.85	195.10
k14	183.30	204.81	167.57
k15	156.26	154.97	157.57
k16	134.84	186.97	109.68
k17	166.62	164.33	168.98

续表 3.2-9

节点	Mises 应力/MPa		
	中面	内表面	外表面
k18	129.59	171.84	107.32
k19	213.42	263.42	198.74
k20	133.38	190.21	120.11
k21	180.86	235.20	156.56
k22	120.13	148.53	103.45

（五）镇墩抗滑稳定分析

去除钢管和回填土重力,分析钢管在内水压力、水重、温升和蠕滑变形作用下的镇墩及典型管段抗滑稳定性,镇墩及典型管段抗滑稳定计算见表 3.2-10。分析表明:该工况下的镇墩和钢管的抗滑稳定安全系数均大于 1.05,镇墩和钢管稳定性良好。该工况属于极端情况,在钢管的设计使用年限内该工况发生概率极低。

表 3.2-10　镇墩及典型管段抗滑稳定计算

部位	法向合力/MN	摩擦系数	抗滑力/MN	滑动力/MN	抗滑稳定安全系数
镇墩 1（轴向）	1.79	0.35	0.63	0.127 804	4.93
镇墩 1（横向）	1.68	0.35	0.59	0.038 124	15.48
镇墩 2（轴向）	3.54	0.35	1.24	1.001 896	1.24
镇墩 2（横向）	3.63	0.35	1.27	0.009 882	128.52
镇墩 3（轴向）	2.47	0.35	0.86	0.763 559	1.13
镇墩 3（横向）	2.78	0.35	0.97	0.733 171	1.32
镇墩 4（轴向）	1.74	0.35	0.61	0.521 693	1.17
镇墩 4（横向）	1.80	0.35	0.63	0.204 174	3.09
镇墩 5（轴向）	3.25	0.35	1.14	0.899 339	1.26
镇墩 5（横向）	4.01	0.35	1.40	0.388 453	3.63
镇墩 6（轴向）	2.34	0.35	0.82	0.373 282	2.20
镇墩 6（横向）	3.03	0.35	1.06	0.499 510	2.12
镇墩 7（轴向）	3.78	0.35	1.32	0.865 287	1.53
镇墩 7（横向）	5.18	0.35	1.81	0.314 166	5.77
镇墩 8（轴向）	1.11	0.35	0.39	0.217 892	1.79
镇墩 8（横向）	1.43	0.35	0.50	0.164 788	3.03
管段 B2	1.72	0.25	0.43	0.007 238	59.41
管段 D2	0.19	0.25	0.05	0.004 157	12.03

五、小结

(1)跨水塘-元江断裂带回填钢管在各静动力工况下,钢管在直管段处应力分布较为均匀且较小,转弯处通常会出现应力集中。内水压力、水重、温差、蠕滑变形及地震等作用均会影响转弯处的钢管受力变形,钢管应力的最大值往往出现在转弯处,但总体而言,钢管设计壁厚采用24 mm,钢管应力均能满足设计要求。

(2)回填钢管的位移和变形受到钢管两端约束条件的影响,而模型范围两端部的约束条件取决于模型范围外镇墩、伸缩节等设置情况,介于自由和轴向约束之间。通过两种约束条件的对比发现,钢管两端设置轴向约束后,钢管的变形、滑移量等大幅减小,钢管应力也有很大改善。因此,建议在断层范围上下游侧合适部位设置镇墩,加强钢管的约束。

(3)柔性敷设方案使得转弯处钢管的约束能力较弱,在后续内水压力、温差及地震荷载作用下,极易发生过大变形,该方案对回填土的施工质量要求极高。当管线沿程增设镇墩后,镇墩能够有效地约束钢管变形,可显著降低镇墩附近钢管的变形,从降低钢管变形的角度来看,各镇墩布置方案优劣排序为:方案三、方案二、方案四、方案一。从各镇墩布置方案降低钢管变形情况来看,镇墩布置方案三最优,但镇墩数量最多,工程量最大。综合考虑钢管变形和应力影响,选择方案三作为推荐方案。

(4)推荐镇墩布置方案三静力优化分析表明:在后续各种复杂工况作用下具有良好的适应性。各静力工况下,钢管位移主要由断层蠕滑变形和温升工况控制,且钢管应力均远小于允许应力要求,尚有较大的安全裕度,此外各镇墩及钢管能够满足抗滑稳定;各动力工况下,钢管各方向的位移均有显著的增加,其应力总体较低,远低于允许应力要求,但在局部转弯位置应力会超过允许应力,考虑到地震作用时间较短并且分析时考虑了蠕滑变形,是极端荷载组合,且钢管局部应力最大值没超过钢材极限抗拉强度,故可认为在动力工况下钢管仍安全可靠。

(5)推荐镇墩布置方案三动力优化分析表明:镇墩和钢管具有良好的抗滑稳定性,但在地震作用下其抗滑安全稳定系数相对较低。由于镇墩的抗滑稳定性与镇墩体积、布置形式有关,而数值模拟时对镇墩进行了简化分析,故工程设计中可根据工程实际,采用有限元计算提取的镇墩作用力,进一步优化镇墩体型及布置,以保证镇墩稳定和经济性。

(6)过河段钢管外包混凝土虽然可以部分降低该处钢管的位移情况,但对于远离该区域的钢管位移影响较小,在外包混凝土上下游边界处,还容易产生局部不均匀沉降等问题,因此建议取消外包混凝土,在钢管转弯剧烈处设置较大的镇墩,以减少钢管变形。

(7)斜坡段回填土体易向下滑动,坡度较陡时滑动更为剧烈,故施工过程应加强固定钢管,对断层带土体进行必要的基础处理,对回填土碾压密实,增大沟槽接触面的摩擦接触,以减少土体滑动。施工时在沟槽底部和两侧开挖面处不宜太光滑,可挖成一定的台阶状,增加与管周回填土的摩擦力,并做好回填钢管沿线回填土顶部的排水措施,提高斜坡段回填钢管土体的稳定性。

(8)由于回填钢管沿山坡布置,管线蜿蜒弯曲,有利于适应活动断裂带的蠕滑变形,不建议采用波纹管伸缩节来适应断层变形。

(9)镇墩设计和施工时,一定要确保镇墩坐落在较好的基岩或地基上,否则需要采取相应的基础处理措施对地基进行加固。钢管进出镇墩部位,由于镇墩混凝土和回填土的刚度差异,可能使钢管出现弯曲和应力集中,因此建议钢管在进出镇墩部位沿轴向长度500 mm左右外包360°的软垫层材料;并加强该部位管底回填土的密实程度,避免脱空现象。

(10)回填管跨越元江段,应根据河床的冲刷发展情况,采取相应的保护措施,确保引水钢管在设计使用年限内不被冲刷而影响使用功能。

第三节　地面明钢管跨断裂带分析

随着大型引调水工程的增多,管道工程需要穿越活动断裂的情况日益增多。大型的活动断裂影响带通常较宽,且具有蠕滑变形、突发地震变形等特点,管道结构具有较高的变形适应性要求。明钢管由于钢材强度高、韧性好,具有较好的变形能力,通常是首选的布置方案。在这些特殊线路段需研究超常规的结构措施,以适应区域活动性断裂带变形要求及抗震要求,目前国内类似工程经验较少,且未经过突发地震或累积蠕滑变形的验证。目前,国内已有少量跨断裂带的明钢管实例,将结合部分工程实例,介绍明钢管过活动断裂的结构措施,以及结构对断裂变形的适应性及抗震性。

一、地面明钢管结构设计方案

采用明钢管过活动断层较早的工程是掌鸠河引水供水工程。该工程从水源工程至净水工程输水线路总长约97.6 km,沿线地形、地质条件复杂。输水线路沿线山地沟谷相间,地形起伏很大,冲沟发育,河谷深切,相对高差一般达300~700 m。全线大于10 m的断层、破碎带达到60多条,总宽度约2 300 m。特别是厂口隧洞穿越主断裂宽达150 m的普渡河断裂,两侧影响带各宽约200 mm,给设计和施工增加了较大难度。如何穿越破碎带是输水工程成败的关键。该工程为确保输水安全,在过断层洞段进行全断面钢筋混凝土衬砌的同时,在洞内安装了带波纹管伸缩节的明钢管,钢管直径2.2 m,隧洞开挖断面直径4.8 m,衬砌后的断面内径3.8 m,洞内明钢管除每50 m间距设置一个波纹管伸缩节外,在紧接断裂带边界附近也布置一个波纹管伸缩节,以充分适应断裂带可能发生的变形。同时,明钢管支座采用双向滑动支座,保证钢管能在轴向和横向有一定的变形空间。

在掌鸠河引水供水工程之后,牛栏江-滇池补水工程也采用了类似的过断层结构设计方案。该工程小龙潭倒虹吸穿越小江断裂中段东支,采用明钢管布置方案,明钢管内径3.4 m。小江断裂为全新世活动断裂,构造变形量大、地震烈度高,其东支断层破碎带宽度达300 m。据预测,未来百年内小江断裂东支水平位移量累计约为(1.63±0.67)m,垂直位移量约为(0.99±0.45)m,发生7.0级地震时,在断裂与管线交会处将可能产生地震地表位错,估计位错量为(1.63±0.67)m。为了适应上述活动断裂的变形,小龙潭倒虹吸明钢管结构,在两个镇墩中间布置有多个波纹管伸缩节,支座采用滑动支座,或者采用滑动支座+固定支座。明钢管典型的适应变形单元示意见图3.3-1。

图3.3-1(a)中波纹管左端为镇墩,右端为单向滑动支座,管道在轴线方向可以发生滑动,在横向无法滑动,铅直向由支座支承。在地基发生变形时,波纹管两端的管道将发生平行的错动。这种补偿方式称为“错动式”补偿,错动式补偿示意见图3.3-2。在断层

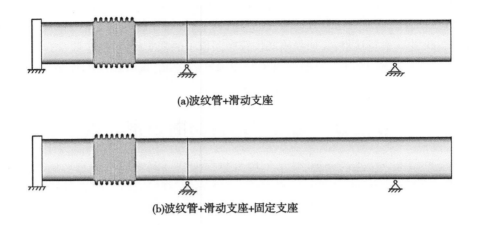

(a)波纹管+滑动支座

(b)波纹管+滑动支座+固定支座

图 3.3-1　明钢管典型的适应变形单元示意

发生轴向变形时,波纹管左端的位移由镇墩控制,右端的位移由右端管道的约束条件决定。如果右端接镇墩,那么两个镇墩之间的位移差将由波纹管来承担;如果右端还接有变形单元应再接镇墩,那么两个镇墩间的位移差将由中间若干波纹管共同承担。如果波纹管刚度相同、地质条件相同,那么每个波纹管承担的位移差将基本相等。当地基发生横向和竖向变形时,镇墩及支墩都将随着地基发生水平偏转或者竖向偏转,管道也将随着偏转,结构将自动适应这种变形,波纹管承担的变形很小。

图 3.3-2　错动式补偿示意

图 3.3-1(b)中波纹管左端为镇墩,右端为一个双向滑动支座和一个固定支座。在双向滑动支座处,管道可以在轴向和横向发生滑动,铅直向由支座支承。在固定支座处,支座限制了管道三个方向的平动,但是允许发生一定的转动。右端管道可以随固定支座沿着轴向移动,也可以绕着固定支座产生水平面内的摆动。这种补偿方式称为"摆动式"补偿,摆动式补偿示意见图 3.3-3。在断层发生轴向变形时,波纹管左端的位移由镇墩控制,右端由固定支座控制,那么镇墩和固定支座间的位移差将由波纹管来承担。与错动式补偿一样,当地基发生横向和竖向变形时,镇墩及支墩都将随着地基发生水平偏转或者竖向偏转,管道也将随着偏转,结构将自动适应这种变形,波纹管承担的变形很小。该补偿方式存在的一个问题是,由于固定支座并非完全刚性,管道依然可以相对固定支座有一定的轴向位移,容易造成支承环受弯。

　　小龙潭倒虹吸明钢管所穿越的断裂变形量较大,管线中需要布置多个伸缩节,为了保证无镇墩的管段不至于产生过大滑移而滑落支座,主要采用了摆动式补偿。倒虹吸沿线共设置 4 个镇墩,7 个波纹管伸缩节,10 对双向滑动支座,4 对单向滑动支座,4 对固定铰

图 3.3-3　摆动式补偿示意

支座。其中,上游斜坡段与下游斜坡段均为双向滑动支座与单向滑动支座间隔布置,平直段为双向滑动支座与固定铰支座间隔布置。波纹管选用复式无加强 U 形波纹管,伸缩节选用复式万向铰链形伸缩节,允许各向变形量为 100 mm。

二、断层蠕滑位移作用下明钢管结构有限元分析

(一)蠕滑位移模式及模拟方法

根据小龙潭倒虹吸的地质剖面图,断层破碎带宽度达到 300 m 左右,断裂东支水平和垂直滑动速率分别为 16.3 mm/a 和 9.9 mm/a,未来百年内小江断裂东支水平位移量累计约为(1.63±0.67)m,垂直位移量约为(0.99±0.45)m。计算时,倒虹吸使用年限按 30 年设计,则水平位移量累计按(1.63+0.67)×30/100 计算,为 0.69 m;垂直位移量约为(0.99+0.45)×30/100＝0.432 m。由于断层蠕滑变形是缓慢累积的过程,因此假定地基仍然为连续介质,以上位移在 300 m 的断层范围内呈线性分布。

断层的蠕滑变形主要在水平和铅直两个方向上,其中水平位移分拉伸和压缩两种情况,铅直位移分沉降和上抬两种情况。计算中,所有位移均作用于地基之上,计算时假设模型右端面没有水平位移,右端底部没有铅直位移,水平位移作用于左端面,铅直位移作用于地基底部,位移分布见图 3.3-4。

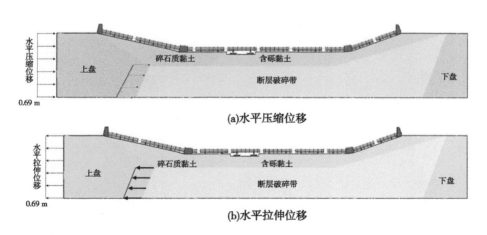

图 3.3-4　错动位移示意

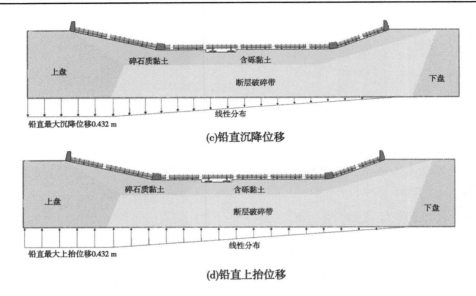

(c)铅直沉降位移

(d)铅直上抬位移

续图 3.3-4

(二)计算模型和方案

根据工程具体布置建立有限元模型,模型范围包括钢管、支承环、加劲环、支座、镇墩、地基,整体模型网格见图 3.3-5。双向滑动支座上下两滑板间设置面-面接触单元,可以发生相对滑动;单向滑动支座上下两滑板间设置面-面接触单元,两侧设置挡板,支座仅可以沿轴向发生滑动;固定支座上下滑板间中心节点耦合 X、Y、Z 三个方向的平动自由度,不能发生相对错动,但可以相对转动。

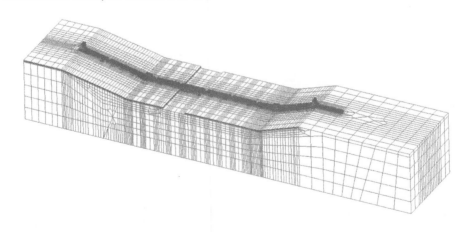

图 3.3-5　整体模型网格

共进行了三个方案的计算,列于表 3.3-1。根据计算结果,整理结构各部位的位移和应力,镇墩、支座及波纹管伸缩节编号示意见图 3.3-6。在局部坐标系下整理各方案支座及波纹管伸缩节位移,局部坐标系 X 轴正向指向左侧腰部(面向下游),Y 轴沿管轴线指向上游为正,Z 轴正向为对称轴方向指向上。

表 3.3-1　计算方案

方案	荷载				备注
	自重	水压力	水重	错动位移	
C1	√	√	√		
C2	√	√	√	√	错动模式:水平压缩+铅直上抬
C3	√	√	√	√	错动模式:水平压缩+铅直沉降

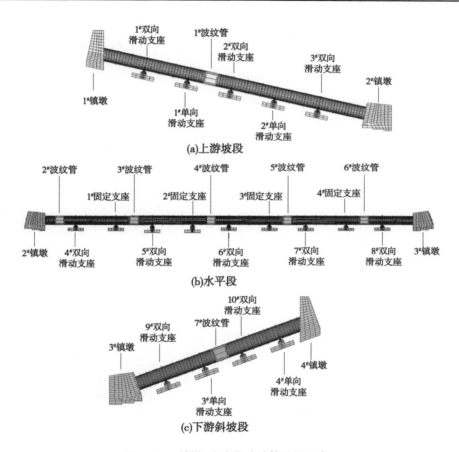

(a)上游坡段

(b)水平段

(c)下游斜坡段

图 3.3-6　镇墩、支座及波纹管编号示意

(三)计算成果分析

C1 方案为正常运行方案,结构的位移主要由重力和水压力产生,各方案镇墩进出口断面与管轴线相交点位移见表 3.3-2,各点的位移均在相应的局部坐标系下整理得出(以下各方案同)。3#镇墩由于地基条件较差,且处于折坡点,铅直向和轴向位移数值均最大。C2 方案是在正常运行工况基础上考虑了水平压缩和铅直上抬的蠕滑位移,地基的最大上抬位移为 0.572 m,最大水平压缩位移为 0.690 m,上述位移的分布与施加的位移边界条件十分接近。由 2#镇墩下游出口断面及 3#镇墩上游进口断面位移可知,平直段承担压缩位移 0.351 m,铅直沉降位移 0.218 m;同理,上游斜坡段承担轴向压缩位移 0.069 m,铅直

沉降位移 0.143 m。C3 方案是在正常运行工况基础上考虑了水平压缩和铅直沉降的蠕滑位移,最大下沉位移为 0.436 m,轴向最大压缩位移为 0.692 m,位移数值、分布规律与施加的边界位移约束条件差别很小。根据镇墩的位移可推算出,平直段共承担压缩位移 0.433 m,铅直沉降位移 0.095 m;下游斜坡段承担轴向压缩位移 0.089 m,铅直错动位移 0.083 m。

表 3.3-2　　各方案镇墩进出口断面与管轴线相交点位移　　　　　　单位:mm

方案	方向	1#镇墩		2#镇墩		3#镇墩		4#镇墩	
		上游	下游	上游	下游	上游	下游	上游	下游
C1	X	−0.02	−0.05	−0.06	−0.06	−0.08	−0.09	−0.05	−0.03
	Y	−0.08	−0.07	−4.46	−4.62	−6.12	−6.01	3.39	3.40
	Z	0.04	−0.06	−13.36	−14.67	−23.10	−22.50	−9.51	−7.35
C2	X	−0.67	−0.69	−5.36	−5.36	−2.49	−2.51	0.25	0.29
	Y	−579.01	−579.00	−647.53	−647.55	−296.18	−297.03	−307.99	−307.98
	Z	572.31	572.23	429.32	429.55	211.75	207.35	125.46	122.18
C3	X	−0.85	−0.87	−0.78	−0.78	−0.84	−0.83	0.10	0.15
	Y	−767.41	−767.40	−668.41	−666.00	−232.27	−229.35	−140.84	−140.86
	Z	−271.64	−271.71	−247.59	−227.82	−133.02	−115.92	−32.92	−24.03

各方案波纹管伸缩节各向变形见表 3.3-3。C1 方案波纹管伸缩节变形均很小,均在 8 mm 之下,1#波纹管的 Z 向压缩最大,数值为 7.85 mm,主要由泊松效应产生。C2 方案波纹管伸缩节的变形主要发生在轴向和铅直向。3#、6#波纹管 Z 向变形较大,其中 6#伸缩节变形达 82.27 mm;各伸缩节 Y 向变形基本在 42~84 mm,6#伸缩节 Y 向变形最大,最大值为 83.86 mm,上游斜坡段的 1#伸缩节与下游斜坡段的 7#伸缩节 Y 向变形分别达到 42.18 mm、39.35 mm。平直段波纹管承担的压缩位移总量为 341.03 mm,绝大多数的错动位移由伸缩节承担。C3 方案计算结果表现出和 C2 方案类似的规律,平直段波纹管伸缩节变形较大,数值在 61~83 mm,承担压缩位移总量 357.49 mm,大部分的错动位移由波纹管伸缩节承担。

各方案滑动支座均产生了一定的滑移量,固定支座产生了一定的偏转量。C1 方案结构变形较小,滑动支座以轴向滑移为主,最大值不超过 5 mm,固定支座最大转角为 0.04°。正常运行工况下,结构整体的变形不大,伸缩节的变形、支座的滑移和转动主要由不均匀的沉降产生。C2 方案滑动支座的轴向最大滑移量为 40.81 mm,出现在平直段的 5#双向滑动支座,滑动支座的滑移量与邻近伸缩节的变形量差别不大,固定支座的转角最大为 0.34°。C3 方案支座的滑移量也与邻近的波纹管伸缩节接近,可见钢管轴向并不会发生明显的变形。

表 3.3-3　各方案波纹管伸缩节各向变形　　　　　　　　单位:mm

波纹管编号	X			Y			Z		
	C1	C2	C3	C1	C2	C3	C1	C2	C3
1	0	0.04	0.04	−7.85	42.18	−0.34	0	42.18	−0.34
2	0	0.02	0.03	−4.47	49.00	2.10	−1.52	61.40	21.67
3	0	0.03	0.04	−3.27	64.2	−10.62	−0.02	68.84	0.77
4	0	0.03	0.04	−2.52	69.73	2.77	0.86	70.98	13.29
5	0	0.03	0.04	−1.89	74.24	−5.23	−1.74	74.00	4.97
6	0	0.04	0.04	−0.38	83.86	−13.56	1.73	82.27	−3.14
7	0	−0.03	−0.03	−0.44	39.35	5.08	0.55	39.35	5.08

由于钢管可以产生较为自由的滑动,断层蠕滑变形对钢管应力的影响也较小,但对支承环应力有一定影响。C2 方案钢管 Mises 应力与 C1 正常运行工况相比,上游斜坡段和水平段钢管应力变化很小,滑动支座支承环的应力略有增加,而固定支座支承环的应力增加约 30 MPa,这主要是由于支承环偏转增大。C3 方案与 C2 方案相似,支承环也仅在固定支座处应力稍大,但均小于钢材的抗力限值。

上述三个方案波纹管的轴向和横向位移补偿量均在 100 mm 以下,固定支座的转动量均小于 1.2°,滑动支座的滑移量均小于 100 mm,钢管和支承环的应力均小于相应的钢材抗力限值。总体而言,复式波纹管伸缩节的设计参数是合理和可行的,波纹管伸缩节、固定支座和滑动支座的布置能够有效适应断层蠕滑变形,确保结构在正常运行及断层发生缓慢的蠕滑变形时的安全运行。

三、断层黏滑位移作用下明钢管结构有限元分析

(一)黏滑位移模式及模拟方法

根据小龙潭倒虹吸的地质剖面图,活动断层在发生地震时,还可能沿着上下盘的接触面发生错动,即黏滑位移。根据资料,发生 7.0 级地震时,可能产生的地震地表位错量为(1.63±0.67)m。对倒虹吸结构的黏滑位移的适应性进行了研究。计算中偏危险地假定断层上盘岩石沿着断层面向上错动一定的距离,黏滑变形模式见图 3.3-7,计算方案见表 3.3-4。

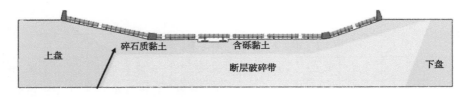

图 3.3-7　黏滑变形模式

表 3.3-4　计算方案

方案	荷载				备注
	自重	水压力	水重	错动位移/m	
D1	√	√	√	0.41	错动模式:沿断层错动面
D2	√	√	√	0.59	错动模式:沿断层错动面

(二)计算成果分析

施加黏滑错动位移后,管道随地基位错发生铅直上抬和水平压缩。D1 和 D2 方案波纹管伸缩节变形见表 3.3-5。其中,错动面附近 1# 和 2# 伸缩节承担的错动位移最大,离错动面越远,伸缩节的变形越小。D1 方案伸缩节的变形均在允许范围内,而 D2 方案 1# 伸缩节的变形已达 141.27 mm,远超允许值。

表 3.3-5　D1 和 D2 方案波纹管伸缩节变形　　　　　　　　单位:mm

波纹管编号	D1 方案			D2 方案		
	X	Y	Z	X	Y	Z
1	0.09	−99.00	3.25	0.12	−141.27	5.10
2	−0.13	66.80	−41.58	−0.28	98.81	−61.71
3	−0.11	57.82	−3.56	−0.24	85.10	−4.61
4	−0.06	32.70	6.00	−0.13	47.51	8.21
5	−0.03	13.26	1.30	−0.06	20.39	1.83
6	−0.01	4.79	−1.25	−0.02	8.69	−1.14
7	0	0.62	0.96	0	0.99	1.11

D1 和 D2 方案双向滑动支座滑移量见表 3.3-6,单向滑动支座滑移量见表 3.3-7。双向滑动支座的轴向最大滑移量出现在上游斜坡段的 1# 双向滑动支座,单向滑动支座的轴向最大滑移量出现在上游斜坡段的 2# 单向滑动支座,均靠近断层的错动面。根据结构的位移来看,由于位错发生在 2# 镇墩附近,临近的 1# 和 2# 伸缩节、2# 双向滑动支座、2# 单向滑动支座、1# 和 2# 固定支座受到的影响较为明显。D1 方案伸缩节和支座的变形或滑移刚刚满足允许值,且没有富余,D2 方案超出较多。

表 3.3-6　D1 和 D2 方案双向滑动支座滑移量　　　　　　　　单位:mm

方案	方向	支座编号									
		1	2	3	4	5	6	7	8	9	10
D1	X	−0.17	0.02	−0.63	0	−0.28	−0.13	−0.13	−0.13	−0.10	−0.01
	Y	−2.00	86.82	39.89	−30.42	−4.90	1.72	0.44	−1.94	0.68	−0.40
	Z	0.01	−0.39	0	0	0.03	−0.01	0	0.01	0	0

续表 3.3-6

方案	方向	支座编号									
		1	2	3	4	5	6	7	8	9	10
D2	X	−0.17	0.10	−0.81	0.09	−0.33	−0.13	−0.13	−0.13	−0.10	−0.01
	Y	−2.44	124.75	57.26	−46.05	−8.75	2.32	0.59	−2.91	0.95	−0.39
	Z	0.02	−0.86	−0.01	0	0.08	−0.02	−0.01	0.03	0	0

表 3.3-7　D1 和 D2 方案单向滑动支座滑移量　　　　单位：mm

方案	支座编号			
	1	2	3	4
D1	−6.34	72.10	0.28	−0.28
D2	−8.26	103.64	0.65	−0.26

钢管和支承环大部分 Mises 应力也不大，地表位错面附近钢管和支承环底部受弯比较严重，应力较大。D1 方案钢管最大 Mises 应力为 201.8 MPa，支承环应力最大为 239.2 MPa，应力均小于钢材抗力限值；D2 方案钢管 Mises 应力最大值为 272.1 MPa，支承环应力最大达 295.0 MPa，支承环的应力超过了钢材抗力限值。

根据计算得到的位移和应力可知，地震时产生的断层黏滑变形对结构的破坏是非常严重的。沿着断层面的地表位错为 0.41 m 时，断层错动面附近的伸缩节和滑动支座变形值已经十分接近设计允许值。如果沿着断层面的地表位错达到 0.59 m，断层错动面附近的伸缩节和滑动支座变形值已经超过了设计允许值，但其他部位的变形和应力仍然满足要求。若继续增大地震地表错动位移至 1.63 m，1#~3# 波纹管的补偿量分别达到 223.9 mm、162.1 mm、139.3 mm。由于地表破裂位移量大，结构设计中很难克服，或者代价很大，但通过多个伸缩节的设置，可以有效地将破坏控制在较小范围内，尽可能减小黏滑变形对整体工程的影响。

四、地面明钢管抗震性能研究

跨越活动断层的明钢管结构，除受到断层变形的影响外，遭遇地震被破坏的可能性也很高。由于过断层明钢管结构中存在较多的柔性波纹管伸缩节，结构的整体性受到削弱，其抗震性能更需要重视。小龙潭倒虹吸的地震基本参数按 50 年超越概率 10% 确定，最大加速度为 4.36 m/s²，铅直向地震加速度取为水平向的 2/3。计算中考虑地基辐射阻尼的影响，地基截断边界上设置黏弹性人工边界。水平向地震加速度时程见图 3.3-8。

共进行两个方案的计算，方案 1：正常运行+地震作用，方案 2：正常运行+5 年蠕滑错动位移+地震作用。方案 1 考察结构在完建后运行初期的抗震性能，方案 2 考察结构在运行一段时间，已经承受一定蠕滑错动位移情况下的抗震性能。

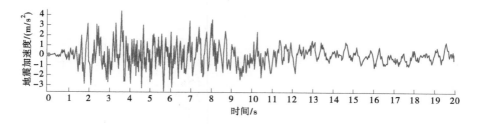

图 3.3-8　水平向地震加速度时程

（一）正常运行+地震

1. 加速度

1#镇墩出口断面和水平段跨中断面管顶位置前 10 s 的加速度时程曲线见图 3.3-9~图 3.3-14。从图中可以看出两个点的时程曲线差别很大：位于上游坡段的点，坐落在较好的岩石之上，且受到镇墩的约束，其加速度波动频率较高，峰值较大；位于水平段的点，由于地基为软弱土，且管道两端为波纹管伸缩节，在较弱的约束下，加速度波动频率较低，峰值较小。

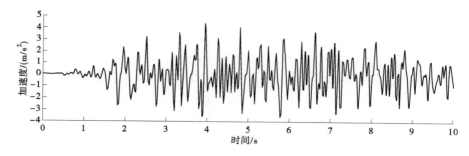

图 3.3-9　1#镇墩出口断面管顶 X 向加速度时程曲线

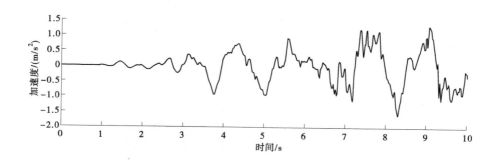

图 3.3-10　水平段跨中断面管顶 X 向加速度时程曲线

管道各向加速度峰值都出现在上游斜坡段，这主要是由于上游斜坡段下部地基条件相对较好，一部分位于岩石之上，而水平段和下游斜坡段基本上都位于断层破碎带上，软弱的地基起到了减震的作用。钢管和支承环相比，钢管的加速度峰值要小于支承环，钢管

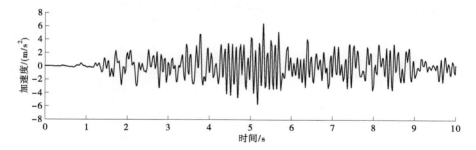

图 3.3-11　1#镇墩出口断面管顶 Y 向加速度时程曲线

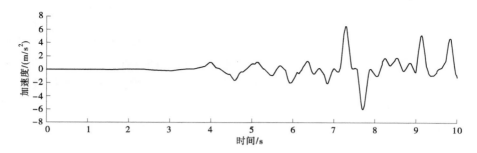

图 3.3-12　水平段跨中断面管顶 Y 向加速度时程曲线

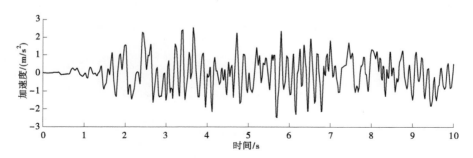

图 3.3-13　1#镇墩出口断面管顶 Z 向加速度时程曲线

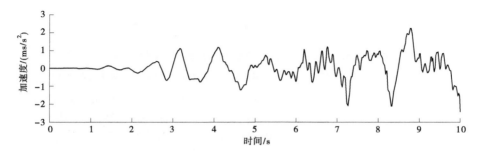

图 3.3-14　水平段跨中断面管顶 Z 向加速度时程曲线

和支承环的最大加速度和最小加速度见表 3.3-8。支承环上半部分的加速度与钢管比较接近,但由于支座可以滑动或者转动,支承环底部受到的约束较小,因而加速度较大。

表 3.3-8　钢管和支承环的最大加速度和最小加速度　　　　单位:m/s²

方向	钢管		支承环	
	最小加速度	最大加速度	最小加速度	最大加速度
X	−13.26	15.65	−19.51	21.03
Y	−11.84	10.75	−22.30	26.31
Z	−10.69	19.14	−15.99	22.78

2. 位移

镇墩和管道各点最大位移见图 3.3-15~图 3.3-17。总体而言,上游斜坡段和水平段管道位移较大,下游斜坡段两镇墩间管线较短,其位移相对较小。从图中可以看出,各段管道 X 向位移(垂直管轴向)在固定支座或者镇墩一端较小,滑动支座一端较大;各段管道在轴向约束较弱,各段管道 Y 向位移基本一致,但各段之间存在差别;大部分管道铅直 Z 向位移与镇墩和支墩基本一致,在水平段 1# 固定支座和 2# 固定支座所在管段,管段发生了较为明显的转动,2# 波纹管两端的管道铅直向位移较大。

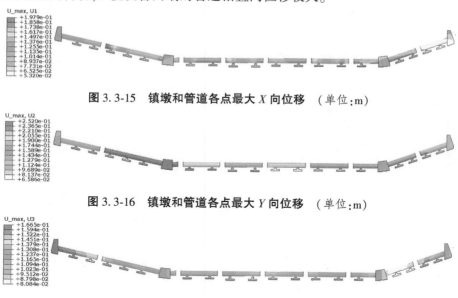

图 3.3-15　镇墩和管道各点最大 X 向位移　（单位:m）

图 3.3-16　镇墩和管道各点最大 Y 向位移　（单位:m）

图 3.3-17　镇墩和管道各点最大 Z 向位移　（单位:m）

波纹管伸缩节的变形量大致呈现从上游向下游递减的规律,靠上游的 1#~3# 伸缩节三个方向的变形量均较大,与位移结果相对应。伸缩节 X 向变形最大达到 78.02 mm,Y 向变形最大为 80.60 mm,Z 向变形最大为 73.26 mm,出现在 1#~3# 伸缩节中。上述伸缩节变形量在设计允许范围内,但已经比较接近允许值,需要加以重视。与此相应,靠近 1#~3# 伸缩节的支座滑动量和转动量均较大,下游斜坡段上滑动支座的滑动量基本上不超过 17 mm,最大滑移量为 82.22 mm,在设计允许值内。在 Z 向,部分滑动支座上滑板在地震中有跳起,最大跳起高度为 10.02 mm,出现在 1# 波纹管下游侧,但后续上下滑板仍可保持接触。由于管道轴向位移较大,固定支座也发生了较明显的转动,部分时刻超过支座转角允许值1.2°,但大多数时刻仍满足要求。

3. 应力

地震过程中,钢管大部分区域的应力都在60 MPa以下,上游斜坡段1#伸缩节下游管段位移较大,钢管应力比正常运行工况增加较为明显,该段钢管应力基本在137 MPa左右,最大应力为231.5 MPa,出现在2#镇墩上游侧。钢管各部分应力均小于偶然工况下钢材的抗力限值288 MPa。滑动支座的支承环Mises应力与正常运行工况相比略有增加,而固定支座的支承环支腿处出现了较大的应力,最大应力达到269.3 MPa,出现在水平段2#固定支座处,但该应力仍小于偶然工况下钢材的抗力限值288 MPa。

从结构的位移和应力来看,对于设置了多个伸缩节和滑动支座的明钢管结构而言,其抗震的主要问题在于,结构由于刚度小而产生了较大的位移,导致伸缩节变形、支座滑移和转动较大,固定支座的支承环支腿也承受较大的弯矩。虽然本案例中各项参数仍在允许范围内,但已十分接近允许值,需要引起重视。

(二) 正常运行+5年蠕滑位移+地震

1. 加速度

在正常运行工况基础上,施加5年的蠕滑位移量,然后施加地震作用。各点加速度随时间的变化规律与正常运行+地震工况相似。分析结果表明钢管和支承环加速度峰值,与正常运行+地震工况相比差异不大。说明尽管两个工况的初始边界条件不同,在同一地震作用下,加速度响应并不会受到太大影响。

2. 位移

地震作用下结构的位移响应在静力结果的基础上波动,由于5年的蠕滑变形相对较小,总体而言,位移分布的基本规律与正常运行+地震工况相似。管道X向位移变化范围是$-0.146 \sim 0.197$ m;受断层错动压缩位移的影响,Y向位移负值较大,变化范围是$-0.313 \sim 0.184$ m;Z向位移的变化范围是$-0.237 \sim 0.201$ m。

波纹管伸缩节两端部最大变形和最小变形见图3.3-18。在考虑5年错动位移的静力工况下,静力工况伸缩节的变形均较小,不超过14 mm;在地震作用下,伸缩节两端部各向变形增加明显,其中以1#~3#伸缩节最为明显,部分方向的变形量已超过限值100 mm,但超过的幅度并不大,在6 mm以内。伸缩节变形峰值出现的时间很短,不会造成大的影响。

在考虑5年错动位移的静力工况下,支座的滑移量很小,不超过8 mm;在地震作用下,支座滑移量显著增加,其中水平段的4#、5#支座出现了滑移量超过限值100 mm的情况。Z向支座上下滑板之间的最大变形几乎为0,说明滑动支座上下滑板之间仍保持接触。由于水平段沿管轴向位移较大,因此固定支座的转角较大,均超过了转角允许值1.2°。

3. 应力

考虑5年蠕滑位移后,钢管最大Mises应力为67.7 MPa,支承环的最大应力为119.6 MPa,与正常运行工况相比略有增加。与正常运行+地震工况相似,正常运行+蠕滑变形+地震工况主要使2#镇墩上游侧局部钢管及部分固定支座支承环的应力有了明显增加,特别是支承环局部应力超出了允许应力范围,但水平段支承环应力最大点的Mises应力时程曲线

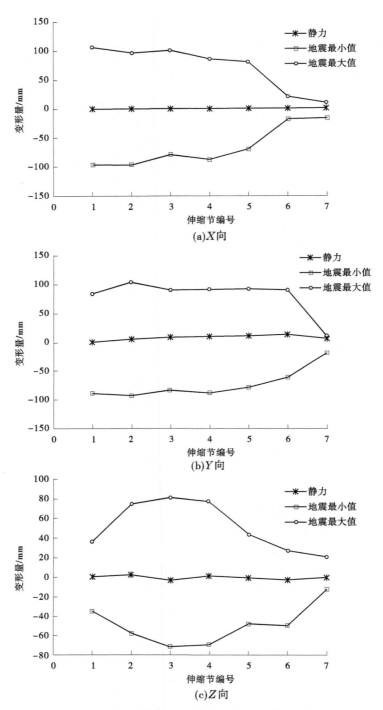

(a)X向

(b)Y向

(c)Z向

图 3.3-18 波纹管伸缩节两端部最大变形和最小变形

显示应力大部分时刻仍然在允许应力 288 MPa 以下,只在很短的时间内超过抗力限值,不会对结构造成明显影响。水平段支承环应力最大点应力时程曲线见图 3.3-19。

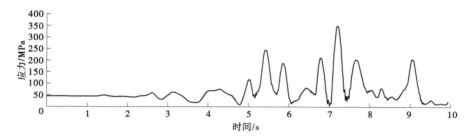

图 3.3-19　水平段支承环应力最大点应力时程曲线

五、小结

(1)在明钢管管线中设置若干波纹管伸缩节,在相邻波纹管伸缩节中间间隔布置滑动支座和固定支座,这种结构形式能有效适应活动断层的蠕滑变形。

(2)明钢管结构为了适应断层变形,在管线中布置了多个波纹管伸缩节,结构柔性强,属于长周期结构,对地震波中低频成分较为敏感,容易产生较大位移。软弱地基具有一定的减震效果,能减小结构的加速度,但也容易加大结构的位移。倒虹吸在约束较弱的波纹管、滑动支座附近,地震作用均易产生较大的位移,特别是水平段两个镇墩间距离较大,中间布置有 5 个波纹管,位移量较大,结构抗震应重点关注。

(3)正常运行+地震和正常运行+5 年错动位移+地震两个工况的计算结果表明:正常运行+地震工况下,管道应力、伸缩节补偿量、支座滑动量和转动量均在设计允许值之内,变形和应力较大的部位主要集中在 1#~3# 伸缩节之间,特别是伸缩节的变形量和支座的滑移量已经较为接近设计允许值,应加以注意。正常运行+5 年错动位移+地震工况下,管道应力、伸缩节补偿量、支座滑动量和转动量大部分在设计允许值之内,部分伸缩节的补偿量、支承环局部区域应力在短时内超过允许值,结构可基本保证安全。因此,在后续运行中,应注意观察结构的变形,在运行 5 年后,要及时对结构进行复位处理,以保证结构在遭遇地震时不发生大的破坏。

(4)地震时产生的断层黏滑变形即地表位错对结构的破坏是非常严重的,在实际中很难克服,但通过计算也可发现,由于管道由波纹管伸缩节串联,靠近断层错动面的部位受到的破坏更严重,离断层错动面越远的部位受到的影响越小。相对于完全连续的管道而言,可以尽量将破坏集中在较小的范围内,以减小损失。

第四节　地面钢衬钢筋混凝土管跨断裂带分析

由于引调水工程通常线路长,管线一般会穿过村庄、农田和林地,如果采用明钢管布置方案,虽然土石方工程量小,征地面积小,但管道沿线需进行永久征地,且管线对灌溉沟渠及乡间道路影响较大,征地移民及后期运行费用较高。对于穿越活断层的明钢管,还面临着抗震问题,其支承环和支座设计困难。因此,可以考虑采用地面钢衬钢筋混凝土管布置,此类管道刚度较大,具有较好的抗震性能,参考借鉴明钢管过断层的结构措施解决其过断层问题,也是一个可行的方案。若有条件可对管道进行回填处理,虽然土石方开挖及回填工程量大,临时征地面积相对较大,但施工完成后对周围环境影响较小,也能减小外界温度变化对管道的影响,管道运行安全性也比较容易保证。现以某工程为例,介绍地面钢衬钢筋混凝土管过断层的结构设计方案,并采用有限元方法分析其对断层错动位移的适应性及抗震性能,说明此结构布置方案的可行性。

一、地面钢衬钢筋混凝土管设计方案

某工程管道所穿越的活动断裂出露宽大于 500 m,其中糜棱岩带宽 500~600 m,以右旋-逆冲运动为主,晚更新世以来断裂右旋水平滑动速率 1.5~3.5 mm/a,垂直滑动速率 0.5 mm/a,属于强烈活动的断裂。断裂百年位移设防水平位移 2.0 m,垂直位移 0.32 m。该活动断裂带规模大,且变形量大,要求结构具有较高的变形适应性。

该工程穿越活动断裂的管道为 Ⅰ 等工程,建筑物级别为 1 级。管道直径为 2.6 m,最大内水压力达 2.42 MPa。考虑到部分管段承受的内水压力较高,结构要穿越活动断裂这种特殊的地质条件时,结构应该具有较高的强度和安全性,因此选用钢衬钢筋混凝土管道布置,钢衬钢材 Q345R,外包混凝土 C25。参考已建的掌鸠河引水工程及牛栏江-滇池补水工程设计经验,初步确定了钢衬钢筋混凝土管过活断层的布置方案,钢衬钢筋混凝土管方案布置见图 3.4-1。

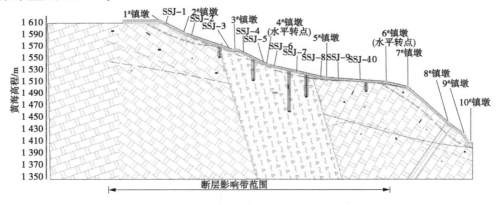

图 3.4-1　钢衬钢筋混凝土管方案布置

该方案仍采用波纹管伸缩节适应活断层的错动位移,从上游往下游依次布置了 10 个镇墩、10 个伸缩节,10 个伸缩节主要布置在地基岩性较差的主断层及其影响带范围内。1#~6#镇墩之间的管段被伸缩节分成 10 段,不带镇墩的管段长 35~45 m,带镇墩的管段长 25~35 m。跨主断层的管道,在主断层上下游边缘各设一个伸缩节,中间设置 4 个伸缩节,管道共分为 5 段,带镇墩的管段长约 25 m,不带镇墩的管段长约 35 m。钢衬钢筋混凝土管的规格可参考水电站压力钢管设计规范,考虑内水压力的作用,初步确定钢衬的厚度和配筋量。伸缩节采用复式波纹管伸缩节,波纹管设计轴向和横向变形均为 100 mm,单个波纹管轴向刚度取 2 000 kN/m,伸缩节整体轴向刚度 1 000 kN/m。

二、断层蠕滑位移作用下地面钢衬钢筋混凝土管有限元分析

(一)模型建立

采用钢衬钢筋混凝土管过活断层,由于管道底部直接敷设于地面,且管道刚度较大,能否适应断层错动位移,其关键在于伸缩节能否起作用,是否有较大的轴向应力作用于管道。建立钢衬钢筋混凝土管道的有限元模型,对断层蠕滑和黏滑错动作用下结构的响应进行了计算,以分析钢衬钢筋混凝土管过断层设计方案的可行性。

选取图 3.4-1 中 $1^{#}$~$10^{#}$ 镇墩之间的管段为研究对象。地基宽度取 40 m,深度取 53~263 m。钢管采用四节点壳单元模拟,混凝土和地基采用八节点实体等参单元模拟;波纹管采用二节点梁单元模拟,梁单元的轴向刚度等于波纹管的轴向刚度,中间连接管采用管单元模拟。

模型坐标系:X 轴正方向水平指向下游,铅直向上为 Y 轴正方向,Z 轴正方向垂直于 X 轴指向右侧(面向下游)。整体模型网格见图 3.4-2,管道断面示意见图 3.4-3。管段布置 10 个伸缩节室,管道通过伸缩节和镇墩分为 9 段,管道分段示意见图 3.4-4。计算中管道底面与地基建立接触关系,考虑接触面上的摩擦力和黏聚力,摩擦系数和黏聚力根据岩土材料的地质参数取值来确定。模型范围内平均的摩擦系数约为 0.45,黏聚力约为 100 kPa。

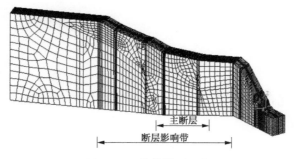

图 3.4-2　整体模型网格

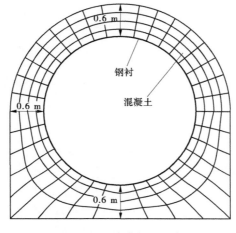

图 3.4-3　管道断面示意

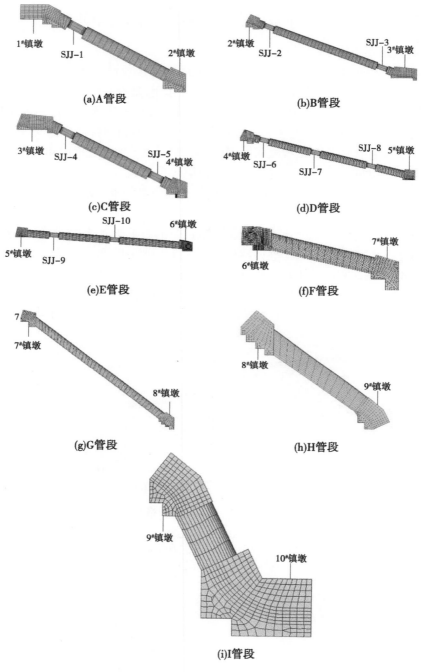

图 3.4-4　管道分段示意

　　计算中考虑的主要荷载包括:重力、内水压力和断裂带错动位移,暂未考虑温度变化和地震。内水压力沿程变化,最大静水压力 2.42 MPa,管道无闸门控制,无水击压力。断裂活动性质为右旋逆断层,倾角为 74°,根据预测未来百年位移设防水平位移为 2.0 m,垂直位移为 0.32 m。计算时,倒虹吸使用年限按 50 年设计,则水平位移量累计按 1.0 m 计算,垂直位移量按 0.16 m 计算。在计算时,变位均转化到局部坐标系进行加载。所有位移均作用于地基之上,断层影响带范围宽度约为 460 m,计算时假设模型中断层影响区左端面固定,右端相对左端发生位移,断层错动位移在断层破碎带范围内线性变化。计算分两步进行,第一步考虑正常运行工况的自重、水重、内水压力等荷载,第二步在第一步基础上增加断层蠕滑错动位移作用。

(二)管道位移

计算得到的钢管与地基的位移与所施加的断层错动位移接近,钢管与地基在 X 向位移最大值为 325.8 mm,Y 向位移最大值为 164.9 mm,Z 向位移最大值为 525.17 m。D 管段位于断层边界处,与地基产生了较大的相对滑移,滑移量达到 32 mm。各管段局部坐标系下的管道变形见图 3.4-5~图 3.4-7。图中各段位移方向由带有箭头有向线段表示,而正负号也表明了位移的方向(以下方案相同)。图中箭头所指线条表示产生位移后的管轴线或管道断面。从图中可以看出,虽然管道发生了较大的位移,但是各管段轴线基本保持为直线,没有发生明显弯曲,主要产生轴向的伸缩变形,但由于管道刚度较大,轴向伸缩变形量很小。总体而言,管道结构在横向和竖向主要随着地基运动。

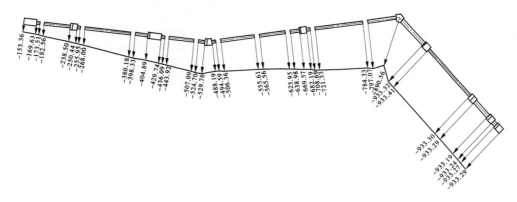

图 3.4-5　管线 X 向(水平横向)变形　(单位:mm)

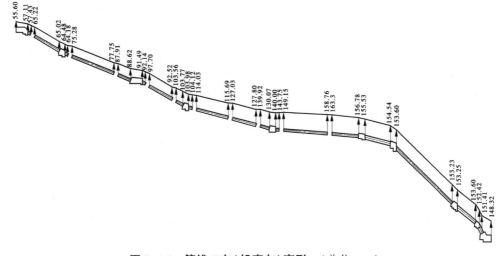

图 3.4-6　管线 Y 向(铅直向)变形　(单位:mm)

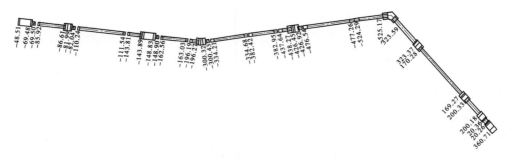

图 3.4-7　管线 Z 向（管轴向）变形　（单位：mm）

在各管段建立局部坐标系，X 向为垂直于管轴线沿水平横向，面向下游向左为正；Y 向为竖直方向，竖直向上为正；Z 向为管轴线方向，指向下游为正。在各管段局部坐标系下，整理了伸缩节的变形，见图 3.4-8。在 X 向上伸缩节两端部变形较为均匀，最大值达 18.15 mm；Y 向最大位移差为 4.41 mm；在 Z 向上各伸缩节的变形较为均匀，位移最大值为 54.69 mm。10 个伸缩节轴向变形之和为 356.57 mm，减去因内水压力和自重产生的变形之和 36.54 mm，差值为 320.03 mm，大致接近水平压缩位移 369.80 mm。说明地基大部分的水平压缩位移由伸缩节来承担，管道承担一小部分水平压缩位移和横向位移。

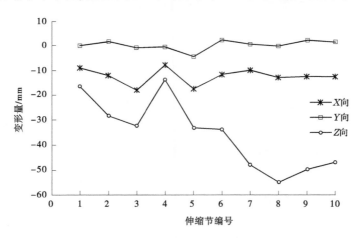

图 3.4-8　蠕滑错动位移作用下伸缩节变形量

（三）管道应力

钢衬钢筋混凝土管道内衬钢管与外包钢筋混凝土联合承载，在线弹性计算条件下，钢衬应力均较小。考虑蠕滑错动位移后，各段钢衬的 Mises 应力分布与正常运行工况基本一致，数值均在 44 MPa 以下。在各伸缩节室内，为连接伸缩节和主管段会预留一段明钢管。该段钢管的应力较大，考虑蠕滑错动位移后，应力最大值达到 123.093 MPa，蠕滑错动位移的影响也不大。

考虑蠕滑错动位移后，管道混凝土环向应力分布与正常运行工况基本一致，数值也非常接近，说明管道环向应力基本不受蠕滑变形的影响；各管段管道混凝土的轴向应力较小,大部分为压应力。E 段和 F 段管道中间的镇墩刚好位于断层影响带边缘,这两段管道有向一侧弯曲的现象,出现了较大的轴向拉应力和压应力,压应力最大值为 10.621 MPa,拉应力最大值为 7.873 MPa,此处伸缩节的位置还可进一步优化。E 段管道混凝土轴向应力见图 3.4-9。

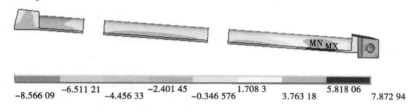

$$-8.566\ 09 \quad -6.511\ 21 \quad -4.456\ 33 \quad -2.401\ 45 \quad -0.346\ 576 \quad 1.708\ 3 \quad 3.763\ 18 \quad 5.818\ 06 \quad 7.872\ 94$$

图 3.4-9 E 段管道混凝土轴向应力 (单位:MPa)

(四)管段抗滑稳定

钢筋混凝土包管在 10# 伸缩节之前被分为 10 段,从上游至下游依次称为管段 1、管段 2、…、管段 10,管段划分见表 3.4-1。上述管段均布置于山坡之上,本身重量较大,再加上部分管段没有镇墩,其抗滑稳定性值得关注。针对上述 10 个管段,假定管段在外包混凝土底部沿管轴向或垂直管轴向滑动,对各管段进行了抗滑稳定分析。根据计算结果,整理各滑动面和伸缩节对管道的法向合力和切向合力,根据抗剪断公式(3.4-1)计算滑动面的抗滑安全系数 F_s。考虑蠕滑错动位移后管道沿管轴向和垂直管轴向的抗滑稳定安全系数列于表 3.4-2 和表 3.4-3。

$$F_s = \frac{Nf + CA}{\sum F} \tag{3.4-1}$$

$$\sum F = F_1 + F_2 + F \tag{3.4-2}$$

表 3.4-1 管段划分

管段	始端	中间镇墩	末端	正常运行工况 沿管轴向 F_s	正常运行工况 垂直管轴向 F_s
1	管道起始端	1#	1# 伸缩节	292.841	5 067.464
2	1# 伸缩节	2#	2# 伸缩节	4.876	8 759.523
3	2# 伸缩节	无	3# 伸缩节	9.127	15 196.22
4	3# 伸缩节	3#	4# 伸缩节	106.857	17 509.04
5	4# 伸缩节	无	5# 伸缩节	6.837	2 595.435
6	5# 伸缩节	4#	6# 伸缩节	17.325	28.348
7	6# 伸缩节	无	7# 伸缩节	13.563	24 427.51
8	7# 伸缩节	无	8# 伸缩节	13.548	2 740.580
9	8# 伸缩节	5#	9# 伸缩节	9.731	1 088.622
10	9# 伸缩节	无	10# 伸缩节	43.840	9 676.369

表 3.4-2　蠕滑错动位移作用下沿管轴向抗滑稳定性

管段	地基法向合力 N/MN	切向合力 $\sum F$/MN	滑动面长度/m	管道底面宽度/m	摩擦系数	c/kPa	抗滑力/MN	安全系数
1	8.989	0.070	14.392	6.000	0.45	100	12.680	181.146
2	15.216	6.182	39.494	6.000	0.45	100	30.544	4.941
3	17.323	4.719	58.385	6.000	0.45	100	42.826	9.075
4	11.185	0.248	18.149	6.000	0.45	100	15.923	64.204
5	8.951	3.333	31.822	6.000	0.45	100	23.121	6.937
6	8.702	0.352	13.016	6.000	0.45	100	11.725	33.311
7	7.731	1.371	25.021	6.000	0.45	100	18.491	13.488
8	8.522	1.510	27.577	6.000	0.45	100	20.381	13.497
9	15.349	2.711	36.205	6.000	0.45	100	28.630	10.561
10	9.556	0.515	30.003	6.000	0.45	100	22.302	43.305

表 3.4-3　蠕滑错动位移作用下垂直管轴向抗滑稳定性

管段	地基法向合力 N/MN	切向合力 $\sum F$/MN	滑动面长度/m	管道底面宽度/m	摩擦系数	c/kPa	抗滑力/MN	安全系数
1	8.989	0.034	14.392	6.000	0.45	100	12.680	372.949
2	15.216	1.007	39.494	6.000	0.45	100	30.544	30.331
3	17.323	0.620	58.385	6.000	0.45	100	42.826	69.075
4	11.185	0.177	18.149	6.000	0.45	100	15.923	89.98
5	8.951	0.152	31.822	6.000	0.45	100	23.121	152.113
6	8.702	0.017	13.016	6.000	0.45	100	11.725	689.735
7	7.731	0.011	25.021	6.000	0.45	100	18.491	1 681.050
8	8.522	0.002	27.577	6.000	0.45	100	20.381	10 190.550
9	15.349	0.048	36.205	6.000	0.45	100	28.630	596.459
10	9.556	0.023	30.003	6.000	0.45	100	22.302	969.652

　　考虑了断层的蠕滑变形之后,与正常运行工况相比,在管轴线方向,大多数管段的抗滑稳定安全系数变化不大,但在设置镇墩的管段,例如1#、4#和6#管段,抗滑稳定安全系数变化较大,说明在管轴线方向,断层蠕滑变形的影响最终主要传递给了镇墩;另外,由于断层蠕滑变形在管轴线方向主要体现为压缩位移,对管道的下滑趋势有抵消作用,部分管段的抗滑稳定安全系数反而略有增加。在垂直管轴线方向,考虑断层蠕滑变形之后,大多数管段的抗滑稳定安全系数有大幅降低。在管轴线和垂直管轴线方向,所有管段中最小

的安全系数分别为 4.940 和 30.327,管道均能保持稳定。

三、断层黏滑位移作用下地面钢衬钢筋混凝土管有限元分析

活断层的黏滑变形是沿断裂面突发的强烈错动。该断裂未来 100 年最大突发地震地表位移为:水平 2.2 m,垂直 0.39 m,最大地表变形带宽度 300~500 m。假定上述地表位移在主断层范围内完成,位移具体施加方法与蠕滑错动位移施加方法类似。计算中考虑的主要荷载包括:重力、内水压力和断层黏滑错动,暂未考虑温度变化。内水压力沿程变化,最大静水压力 2.42 MPa,管道无闸控制,无水击压力。计算分两步进行,第一步考虑正常运行工况的自重、水重、内水压力等荷载;第二步在第一步的基础上增加断层黏滑错动位移作用。计算工况同蠕滑错动位移。

(一)管道位移

由于主断层黏滑错动位移的影响,断层的上盘位移量较大,下盘位移量较小,各个方向的位移集中在主断层的范围。在水流向主要以断层的上盘向上游挤压变形为主,最大的 X 向位移达到 0.713 m;在铅直方向主要以断层的上盘向上抬起变形为主,最大的 Y 向位移为 0.390 m;在横管轴向最大的位移为 2.088 m。钢衬钢筋混凝土管整体随着地基一起协调变形,但管道相对地基仍可产生一定的相对滑移。例如,D 管段位于断层边界处,相对于地基产生了约 156 mm 的滑动。局部坐标系下,纯粹管道变形见图 3.4-10~图 3.4-12,方向与蠕滑变形工况保持一致。从图中可以看出,管道的变形主要发生在主断层范围内,由于黏滑错动位移的位移量大,集中发生在较小的范围,管线的偏转都比较明显,相邻管段的位移差较大。

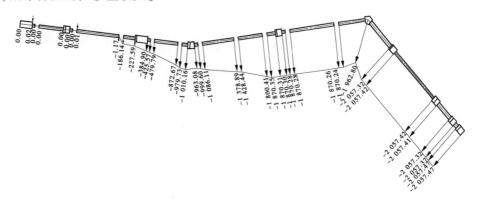

图 3.4-10　管线 X 向(水平横向)变形　(单位:mm)

局部坐标系下,黏滑错动位移作用下伸缩节变形见图 3.4-13。3#~7#伸缩节处于主断层范围,伸缩节各向的最大变形均出现在上述几个伸缩节中。3#伸缩节两端的 X 向位移差值最大,达到了 127.67 mm,这主要是由于主断层在横向的不均匀变形也较为明显,从而带动了伸缩节上下两端在横向的错动。4#伸缩节两端的 Y 向位移差值最大,达到了 19.46 mm,这主要是由于主断层的不均匀沉降比较明显,并且该处管道坡度也比较陡。7#伸缩节两端的 Z 向位移差值最大,达到了 251.87 mm,这主要是由于主断层的水平错动及垂直上抬,导致此处的断层上盘向上游的挤压效果显著。从伸缩节的变形来看,在断层

黏滑错动位移作用下,主断层剧烈扭转,主断层上的伸缩节承担大部分水平向的压缩变形,以及一部分横向错动位移。

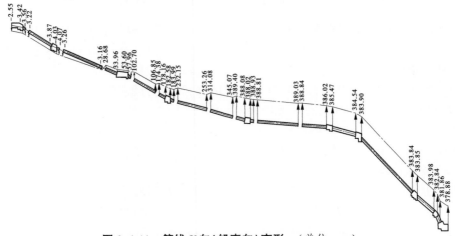

图 3.4-11 　管线 Y 向(铅直向)变形　(单位:mm)

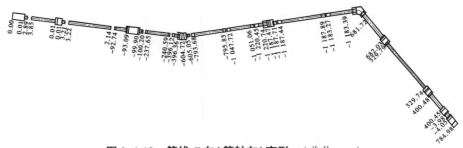

图 3.4-12 　管线 Z 向(管轴向)变形　(单位:mm)

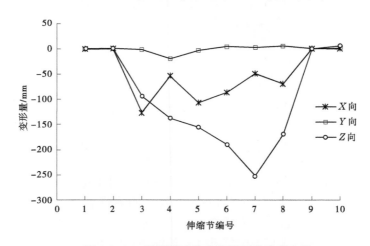

图 3.4-13 　黏滑错动位移作用下伸缩节变形

(二)管道应力

考虑黏滑错动位移后,大部分管段受到的影响较小,Mises 应力基本在 50 MPa 以下。

管段 B 由于跨越主断层,局部出现了弯曲,应力最大达到 76.09 MPa。伸缩节室内的明钢管段应力最大达到 121.588 MPa,也小于明钢管整体膜应力的允许应力 180 MPa。管道混凝土环向应力和正常运行工况基本相同,受到黏滑错动的影响很小。大部分管道的轴向应力为压应力,拉应力的数值一般不超过 1.25 MPa。B 段、C 段、D 段处于主断层之上,断层向上游的挤压作用显著,所以轴向基本为压应力,压应力基本不超过 2 MPa。B 段管道跨越主断层,出现了局部的应力集中,压力数值较大,可以通过调整波纹管伸缩节的位置加以改善。

(三)管段抗滑稳定

正常运行+黏滑工况沿管轴向和垂直管轴向抗滑稳定性见表 3.4-4、表 3.4-5。断层的黏滑错动位移主要影响了主断层上管段的稳定性,与正常运行工况相比,在管轴线方向,主断层上设置了镇墩的 4# 和 6# 管段,抗滑稳定安全系数变化较大,安全系数的增减与地基的变形有关。在垂直管轴线方向,主断层上管段的抗滑稳定安全系数大幅降低。在管轴线和垂直管轴线方向,所有管段中最小的安全系数分别为 4.905 和 4.287,管道仍能保持稳定。

表 3.4-4　正常运行+黏滑工况沿管轴向抗滑稳定性

管段	地基法向合力 N/MN	切向合力 $\sum F$/MN	滑动面长度/m	管道底面宽度/m	摩擦系数	c/kPa	抗滑力/MN	安全系数
1	9.064	0.045	14.392	6.000	0.45	100	12.714	282.533
2	14.781	6.187	39.494	6.000	0.45	100	30.348	4.905
3	17.364	4.318	58.385	6.000	0.45	100	42.845	9.922
4	11.647	0.079	18.149	6.000	0.45	100	16.131	204.184
5	8.923	3.419	31.822	6.000	0.45	100	23.109	6.759
6	10.464	1.591	13.016	6.000	0.45	100	12.518	7.868
7	7.718	1.379	25.021	6.000	0.45	100	18.486	13.405
8	8.517	1.478	27.577	6.000	0.45	100	20.379	13.788
9	15.151	2.900	36.205	6.000	0.45	100	28.541	9.842
10	9.560	0.508	30.003	6.000	0.45	100	22.304	43.905

表 3.4-5　正常运行+黏滑工况垂直管轴向抗滑稳定性

管段	地基法向合力 N/MN	切向合力 $\sum F$/MN	滑动面长度/m	管道底面宽度/m	摩擦系数	c/kPa	抗滑力/MN	安全系数
1	9.064	0.002	14.392	6.000	0.45	100	12.714	6 357.000
2	14.781	0.007	39.494	6.000	0.45	100	30.348	4 335.407
3	17.364	4.217	58.385	6.000	0.45	100	42.845	10.160
4	11.647	0.454	18.149	6.000	0.45	100	16.131	35.530
5	8.923	0.284	31.822	6.000	0.45	100	23.109	81.368
6	10.464	2.920	13.016	6.000	0.45	100	12.518	4.287
7	7.718	0.087	25.021	6.000	0.45	100	18.486	212.479

续表 3.4-5

管段	地基法向合力 N(MN)	切向合力 ∑F(MN)	滑动面长度/m	管道底面宽度/m	摩擦系数	c/kPa	抗滑力/MN	安全系数
8	8.517	0.127	27.577	6.000	0.45	100	20.379	160.463
9	15.151	0.001	36.205	6.000	0.45	100	28.541	28 540.950
10	9.560	0.003	30.003	6.000	0.45	100	22.304	7 434.600

四、钢衬钢筋混凝土管的抗震性

工程场址处设计地震加速度峰值为 $0.3g$,特征周期 0.45 s。按照《水电工程水工建筑物抗震设计规范》(NB 35047—2015)的规定,取阻尼比 5%,反应谱最大值代表值 2.5,确定水平向和竖向标准设计反应谱作为目标谱,生成人工波作为输入的地震动加速度时程。地震加速度时程曲线见图 3.4-14。地震动力分析时,管内水体的质量等效为管壁附加质量,地基采用无质量地基。

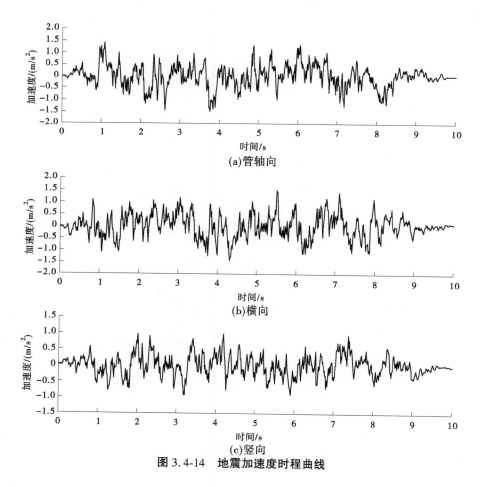

图 3.4-14　地震加速度时程曲线

（一）正常运行+地震工况

首先对钢衬钢筋混凝土管道在不受断层错动位移影响下的抗震性能进行研究，该工况首先进行静力计算，荷载包括自重、水重、内水压力荷载作用，再在此基础上施加地震作用进行动力时程分析。

1. 管道位移

该工况管道的位移以静力计算结果为基准波动，X 向位移的变化范围为 $-17.47 \sim 46.20$ mm，Y 向位移的变化范围为 $-30.51 \sim 3.40$ mm，Z 向位移的变化范围为 $-18.12 \sim 28.69$ mm。部分管段两端均是伸缩节，受到的约束较少，位移波动幅度相对其他管段较大。

局部坐标系下，正常运行+地震工况伸缩节变形（绝对值）见图 3.4-15。X 方向上由于横向地震的作用，在 4# 伸缩节变形达到 20.32 mm；在 Y 向上伸缩节变形均很小，最大为 7.89 mm；在 Z 向上伸缩节变形较大，在 4# 伸缩节处伸缩变形达到了 42.41 mm，主要是由于 4# 伸缩节在 C 管段上，管段两端均为伸缩节，且管段位于主断层之上，地质条件较差，C 管段相对地基的最大滑移量也达到了 38 mm。

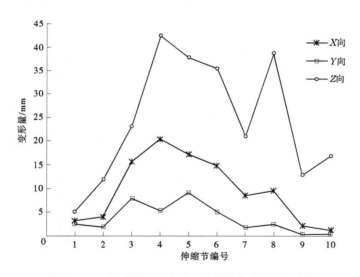

图 3.4-15　正常运行+地震工况伸缩节变形（绝对值）

2. 管道应力

钢衬中面最大 Mises 应力约为 34.25 MPa，表面的最大 Mises 应力约为 35.39 MPa，应力分布规律和数值与正常运行工况差别不大。

管道混凝土的环向应力分布规律与正常运行工况基本相同，应力数值比正常运行工况略有增加，地震作用主要影响管道的轴向受力。A~C 管段管道混凝土的轴向应力较小，大部分为压应力。从 D 管段向下游延伸，轴向拉应力呈现增大趋势，在 F 管段混凝土的轴向拉应力在 $1.5 \sim 2.3$ MPa，G~I 管段坡度较陡，轴向应力较大，最大拉应力达 7.44 MPa，出现在 H 管段 9# 镇墩入口附近。H 管段钢衬钢筋混凝土轴向应力见图 3.4-16。从混凝土的轴向最小应力图看出混凝土的轴向压应力最小值约 -6.41 MPa，并没有超过混凝土的轴心抗压强度 12.5 MPa。

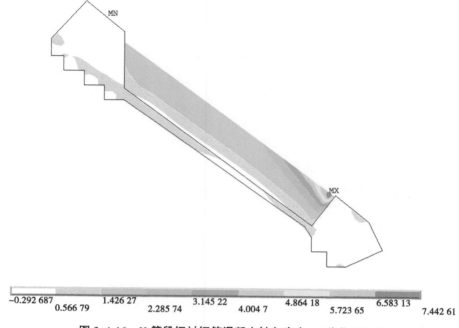

$-0.292\ 687 \quad 1.426\ 27 \quad 3.145\ 22 \quad 4.864\ 18 \quad 6.583\ 13$
$0.566\ 79 \quad 2.285\ 74 \quad 4.004\ 7 \quad 5.723\ 65 \quad 7.442\ 61$

图 3.4-16 H 管段钢衬钢筋混凝土轴向应力 （单位:MPa）

3. 管段抗滑稳定

正常运行+地震工况沿管轴向和垂直管轴向抗滑稳定性见表 3.4-6、表 3.4-7。考虑了三个方向地震作用后,各管段沿管轴线和垂直管轴线方向的抗滑稳定安全系数均减小至 10 以下,沿管轴线方向的稳定性安全系数相对更小,但均大于 1。由于上述表格中的安全系数均是地震过程中的最小值,且仅是某一时刻的安全系数,而其他时刻的安全系数均大于表格中的数值。因此,总体而言,管道即使遭遇地震也能保持较好的稳定性。

表 3.4-6 正常运行+地震工况沿管轴向抗滑稳定性

管段	地基法向合力 N/MN	切向合力 $\sum F$/MN	滑动面长度/m	管道底面宽度/m	摩擦系数	c/kPa	抗滑力/MN	安全系数
1	10.630	7.145	14.392	6.000	0.45	100	13.419	1.878
2	12.817	14.187	39.494	6.000	0.45	100	29.464	2.077
3	14.983	18.079	58.385	6.000	0.45	100	41.773	2.311
4	9.223	11.831	18.149	6.000	0.45	100	15.040	1.271
5	6.934	11.870	31.822	6.000	0.45	100	22.213	1.871
6	6.039	5.573	13.016	6.000	0.45	100	10.527	1.889
7	6.088	9.669	25.021	6.000	0.45	100	17.752	1.836
8	7.903	9.992	27.577	6.000	0.45	100	20.102	2.012
9	12.790	12.234	36.205	6.000	0.45	100	27.478	2.246
10	7.527	12.131	30.003	6.000	0.45	100	21.389	1.763

表 3.4-7　正常运行+地震工况垂直管轴向抗滑稳定性

管段	地基法向合力 N/MN	切向合力 ∑F/MN	滑动面长度/m	管道底面宽度/m	摩擦系数	c/kPa	抗滑力/MN	安全系数
1	6.450	3.658	14.392	6.000	0.45	100	11.538	1.789
2	14.671	4.515	39.494	6.000	0.45	100	30.299	2.065
3	15.437	4.547	58.385	6.000	0.45	100	41.978	2.719
4	11.038	6.158	18.149	6.000	0.45	100	15.856	1.436
5	7.948	3.846	31.822	6.000	0.45	100	22.670	2.852
6	7.313	3.553	13.016	6.000	0.45	100	11.100	1.518
7	5.712	2.614	25.021	6.000	0.45	100	17.583	3.078
8	9.874	3.169	27.577	6.000	0.45	100	20.989	2.126
9	16.974	4.850	36.205	6.000	0.45	100	29.361	1.730
10	9.926	2.553	30.003	6.000	0.45	100	22.468	2.264

(二) 正常运行+蠕滑变形+地震工况

1. 管道位移

与正常运行+蠕滑变形工况相比,增加了地震作用的影响后,位移仍以蠕滑变形为主,并在此基础上波动。

局部坐标系下,正常运行+地震工况波纹管伸缩节最大变形量见图 3.4-17。X 向上由于横向地震的作用,在 7# 伸缩节处最大位移差达到 36.97 mm;在 Y 向上伸缩节两端部变形均很小,只有 4# 伸缩节最大,达 9.95 mm;在 Z 向上伸缩节两端位移差较大,在 8# 伸缩节处最大的伸缩变形达到了 94.73 mm,较接近波纹管伸缩量的设计值 100 mm。这主要是由于 8# 伸缩节位于主断层下游端附近,地质条件差,承担的蠕滑变形较大,并且所处的 D 管段坡度较大,受地震影响也较明显,该管段相对地基的滑移量也达到了 71.3 mm。

2. 管道应力

钢衬中面的最大 Mises 应力为 32.90 MPa,表面最大 Mises 应力约为 34.00 MPa,Mises 应力顺管轴线呈现增大的趋势,与正常运行工况应力分布规律接近,由于管道轴向应力增加,Mises 应力数值比正常运行工况有所减小。

管道混凝土环向应力仍主要由内水压力引起,在地震的作用下拉应力有所增大,最大环向应力达到 6.52 MPa。管道的轴向应力同时受到地震和蠕滑变形的影响。A~D 管段管道混凝土的轴向应力较小,大部分为压应力,压应力不超过 5 MPa,拉应力基本不超过 1.25 MPa。从 E 管段开始轴向应力有较明显增加,最大拉应力出现在 H 管段,数值为 6.24 MPa,主要是受地震影响。轴向压应力最大值为 -8.47 MPa,出现在 E 管段,主要是受蠕滑变形影响。

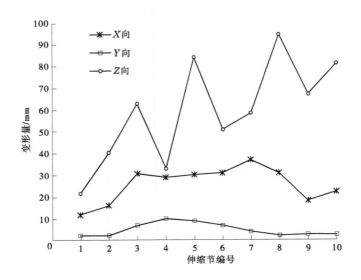

图 3.4-17　正常运行+地震工况波纹管伸缩节最大变形量

3. 管段抗滑稳定

正常运行+蠕滑变形+地震工况沿管轴向和垂直管轴向抗滑稳定性见表 3.4-8、表 3.4-9。与正常运行+地震工况相比,同时考虑蠕滑变形和地震后,各管段沿管轴线方向的抗滑稳定安全系数反而略有增加,原因在于蠕滑变形在管轴线方向主要是压缩变形,对抗滑稳定性有利。在垂直管轴线方向,抗滑稳定安全系数也大致为增加的趋势。总体而言,管道在经历一定的蠕滑变形后即使遭遇地震也能保持较好的稳定性。

表 3.4-8　正常运行+蠕滑变形+地震工况沿管轴向抗滑稳定性

管段	地基法向合力 N/MN	切向合力 $\sum F$/MN	滑动面长度/m	管道底面宽度/m	摩擦系数	c/kPa	抗滑力/MN	安全系数
1	7.068	5.024	14.392	6.000	0.45	100	11.816	2.352
2	11.039	13.721	39.494	6.000	0.45	100	28.664	2.089
3	17.436	18.138	58.385	6.000	0.45	100	42.877	2.364
4	10.035	7.504	18.149	6.000	0.45	100	15.405	2.053
5	6.589	10.476	31.822	6.000	0.45	100	22.058	2.106
6	4.969	5.240	13.016	6.000	0.45	100	10.046	1.917
7	7.435	9.128	25.021	6.000	0.45	100	18.358	2.011
8	6.257	9.913	27.577	6.000	0.45	100	19.361	1.953
9	15.164	11.334	36.205	6.000	0.45	100	28.547	2.519
10	11.202	9.277	30.003	6.000	0.45	100	23.043	2.484

表 3.4-9　正常运行+蠕滑变形+地震工况垂直管轴向抗滑稳定性

管段	地基法向合力 N/MN	切向合力 $\sum F$/MN	滑动面长度/m	管道底面宽度/m	摩擦系数	c/kPa	抗滑力/MN	安全系数
1	7.598	3.849	14.392	6.000	0.45	100	12.054	3.132
2	13.082	4.239	39.494	6.000	0.45	100	29.583	6.979
3	15.802	3.800	58.385	6.000	0.45	100	42.142	11.090
4	11.135	6.278	18.149	6.000	0.45	100	15.900	2.533
5	5.669	2.836	31.822	6.000	0.45	100	21.644	7.632
6	7.773	3.566	13.016	6.000	0.45	100	11.307	3.171
7	6.673	2.735	25.021	6.000	0.45	100	18.015	6.587
8	8.074	3.011	27.577	6.000	0.45	100	20.179	6.702
9	14.360	3.183	36.205	6.000	0.45	100	28.185	8.855
10	8.708	1.816	30.003	6.000	0.45	100	21.920	12.070

五、小结

(1)钢衬钢筋混凝土管在常规荷载(自重、水重、内水压力)的作用下,钢管的应力可以满足要求,但混凝土环向应力较大,超过混凝土的抗拉强度设计值,绝大部分超过了混凝土的抗拉强度标准值,会产生径向裂缝,需要通过配筋解决强度问题;或者通过钢管外包软垫层措施,减小内水压力外传,达到降低外包混凝土环向拉应力的目的。部分管段由于坡段较陡、地基不均匀变形所引起的混凝土轴向应力较大,也可能出现环向开裂,应该加强轴向配筋并通过对地基进行处理予以改善,也可以适当调整伸缩节位置予以改善。

(2)钢衬钢筋混凝土管道相当于支承在连续的滑动支座上,管段主要的位移将沿管轴向发生,补偿方式主要是错动式补偿。在活断层蠕滑错动位移作用下,波纹管伸缩节承担了大部分的地基水平压缩变形,由于管道与地基直接接触,两者之间有摩擦及黏结力作用,因而管道也需要承担一部分蠕滑变形。在设计使用年限内,管道承担相应的蠕滑变形,伸缩节的变形量仍可满足相应要求。

(3)在活断层黏滑错动位移作用下,主断层上的波纹管伸缩节基本承担了地基轴向变形,并承担了一部分横向变形,伸缩节的最大变形达到 251.87 mm。断层黏滑错动位移数值大,作用范围集中,主断层范围内可能发生大变形甚至破坏,但由于伸缩节的设置,管道受到的影响较小,可能的破坏也基本控制在主断层范围内。由于大的黏滑错动往往伴随高烈度地震出现,属于概率非常低的罕遇荷载,如果希望此工况下管道完全满足结构要求,可能需要布置更多数量的波纹管伸缩节,不仅增加工程造价,而且可能由于管线过于灵活而影响其正常运行的稳定性,设计上也将是非常困难的。因此,对于黏滑错动,建议参考罕遇地震的处理方法,尽量保证管道结构不会破坏,采取措施防止由于管道结构大变形甚至破坏导致的次生灾害。

(4)在设计地震作用下,波纹管伸缩节的变形不超过 50 mm,管道的应力比正常运行工况有所增加,管道混凝土环向应力整体变化不大,除陡坡段上管道轴向应力增加比较明显外,其他管段轴向应力增加幅度并不大。总体而言,管道具有较好的抗震性。断层已发生

50年蠕滑变形的情况下,如果遭遇地震,波纹管伸缩节的伸缩量最大值接近100 mm,结构仍能保证安全,除陡坡段上管道轴向应力增加明显外,其他管段应力增幅并不大。

(5)钢衬钢筋混凝土管方案,钢管和外包混凝土的受力主要受常规荷载影响,通过合理的配筋设计即能满足要求,该类型管道已经在坝后式水电站和岸坡式地面电站中得到了广泛应用。钢衬钢筋混凝土管只要在管线上布置一定数量的波纹管伸缩节,完全可以适应活断层产生的错动位移,且有较好的抗震性,因而也是过活动断裂可行的结构方案。

第五节　管桥抗震分析

长距离引调水工程中的管道不可避免地需要跨越河流、峡谷、道路等自然或人工障碍物,需要修建相应的管道跨越工程。因其均属架设在各种管架上的地上管道,故统称为架空管道。管道跨越的形式主要有:①管拱,将管道本身做成拱形跨过,架在两端的支墩上,适用于跨越小型的河流、峡谷等。②梁式跨越,将管道以连续梁的形式支承在管架上,管道下部可加增强的桁架,以增大跨度,但一般不超过50 m,适用于允许在中间设支架的中小型跨越。③悬索管桥,修建专用的悬索桥,将管道用长度不等的吊杆挂在桥主缆索之下,用于大型跨越。④斜拉索管桥,用由塔架支承的多根高强度钢索斜拉水平管道通过障碍区上方,用于大型跨越。虽然管道跨越的结构形式有多种,但从管道强度角度来考虑,可分两类:第一类是在跨越结构中把管道作为跨越结构的受力构件;第二类是管道不作为跨越结构的受力构件。管拱跨越、以管道为弦杆的悬索跨越、以管道为弦杆的斜拉索跨越皆属于第一类跨越结构。随桥跨越、桁架式管桥、悬索管桥和斜拉式管桥则属于第二类。第二类跨越结构的设计思想是尽可能使压力管道不承受除压力荷载外的外力荷载,尤其是不承受额外的轴向拉力,以使压力管道具备更多的强度储备。对于水利工程,很多情况下,管道本身承受较大的内水压力,因此管桥是常采用的形式。我国西南地区地形、地质条件复杂,工程沿线常常需要跨越众多深切河谷。为避免高架大跨渡槽结构带来的抗震问题,跨越深切河谷时多选用倒虹吸形式跨越,相比高架渡槽,倒虹吸可降低输水建筑物支承结构离地高度,改善结构抗震性能,节约工程投资。

目前,大跨度的管桥结构的抗震研究并不充分。现有的研究对管桥结构,尤其是钢管的支承结构进行了较大的简化,与实际有一定的差距。关于输水管桥的研究,更多偏向于油气行业桥梁结构的分析,对管道结构的研究较少。水利水电工程倒虹吸管桥通常具有流量大、管径大、水头高、跨度大等特点,其抗震安全性备受关注。以某大型管桥结构为例,建立包含支座、伸缩节等细部构件在内的管桥结构三维有限元模型,对倒虹吸管桥结构的抗震性能展开研究。

一、计算模型

某倒虹吸采用管桥形式跨越河谷,下部采用桥梁结构,压力钢管直径4.2 m,最大静水头205.8 m,设计地震烈度达Ⅶ度。倒虹吸钢管由上斜直段、水平段、下斜直段组成,每条管道在水平段两端和中间位置设置伸缩节,水平段两端设置镇墩,两镇墩间设18个支座,支座间距10.00 m。钢管布置于拱桥之上,桥墩最高达到30 m,结构布置见图3.5-1。

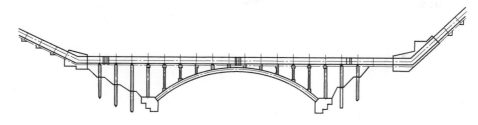

图 3.5-1 结构布置

明钢管材质为 Q460C,管桥段管壁厚度为 28 mm,支承环和加劲环采用 Q355N。钢材拉伸性能见表 3.5-1、明钢管钢材允许应力见表 3.5-2,允许应力计算考虑焊缝系数 0.95。镇墩和支墩混凝土强度等级为 C30,混凝土箱拱混凝土强度等级为 C40,灌注桩、盖梁、底梁和排架及拱座均采用 C30 混凝土。基础岩体强风化层弹性模量取 0.3 GPa,泊松比为0.33,弱风化层弹性模量取 1.0 GPa,泊松比为 0.28。

表 3.5-1 钢材拉伸性能

牌号	钢板厚度/mm	屈服强度 R_{aL}/MPa	抗拉强度 R_m/MPa	断后伸长率 A/%	0 ℃冲击 V 型冲击功 A_{kv}/J	弯曲试验
Q355N	≤16	≥355	450~630	≥21	≥34	$d=2a$
	>16~40	≥345	450~630	≥21	≥34	$d=3a$
Q460C	≤16	≥460	550~720	≥17	≥34	$d=2a$
	>16~40	≥440	550~720	≥17	≥34	$d=3a$

表 3.5-2 明钢管钢材允许应力 单位:MPa

牌号	厚度/mm	膜应力区		局部应力区			
		轴力		轴力	轴力和弯矩	轴力	轴力和弯矩
		基本	特殊	基本	基本	特殊	特殊
		$0.55\sigma_s$	$0.7\sigma_s$	$0.67\sigma_s$	$0.85\sigma_s$	$0.8\sigma_s$	$1.0\sigma_s$
Q355N	≤16	165	209	200	254	239	299
	16~40	165	209	200	254	239	299
Q460C	≤16	201	256	245	311	293	366
	16~40	201	256	245	311	293	366

压力管道为 1 级非壅水建筑物,场地基本烈度为Ⅶ度,根据《水电工程水工建筑物抗震设计规范》(NB 35047—2015)的规定,工程抗震设防类别为乙类,水平基岩地震峰值加速度的概率水准应取 50 年内超越概率 P_{50} 为 0.05。因此,水平地震加速度峰值取 0.218g 进行计算,取阻尼比5%,反应谱最大值代表值 2.5,确定水平向和竖向标准设计反应谱。作为目标谱,生成人工波作为输入的地震动加速度时程。标准加速度反应谱见图 3.5-2、地震加速度时程曲线见图 3.5-3。地震动力分析时,管内水体的质量等效为管壁附加质量。

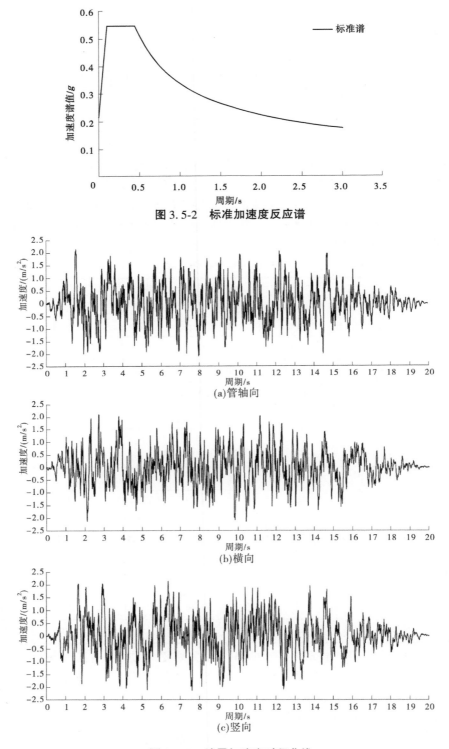

图 3.5-2　标准加速度反应谱

图 3.5-3　地震加速度时程曲线

　　根据工程布置建立有限元模型,模型包括钢管、伸缩节、加劲环、支承环、管桥、镇墩、支墩及地基等,其中钢管、加劲环、支承环等采用 ANSYS 中 SHELL181 板壳单元模拟,镇墩、支墩、管桥混凝土及地基采用 SOLID185 实体单元模拟。滑动支座为单向滑动支座,仅可沿管轴向发生相对滑动,模型中支座上下两滑板间设置面-面接触单元,摩擦系数为0.1,水平面内垂直管轴线方向采用位移耦合约束,使得上下滑板在该方向上位移保持一致,限制在该方向的滑移。波纹管伸缩节轴向刚度采用 30 kN/mm,采用 BEAM4 梁单元模拟,梁单元轴向刚度等于波纹管轴向刚度。

　　有限元模型建立在笛卡尔直角坐标系坐标(X,Y,Z)下,XOZ 面为水平面,X 轴水平指向左侧(面向下游)为正,Y 轴竖直向上为正,Z 轴水平指向下游为正。计算中,地基底部和 4 个侧边均施加法向约束,其他均为自由面,有限元网格模型见图 3.5-4~图 3.5-8。经过比较,3 条管道的变形和应力差别不大,因此仅对中间管道的结果进行分析。

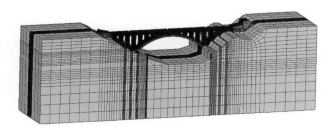

图 3.5-4　整体网格模型

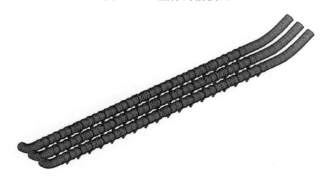

图 3.5-5　管道网格模型

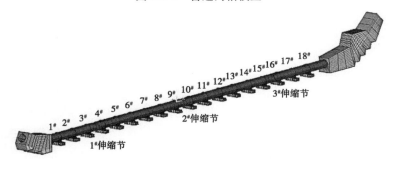

图 3.5-6　单管网格模型

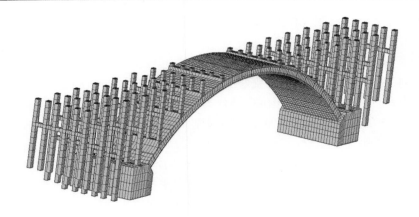

图 3.5-7　管桥网格模型

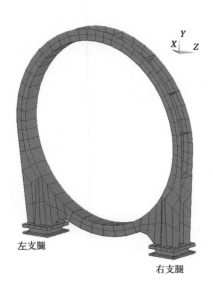

左支腿　　右支腿

图 3.5-8　支承环及支座网格模型

二、结构响应

(一) 管道加速度

地震作用下管道加速度见图 3.5-9。地震作用下,钢管 X 向支座受到约束,而钢管重量及管内水体重量较大,其加速度响应要明显大于支墩,钢管各点的加速度峰值基本在 8 m/s² 以下,1# 伸缩节附近钢管局部加速度响应峰值达到 18.04 m/s²。Y 向管道各点峰值加速度基本在 10 m/s² 以下,靠近 1# 伸缩节附近局部位置,最大铅直向加速度达到 17.89 m/s²。钢管 Z 向加速度响应相比其他两个方向要小,基本在 2 m/s² 以下,但支承环底部的加速度较大,最大加速度达 19.33 m/s²。总体而言,管桥结构对地震加速度的放大效应明显,钢管横向和竖向的地震响应更为显著,沿管轴向地震响应相对较弱。

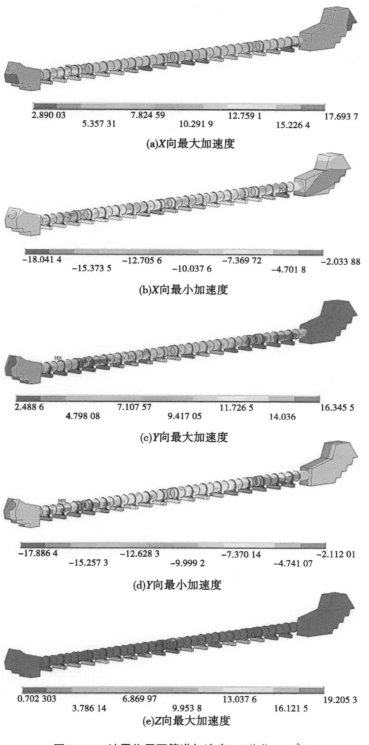

(a)X向最大加速度

(b)X向最小加速度

(c)Y向最大加速度

(d)Y向最小加速度

(e)Z向最大加速度

图 3.5-9　地震作用下管道加速度　（单位:m/s²）

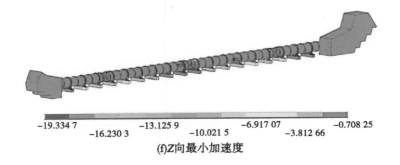

| −19.334 7 | | −13.125 9 | | −6.917 07 | | −0.708 25 |
| | −16.230 3 | | −10.021 5 | | −3.812 66 | |

(f)Z向最小加速度

续图 3.5-9

地震作用下下部结构加速度见图 3.5-10。X 向加速度较大的部位主要出现在排架柱结构,排架柱越高其响应越大,最大加速度为 12.02 m/s^2,灌注桩位于土体内部,其响应并不明显。拱圈 Y 向也有较明显的加速度响应,最大加速度为 11.44 m/s^2。结构在 Z 向最大加速度为 7.48 m/s^2,也出现在排架柱结构位置。

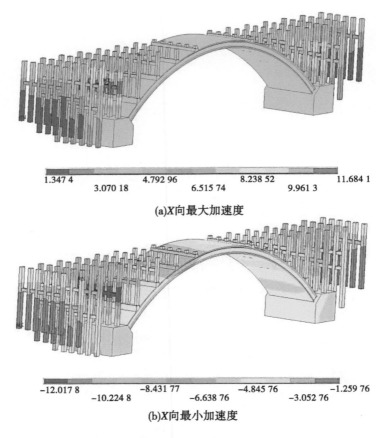

| 1.347 4 | | 4.792 96 | | 8.238 52 | | 11.684 1 |
| | 3.070 18 | | 6.515 74 | | 9.961 3 | |

(a)X向最大加速度

| −12.017 8 | | −8.431 77 | | −4.845 76 | | −1.259 76 |
| | −10.224 8 | | −6.638 76 | | −3.052 76 | |

(b)X向最小加速度

图 3.5-10　地震作用下下部结构加速度　（单位:m/s^2）

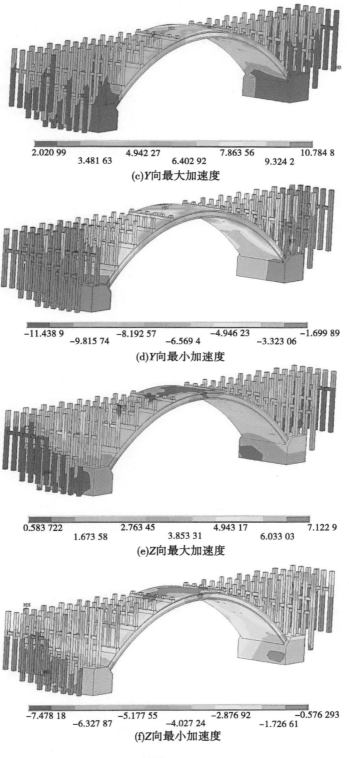

(c)Y向最大加速度

(d)Y向最小加速度

(e)Z向最大加速度

(f)Z向最小加速度

续图 3.5-10

(二) 管道位移

地震作用下管道位移见图 3.5-11。在地震荷载组合作用下,钢管结构的位移在静力工况位移基础上波动。X 向各点位移变化范围为 $-0.031\ 8 \sim 0.029\ 7$ m;Y 向最大位移变化范围为 $-0.055\ 3 \sim 0.000\ 5$ m;Z 向各点最大位移的波动范围为 $-0.008\ 5 \sim 0.008\ 9$ m。在跨中部位位移最大可达 0.06 m。

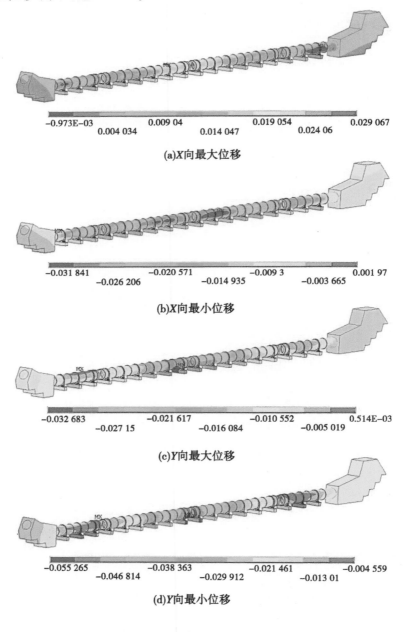

图 3.5-11　地震作用下管道位移　（单位:m）

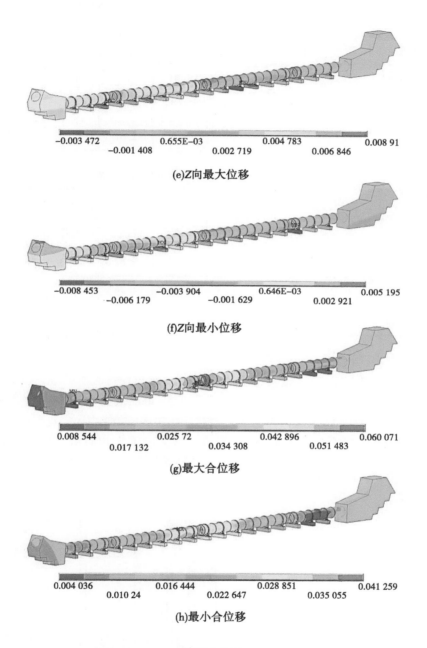

(e)Z向最大位移

(f)Z向最小位移

(g)最大合位移

(h)最小合位移

续图 3.5-11

地震作用下波纹管伸缩节端部位移最大值和最小值见表 3.5-3、表 3.5-4。在 X 向,波纹管伸缩节两端部变形绝对值最大值达到 6.81 mm,出现在 3#波纹管;在 Y 向,波纹管伸缩节两端部变形差最大值为 7.82 mm,出现在 2#波纹管;在 Z 向,波纹管伸缩节以压缩变形为主,伸缩节两端部变形最大值为 7.19 mm,出现在 2#波纹管。

表 3.5-3　地震作用下波纹管伸缩节端部位移最大值　　　　　单位:mm

波纹管编号	X			Y			Z		
	上游	下游	位移差	上游	下游	位移差	上游	下游	位移差
1	-3.73	-7.24	3.51	7.05	3.04	4.01	14.52	15.86	-1.34
2	-27.21	-27.95	0.74	6.08	-1.74	7.82	21.84	21.99	-0.15
3	-5.92	-6.97	1.05	1.34	-1.33	2.67	17.28	11.01	6.27

表 3.5-4　地震作用下波纹管端部位移最小值　　　　　单位:mm

波纹管编号	X			Y			Z		
	上游	下游	位移差	上游	下游	位移差	上游	下游	位移差
1	-20.20	-14.82	-5.38	-7.56	-11.24	3.68	3.98	-1.02	5.00
2	-23.25	-24.29	1.04	-49.78	-51.54	1.76	2.03	-5.16	7.19
3	-20.77	-13.96	-6.81	-11.11	-10.88	-0.23	-2.12	-5.12	3.00

　　地震作用下滑动支座相对滑移量见图 3.5-12。X 向受到约束,支座的滑移量仍为零;在 Y 向上,支座变形有正有负,说明在地震过程中,支座出现过脱空的现象;在 Z 向,同样越靠近波纹管支座的滑移量越大,最大滑移量为 8.53 mm。

　　地震结束后支座 Z 向残余位移见图 3.5-13。由于 X 向存在限位,残余位移为 0,Z 向存在两端较小中部偏大的残余位移,位移值与支座 Z 向最大相对滑移量绝对值接近,在 6# 支座处达到最大。说明平板滑动支座无法在震后很好地自动复位,对结构震后的继续使用有一定影响。

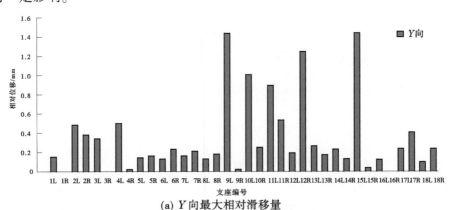

(a) Y 向最大相对滑移量

图 3.5-12　地震作用下滑动支座相对滑移量

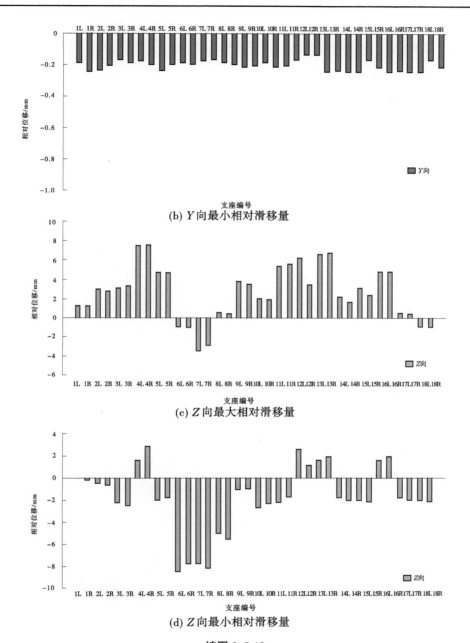

(b) Y 向最小相对滑移量

(c) Z 向最大相对滑移量

(d) Z 向最小相对滑移量

续图 3.5-12

　　地震作用下下部结构位移见图 3.5-14。管桥的位移同样也在静力工况的基础上波动，X 向各点位移波动范围为 -0.020 5 ~ 0.019 7 m；Y 向各点位移波动范围为 -0.058 9 ~ 0.003 4 m；Z 向各点位移波动范围为 -0.009 2 ~ 0.008 3 m。最大值均出现在管桥跨中部位。

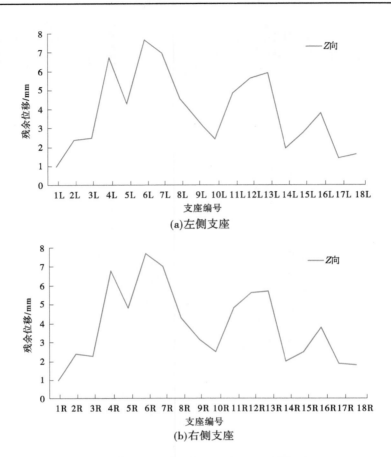

(a)左侧支座

(b)右侧支座

图 3.5-13　地震结束后支座 Z 向残余位移

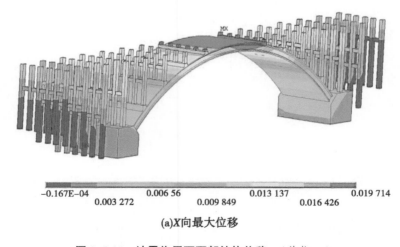

(a)X向最大位移

图 3.5-14　地震作用下下部结构位移　（单位：m）

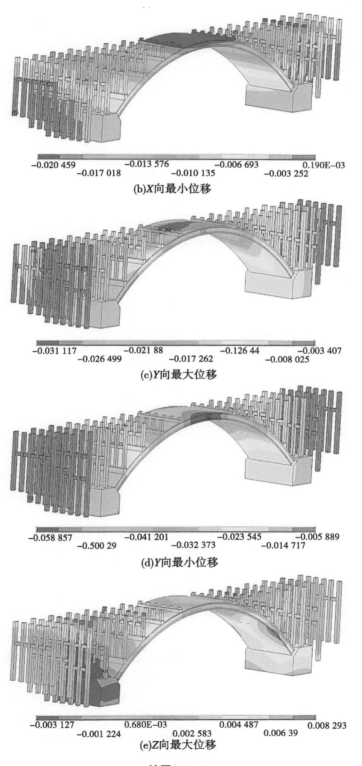

-0.020 459　　-0.013 576　　-0.006 693　　0.190E-03
　　-0.017 018　　-0.010 135　　-0.003 252

(b)X向最小位移

-0.031 117　　-0.021 88　　-0.126 44　　-0.003 407
　　-0.026 499　　-0.017 262　　-0.008 025

(c)Y向最大位移

-0.058 857　　-0.041 201　　-0.023 545　　-0.005 889
　　-0.500 29　　-0.032 373　　-0.014 717

(d)Y向最小位移

-0.003 127　　0.680E-03　　0.004 487　　0.008 293
　　-0.001 224　　0.002 583　　0.006 39

(e)Z向最大位移

续图 3.5-14

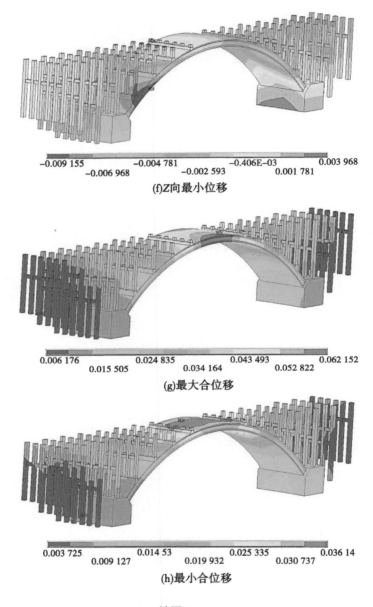

$$-0.009\,155 \qquad -0.004\,781 \qquad -0.406E{-}03 \qquad 0.003\,968$$
$$-0.006\,968 \qquad -0.002\,593 \qquad 0.001\,781$$

(f)Z向最小位移

$$0.006\,176 \qquad 0.024\,835 \qquad 0.043\,493 \qquad 0.062\,152$$
$$0.015\,505 \qquad 0.034\,164 \qquad 0.052\,822$$

(g)最大合位移

$$0.003\,725 \qquad 0.014\,53 \qquad 0.025\,335 \qquad 0.036\,14$$
$$0.009\,127 \qquad 0.019\,932 \qquad 0.030\,737$$

(h)最小合位移

续图 3.5-14

(三) 管道应力

　　地震作用下管道应力见图 3.5-15、钢管+支承环 Mises 应力见图 3.5-16。钢管环向应力主要受内水压力影响,最大达到 182.188 MPa,地震的影响并不明显;水平管段钢管的轴向应力与静力工况相比,增加也并不明显,地震主要使钢管转弯处局部位置的轴向应力有较为明显的增大。支承环附近及埋设于镇墩内管道中面 Mises 应力较小,远离支承环和镇墩约束的管段应力分布集中在 150~200 MPa。除钢管在镇墩处存在些许应力集中外,钢管中面最大 Mises 应力为 225.324 MPa,小于地震工况钢材整体膜应力的允许应力

293 MPa;钢管底面应力最大达到 228.418 MPa,小于地震工况局部膜应力的允许应力 366 MPa。可见,钢管能满足地震工况钢材允许应力的安全要求。

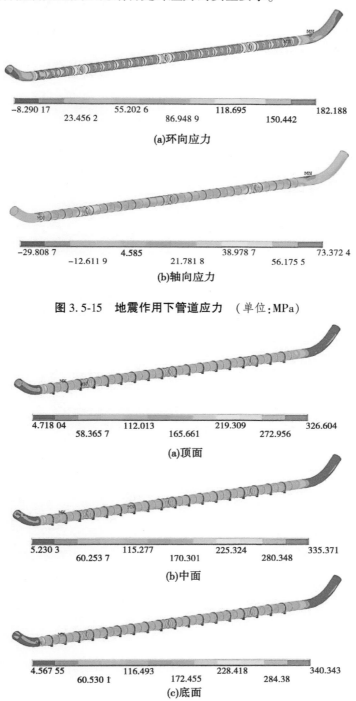

图 3.5-15　地震作用下管道应力　（单位:MPa）

图 3.5-16　钢管+支承环 Mises 应力　（单位:MPa）

　　地震作用下下部结构应力见图 3.5-17,垂直水流向应力变化范围为-4.35~3.83 MPa,较大的应力主要出现在排架柱部位;竖向应力变化范围为-14.40~7.90 MPa,但整体结构在地震中仍以受压为主;顺水流向应力变化范围为-11.22~6.71 MPa,较大的应力也主要出现在拱圈部位。第一主应力主要在-0.53~1.39 MPa 范围内,仅在镇墩与地基连接处存在些许应力集中,满足混凝土的安全性要求。

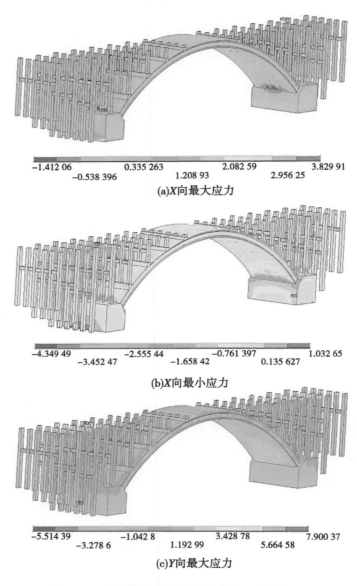

(a)X向最大应力

(b)X向最小应力

(c)Y向最大应力

图 3.5-17　地震作用下下部结构应力　(单位:MPa)

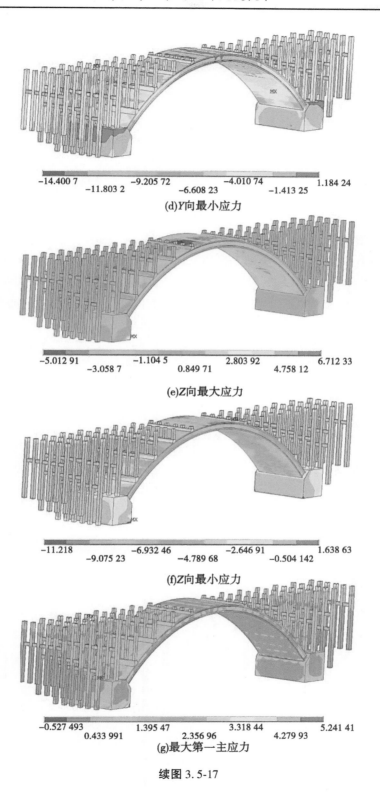

(d)Y向最小应力

(e)Z向最大应力

(f)Z向最小应力

(g)最大第一主应力

续图 3.5-17

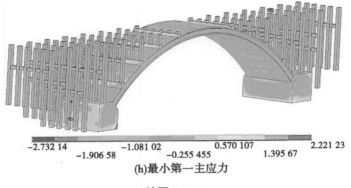

$$-2.732\ 14 \qquad -1.081\ 02 \qquad 0.570\ 107 \qquad 2.221\ 23$$
$$-1.906\ 58 \qquad -0.255\ 455 \qquad 1.395\ 67$$

(h)最小第一主应力

续图 3.5-17

(四) 支座受力

地震作用下各个支座受力见图 3.5-18。从图中可以看出,支座竖向承受压力,大多数支座所受压力在 2 500 kN 以下,仅最左端的 1# 支座所受压力最大达到 3 084 kN;在 X 向,F_X 最大达到 1 619 kN;在 Z 向,支座上下滑板产生相对滑移,F_Z 基本上都不超过竖向压力的 0.1 倍(摩擦系数为 0.1)。支座初步选型,竖向承载力为 2 500 kN,水平向承载力为竖向承载力的 30%,即 750 kN。可见,在正常运行+地震工况下,大多数支座可以满足竖向承载力要求,但水平力基本上都超出了支座水平承载力的要求。

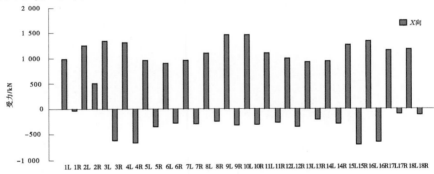

(a) X 向最大值

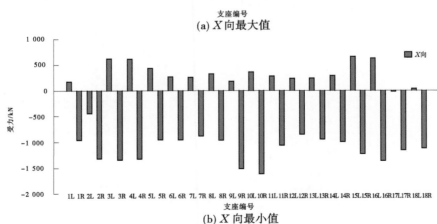

(b) X 向最小值

图 3.5-18　地震作用下各个支座受力

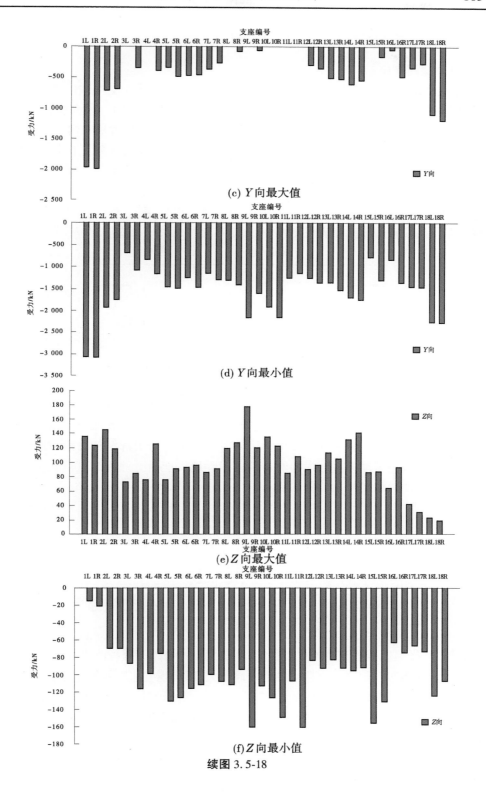

(c) Y 向最大值

(d) Y 向最小值

(e) Z 向最大值

(f) Z 向最小值

续图 3.5-18

三、支座形式对结构抗震性能的影响

(一)摩擦摆支座

由于平板滑动支座滑动之后自复位困难且可能导致支承环受弯或伸缩节处位移较大,将根据摩擦摆支座的工作原理及耗能回复特性,建立其精细的有限元模型,并推导摩擦摆支座力学模型,对比验证摩擦摆支座是否可用于复杂倒虹吸管桥结构中。

摩擦摆支座结构见图3.5-19,它主要由上支座板、铰接滑块、滑板及下支座板组成,滑板多由低摩擦材料(PTFE 或 UHMWPE 等)制成。摩擦摆支座不仅和其他摩擦阻尼器一样具有对地震激励频率的低敏感性和高稳定性,而且可以在没有外加控制装置的情况下,实现支座滑动面的自复位,在桥梁工程中应用广泛。根据相关研究,在高强度地震作用下,摩擦摆支座相较平板支座表现更好,特别是在支座滑移量及震后自复位两方面。

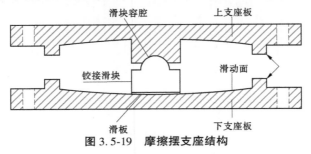

图 3.5-19　摩擦摆支座结构

摩擦摆支座的工作原理主要有竖向承载力、耗能能力和自回复能力三部分。摩擦摆支座运动示意见图3.5-20,支座上、下支座板分别与上、下部结构连接,在地震作用下,当剪切力超过静摩擦力时,滑块开始做单摆运动将上部结构与下部结构分隔以减弱地震的传递,同时在滑块与滑动面接触滑移的过程中消耗地震能量。地震结束后在上部结构的重力作用下,支座可以向初始位置回复。

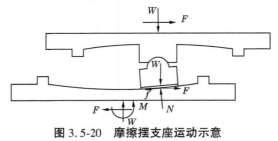

图 3.5-20　摩擦摆支座运动示意

为进一步提高摩擦摆支座的抗震性能,摩擦摆支座有以下两种改进方法:首先是变曲率设计,令滑动面曲率随着支座摆动的增大而增大,以实现支座等效刚度随着滑移量的增加而增大,减小高强度地震时支座的位移;其次是变刚度设计,令滑动面摩擦系数沿半径逐渐增大,实现一般地震下支座具有更好的减震能力,高强度地震下支座具有更强的耗能能力。

采用摩擦摆支座的管道结构模型在采用平板滑动支座的管道模型基础上,将平板滑动支座更换为摩擦摆支座。计算中在镇墩和支墩的底部边界均施加全约束,其他均为自

由面。管道有限元结构模型见图 3.5-21,支座参数见图 3.5-22。

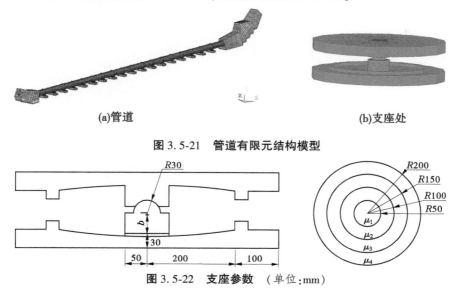

(a)管道　　　　　　　　　　　　　　　　(b)支座处

图 3.5-21　管道有限元结构模型

图 3.5-22　支座参数　(单位:mm)

摩擦摆支座滑动变椭圆短轴 $b=60$ mm,摩擦区域份数 $n=4$,各区域摩擦系数由内而外分别为 0.05、0.07、0.09、0.10。摩擦摆支座管道结构模型为 A-1,平板滑动支座管道结构模型为 B-1。对 A-1 与 B-1 两方案模型分别施加地震作用进行计算,从结果中提取出整个地震过程中管道的加速度、位移和应力,以及伸缩节变形、支座相对滑移和支座受力的最大值与最小值,进行比较分析。

(二)加速度

地震作用下管道加速度对比见图 3.5-23。在 X 向,A-1 方案钢管各点加速度峰值基本在 8.0 m/s^2 以下,2$^\#$支承环附近钢管局部加速度响应峰值达到 19.32 m/s^2;B-1 方案钢管多数区域加速度峰值大于 A-1 方案,17$^\#$支承环附近钢管局部加速度响应峰值达到 21.45 m/s^2。在 Y 向,A-1 与 B-1 方案钢管各点加速度峰值较为接近,基本均在 9 m/s^2 以下。在 Z 向,钢管 Z 向加速度响应相比其他两个方向要小,A-1 方案基本在 2.7 m/s^2 以下,17$^\#$支承环附近局部加速度响应峰值达到 16.62 m/s^2;B-1 方案基本在 3.2 m/s^2 以下,2$^\#$伸缩节附近局部加速度响应峰值达到 19.48 m/s^2。总体而言,由于摩擦摆支座具有更好的耗能作用,A-1 方案管道加速度响应小于 B-1 方案管道加速度响应。

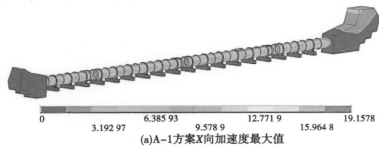

| 0 | | 6.385 93 | | 12.771 9 | | 19.1578 |
| | 3.192 97 | | 9.578 9 | | 15.964 8 | |

(a)A-1方案X向加速度最大值

图 3.5-23　地震作用下管道加速度对比　(单位:m/s^2)

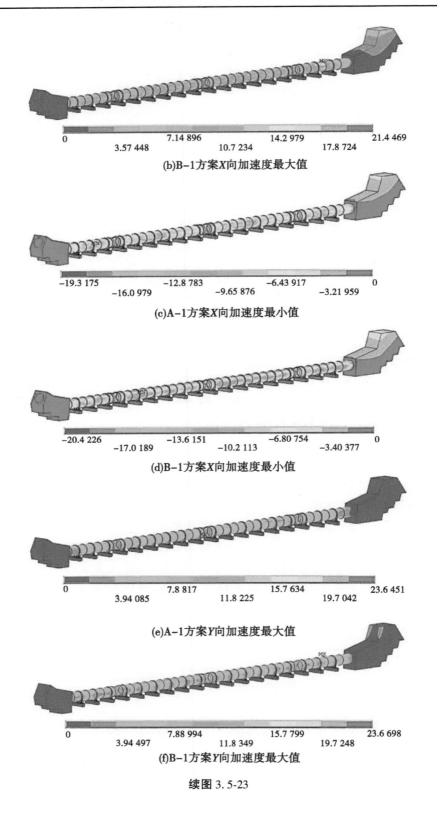

(b)B-1方案X向加速度最大值

(c)A-1方案X向加速度最小值

(d)B-1方案X向加速度最小值

(e)A-1方案Y向加速度最大值

(f)B-1方案Y向加速度最大值

续图 3.5-23

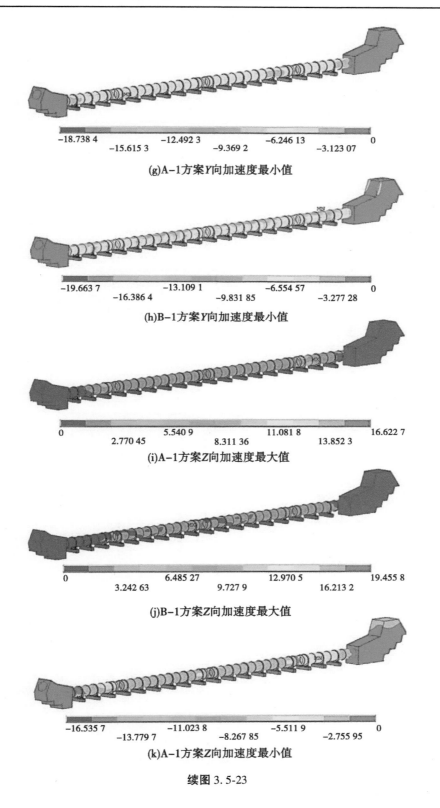

(g)A-1方案Y向加速度最小值

(h)B-1方案Y向加速度最小值

(i)A-1方案Z向加速度最大值

(j)B-1方案Z向加速度最大值

(k)A-1方案Z向加速度最小值

续图 3.5-23

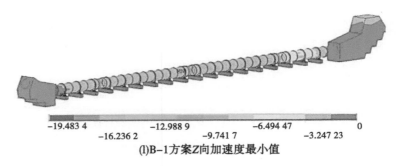

−19.483 4　−16.236 2　−12.988 9　−9.741 7　−6.494 47　−3.247 23　0

(l)B-1方案Z向加速度最小值

续图 3.5-23

加速度峰值主要出现在支承环位置,为了更直观地分析钢管的加速度响应,在管道模型露天部分取特征断面,管道特征断面示意见图 3.5-24。

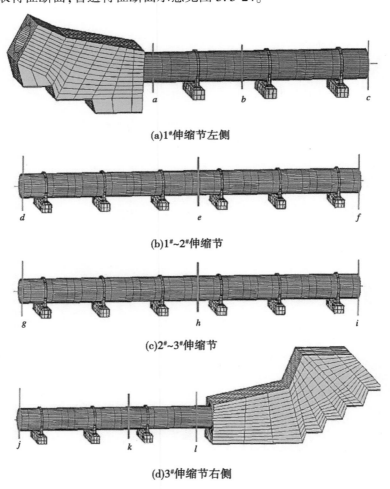

(a)1#伸缩节左侧

(b)1#~2#伸缩节

(c)2#~3#伸缩节

(d)3#伸缩节右侧

图 3.5-24　管道特征断面示意

对各特征断面取管顶处特征点进行比较,管道特征点加速度对比见图 3.5-25。在 X 向和 Z 向,A-1 方案管道各特征点加速度最值相比 B-1 方案明显减小,在 Y 向两方案各特征点加速度最值接近。由此可见,摩擦摆支座可以很好地改善管道水平向加速度响应。

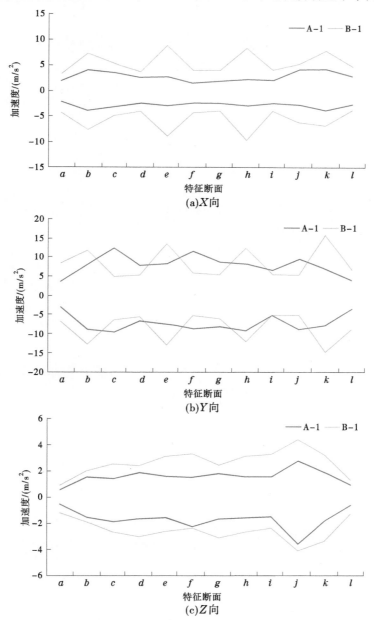

(a)X向

(b)Y向

(c)Z向

图 3.5-25　地震作用下管道特征点加速度对比

地震作用下支座加速度响应曲线见图 3.5-26,支座加速度峰值对比见表 3.5-5(以 9R 支座为例,取 $t=0\sim5$ 代表时段),由图可知,两方案均能减小支座下部传递给上部的加速度,在水平方向 A-1 方案效果明显更好,在竖向两方案差别不大。整体而言,摩擦摆支座在地震作用下水平向减震效果较平板滑动支座更强。

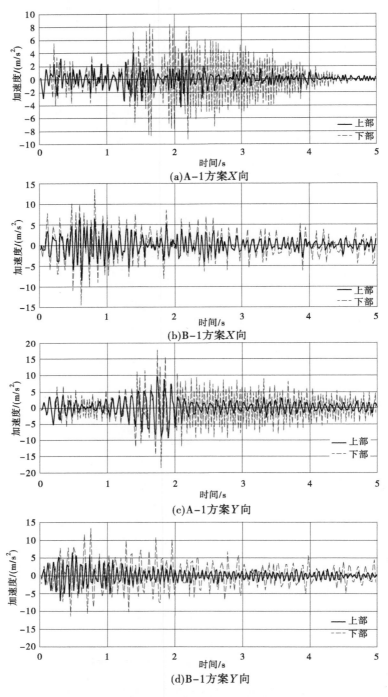

(a)A-1方案X向

(b)B-1方案X向

(c)A-1方案Y向

(d)B-1方案Y向

图 3.5-26　地震作用下支座加速度响应曲线

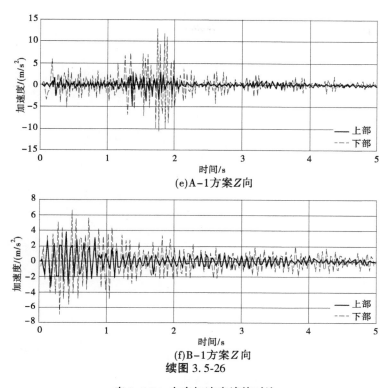

(e)A-1方案Z向

(f)B-1方案Z向

续图 3.5-26

表 3.5-5　支座加速度峰值对比　　　　　　　　单位:m/s²

项目		A-1 方案			B-1 方案		
		上部	下部	比例	上部	下部	比例
X 向	最大值	4.61	8.54	0.54	7.06	10.76	0.66
	最小值	-4.20	-9.29	0.45	-9.34	-11.81	0.79
Y 向	最大值	9.62	17.88	0.54	6.67	13.32	0.50
	最小值	-9.88	-18.51	0.53	-6.92	-11.45	0.60
Z 向	最大值	3.24	13.22	0.24	3.74	6.67	0.56
	最小值	-3.89	-10.54	0.37	-3.26	-6.92	0.47

(三)位移

地震作用下管道位移对比见图 3.5-27,管道特征点位移对比见图 3.5-28。在 X 向,A-1 方案各点最大位移变化范围为-0.016 9~0.007 2 m,B-1 方案变化范围为-0.016 9~ 0.018 9 m,两方案特征点位移均偏负向,A-1 方案位移最值普遍小于 B-1 方案。在 Y 向, A-1 方案各点最大位移变化范围为-0.008 7~0.007 8 m,B-1 方案变化范围为 -0.004 6~0.006 3 m,两方案特征点位移最值变化规律与 X 方向一致。在 Z 向,A-1 方案各点最大位移变化范围为-0.010 6~0.004 4 m,B-1 方案变化范围为-0.013 2~ 0.004 5 m,管道边缘两方案位移基本一致,管道处 B-1 方案位移更大。合位移在管道中部最大,A-1方案最大合位移为0.019 5 m,B-1方案为0.021 4 m。整体而言,两方案两边管段位移差别较小,中间管段 A-1 方案位移明显小于 B-1 方案,说明运用摩擦摆支座可以改善地震作用下管道的位移,特别是管道中部的位移。

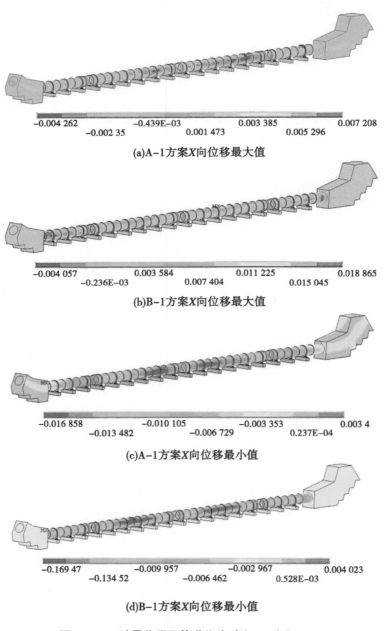

(a)A-1方案X向位移最大值

(b)B-1方案X向位移最大值

(c)A-1方案X向位移最小值

(d)B-1方案X向位移最小值

图 3.5-27　地震作用下管道位移对比　（单位：mm）

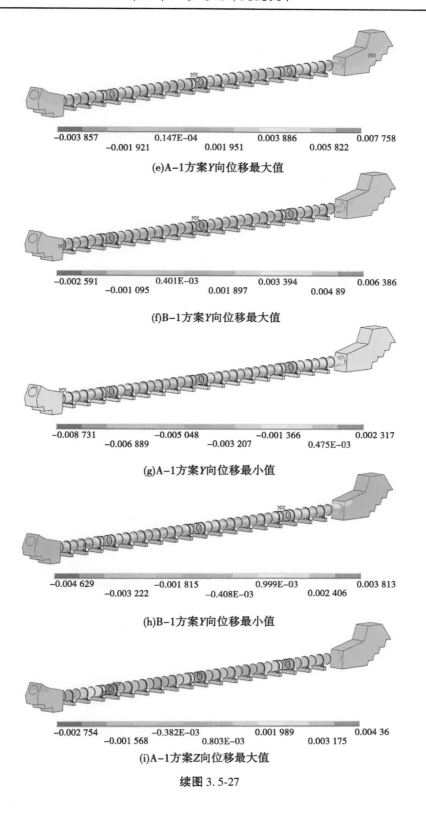

-0.003 857　　　0.147E-04　　　0.003 886　　　0.007 758
　　　-0.001 921　　　0.001 951　　　0.005 822

(e)A-1方案Y向位移最大值

-0.002 591　　　0.401E-03　　　0.003 394　　　0.006 386
　　　-0.001 095　　　0.001 897　　　0.004 89

(f)B-1方案Y向位移最大值

-0.008 731　　　-0.005 048　　　-0.001 366　　　0.002 317
　　　-0.006 889　　　-0.003 207　　　0.475E-03

(g)A-1方案Y向位移最小值

-0.004 629　　　-0.001 815　　　0.999E-03　　　0.003 813
　　　-0.003 222　　　-0.408E-03　　　0.002 406

(h)B-1方案Y向位移最小值

-0.002 754　　　-0.382E-03　　　0.001 989　　　0.004 36
　　　-0.001 568　　　0.803E-03　　　0.003 175

(i)A-1方案Z向位移最大值

续图 3.5-27

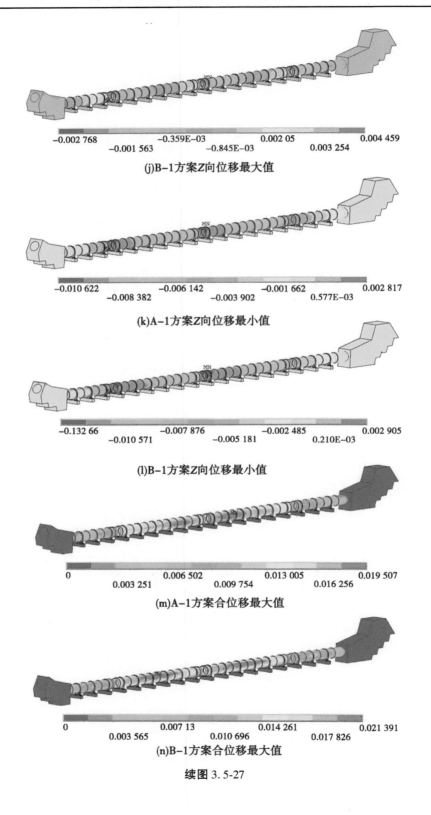

(j)B-1方案Z向位移最大值

(k)A-1方案Z向位移最小值

(l)B-1方案Z向位移最小值

(m)A-1方案合位移最大值

(n)B-1方案合位移最大值

续图 3.5-27

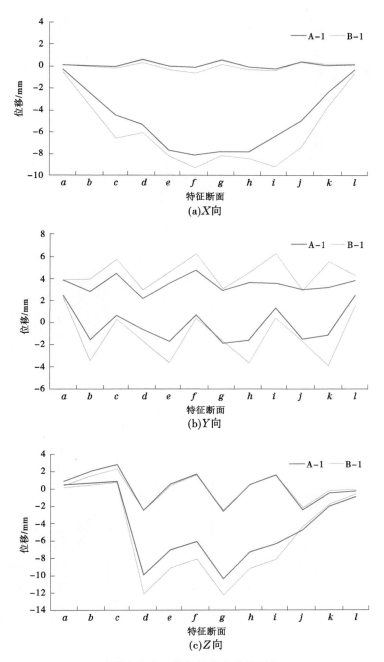

图 3.5-28　管道特征点位移对比

　　地震作用下波纹管伸缩节端部最大位移、最小位移对比见图 3.5-29。两方案伸缩节变形整体规律一致,均是正向位移较大,各方向位移最大值 A-1 方案略大于 B-1 方案。说明在地震作用下,两方案伸缩节变形区别较小。

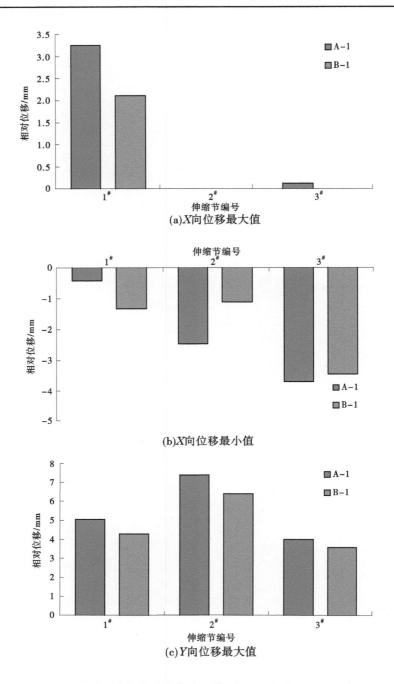

图 3.5-29　地震作用下波纹管伸缩节端部最大位移、最小位移对比

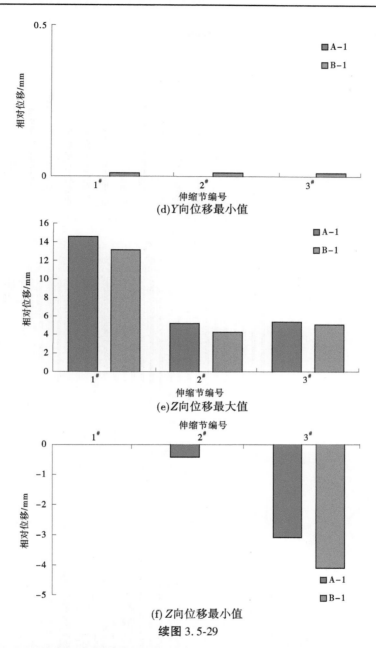

(d)Y向位移最小值

(e)Z向位移最大值

(f) Z向位移最小值

续图 3.5-29

　　地震作用下摩擦摆支座相对滑移量见图 3.5-30。在 X 向,两方案滑移量均由管道两端向管道中央递增,A-1 方案递增速度较 B-1 方案更快,最大相对滑移为 15.8 mm。在 Y 向,支座负向变形最大值接近于 0,两方案正向变形均为伸缩节附近相对滑移更大,多数支座正向滑移在 2 mm 以内,个别支座处滑移较大,说明在地震的过程中,不少支座均出现脱空现象,且 B-1 方案的脱空现象比 A-1 方案的严重。在 Z 向上同样靠近伸缩节的支座滑移量大,A-1 方案的滑移量较 B-1 方案的更大,最大滑移量为 11.3 mm。

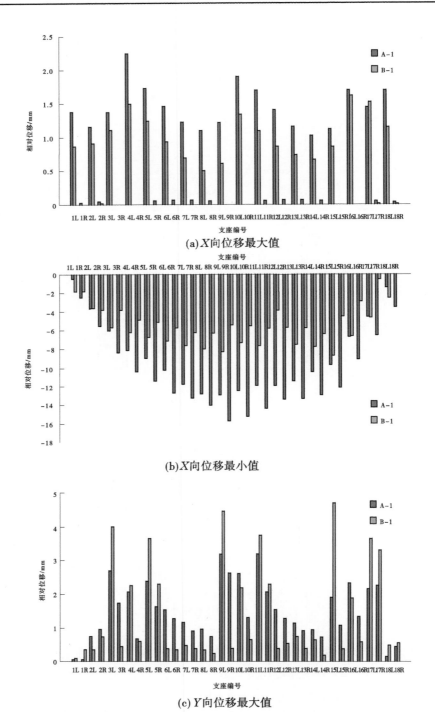

(a)X向位移最大值

(b)X向位移最小值

(c)Y向位移最大值

图 3.5-30　地震作用下摩擦摆支座相对滑移量

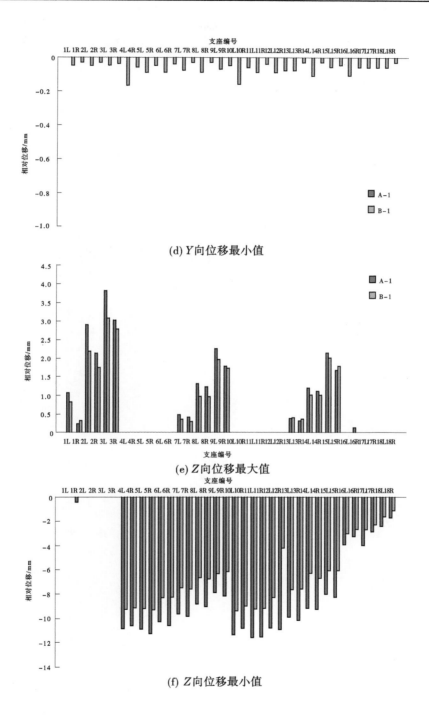

(d) Y 向位移最小值

(e) Z 向位移最大值

(f) Z 向位移最小值

续图 3.5-30

地震结束后各支座水平方向残余位移对比见图 3.5-31。由图可知,由于摩擦摆支座的自复位能力,A-1 方案支座水平向残余位移小于 B-1 方案。由此可见,摩擦摆支座的自复位效果明显,有利于震后结构的继续使用。

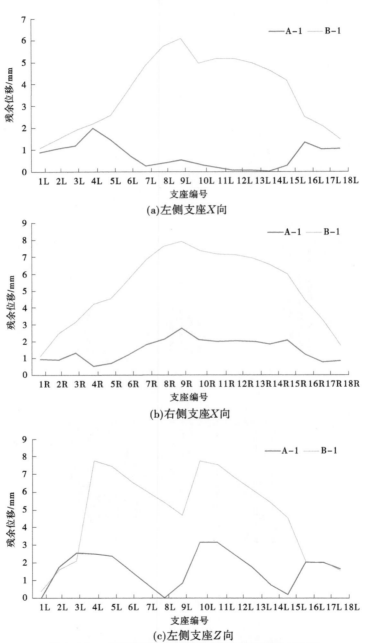

(a)左侧支座X向

(b)右侧支座X向

(c)左侧支座Z向

图 3.5-31　地震结束后各支座水平方向残余位移对比

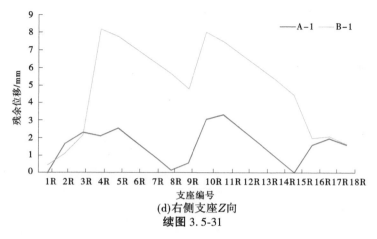

(d)右侧支座Z向

续图 3.5-31

(四)应力

　　地震作用下管道 Mises 应力对比见图 3.5-32,管道特征点 Mises 应力对比见图 3.5-33。A-1 方案管道中面最大 Mises 应力达 272.088 MPa,管道表面最大应力达 274.799 MPa,均出现在 1# 伸缩节附近;B-1 方案管道中面最大 Mises 应力达 289.471 MPa,管道表面最大应力达 292.177 MPa。A-1 方案绝大多数特征点处 Mises 应力明显小于 B-1 方案。由此可见,运用摩擦摆支座的管道结构相较运用平板滑动支座的管道结构对地震作用的适应能力更强。

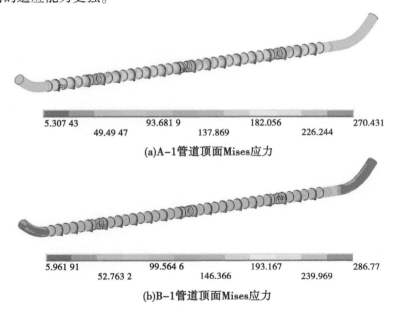

(a)A-1管道顶面Mises应力

(b)B-1管道顶面Mises应力

图 3.5-32　地震作用下管道 Mises 应力对比　(单位:MPa)

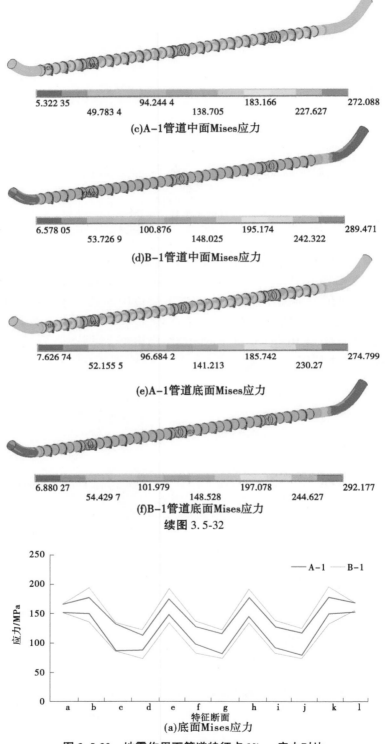

(c)A-1管道中面Mises应力

(d)B-1管道中面Mises应力

(e)A-1管道底面Mises应力

(f)B-1管道底面Mises应力

续图 3.5-32

(a)底面Mises应力

图 3.5-33　地震作用下管道特征点 Mises 应力对比

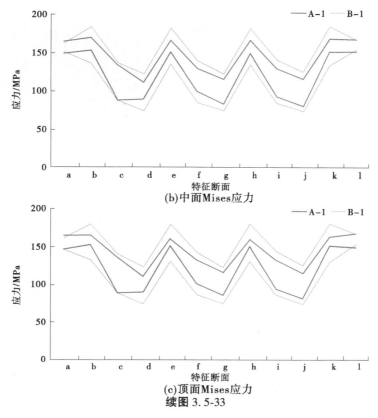

(b)中面Mises应力

(c)顶面Mises应力

续图 3.5-33

(五)支座受力

地震作用下各支座受力对比见图 3.5-34。从图中可以看出,在 X 向,两方案支座受力基本都在 200 kN 以内,A-1 方案支座受力小于 B-1 方案。在 Y 向,两方案支座均受压力,A-1 方案各支座受力略大于 B-1 方案各支座受力。在 Z 向,两方案支座受力规律基本一致,B-1 方案多数支座受力接近 A-1 方案的 2 倍。说明运用摩擦摆支座可以很好地改善管道结构支座处受力过大的情况,减小支座的设计难度。

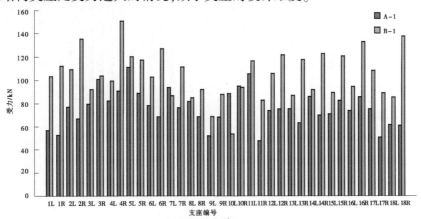

(a)X向最大值

图 3.5-34　地震作用下各支座受力对比

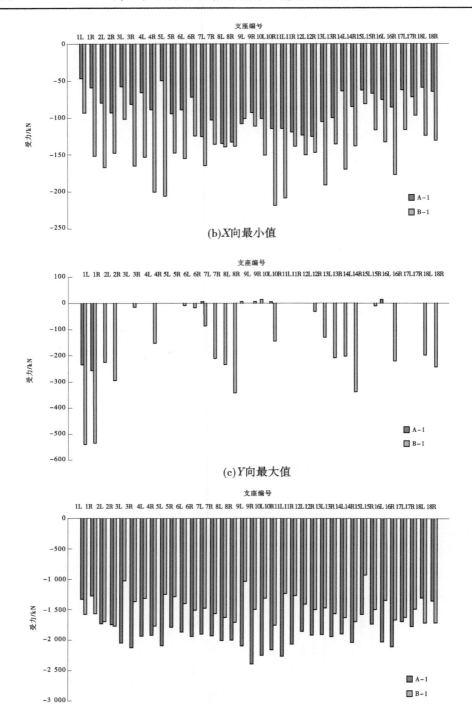

(b)X向最小值

(c)Y向最大值

(d)Y向最小值

续图 3.5-34

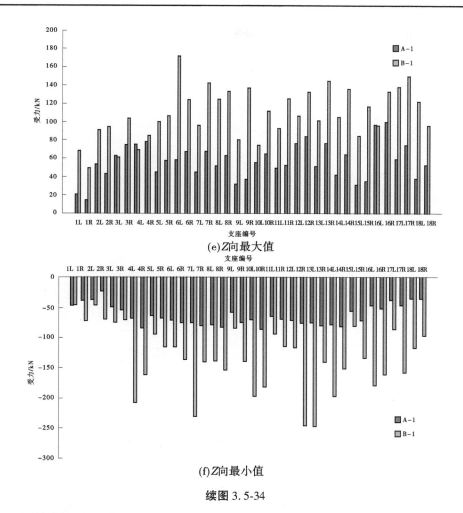

(e)Z向最大值

(f)Z向最小值

续图 3.5-34

(六) 强震作用下的对比

为研究高强度地震作用下管道结构的抗震性能,将地震作用增大 1 倍进行计算,对比分析 2 种支座方案特征断面结构加速度、位移和应力响应。

地震作用下管道特征点加速度对比见图 3.5-35。由图可知,A-1 方案中水平方向的加速度最值较 B-1 方案明显减小,数值方向的加速度两方案差别不大。总体而言,在强震作用下,摩擦摆支座较平板滑动支座可以显著减少水平方向的加速度响应。

地震作用下管道特征点位移对比见图 3.5-36。由图可知,在 X 向,A-1 方案特征点位移最值较 B-1 方案显著减少。在 Y 向,A-1 方案特征点位移最大值远小于 B-1 方案,两方案最小值数值接近。在 Z 向,两方案差别没 X 向与 Y 向大,A-1 方案最值略小于 B-1 方案。总体而言,在强震作用下,摩擦摆支座较平板滑动支座可以明显改善管道各方向的位移响应。

地震作用下管道特征点 Mises 应力对比见图 3.5-37。由图可知,A-1 方案底面、中面和顶面 Mises 应力最大值均在 250 MPa 以内,而 B-1 方案各 Mises 应力最大值达到 350 MPa 左右,A-1 方案 Mises 应力最大值远小于 B-1 方案。由此可见,在强震作用下,摩擦

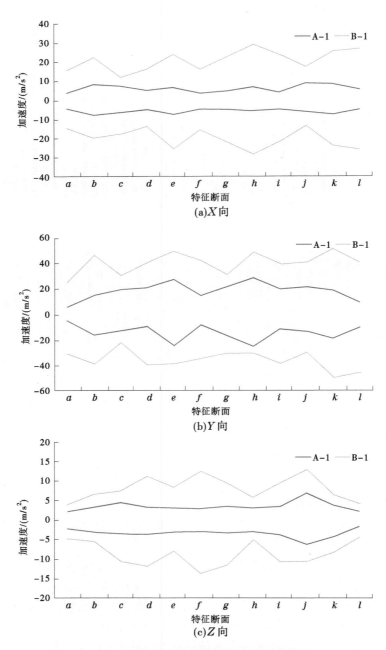

图 3.5-35　地震作用下管道特征点加速度对比

摆支座较平板滑动支座可以很好地改善管道结构的应力响应。

　　地震结束后各支座水平方向残余位移对比见图 3.5-38。由图可知,A-1 方案支座水平向残余位移远小于 B-1 方案,说明在强震作用下摩擦摆相比平板滑动支座自复位效果更为明显。

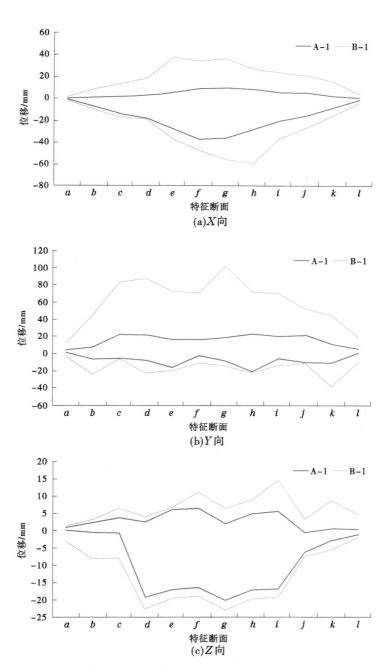

图 3.5-36　地震作用下管道特征点位移对比

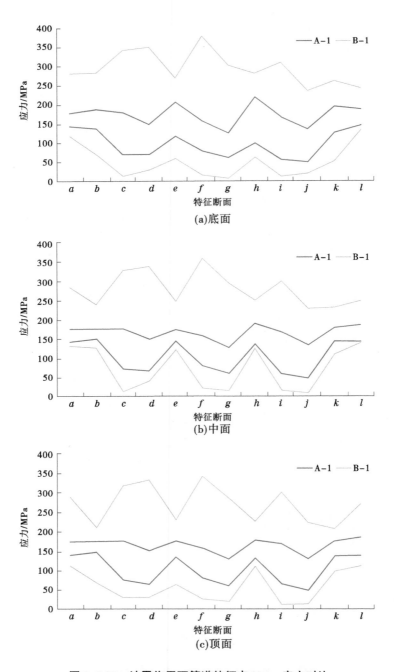

(a)底面

(b)中面

(c)顶面

图 3.5-37　地震作用下管道特征点 Mises 应力对比

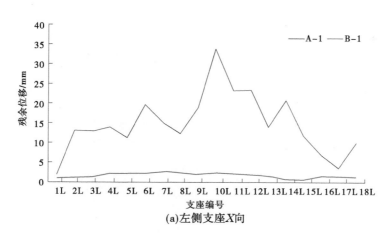

(a)左侧支座X向

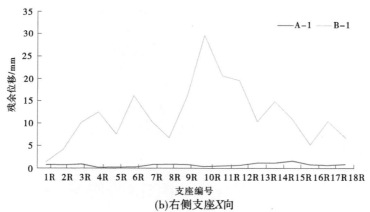

(b)右侧支座X向

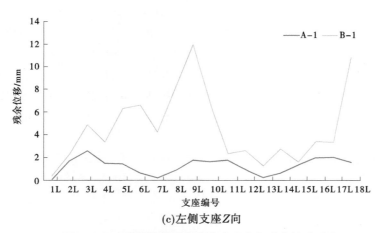

(c)左侧支座Z向

图 3.5-38　地震结束后各支座水平方向残余位移对比

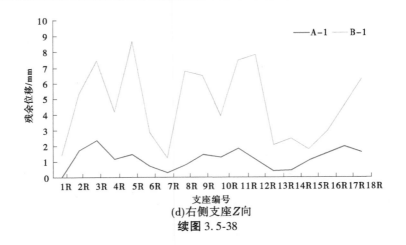

(d)右侧支座Z向

续图 3.5-38

四、小结

（1）大跨度倒虹吸管桥结构在地震作用下，管桥结构主要的抗震薄弱环节在高桥墩排架柱、拱圈拱座、钢管支承环部位。这是拱桥、地面明钢管抗震中普遍存在的问题。其中，在地面明钢管管径较大时，支承环支腿受弯问题与支座的形式、约束有关，可进一步对支座的形式进行优化分析。

（2）摩擦摆支座和平板滑动支座对静荷载作用下管桥结构的影响差异很小，在地震作用下，摩擦摆支座相比于平板滑动支座，在改善管道整体的加速度、位移和应力响应、支座复位能力及薄弱连接处的受力等方面更具优势，尤其是在强震作用下，摩擦摆支座的抗震优势体现更为明显。

第六节　温度变化对回填钢管影响分析

在长距离引调水工程中，由于管线较长，管道结构形式的选择对工程安全、经济、施工十分关键。回填钢管因在施工时沿管线开挖管槽，在进行钢管安装后直接回填土石料，且回填钢管除在转弯处采用镇墩固定外，其沿线可以不设置伸缩节及支墩，其结构简单、施工方便快速、维护工作量小、经济性好，相比于其他布置形式，回填钢管适用于地势相对平坦的长距离引调水工程和水电站引水管道。目前，国内外的水电站已有如西藏德罗水电站、老挝南梦3水电站、斐济南德瑞瓦图水电站、新疆雅玛渡水电站等采用浅埋式回填管的设计。而对于引调水工程而言，其通常规模大、布置复杂且管线距离较长，往往延绵数十千米，地面式压力钢管的铺设会不可避免地影响输水管道沿线的陆域生态环境，改变输水沿线的局部地貌特征，并且在压力管道的铺设施工过程中，需要铲除地表植被、铺设道路、堆放土方等，这些工程措施会影响地表动植物生长环境，并对生态环境和生态系统产生直接影响，威胁人类的生存和发展。相比地面式等其他布置形式的压力钢管，回填钢管最显著的优点是能够恢复原来的植被，保护生态环境。随着近年来国内外对环境保护越来越重视，回填钢管的应用机会将逐渐增多，规模将逐渐增大，安全性更显重要。

　　水压、水重及管顶覆土压力作为回填钢管的主要荷载,是引起回填钢管产生变形和应力的关键因素。以往研究对上述荷载作用下回填钢管断面承载力、刚度、抗外压稳定等问题有较多讨论,《水利水电工程压力钢管设计规范》(SL/T 281—2020)等规范中也对管道断面的设计进行了规定。但目前对回填钢管在轴线方向的受力特性研究较少。温度作用是引起钢管轴向应力的主要荷载,也是引起钢管轴向屈曲的关键因素。在水电站及输水工程中,难免在施工期及运行期遇到恶劣的天气,尤其在寒冷季节施工,昼夜温差较大,这种过高的温差会导致钢管产生弹性伸缩,致使钢管在轴向被拉断或者产生较大的变形,且温度引起的纵向温度应力一旦大于焊缝所能承受的应力,将会引发钢管产生管体破裂,造成渗漏事故。目前,回填钢管在市政管道工程中应用更加广泛,但由于市政工程的钢管直径及内水压力通常较小,且会通过设置柔性承插接头来释放埋设管线的纵向应力,因此尽管沿管轴线不设置伸缩节,钢管的运行稳定及结构的受力也能较好地控制在安全范围内。但水利水电行业的回填钢管通常都是大直径、高内水压力,且为了提高回填钢管的抗外压稳定性,往往需要外包混凝土或是设置加劲环予以保护。由于外包混凝土和加劲环的约束作用,此时钢管在轴向产生的温度应力可能会因为无法释放而造成不可挽回的损失,因此钢管沿线是否需要设置伸缩节来改善钢管在轴向的受力也需要进一步研究。因此,如何保证回填钢管在温度作用下协调安全运行亟待解决,对回填钢管开展温度作用下的轴向应力变形研究是十分必要的。

一、计算模型

　　某工程压力钢管位于缓坡段,采用回填式钢管,回填钢管直径 4.1 m,壁厚 18 mm,管周采用原状土回填,管沟开挖底宽 6.6 m,开挖边坡 1:1,并在管底采用 50 cm 厚水泥稳定砂砾垫层进行基础处理。

　　回填钢管采用 Q345R 钢,弹性模量 206 GPa,泊松比 0.3,钢材容重 78.5 kN/m³,钢材屈服强度 345 MPa,抗拉强度 470 MPa,根据《水利水电工程压力钢管设计规范》(SL/T 281—2020)的规定,考虑焊缝系数 0.95,钢材允许应力见表 3.6-1;钢管转弯处镇墩采用 C25 混凝土,计算时考虑为各向同性、均匀连续的弹性体,混凝土材料参数见表 3.6-2。选取桩号水平布置段典型管段回填钢管作为研究对象,原状土变形模量取 30 MPa,计算中假定地基原状土经过多年沉积,不考虑其在自重作用下的沉降。回填土系原状土回填,变形模量取 15 MPa,管周土体材料参数见表 3.6-3。

表 3.6-1　钢材允许应力　　　　　　　　　　　　　　　　　　　　　　单位:MPa

应力区	膜应力区		局部应力区			
荷载组合	基本	特殊	基本		特殊	
应力类型	整体膜应力		局部膜应力	局部膜应力+弯曲应力	局部膜应力	局部膜应力+弯曲应力
系数×σ_s	$0.55\,\sigma_s$	$0.8\,\sigma_s$	$0.75\,\sigma_s$	$0.9\,\sigma_s$	$0.9\,\sigma_s$	$1.0\,\sigma_s$
允许应力	171.90	250.04	234.41	281.30	281.30	312.55

表 3.6-2　混凝土材料参数

材料	强度设计值/MPa		强度标准值/MPa		弹性模量/GPa	泊松比	容重/(kN/m³)
	轴心抗压	轴心抗拉	轴心抗压	轴心抗拉			
C25 混凝土	11.9	1.27	16.7	1.78	28.0	0.167	25.0

表 3.6-3　管周土体材料参数

材料名称	变形模量/MPa	泊松比	黏聚力/MPa	内摩擦角/(°)	容重/(kN/m³)
原状土	30	0.35	0.15	31	—
回填土	15	0.35	0.15	31	21.4
软垫层	7	0.25	—	20	18.5
砂垫层	3 000	0.30	—	20	18.5

对水平布置典型管段回填钢管建立三维有限元模型,对结构在自重、内水压力、土压力和温度作用下的变形和应力进行分析。采用大型三维有限元软件 ANSYS 进行建模和计算,坐标系采用笛卡尔坐标系,其中 X 轴沿水平向右(面向下游)为正,Y 轴沿竖直向上为正,Z 轴沿管轴线逆水流方向为正,模型上下游两端分别设置镇墩 Ⅰ、镇墩 Ⅱ,其余管段为钢管回填段,柔性敷设回填钢管三维有限元模型见图 3.6-1,柔性敷设回填钢管网格示意见图 3.6-2,柔性敷设回填钢管典型断面网格及尺寸见图 3.6-3,镇墩混凝土网格及尺寸见图 3.6-4。

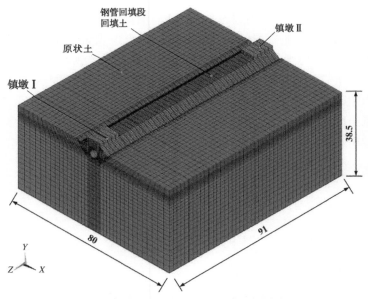

图 3.6-1　柔性敷设回填钢管三维有限元模型　(单位:m)

图 3.6-2　柔性敷设回填钢管网格示意图

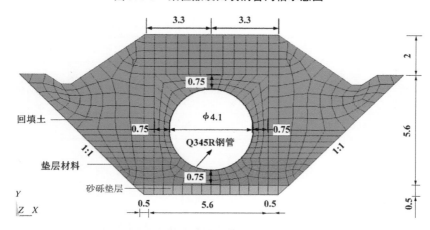

图 3.6-3　柔性敷设回填钢管典型截面网格及尺寸　（单位：m）

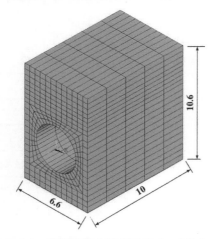

图 3.6-4　镇墩混凝土网格及尺寸　（单位：m）

　　该模型宽 80 m，沿轴线向长 91 m，模型顶部土体埋深 2 m，回填土下方原状土深 31.4 m，管沟开挖底宽 6.6 m，开挖边坡 1:1。该模型中钢管采用 SHELL181 单元进行模拟，其余材料采用 SOLID185 八节点六面体实体单元进行模拟，模型共计单元数量 90 600 个，节点数量 93 876 个。模型底部施加位移全约束，前后及左右端面施加沿法向的位移约束，顶部采用自由边界。

　　钢管与回填土、钢管与镇墩之间均采用面-面接触进行模拟，其余部分采用共节点的方式进行计算。计算过程中钢管与土体的摩擦系数取 0.25。为研究回填钢管在温度作用下的受力特性,并更好地体现钢管结构对各因素的敏感性,获得一般规律,钢管、垫层、回填土等材料均按线弹性材料考虑。

作用于回填钢管的荷载主要有:①钢管自重;②镇墩混凝土自重;③管槽内回填土自重;④水重;⑤内水压力;⑥温升荷载;⑦温降荷载。钢管内水压力为 1.4 MPa,温度作用取±5 ℃、±15 ℃、±25 ℃进行对比计算。计算工况及荷载组合见表 3.6-4。

表 3.6-4　计算工况及荷载组合

计算工况		荷载名称			
		自重	内水压力+水重	温升荷载	温降荷载
持久工况	正常运行	√	√	√	
短暂工况	温升工况	√	√	√	
	温降工况	√	√		√

二、温度作用下管道基本受力特征

(一)钢管位移

根据计算结果,回填钢管三向位移峰值见表 3.6-5,其中温升 25 ℃及温降 25 ℃三向位移云图见图 3.6-5、图 3.6-6。分析可知,在内水压力、水重及温度的作用下,钢管跨中区域产生了较大的沉降,尤其是回填钢管顶部,钢管整体向跨中弯曲。但总体而言,钢管的轴向位移较小,钢管在外荷载的作用下主要产生竖向沉降。

表 3.6-5　回填钢管三向位移峰值　　　　　单位:mm

工况			正常运行	温升			温降		
				+5 ℃	+15 ℃	+25 ℃	−5 ℃	−15 ℃	−25 ℃
位移	UX	最大值	8.92	8.76	8.43	8.18	9.08	9.41	9.74
		最小值	−8.92	−8.76	−8.43	−8.18	−9.08	−9.41	−9.74
	UY	最大值	−62.37	−59.08	−52.50	−45.92	−65.67	−72.25	−78.83
		最小值	−77.50	−73.26	−64.80	−56.34	−81.75	−90.23	−98.73
	UZ	最大值	1.75	1.83	2.00	2.17	1.68	1.54	1.40
		最小值	−1.70	−1.77	−1.93	−2.09	−1.63	−1.49	−1.36

注:UX 为钢管横水流向位移,UY 为钢管竖向位移,UZ 为钢管轴向位移,以下均同。

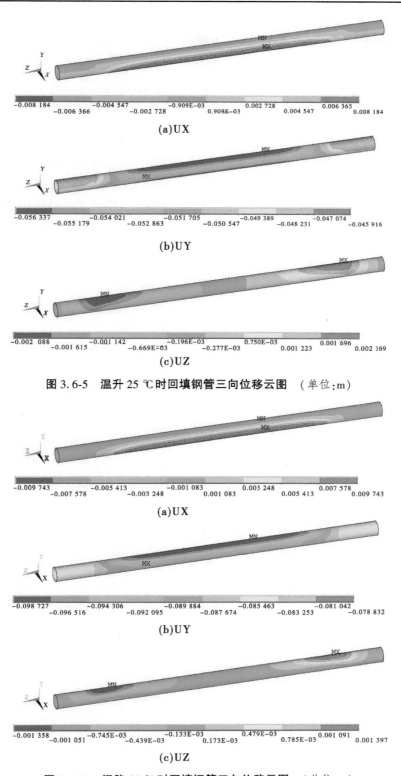

(a)UX

(b)UY

(c)UZ

图 3.6-5　温升 25 ℃时回填钢管三向位移云图　（单位:m）

(a)UX

(b)UY

(c)UZ

图 3.6-6　温降 25 ℃时回填钢管三向位移云图　（单位:m）

根据以上分析,温升作用使钢管竖直沉降减小,温降作用使钢管竖直沉降增大。为进一步研究钢管位移变化及受力规律,选取钢管 10 个断面的管顶节点 $T_1 \sim T_{10}$ 及管底节点 $B_1 \sim B_{10}$ 作为监测点,回填钢管监测断面及监测点示意见图 3.6-7。

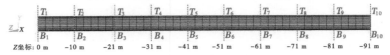

图 3.6-7 回填钢管监测断面及监测点示意

提取钢管顶点及底点的各向位移,其中:回填钢管监测点竖向位移见图 3.6-8,轴向位移见图 3.6-9。为了消去重力及内水压力对钢管位移的影响,将重力(第一荷载步)和内水压力(第二荷载步)的结果从提取的各向位移值中减除,得到单独温度作用下(第三荷载步)钢管监测点的位移,其中温度作用下产生竖向位移(图中简称"温度竖向位移"),回填钢管监测点温度竖向位移见图 3.6-10,温度作用产生轴向位移(图中简称"温度轴向位移"),回填钢管监测点温度轴向位移见图 3.6-11。

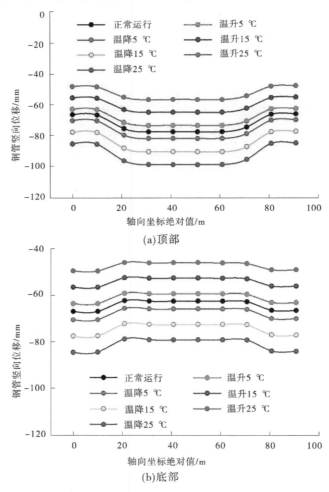

图 3.6-8 回填钢管监测点竖向位移

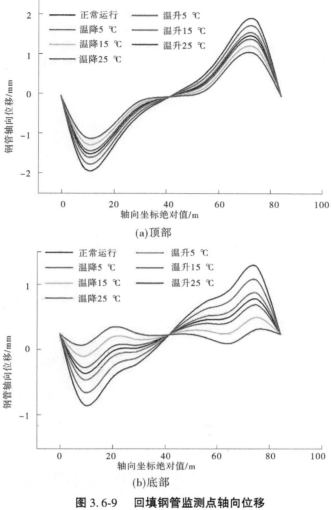

图 3.6-9　回填钢管监测点轴向位移

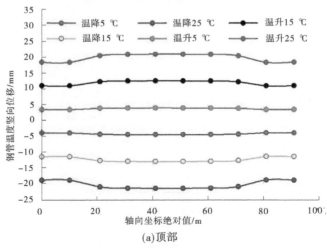

图 3.6-10　回填钢管监测点温度竖向位移

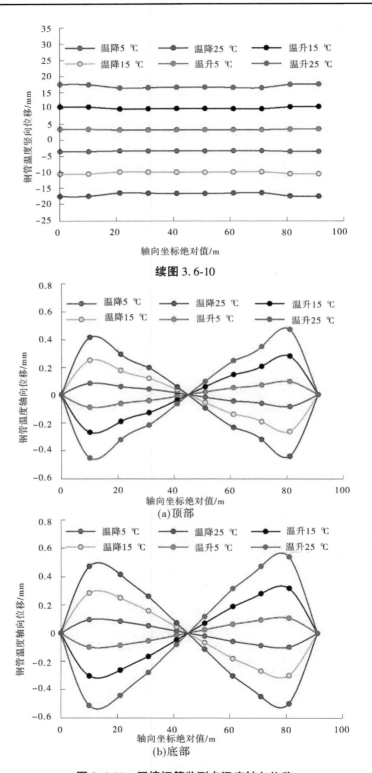

续图 3.6-10

(a)顶部

(b)底部

图 3.6-11　回填钢管监测点温度轴向位移

分析可知,在各种外荷载作用下,钢管底部相对顶部有竖向上的变形趋势,回填钢管在外荷载的作用下于竖向被"压扁"。而在单独温升作用下,钢管膨胀,由于镇墩两端的固定作用,钢管由两端向跨中"挤压",钢管顶、底部监测点均竖向上移动;温降作用下钢管冷缩,钢管顶、底部监测点均竖向下移动,但跨中的弯曲减少,钢管于轴向被"拉直"。

(二)钢管应力

同样选取温度荷载±5 ℃、±15 ℃、±25 ℃进行对比计算,各运行工况下,回填钢管应力峰值见表3.6-6,提取正常运行工况、温升25 ℃、温降25 ℃回填钢管中面的轴向应力(图中简称"轴向应力")见图3.6-12~图3.6-14。

表3.6-6 回填钢管应力峰值　　　　　　　　　　　　　　　　单位:MPa

项目		正常运行	温升			温降		
			+5 ℃	+15 ℃	+25 ℃	−5 ℃	−15 ℃	−25 ℃
环向应力	外表面	167.91	168.16	168.65	169.12	167.66	167.15	166.65
	中面	156.71	156.66	156.58	156.50	156.75	156.84	156.93
	内表面	174.10	174.10	174.08	174.05	174.11	174.13	174.15
轴向应力	外表面	68.99	55.50	28.48	1.37	82.58	109.82	137.16
	中面	67.11	53.66	26.71	−0.16	80.66	107.84	135.11
	内表面	65.22	51.81	25.06	−0.23	78.75	105.85	133.06

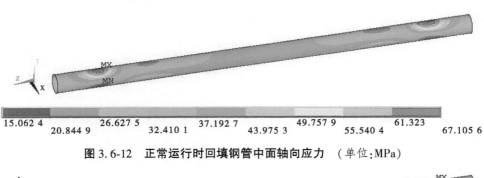

15.062 4　20.844 9　26.627 5　32.410 1　37.192 7　43.975 3　49.757 9　55.540 4　61.323　67.105 6

图3.6-12 正常运行时回填钢管中面轴向应力　(单位:MPa)

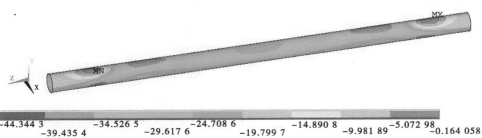

−44.344 3　−39.435 4　−34.526 5　−29.617 6　−24.708 6　−19.799 7　−14.890 8　−9.981 89　−5.072 98　−0.164 058

图3.6-13 温升25 ℃时回填钢管中面轴向应力　(单位:MPa)

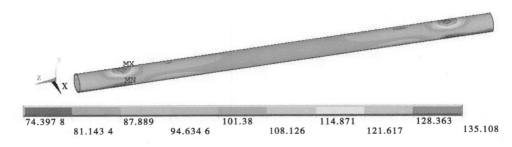

74.397 8		87.889		101.38		114.871		128.363	
	81.143 4		94.634 6		108.126		121.617		135.108

图 3.6-14　温降 25 ℃时回填钢管中面轴向应力　（单位：MPa）

　　分析可知，在重力的作用下钢管于竖直方向产生沉降，但由于两端镇墩约束的作用，钢管与镇墩交界处（断面 T_2—B_2 及断面 T_9—B_9）出现了弯曲应力，泊松效应在钢管内部引起了轴向拉应力；温升作用下，钢管产生轴向膨胀，其轴向拉应力逐渐减小，由于钢管两端镇墩的约束固定，随着温度荷载的升高，轴向压应力也逐渐增大，当温升荷载为 25 ℃时，整个钢管已经完全处于轴向受压状态。而在温降荷载作用下，钢管发生冷缩，在与镇墩连接处及钢管跨中位置均产生了较大的轴向拉应力，且随着温降荷载的增大，跨中拉应力增大。由此可知，内水压力是引起钢管环向应力的主要因素，而温度作用则是引起钢管轴向应力的主要因素，其对环向应力影响很小。

　　为研究温度作用对回填钢管轴向应力的影响比例，将温度工况与正常运行工况钢管各监测点的轴向应力相减，得出温度作用下回填钢管监测点温度轴向应力（图中简称"温度轴向应力"）见图 3.6-15。随着温度荷载的增大，由温度引起的轴向应力也均匀增大，且其数值与钢管温度应力的理论值大致相同。由温度作用引起的轴向应力沿管轴线近似均匀分布，说明了钢管与镇墩相交处的弯曲应力主要是由管内水重产生的沉降引起的。

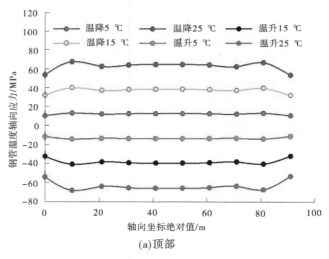

(a)顶部

图 3.6-15　温度作用下回填钢管监测点温度轴向应力

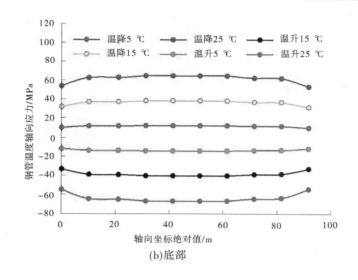

(b)底部

续图 3.6-15

(三)管–土接触状态

提取回填钢管管–土接触面接触状态,见图 3.6-16。图 3.6-16 中标识"NearContact"是指接触面没有接触上,有出现一定的脱离;"Sliding"是指接触面刚刚接触上并有一定的切向滑动;"Sticking"是指接触面接触良好并具有一定的切向滑动。提取回填钢管管–土接触面监测点滑移量,见图 3.6-17,用温度工况下的管–土接触面各节点滑移量值减去对应正常运行工况下的节点滑移量值,得到各节点在温度作用产生的滑移量值,提取温度引起的管–土接触面滑移量峰值,见表 3.6-7。

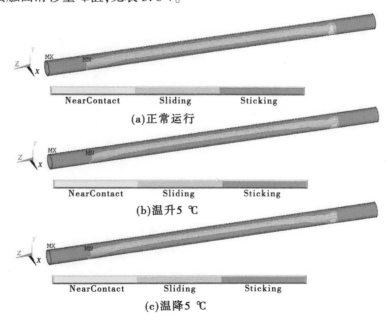

图 3.6-16　回填钢管管–土接触面接触状态

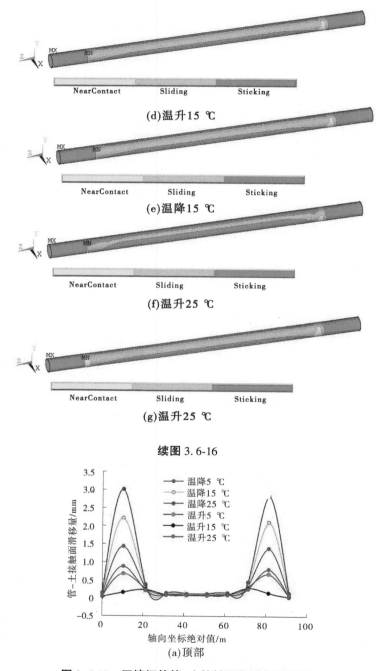

(d)温升15 ℃

(e)温降15 ℃

(f)温升25 ℃

(g)温升25 ℃

续图 3.6-16

(a)顶部

图 3.6-17　回填钢管管–土接触面监测点滑移量

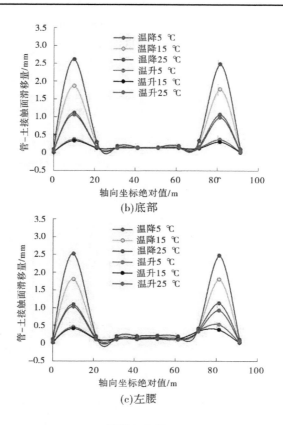

(b)底部

(c)左腰

续图 3.6-17

分析可知,在镇墩内部的钢管几乎不发生滑动,钢管的滑动主要出现在与镇墩连接处(断面 T_2—B_2 及断面 T_9—B_9),该处由于在外荷载作用下发生了弯曲变形,管-土接触面出现轻微脱离,随着温度荷载的增大,该处的滑移越大,温度作用也逐渐成为控制钢管轴向滑移量的主要因素。但钢管受到土体和两端镇墩的约束,总体而言,钢管的滑移量较小。

表 3.6-7 温度引起的管-土接触面滑移量峰值

工况	温升			温降		
温度作用	+5℃	+15℃	+25℃	-5℃	-15℃	-25℃
总滑移量峰值 /mm	1.16	1.24	1.23	1.52	2.26	3.04
温度引起的滑移量峰值 /mm	0.07	0.10	0.70	0.39	1.17	1.97
温度引起的滑移量峰值占比 / %	6.02	8.08	57.09	25.66	51.72	64.88

注:温度引起的滑移量峰值占比 =(温度引起的滑移量峰值 / 总滑移量峰值)×100%。

三、伸缩节对回填钢管受力特性的影响

(一)回填钢管设波纹管伸缩节
为了探究伸缩节对钢管结构适应温度作用的效应,于轴向坐标 $Z=-10\sim-21$ m 设置

波纹管伸缩节,柔性敷设回填钢管(设伸缩节)结构示意见图3.6-18,伸缩节室混凝土外墙厚0.5 m,伸缩节室混凝土外墙网格及尺寸见图3.6-19。

图3.6-18 柔性敷设回填钢管(设伸缩节)结构示意

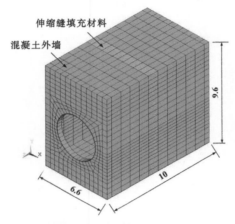

图3.6-19 伸缩节室混凝土外墙网格及尺寸 (单位:m)

由于伸缩节室和镇墩相连,混凝土体积较大,因此在伸缩节室混凝土外墙下游侧面(断面T_3—B_3)与回填土下游端面分缝,并建立面-面接触,摩擦系数取0.5。为了适应地基不均匀沉降及位移错动,伸缩节室混凝土外墙通常在中间分缝,采用伸缩缝填充材料模拟伸缩节室混凝土外墙中间的分缝作用,波纹管伸缩节采用Pipe16单元和Beam4梁单元模拟,波数为3,波高0.09 m,壁厚0.002 m,波纹管伸缩节参数见表3.6-8,复式波纹管伸缩节网格见图3.6-20。同样,选取温度±5 ℃、±15 ℃、±25 ℃,计算分析回填钢管在温度作用下的受力特性。

表3.6-8 波纹管伸缩节参数

材料名称	轴向刚度/ (N/mm)	变形模量/ MPa	泊松比	容重/(kN/m³)
分缝弹性材料	—	2	0.25	18.5
波纹管 Pipe16 单元	—	206 000	0.30	78.5
波纹管 Beam4 单元	3 000	418	0.30	0

(二) 钢管位移

根据计算结果,回填钢管(设伸缩节)三向位移峰值见表3.6-9,其中温升25 ℃、温降25 ℃时回填钢管(设伸缩节)三向位移云图见图3.6-21、图3.6-22。

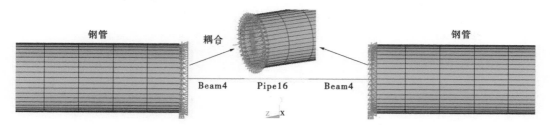

图 3.6-20　复式波纹管伸缩节网格

表 3.6-9　回填钢管(设伸缩节)三向位移峰值　　　　　单位:mm

项目			正常运行	温升			温降		
				+5 ℃	+15 ℃	+25 ℃	−5 ℃	−15 ℃	−25 ℃
位移	UX	最大值	9.19	9.01	8.67	8.40	9.37	9.74	10.13
		最小值	−9.19	−9.01	−8.67	−8.40	−9.37	−9.74	−10.13
	UY	最大值	−55.72	−52.07	−44.83	−37.57	−59.41	−66.82	−73.83
		最小值	−77.63	−73.42	−64.99	−56.56	−81.86	−90.28	−98.67
	UZ	最大值	0.80	1.22	2.04	5.05	1.18	2.42	3.64
		最小值	−9.40	−6.60	−1.43	−2.54	−12.49	−18.89	−25.59

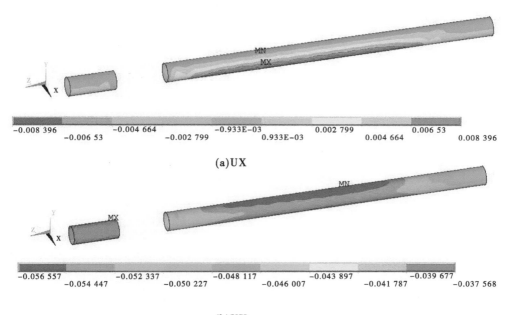

(a)UX

(b)UY

图 3.6-21　温升 25 ℃时回填钢管(设伸缩节)三向位移云图　(单位:m)

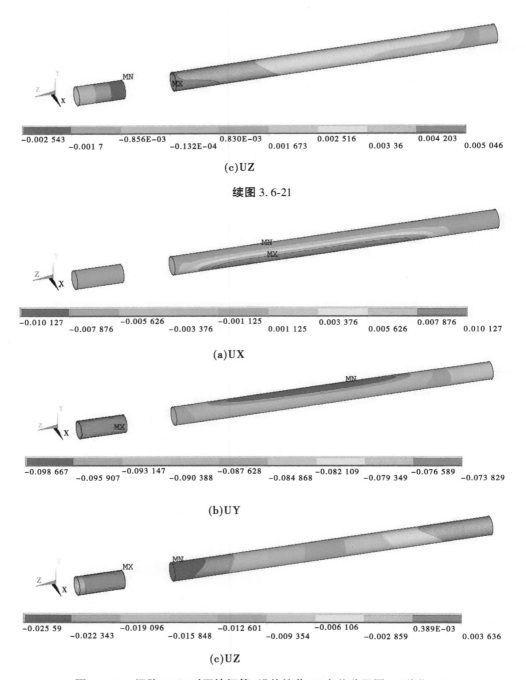

(c)UZ

续图 3.6-21

(a)UX

(b)UY

(c)UZ

图 3.6-22　温降 25 ℃时回填钢管(设伸缩节)三向位移云图　(单位:m)

　　分析可知,波纹管伸缩节的设置增加了钢管的灵活性,钢管的各向位移相比不设伸缩节时均有不同程度的增加,尤其是钢管的轴向位移,主要集中在波纹管上下游端两侧。此外,波纹管的设置还使得钢管在竖向能较好地适应地基的不均匀沉降,其中伸缩节下游侧的钢管沉降量相对上游端较大。

回填钢管(设伸缩节)监测点竖向位移见图3.6-23,轴向位移见图3.6-24;温度竖向位移见图3.6-25,温度轴向位移见图3.6-26。分析可知,整个下游侧的钢管均有竖向下沉降的趋势,且越远离伸缩节的钢管,越容易受到自重和内水压力的影响产生较大的竖直沉降。

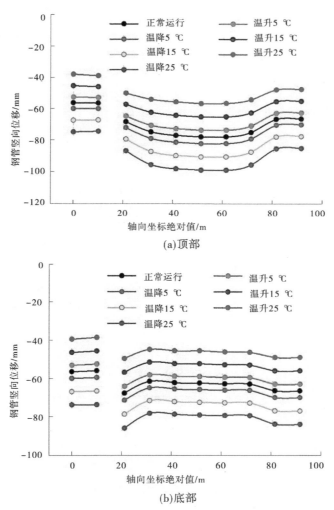

图3.6-23 回填钢管(设伸缩节)监测点竖向位移

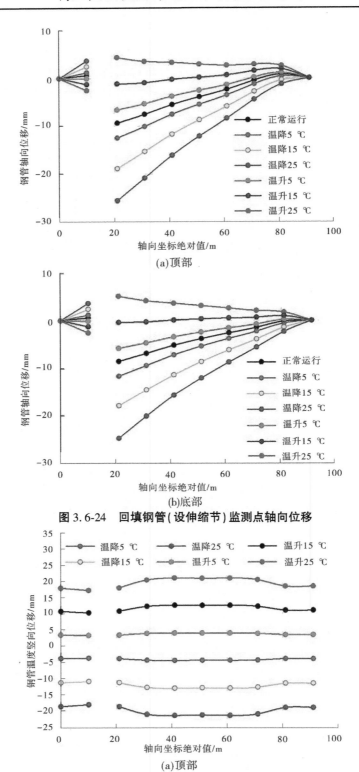

(a)顶部

(b)底部

图 3.6-24　回填钢管(设伸缩节)监测点轴向位移

(a)顶部

图 3.6-25　回填钢管(设伸缩节)监测点温度竖向位移

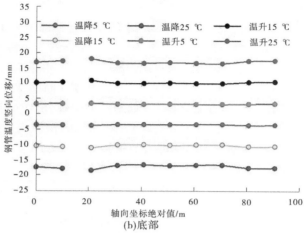

(b)底部

续图 3.6-25

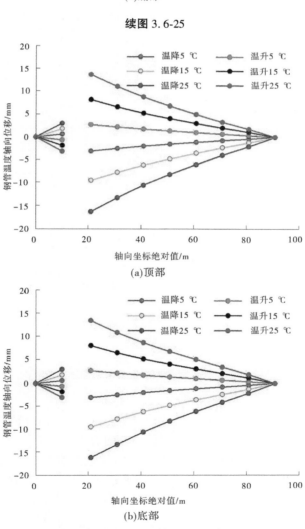

(a)顶部

(b)底部

图 3.6-26 回填钢管(设伸缩节)监测点温度轴向位移

　　为了进一步分析钢管和波纹管伸缩节在温度作用下轴向的受力特性,提取出波纹管伸缩节上下游端部轴向位移差,见表3.6-10,并计算波纹管伸缩节上下游端部轴向位移,见图3.6-27。分析可知,波纹管伸缩节主要影响钢管在轴向的受力特性,对钢管横水流向及竖向位移的影响较小。钢管在重力及内水压力的作用下产生竖向弯曲,温降荷载时,钢管轴向收缩,波纹管伸缩节上游侧(断面 T_2—B_2)和下游侧(断面 T_3—B_3)轴向位移方向相反,波纹管伸缩节被"拉长",随着温度降低,钢管冷缩受拉,波纹管被"拉长"的显现愈加明显,轴向位移差最大达到了−28.68 mm;随着温度升高,钢管由于膨胀使得波纹管伸缩节在轴向被"压缩",且此时钢管也逐渐进入受压状态。

表3.6-10　波纹管伸缩节上下游端点轴向位移差　　　　单位:mm

项目		正常运行	温升			温降		
			+5 ℃	+15 ℃	+25 ℃	−5 ℃	−15 ℃	−25 ℃
位移差	横向	0	0	0	0	0	0	0
	竖向	−11.73	−11.64	−11.22	−10.99	−11.88	−12.08	−12.32
	轴向	−9.49	−6.10	0.49	7.23	−13.18	−20.76	−28.68

注:伸缩节位移差=下游端部位移−上游端部位移。

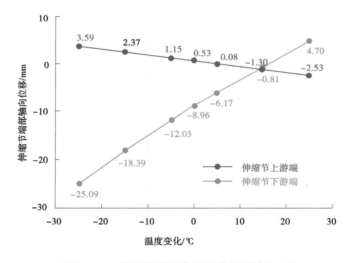

图3.6-27　波纹管伸缩节上下游端部轴向位移

(三)钢管应力

　　正常运行工况、温升25 ℃、温降25 ℃时回填钢管(设伸缩节)轴向应力见图3.6-28~图3.6-30。在设置波纹管伸缩节后,回填钢管的环向应力变化不大,但轴向拉应力明显下降,温降工况最大轴向应力下降了64.01 MPa,但在靠近伸缩节室混凝土外墙下游分缝处(断面 T_3—B_3)的钢管出现了局部应力集中。正常运行工况下的钢管处于受拉状态,回填钢管有向下游滑动的趋势,于是在伸缩节室分缝处产生空隙,周围的回填土在此处向钢管两侧挤压,进而产生了局部压应力。随着温度荷载的增加,钢管和混凝土均产生轴向的膨胀,伸缩节室混凝土外墙分缝处在轴向的挤压作用下竖向上拱起,挤压下游侧钢管底部,因此在与波纹管伸缩节连接处的钢管底部又出现了较大的集中拉应力。波纹管伸缩节室混凝土外墙竖向变形见图 3.6-31。

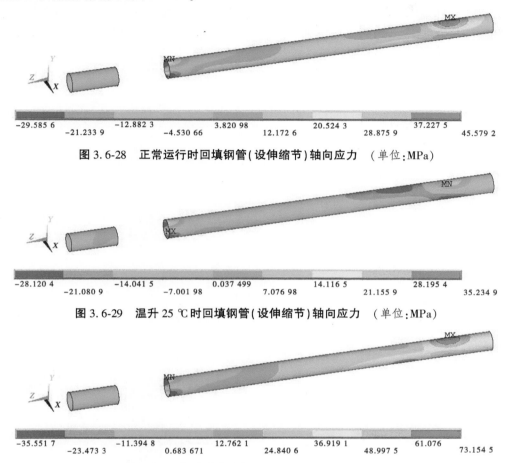

$$-29.585\,6\quad -21.233\,9\quad -12.882\,3\quad -4.530\,66\quad 3.820\,98\quad 12.172\,6\quad 20.524\,3\quad 28.875\,9\quad 37.227\,5\quad 45.579\,2$$

图 3.6-28　正常运行时回填钢管(设伸缩节)轴向应力　(单位:MPa)

$$-28.120\,4\quad -21.080\,9\quad -14.041\,5\quad -7.001\,98\quad 0.037\,499\quad 7.076\,98\quad 14.116\,5\quad 21.155\,9\quad 28.195\,4\quad 35.234\,9$$

图 3.6-29　温升 25 ℃时回填钢管(设伸缩节)轴向应力　(单位:MPa)

$$-35.551\,7\quad -23.473\,3\quad -11.394\,8\quad 0.683\,671\quad 12.762\,1\quad 24.840\,6\quad 36.919\,1\quad 48.997\,5\quad 61.076\quad 73.154\,5$$

图 3.6-30　温降 25 ℃时回填钢管(设伸缩节)轴向应力　(单位:MPa)

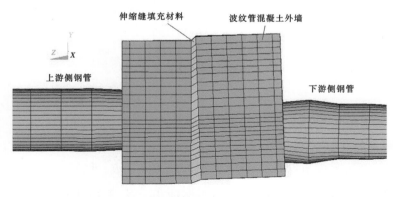

图 3.6-31　波纹管伸缩节室混凝土外墙竖向变形

　　同样,将温度工况与正常运行工况钢管各监测点的轴向应力相减,得出温度作用下回填钢管(设伸缩节)监测点温度轴向应力,见图 3.6-32。设置伸缩节后,温度作用引起的轴向应力大幅度减小,远小于 SL/T 281 规范中温度作用引起的轴向应力理论值。此外,越靠近波纹管伸缩节的管段,其轴向应力受到温度作用的影响越小,即伸缩节的作用越大;距离波纹管伸缩节越远,其作用越小,说明波纹管伸缩节对钢管轴向应力的影响具有一定的范围局限性。

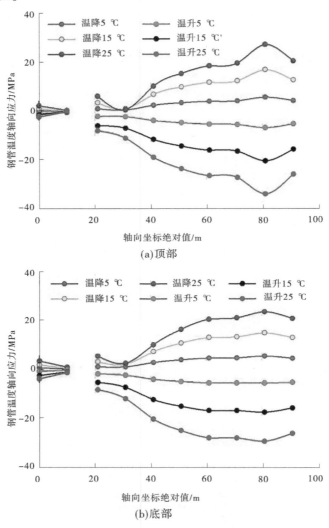

图 3.6-32　温度作用下回填钢管(设伸缩节)监测点温度轴向应力

(四)镇墩轴向受力

　　为了进一步探究伸缩节设置的必要性,选取断面 $T_2—B_2$ 处镇墩和钢管的节点,将断面 $T_2—B_2$ 处镇墩节点记为节点组 $ZD—T_2$,将断面 $T_2—B_2$ 处钢管节点记为节点组 $GC—T_2$;再选取断面 $T_9—B_9$ 处镇墩和钢管的节点,将节点分别记为节点组 $ZD—T_9$ 及 $GC—T_9$。

分别提取钢管对镇墩不设伸缩节的轴力(见表3.6-11)、设伸缩节的轴力(见表3.6-12)。根据模型坐标,规定轴向指向上游侧为正,指向下游侧为负。

分析可知,对于不设伸缩节的工况,在正常运行时由于钢管向跨中弯曲,断面 $T_2—B_2$ 的钢管轴向受拉,随着温升荷载的增大,钢管轴向膨胀,断面 $T_2—B_2$ 处受到水平指向上游的推力,而管周回填土也由于膨胀竖向上拱起,由于镇墩与土体共节点,断面 $T_2—B_2$ 处的镇墩截面受到土体向下游侧的拉力;而在温降荷载的作用下,钢管轴向收缩,断面 $T_2—B_2$ 处的钢管受到水平指向下游的拉力,且随温度荷载的增加,而镇墩也在管周土体竖向下冷缩的作用下受到水平指向上游的推力。断面 $T_9—B_9$ 处钢管及镇墩的受力与断面 $T_2—B_2$ 相反,且上下游镇墩受到的轴力基本相等。相对而言,温升工况对镇墩的受力更不利。

在上游镇墩下游断面 $T_2—B_2$ 设置伸缩节后,断面 $T_2—B_2$ 及断面 $T_9—B_9$ 的镇墩和钢管轴推(拉)力均有不同程度的减小,伸缩节的设置使钢管在轴向的灵活性增大,钢管及镇墩受到的轴力下降,尤其是温降工况时,伸缩节的设置减小了镇墩下游侧受到的轴推力,且断面 $T_2—B_2$ 及断面 $T_9—B_9$ 的总轴推(拉)力相比不设伸缩节的工况也有小幅度的减小。说明设置伸缩节不仅对钢管在轴向的受力有利,对镇墩的受力也有利。

表 3.6-11　钢管对镇墩(不设伸缩节)的轴力　　单位:MN

节点组	正常运行	温升			温降		
		+5 ℃	+15 ℃	+25 ℃	−5 ℃	−15 ℃	−25 ℃
$ZD—T_2$	−1.089	−2.198	−4.406	−6.621	−0.008	2.156	4.299
$GC—T_2$	−0.208	−0.113	0.088	0.299	−0.304	−0.485	−0.658
断面 $T_2—B_2$ 总轴力	−1.297	−2.310	−4.318	−6.322	−0.311	1.671	3.641
$ZD—T_9$	1.063	2.197	4.449	6.709	−0.045	−2.276	−4.503
$GC—T_9$	0.312	0.183	−0.089	−0.367	0.447	0.704	0.959
断面 $T_9—B_9$ 总轴力	1.375	2.380	4.360	6.342	0.402	−1.572	−3.545

表 3.6-12　钢管对镇墩(设伸缩节)的轴力　　单位:MN

节点组	正常运行	温升			温降		
		+5 ℃	+15 ℃	+25 ℃	−5 ℃	−15 ℃	−25 ℃
$ZD—T_2$	−0.012	−1.198	−3.821	−6.197	0.953	2.801	4.517
$GC—T_2$	0.120	0.073	0	−0.020	0.152	0.217	0.322
断面 $T_2—B_2$ 总轴力	0.108	−1.125	−3.821	−6.217	1.105	3.017	4.839
$ZD—T_9$	2.094	2.888	4.511	5.879	1.419	0.062	−1.285
$GC—T_9$	0.046	0.006	−0.086	−0.175	0.079	0.132	0.170
断面 $T_9—B_9$ 总轴力	2.140	2.894	4.424	5.703	1.498	0.193	−1.115

（五）管-土接触状态

正常运行工况、温升、温降时回填钢管（设伸缩节）管-土接触面接触状态见图 3.6-33，回填钢管（设伸缩节）管-土接触面监测点滑移量见图 3.6-34，设置伸缩节时温度引起的管-土接触面滑移量峰值见表 3.6-13。

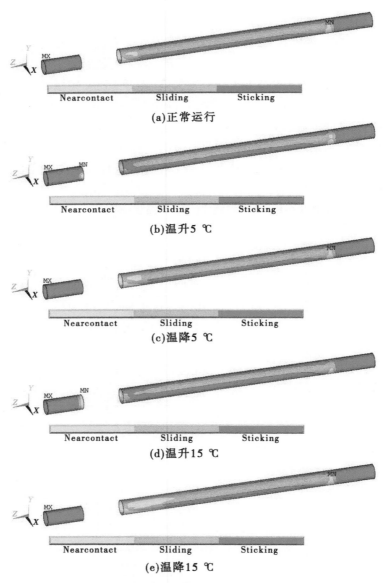

(a)正常运行

(b)温升5 ℃

(c)温降5 ℃

(d)温升15 ℃

(e)温降15 ℃

图 3.6-33　回填钢管（设伸缩节）管-土接触面接触状态

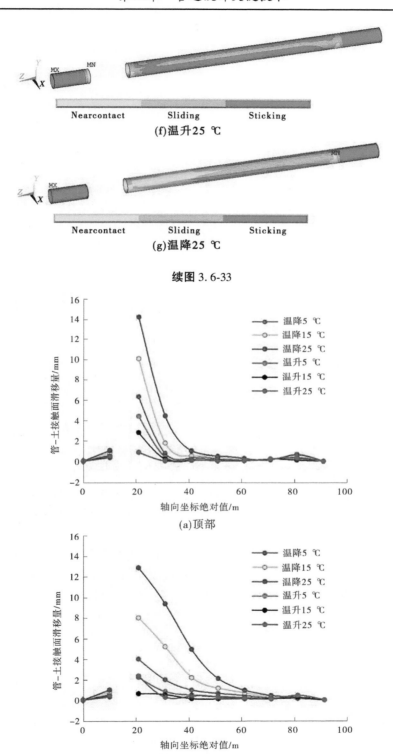

(f)温升25 ℃

(g)温降25 ℃

续图 3.6-33

(a)顶部

(b)底部

图 3.6-34　回填钢管(设伸缩节)管–土接触面监测点滑移量

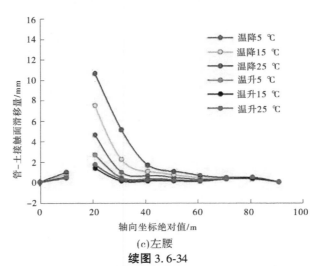

(c)左腰

续图 3.6-34

表 3.6-13　设置伸缩节时温度引起的管-土接触面滑移量峰值

项目	温升			温降		
	+5 ℃	+15 ℃	+25 ℃	−5 ℃	−15 ℃	−25 ℃
温度引起的滑移量峰值/mm	0.09	0.26	0.90	2.43	7.20	11.71
温度引起的滑移量峰值占比 / %	1.53	9.24	33.93	28.88	53.85	68.06

设置伸缩节后,钢管的滑移量明显增大,且钢管的滑移主要集中在靠近波纹管伸缩节室混凝土外墙下游侧(断面 $T_3—B_3$),该处钢管由于灵活性增大,与周围回填土脱离,发生了较大的滑动,尤其是温降工况,在伸缩节下游侧的钢管段均发生了较大的滑动,钢管由于温度作用产生的滑移量最大值达到了 11.71 mm,占总滑移量峰值的 68.06%,出现在断面 $T_3—B_3$ 下游侧附近,说明伸缩节的设置能使钢管通过滑动释放温度应力,且降低了温升工况时,温度荷载引起的滑移量比值。

分析可知,回填钢管设置外包混凝土后,虽然可以提高钢管的抗外压稳定性,但是外包混凝土可能会有开裂的风险,且从经济性的角度来讲,外包混凝土的设置会加大工程投资,一般仅在大直径或是大埋深的回填钢管中使用。除设置外包混凝土外,通常还可通过设置加劲环的方式提高钢管的抗外压稳定能力。

四、温度作用下带加劲环回填管受力分析

水利水电工程为了增强钢管结构的抗外压能力,常在管壁外焊接环状的加劲环,为此建立了带加劲环的钢管模型,分析温度作用下加劲环对回填钢管受力的影响。加劲环厚度与钢管管壁厚度相同,即 18 mm,高度 200 mm,间距取 4 000 mm。带加劲环回填钢管网格示意见图 3.6-35,加劲环局部尺寸示意见图 3.6-36。

计算模型中钢管与回填土之间、加劲环与回填土之间均采用面-面接触进行模拟,其余部分采用共节点的方式进行计算。计算过程中钢管与回填土的摩擦系数取 0.25,加劲

环与回填土的摩擦系数取 0.25。为研究回填钢管在温度作用下的纵向受力特性,更好地体现各因素对钢管结构影响的敏感性,获得一般规律,钢管、加劲环、回填土等均按线弹性材料考虑。

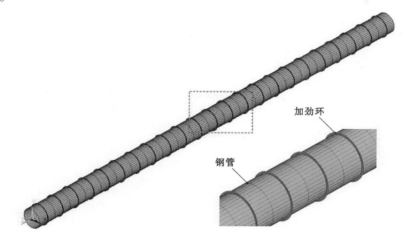

图 3.6-35　带加劲环回填钢管网格示意

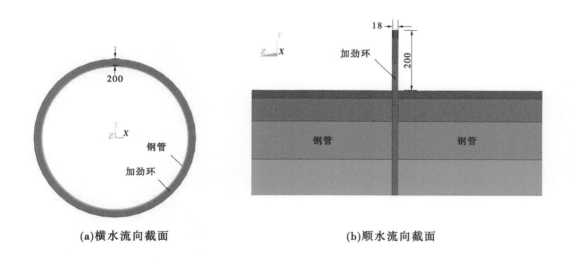

(a)横水流向截面　　　　　　　　(b)顺水流向截面

图 3.6-36　加劲环局部尺寸示意　(单位:mm)

当不设置伸缩节时,钢管所有顶部节点作为顶部监测,所有底部节点作为底部监测点,绘制出带加劲环回填钢管监测点轴向位移见图 3.6-37。由图可以看出,设置加劲环后,钢管轴向位移减小明显,钢管在轴向几乎不发生位移,说明加劲环的设置很大程度地限制了钢管在轴向的滑动。

将温度工况与正常运行工况钢管各监测点的轴向应力相减,得出带加劲环回填钢管顶部监测点温度轴向应力(见图 3.6-38),底部监测点温度轴向应力见图 3.6-39。

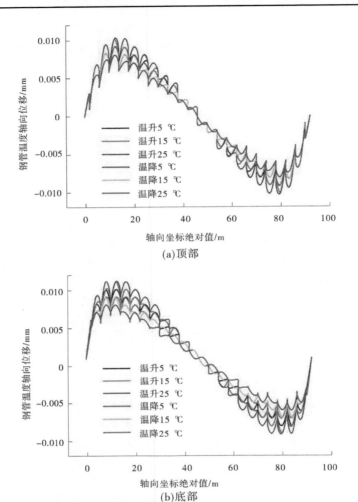

(a)顶部

(b)底部

图 3.6-37　带加劲环回填钢管监测点轴向位移

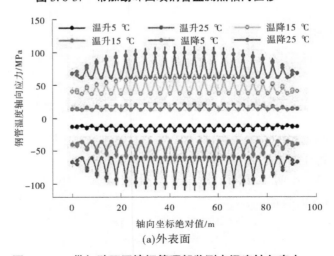

(a)外表面

图 3.6-38　带加劲环回填钢管顶部监测点温度轴向应力

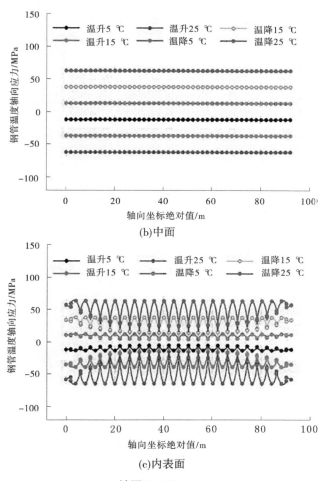

(b)中面

(c)内表面

续图 3.6-38

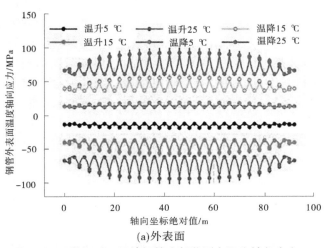

(a)外表面

图 3.6-39 带加劲环回填钢管底部监测点温度轴向应力

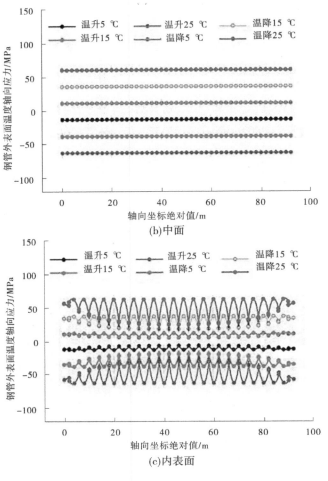

(b)中面

(c)内表面

续图 3.6-39

分析可知,随着温度的增大,钢管的轴向应力也随之增大,其中中面轴向应力值、未设加劲环的管段轴向应力值与理论值相差不大,而与加劲环连接处的钢管节点出现了应力集中。随着温度荷载的增大,钢管的膨胀和收缩越明显,但加劲环限制了钢管的轴向移动,于是该处的应力增大越明显,尤其是跨中区域,当温度荷载达到 25 ℃时,钢管外表面的温度应力已经达到了约 100 MPa。此外,对于与加劲环连接的钢管外表面,在温升(温降)工况下,温度作用引起轴向压(拉)应力,而对于钢管内表面而言,温度作用引起轴向拉(压)应力。

由以上结果可知,设置加劲环后,钢管在设置加劲环处产生了较大的应力集中,对温度应力的释放不利。而设置波纹管伸缩节可以较大程度地改善温度应力,为了进一步探究带加劲环的回填钢管设置伸缩节后在温度作用下的受力特性,对在钢管上游端设置伸缩节进行了计算分析。

带加劲环回填钢管(设伸缩节)监测点轴向位移见图 3.6-40。在钢管上游端设置波纹管伸缩节后,钢管的轴向位移有一定程度的增大,尤其是温降工况,最大达到了 13.96

mm,伸缩节的设置增大了钢管在轴向的灵活性,但由于加劲环对钢管在轴向的约束作用,其轴向位移仍然小于不设加劲环的方案。

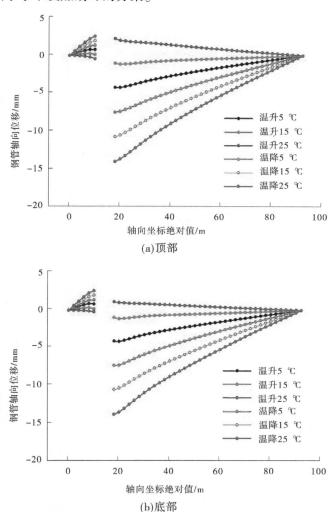

(a)顶部

(b)底部

图 3.6-40　带加劲环回填钢管(设伸缩节)监测点轴向位移

正常运行、温升 25 ℃、温降 25 ℃时带加劲环回填钢管(设伸缩节)轴向应力见图 3.6-41~图 3.6-43。分析可知,设置伸缩节后,在 T_3—B_3 下游侧加劲环断面出现了很大的拉压应力集中,相比不设伸缩节的工况有较大幅度的增加,尤其是温升工况,外表面的最大压应力为 300.14 MPa,内表面的最大拉应力达到了 298.80 MPa,其数值均已超出钢材局部膜应力+弯曲应力的允许应力 281.30 MPa。绘制出温升 25 ℃靠近伸缩节下游侧(断面 T_3—B_3)钢管的变形,见图 3.6-44。伸缩节的设置使断面 T_3—B_3 处钢管的灵活性增大,在温升作用下钢管向上游膨胀变形,但由于加劲环嵌入了管周回填土中,限制了钢管的轴向移动,越靠近伸缩节的钢管,其受到加劲环的轴向牵制力越大,而加劲环两侧的钢管向加劲环处挤压,致使其变形增大。此外,钢管在温升作用下环向膨胀,钢管还受到加劲环环向的压力,致使 $T_3—B_3$ 下游侧断面的钢管(尤其是加劲环处)产生了较大的变形和集中应力。

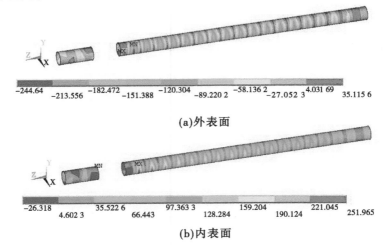

(a)外表面

(b)内表面

图 3.6-41　正常运行时带加劲环回填钢管(设伸缩节)轴向应力　(单位:MPa)

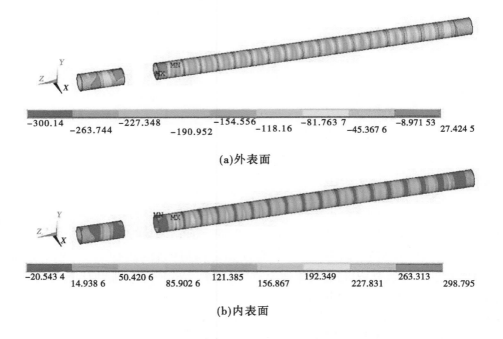

(a)外表面

(b)内表面

图 3.6-42　温升 25 ℃时带加劲环回填钢管(设伸缩节)轴向应力　(单位:MPa)

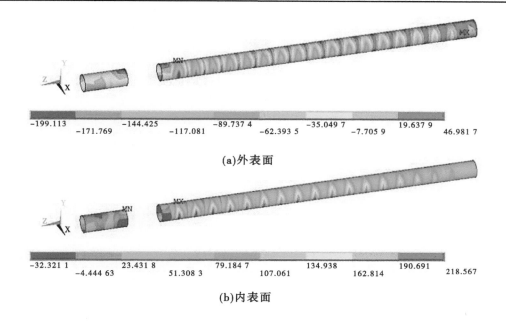

-199.113　　-144.425　　　-89.737 4　　　-35.049 7　　　19.637 9
　　-171.769　　　　-117.081　　　-62.393 5　　　-7.705 9　　　46.981 7

(a)外表面

-32.321 1　　　23.431 8　　　79.184 7　　　134.938　　　190.691
　　-4.444 63　　　51.308 3　　　107.061　　　162.814　　　218.567

(b)内表面

图 3.6-43　温降 25 ℃时带加劲环回填钢管(设伸缩节)轴向应力　(单位:MPa)

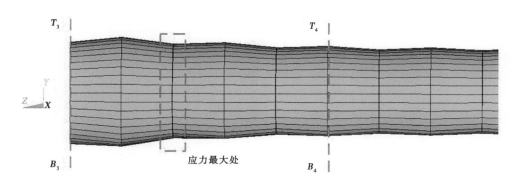

图 3.6-44　温升 25 ℃时伸缩节下游侧钢管(断面 T_3—B_3)变形示意

　　带加劲环回填钢管(设伸缩节)顶部监测点温度轴向应力见图 3.6-45,底部监测点温度轴向应力见图 3.6-46。中面应力的分布规律与不设加劲环时的相似,但对于外表面和内表面的应力,靠近伸缩节的钢管由于受到加劲环的约束作用,反而产生了较大的温度应力,此时伸缩节对钢管在轴向的受力不利。

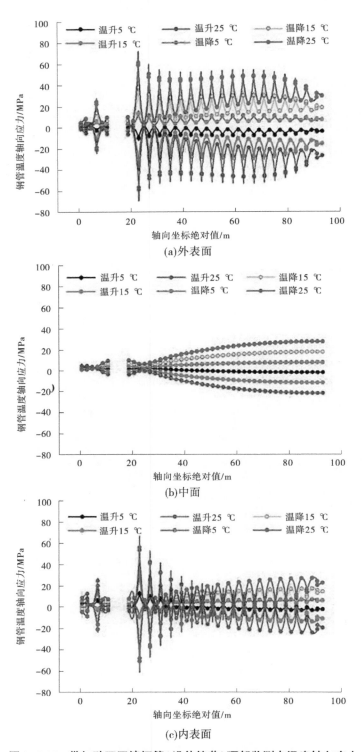

(a)外表面

(b)中面

(c)内表面

图 3.6-45　带加劲环回填钢管(设伸缩节)顶部监测点温度轴向应力

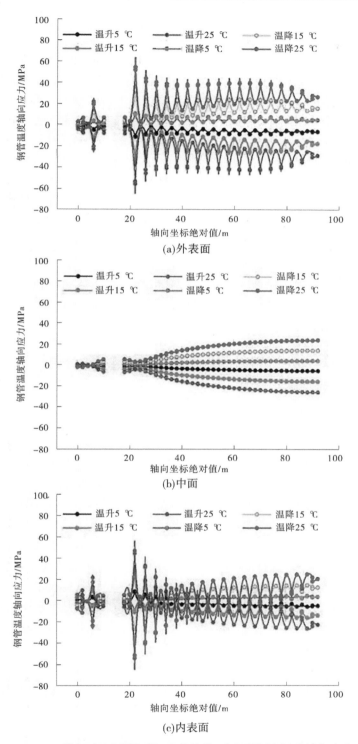

(a)外表面

(b)中面

(c)内表面

图 3.6-46　带加劲环回填钢管(设伸缩节)底部监测点温度轴向应力

五、小结

（1）伸缩节的设置能较大程度地改善镇墩及钢管在轴向的受力，同时也增大了钢管的灵活性，其轴向位移及滑移量均有较大幅度的增长，且钢管的位移和滑移量对管-土摩擦系数及内水压力的敏感性增大，更容易在温度作用下产生较大变形。所以，对于轴向应力较大或是应力已经超出钢管强度范围的回填钢管而言，在保证钢管轴向位移和滑移量不超出安全范围的前提下，伸缩节的设置具有一定的必要性，但如果镇墩受到的轴推（拉）力不大及钢管的轴向应力本身能控制在合理的强度范围以内，且能保证安全稳定地运行，从施工和经济性的角度综合来讲，伸缩节设置的必要性不大。

（2）对于设置了加劲环的回填钢管而言，加劲环限制了钢管在土体内的滑动，其轴向位移及滑移量非常小，温度应力无法得以释放，在钢管与加劲环连接处出现了较大的集中应力；随着温度作用的增大，应力集中现象越明显，而设置了伸缩节后，由于靠近伸缩节的钢管产生了极大的变形，其集中应力不降反升，温升工况下其轴向应力已超过钢材的允许应力值。如通过其他措施使钢管本身可以维持抗外压稳定及轴向稳定，那么尽量不要设置加劲环，如钢管的抗外压稳定能力较差而不得已沿管线设置了加劲环，此时设置伸缩节的必要性不大。

第七节　水锤防护安全性分析

一、恒定流检修工况

新平县十里河水库重力流供水干管管线长，地形起伏变化大，水锤问题突出。为此，中水珠江规划勘测设计有限公司与河海大学以该重力流管段为研究对象，联合分析重力流段恒定流特性和开阀、关阀水锤特性，提出水锤防护安全性措施[25]。

当十里河水库处于正常运行水位，且输水系统末端调流阀处于关闭状态时，输水系统流量为零。此条件下整个输水管道沿线的测压管水头相等，均等于水库水位。十里河水库在正常水位 1 947 m，减压池在设计水位 1 775 m，分水池在设计水位 1667.35 m，输水系统输水总流量 0。输水管道自水库至减压池沿线测压管水头均为 1 947 m，自减压池至分水池沿线测压管水头均为 1 775 m。由于输水管道桩号 G13+094 ~ G13+154 处的管中心线高程最低，其值为 475 m，因此恒定流工况下输水系统最大内水压力为 1 300 m。恒定流检修工况输水系统运行参数见表 3.7-1，减压池参数见表 3.7-2，沿线压力极值见表 3.7-3，测压管水头见图 3.7-1，关阀工况内水压力见图 3.7-2。

表 3.7-1　恒定流检修工况输水系统运行参数

十里河水库水位/m	分水池水位/m	系统流量/（m³/s）	调流阀开度	最大内水压力/m	最大内水压力所在桩号
1 947	1 667.35	0	0	1 300	G13+094

表 3.7-2　恒定流检修工况减压池参数

桩号	断面面积/m²	减压池周长/m	减压池水位/m	调流阀开度
G4+810	50	54	1 775	0

表 3.7-3　恒定流检修工况沿线压力极值

工况	压力极小值/m	压力极小值位置	压力极大值/m	压力极大值位置
恒定流检修工况	2	G42+249	1 300	G13+094

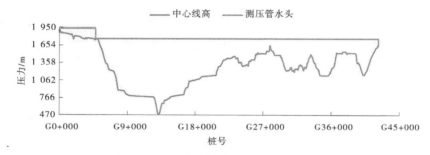

图 3.7-1　恒定流检修工况测压管水头

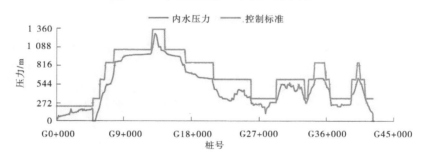

图 3.7-2　恒定流关阀工况内水压力

　　水库在正常水位 1 947 m 运行,减压池在设计水位 1 775 m 运行,分水池在设计水位 1 667.35 m 运行,输水系统输水总流量为 0 时,管道沿线未出现负压,满足过流能力;管道沿线最大内水压力为 1 300 m(位于桩号 G13+094～G13+154 处,该处管道中心线高程最低),满足管道控制标准。

二、恒定流运行工况

　　十里河水库在正常水位 1 947 m 运行,减压池在设计水位 1 775 m 运行,分水池在设计水位 1 667.35 m 运行,输水系统输水总流量 0.308 m³/s,恒定流运行工况下输水系统最大内水压力位于桩号 G13+094,最大内水压力值为 1 279.35 m。恒定流运行工况输水系统运行参数见表 3.7-4,减压池参数见表 3.7-5,沿线压力极值见表 3.7-6,测压管水头见图 3.7-3,运行工况内水压力见图 3.7-4。

表 3.7-4　恒定流运行工况输水系统运行参数

十里河水库水位/m	分水池水位/m	系统流量/(m³/s)	分水池调流阀开度	最大内水压力/m	最大内水压力所在桩号
1 947	1 667.35	0.308	0.499 063	1 279.35	G13+094

表 3.7-5　恒定流运行工况减压池参数

桩号	断面面积/m²	调压室周长/m	减压池水位/m	调流阀开度
G4+810	50	54	1 775	0.502 408

表 3.7-6　恒定流运行工况沿线压力极值

工况	压力极小值/m	压力极小值位置	压力极大值/m	压力极大值位置
恒定流运行工况	2	G42+249	1 279	G13+094

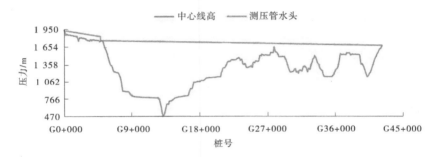

图 3.7-3　干线恒定流运行工况测压管水头

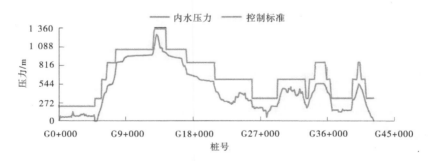

图 3.7-4　干线恒定流运行工况内水压力

　　由表 3.7-6 和图 3.7-3、图 3.7-4 可知,水库在正常水位 1 947 m 运行,减压池在设计水位 1 775 m 运行,分水池在设计水位 1 667.35 m 运行,输水系统输水总流量 0.308 m³/s 时,管道沿线未出现负压,满足过流能力;管道沿线最大内水压力为 1 279.35 m(位于桩号 G13+094 处,该处管道中心线高程最低),满足管道控制标准。

三、开阀过渡过程计算

十里河水库重力流段干管开阀过渡过程最大降压的初始工况为：正常水位 1 947 m，减压池在设计水位 1 775 m，分水池在设计水位 1 667.35 m，输水系统输水总流量 0。

在进行阀门开启操作时，要注意使开阀全线压力不出现负压，进行重力流段输水总干管的开阀过渡过程计算，运行工况内水压力计算初始条件见表 3.7-7，其中减压池前调流阀经敏感性分析后以 120 s 一段直线开启，减压池调流阀开启操作方案见表 3.7-8，分水池调流阀开启操作方案见表 3.7-9，调流阀开启管道沿线最小内水压力值见表 3.7-10。减压池调流阀开度变化、最小内水压力、流量变化、压力变化过程线见图 3.7-5～图 3.7-8，分水池调流阀开度变化、流量变化、压力变化过程线见图 3.7-9～图 3.7-11，管道沿线最大内水压力、最小内水压力见图 3.7-12、图 3.7-13。

表 3.7-7　运行工况内水压力计算初始条件

十里河水库水位/ m	分水池水位/ m	供水流量/ (m³/s)	调流阀目标开度	减压池调流阀开度
1 947	1 667.35	0.308	0.499 063	0.502 408

表 3.7-8　减压池调流阀开启操作方案

操作方案	调流阀	动作时刻/s	初始开度	开启规律	目标开度
方案一	减压池	0	0	30 s 一段直线	0.502 408
方案二	减压池	0	0	60 s 一段直线	0.502 408
方案三	减压池	0	0	120 s 一段直线	0.502 408

表 3.7-9　分水池调流阀开启操作方案

操作方案	调流阀	动作时刻/s	初始开度	开启规律	目标开度
方案一	分水池	0	0	120 s 一段直线	0.499 063
方案二	分水池	0	0	180 s 一段直线	0.499 063
方案三	分水池	0	0	240 s 一段直线	0.499 063

表 3.7-10　调流阀开启管道沿线最小内水压力值

输水流量	操作方案	最小内水压力值/m	所在位置
0.308 m³/s	方案一	2.01	G4+809
	方案二	2.01	G4+809
	方案三	2.01	G4+809

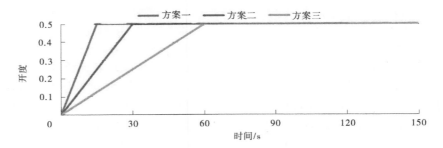

图 3.7-5　减压池调流阀开度变化过程线

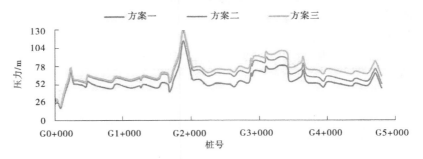

图 3.7-6　减压池调流阀前最小内水压力过程线

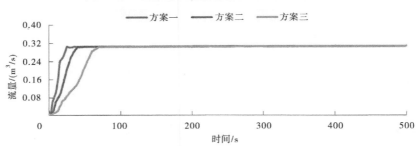

图 3.7-7　减压池调流阀流量变化过程线

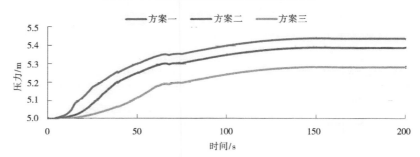

图 3.7-8　减压池调流阀阀前压力变化过程线

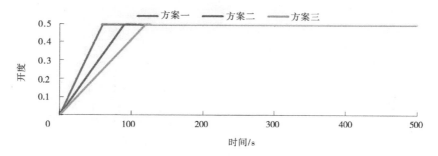

图 3.7-9　分水池调流阀开度变化过程线

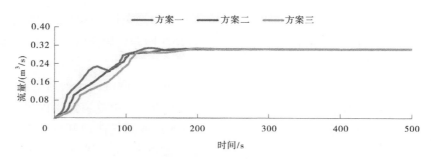

图 3.7-10　分水池调流阀流量变化过程线

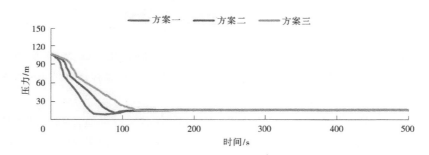

图 3.7-11　分水池调流阀阀前压力变化过程线

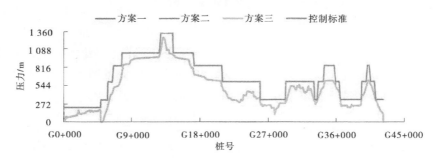

图 3.7-12　管道沿线最大内水压力

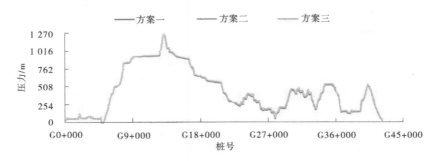

图 3.7-13　管道沿线最小内水压力

在三种减压池前阀门操作方案下前段沿线均未出现负压,考虑到减压池距上库约 5 km,水锤波相长为 10 s,故推荐方案三,减压池前调流阀开启规律取为 120 s 一段直线,实际开阀持续时间约为 60 s。

分水池前调流阀以 120 s 一段直线开启,三种分水池调流阀门开启方案下沿线均未出现负压,均能满足要求,管道沿线的最小内水压力相等。由管道最小内水压力可知,方案一、方案二与方案三最小内水压力几乎重合,说明继续减缓阀门开启速率,对管道沿线最小内水压力的影响不明显,故推荐开阀时间较长的方案三,干线重力流段末端分水池调流阀开启规律取为 240 s 一段直线,实际开阀持续时间为 120 s。

四、关阀过渡过程计算

十里河水库重力流段干管关阀过渡过程最大降压的初始工况为:十里河水库在正常水位 1 947 m 运行,减压池在设计水位 1 775 m 运行,分水池在设计水位 1 667.35 m 运行,输水系统输水总流量 0.308 m³/s。

在进行阀门关闭操作时,要注意使关阀全线压力不超过管道控制标准。依据初始资料进行重力流段输水总干管的关阀过渡过程计算,关阀过渡过程计算初始条件见表 3.7-11,其中减压池调流阀经敏感性分析后以 240 s 一段直线关闭,减压池调流阀关闭操作方案见表 3.7-12,分水池调流阀关闭操作方案见表 3.7-13,调流阀关闭管道沿线最大内水压力值见表 3.7-14。减压池调流阀开度变化、最小内水压力、流量变化、压力变化过程线见图 3.7-14 ~ 图 3.7-17,分水池调流阀开度变化、流量变化、压力变化过程线见图 3.7-18 ~ 图 3.7-20,管道沿线最大内水压力、最小内水压力见图 3.7-21、图 3.7-22。部分控制性管段的关阀过渡过程各方案沿线最大内水压力见表 3.7-15。

表 3.7-11　关阀过渡过程计算初始条件

十里河水库水位/m	分水池水位/m	供水流量/(m³/s)	调流阀开度	减压池调流阀开度
1 947	1 667.35	0.308	0.499 063	0.502 408

表 3.7-12 减压池调流阀关闭操作方案

操作方案	调流阀	动作时刻/s	初始开度	关闭规律	目标开度
方案一	减压池	0	0.502 408	60 s 一段直线	0
方案二	减压池	0	0.502 408	120 s 一段直线	0
方案三	减压池	0	0.502 408	240 s 一段直线	0

表 3.7-13 分水池调流阀关闭操作方案

操作方案	调流阀	动作时刻/s	初始开度	关闭规律	目标开度
方案一	分水池	0	0.499 063	300 s 一段直线	0
方案二	分水池	0	0.499 063	420 s 一段直线	0
方案三	分水池	0	0.499 063	600 s 一段直线	0

表 3.7-14 调流阀关闭管道沿线最大内水压力值

输水流量	操作方案	最大内水压力值/m	所在位置
0.308 m³/s	方案一	1 326.79	G13+154
	方案二	1 319.70	G13+154
	方案三	1 311.90	G13+154

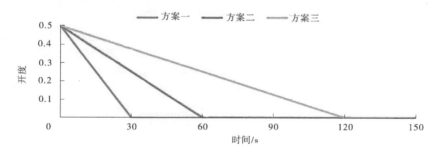

图 3.7-14 减压池调流阀开度变化过程线

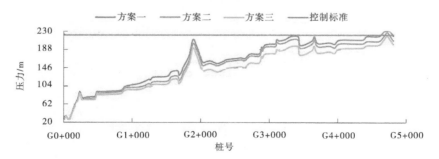

图 3.7-15 减压池调流阀阀前最小内水压力过程线

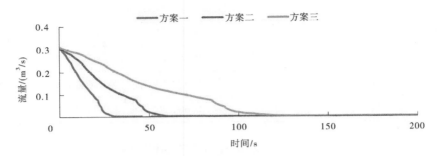

图 3.7-16　减压池调流阀流量变化过程线

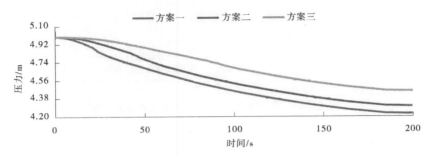

图 3.7-17　减压池调流阀阀前压力变化过程线

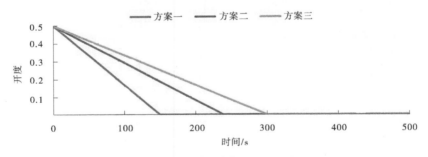

图 3.7-18　分水池调流阀开度变化过程线

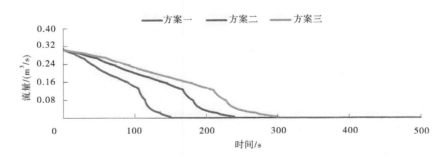

图 3.7-19　分水池调流阀流量变化过程线

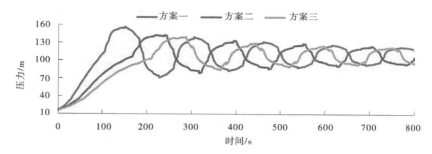

图 3.7-20　分水池调流阀阀前压力变化过程线

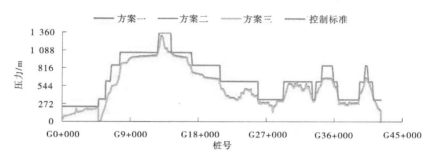

图 3.7-21　管道沿线最大内水压力

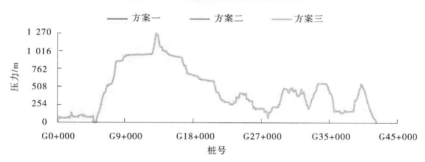

图 3.7-22　管道沿线最小内水压力

表 3.7-15　关阀过渡过程各方案沿线最大内水压力　　　单位:m

桩号	方案一	方案二	方案三	控制标准
G12+170	1 009.82	1 002.05	995.98	1 050.0
G12+365	1 011.25	1 003.65	997.10	1 050.0
G12+498	1 012.55	1 005.02	998.19	1 050.0
G12+605	1 029.76	1 022.32	1 015.28	1 050.0
G12+806	1 130.17	1 122.86	1 115.50	1 350.0
G12+900	1 187.36	1 180.09	1 172.60	1 350.0
G12+951	1 230.46	1 223.23	1 215.67	1 350.0
G13+000	1 268.56	1 261.37	1 253.72	1 350.0

续表 3.7-15

桩号	方案一	方案二	方案三	控制标准
G13+052	1 283.64	1 276.48	1 268.77	1 350.0
G13+062	1 290.66	1 283.50	1 275.79	1 350.0
G13+071	1 296.67	1 289.52	1 281.79	1 350.0
G13+080	1 303.69	1 296.55	1 288.81	1 350.0
G13+091	1 310.71	1 303.57	1 295.82	1 350.0
G13+094	1 326.71	1 319.58	1 311.83	1 350.0
G13+154	1 326.79	1 319.70	1 311.90	1 350.0
G13+211	1 302.86	1 295.81	1 287.97	1 350.0
G13+239	1 297.89	1 290.86	1 283.01	1 350.0
G13+262	1 294.92	1 287.91	1 280.05	1 350.0
G13+293	1 288.96	1 281.97	1 274.09	1 350.0
G13+314	1 280.99	1 274.01	1 266.12	1 350.0
G13+341	1 269.02	1 262.06	1 254.16	1 350.0
G13+357	1 257.04	1 250.09	1 242.19	1 350.0
G13+389	1 237.09	1 230.16	1 222.24	1 350.0
G13+450	1 207.16	1 200.28	1 192.34	1 350.0
G13+501	1 172.78	1 165.90	1 157.96	1 350.0
G13+591	1 127.36	1 120.54	1 112.58	1 350.0
G13+639	1 119.41	1 112.62	1 104.66	1 350.0
G13+748	1 119.50	1 112.80	1 104.81	1 350.0
G13+865	1 118.64	1 111.98	1 103.96	1 350.0
G13+921	1 072.00	1 065.36	1 057.34	1 350.0
G13+960	1 070.77	1 064.15	1 056.12	1 350.0

在三种减压池前阀门操作方案下,方案一和方案二的关闭规律会导致部分管道出现最大内水压力超过控制标准的情况,方案三的关闭规律满足管道控制标准,故推荐方案三,减压池调流阀关闭规律取为 240 s 一段直线,实际关阀持续时间约为 120 s。

分水池调流阀以 240 s 一段直线关闭,三种阀门关闭方案沿线均未出现负压,均能满足要求,管道沿线的最小内水压力基本相等。由管道最大内水压力可知,方案一、方案二与方案三最大内水压力几乎重合,主体管段最大内水压力均满足管道压力控制标准。三种方案基本重合的情况说明继续减缓阀门开启速率,对管道沿线内水压力的影响不明显,故推荐关阀时间适中的方案二,干线重力流段末端调流阀关闭规律取为 420 s 一段直线,实际关闭持续时间为 210 s。

五、小结

（1）十里河水库干线重力流段干管在进行阀门关闭操作时,要注意保持全线压力不超过控制标准。通过对 $0.308~\text{m}^3/\text{s}$ 目标流量进行关阀过渡过程计算,得到了三种分水池调流阀关闭方案下的压力变化过程。

（2）经方案比选,减压池调流阀关闭规律取为 240 s 一段直线,实际关阀持续时间约为 120 s;分水池调流阀以 420 s 一段直线关闭,实际关闭持续时间为 210 s。

第八节 爆管防护安全性分析

一、爆管危害分析

新平县十里河水库重力流供水干管管线长,地形起伏变化大,管道运行存在爆管风险。为此,中水珠江勘测设计有限公司与河海大学以该重力流管段为研究对象,联合分析重力流段钢管爆裂的安全性,提出爆管防护安全性措施[26]。十里河干线输水工程主要承担新平县城及新化乡的人畜供水,一旦出现供水事故,所带来的直接危害及次生危害均将产生严重后果,而一旦爆管,直接危害无法避免,次生危害则必须尽量避免,确保工程不会发生连环爆管导致事故扩大。

在爆管无防护工况下即阀门不动作和不增设空气阀防护时,爆管工况的发生首先将造成干管沿线管道水体大量漏损且产生巨大的负压,计算结果的最大内水压力为 1 274.02 m,最大负压为 -243.40 m,而实际上水体在 -10 m 压力时就已经汽化;当爆管产生的降压波经上库反射为升压波后,到达汽化水体处会引发剧烈的弥合水锤,在管道中产生二次爆管极易造成多处破坏,对沿线管道主体产生巨大威胁,因此有必要也必须对爆管工况下的管道进行防护。

对于爆管工况的防护,可以采用的工程防护措施有空气阀、单向塔、调压室、空气罐、爆管关断阀等。十里河干线输水工程正常运行工况最大内水压力接近 13.0 MPa,管线高程最大落差达千米以上,如设置单向塔、调压室、空气罐等防护设施,其需要设置的体积和高度参数过于巨大,需要的工程投资过多,不符合实际要求,故该工程爆管工况的防护设施推荐为空气阀和爆管关断阀。同时,目前常规工程中主要采用的设施一般也为空气阀和爆管关断阀,该防护方案较为经济合理且能取得较好的防护效果。

发生爆管时,分水池及相应的管线阀门均应动作,但由于两者对事故的反应速度不同,需要合理协调。由于减压池面积有 $50~\text{m}^2$,工程干线输水总流量仅为 $0.308~\text{m}^3/\text{s}$,减压池面积相对较大,因此主要针对爆管管线能否出现二次爆管进行论证。由于干线管段为输水的主管线,一旦干线发生爆管,会对整个输水系统产生较大的影响,而左右支线距离相对较短,且有分水池隔开,发生爆管时对全线的影响相对干管爆管影响小,因此将针对干管爆管进行分析,验证当前设置的空气阀能否有效截断爆管点压力的迅速下降,避免二次爆管。

爆管事故发生后,爆管点处压力降为大气压,爆管点处的流量与水锤降压波的大小取决于其正常工作压力,正常工作压力越大,危害越大。干线最危险爆管点位置示意见图 3.8-1。管道沿线中心线高程最低点位于桩号 G13+094 处,该点位于下陂段和上坡段的交会处,若发生爆管,该点的水流从管道两侧流出,同时此处内水压力也最大,故桩号 G13+094 处爆管为最危险爆管工况,因此以该点爆管工况为最危险控制工况,复核输水系统中的防护措施能否有效防范二次爆管。

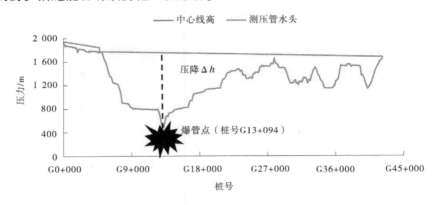

图 3.8-1　干线最危险爆管点位置示意

二、无防护爆管安全性分析

无防护爆管工况计算初始条件:供水工程干管重力流段自十里河水库先自流至减压池,经减压池消能后自流至分水池,干线总长 42.25 km,设计总流量 0.308 m³/s,管道起点管中心设计高程为 1 922.12 m,减压池管中心线高为 1 770 m,管道末端管中心设计高程为 1 665.5 m,总落差 256.62 m;最高点管中心线高程 1 924 m,最低点管中心线高程 475 m,最大落差 1 449 m。十里河水库在正常水位 1 947 m 运行,减压池在设计水位 1 775 m 运行,分水池在设计水位 1 667.35 m 运行。

在无防护爆管工况下,爆管点出现后将导致巨大的降压波产生并沿着管道主体向水库传播,管道中的大量水体会从爆管处倾斜喷出,爆管点上游管道中水流流速流量均逐渐加大,爆管点下游管道中水流流速逐渐减小并出现倒流,导致后段较高处管道水体被拉空,当管道压力小于−10 m 时,高点管道中出现汽化水体,同时降压波经水库反射为升压波后到达汽化水体处,压缩汽化水体会导致剧烈的弥合水锤,产生二次爆管造成多处破坏,对沿线管道主体产生巨大威胁,因此有必要也必须对爆管工况下的管道进行防护。无防护爆管工况最大内水压力、最小内水压力见表 3.8-1,最大内水压力、最小内水压力见图 3.8-2,流量变化、压力变化见图 3.8-3、图 3.8-4,部分控制性管段的无防护爆管工况沿线最大内水压力、最小内水压力见表 3.8-2。

表 3.8-1　无防护爆管工况最大内水压力、最小内水压力

工况	最大内水压力桩号	最大内水压力/m	最小内水压力桩号	最小内水压力/m
无防护爆管	G13+094	1 274.02	G27+897	−243.42

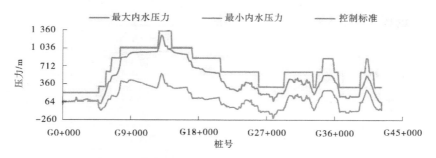

图 3.8-2　无防护爆管工况最大内水压力、最小内水压力

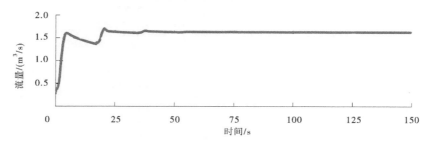

图 3.8-3　无防护爆管点流量变化

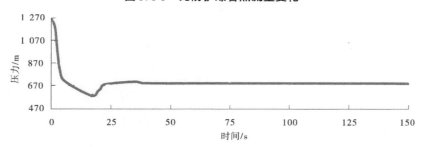

图 3.8-4　无防护爆管点压力变化

表 3.8-2　无防护爆管工况沿线最大内水压力、最小内水压力　　　　单位:m

桩号	最大内水压力	最小内水压力	控制标准
G12+170	976.29	327.55	1 050.0
G12+365	976.86	318.56	1 050.0
G12+498	977.55	312.77	1 050.0
G12+605	994.36	324.03	1 050.0
G12+806	1 093.86	412.36	1 350.0
G12+900	1 150.62	463.60	1 350.0
G12+951	1 193.43	503.29	1 350.0
G13+000	1 231.27	538.16	1 350.0

续表 3.8-2

桩号	最大内水压力	最小内水压力	控制标准
G13+052	1 246.20	549.96	1 350.0
G13+062	1 253.39	556.54	1 350.0
G13+071	1 258.89	561.88	1 350.0
G13+080	1 266.10	568.38	1 350.0
G13+091	1 273.12	573.32	1 350.0
G13+094	1 274.02	575.69	1 350.0
G13+154	1 273.92	576.74	1 350.0
G13+211	1 264.74	568.93	1 350.0
G13+239	1 259.60	564.40	1 350.0
G13+262	1 256.56	561.84	1 350.0
G13+293	1 250.36	556.46	1 350.0
G13+314	1 242.55	548.77	1 350.0
G13+341	1 230.33	537.32	1 350.0
G13+357	1 218.27	525.74	1 350.0
G13+389	1 198.15	506.39	1 350.0
G13+450	1 168.02	477.53	1 350.0
G13+501	1 133.35	444.17	1 350.0
G13+591	1 087.54	400.58	1 350.0
G13+639	1 079.48	393.37	1 350.0
G13+748	1 079.19	395.41	1 350.0
G13+865	1 077.85	396.44	1 350.0
G13+921	1 030.98	351.06	1 350.0
G13+960	1 029.55	350.54	1 350.0
G27+851	109.76	−198.57	335.0
G27+897	64.61	−243.42	335.0
G27+900	64.60	−243.39	335.0
G28+079	145.11	−162.14	335.0

在爆管无防护工况下爆管首先将造成干管沿线管道水体大量漏损并且产生巨大的负

压,计算结果的最大内水压力为 1 274.02 m,出现在过元江倒虹吸最低点 G13+094 处;最大负压为-243.42 m,出现在 G27+897 处。而实际上水体在-10 m 压力时就已经汽化,会引发剧烈的弥合水锤,在管道中产生二次爆管极易造成多处破坏,对沿线管道主体产生巨大威胁,因此有必要也必须对爆管工况下的管道进行防护。

三、空气阀口径对比分析

对于当前工况,当爆管发生后,为防止管道中水体漏损过多,造成不必要浪费,应立即切断管道主体上的爆管关断阀,管道上共设置四道爆管关断阀,其布置见图 3.8-5,爆管工况下各阀门动作规律:爆管发生后 30 s,爆管点前后 G13+000 处、G13+500 处及管道 G5+990 处和 G21+752 处爆管关断阀开始动作,动作规律均为 240 s 一段直线关闭至 0 开度;爆管发生 120 s 后,管道 G4+808 处减压池调流阀开始动作,动作规律为 240 s 一段直线关闭至 0 开度,爆管工况动作阀门关闭规律见表 3.8-3。

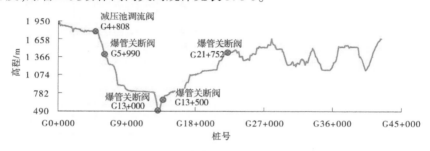

图 3.8-5　爆管工况动作阀门布置

表 3.8-3　爆管工况动作阀门关闭规律

动作阀门	桩号	动作迟滞时间/s	关闭规律/s
减压池调流阀	G4+808	120	240
爆管关断阀	G5+990	30	240
爆管关断阀	G13+000	30	240
爆管关断阀	G13+500	30	240
爆管关断阀	G21+752	30	240

为防护干线上最危险爆管可能造成的危害,在常规排气阀布置的前提下设置空气阀 22 个,根据相应规范空气阀径选取范围应取为管径的 1/5～1/7,该工程干线管道选用 DN600,故推荐空气阀径选用 DN100;作为对比选取空气阀径 DN80 和 DN120 的方案进行计算,空气阀位置和阀径见表 3.8-4,空气阀布置见图 3.8-6、图 3.8-7,不同空气阀阀径沿线最大内水压力、最小内水压力见图 3.8-8、图 3.8-9,不同空气阀阀径爆管点流量变化、压力变化、进气体积变化、进气速度变化见图 3.8-10～图 3.8-17。

表 3.8-4　空气阀位置和阀径

编号	位置	阀径/m	编号	位置	阀径/m
1	G5+118	0.08/0.1/0.12	12	G26+078	0.08/0.1/0.12
2	G5+992	0.08/0.1/0.12	13	G26+251	0.08/0.1/0.12
3	G18+878	0.08/0.1/0.12	14	G26+331	0.08/0.1/0.12
4	G21+750	0.08/0.1/0.12	15	G26+431	0.08/0.1/0.12
5	G21+876	0.08/0.1/0.12	16	G26+791	0.08/0.1/0.12
6	G22+160	0.08/0.1/0.12	17	G27+450	0.08/0.1/0.12
7	G22+751	0.08/0.1/0.12	18	G27+896	0.08/0.1/0.12
8	G22+951	0.08/0.1/0.12	19	G28+079	0.08/0.1/0.12
9	G23+151	0.08/0.1/0.12	20	G33+296	0.08/0.1/0.12
10	G23+271	0.08/0.1/0.12	21	G33+483	0.08/0.1/0.12
11	G25+991	0.08/0.1/0.12	22	G42+175	0.08/0.1/0.12

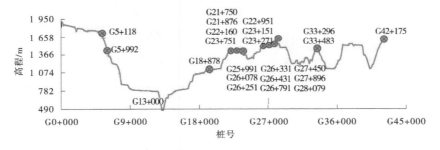

图 3.8-6　爆管工况空气阀布置(一)

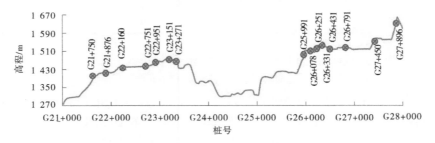

图 3.8-7　爆管工况空气阀布置(二)

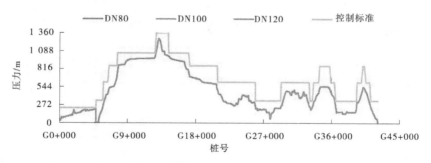

图 3.8-8 不同空气阀阀径沿线最大内水压力

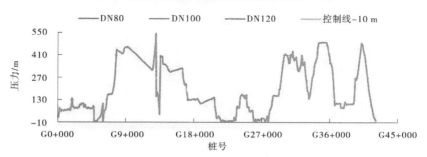

图 3.8-9 不同空气阀阀径沿线最小内水压力

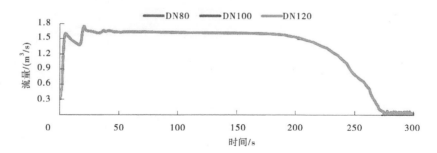

图 3.8-10 不同空气阀阀径爆管点流量变化

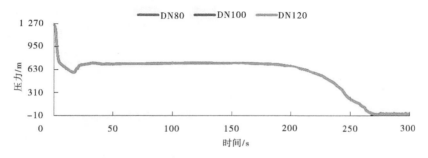

图 3.8-11 不同空气阀阀径爆管点压力变化

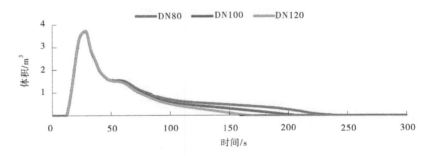

图 3.8-12　不同空气阀阀径进气体积变化（G22+160）

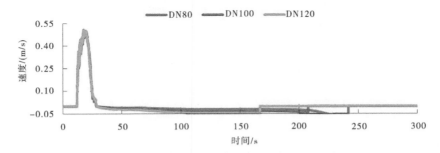

图 3.8-13　不同空气阀阀径进气速度变化（G22+160）

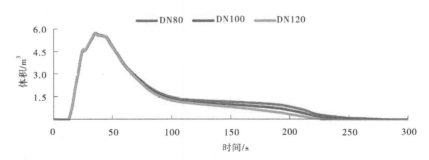

图 3.8-14　不同空气阀阀径进气体积变化（G23+151）

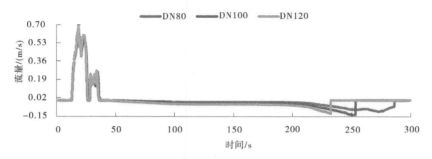

图 3.8-15　不同空气阀阀径进气速度变化（G23+151）

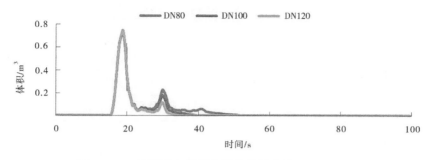

图 3.8-16　不同空气阀阀径进气体积变化（G26+251）

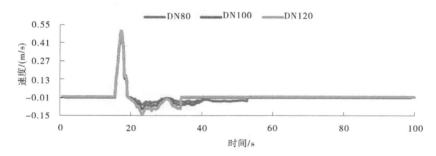

图 3.8-17　不同空气阀阀径进气速度变化（G26+251）

由图 3.8-5～图 3.8-11 可知，当空气阀阀径分别取 DN80、DN100、DN120 三种不同方案时，爆管工况下沿线管道最大内水压力、最小内水压力重合，爆管点流量压力均未出现明显的差异，不会对爆管工况下的防护效果产生影响。由图 3.8-12～图 3.8-17 选取的几个空气阀进气体积和速度图可知，不同的空气阀阀径选择不会对最大进气量产生影响，仅会对空气阀的补气排气速度产生一定影响，故根据相应规范的取值范围，选定空气阀 DN100。

四、爆管关断阀设置位置对比分析

（一）设置位置对比

管道上共设置四道爆管关断阀。爆管工况动作阀门关闭规律和空气阀位置见上节，空气阀径 DN100，数量 22 个。

为进一步优化爆管关断阀位置设置，提高对爆管工况的防护效果，确定爆管关断阀的设置范围，现对 G5+990、G6+886、G7+660 处爆管关断阀进行不同位置设置方案的对比分析，位于 G5+992 处的空气阀随 G5+990 处爆管关断阀一起移动，其余空气阀布置不变；其余爆管关断阀的位置、动作迟滞时间及动作规律保持不变。桩号 G5+990 处爆管关断阀不同设置方案见表 3.8-5，爆管阀位置布置见图 3.8-18～图 3.8-20，不同爆管关断阀位置沿线最大内水压力、最小内水压力见图 3.8-21、图 3.8-22，不同爆管关断阀位置爆管点流量变化、压力变化、进气体积变化、进气速度变化见图 3.8-23～图 3.8-26。

表 3.8-5　G5+990 处爆管关断阀不同设置方案

方案	桩号	动作迟滞时间/s	关闭规律/s
方案一	G5+990	30	240
方案二	G6+886	30	240
方案三	G7+660	30	240

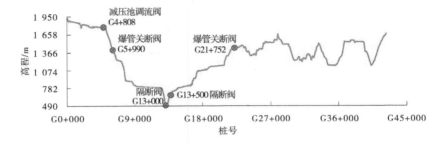

图 3.8-18　爆管关断阀位置布置方案一

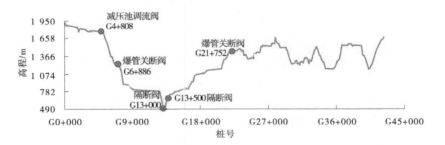

图 3.8-19　爆管关断阀位置布置方案二

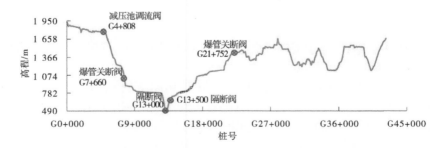

图 3.8-20　爆管关断阀位置布置方案三

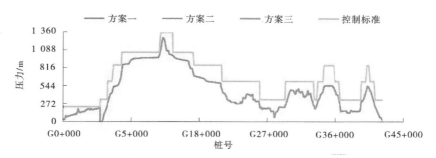

图 3.8-21　不同爆管关断阀位置沿线最大内水压力

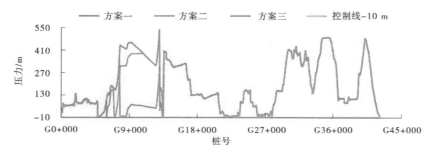

图 3.8-22　不同爆管关断阀位置沿线最小内水压力

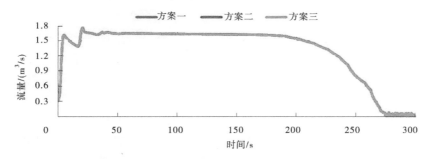

图 3.8-23　不同爆管关断阀位置爆管点流量变化

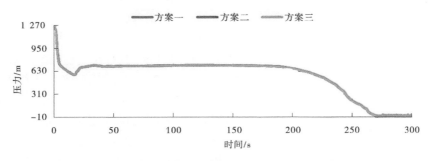

图 3.8-24　不同爆管关断阀位置爆管点压力变化

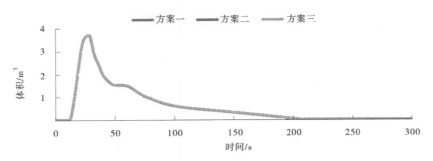

图 3.8-25　不同爆管关断阀位置爆管点进气体积变化（G22+160）

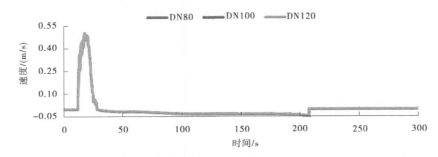

图 3.8-26　不同爆管关断阀位置进气速度变化（G22+160）

原 G5+990 处爆管关断阀在三种不同的布置方案下爆管工况的沿线最大压力、爆管点压力流量和空气阀的进气速度体积图像基本重合无明显影响，但对管道沿线的最小内水压力产生一定影响。随着爆管关断阀位置的下移，该处爆管关断阀至 G13+000 处爆管关断阀之间的沿线最小压力出现不同的下降，方案三中最小内水压力出现较多的下降，分析认为由于随爆管关断阀位置的下降，阀布置处初始压力增大，在爆管降压波影响下压力降至 0 压力时间较长，爆管关断阀后空气阀动作较慢，补气不及时，使得最小内水压力下降，但随着爆管关断阀的下移，爆管关断阀的关闭能够较多保留管道中水体避免浪费。考虑空气阀设置的限制条件，爆管关断阀的设置范围应为 G5+990～G7+660（压力为 4～8 MPa）；考虑最小内水压力因素，建议爆管关断阀设在 G5+990 处。

（二）桩号 G15+261 处设置验证

管道上共设置四道爆管关断阀。爆管工况动作阀门关闭规律和空气阀位置见上节，空气阀径 DN100，数量 22 个。爆管工况下各阀门动作原则为：在迅速确定爆管点后，首先关闭爆管点前后最近的两个爆管关断阀以保证隔断爆管水流；然后关闭大坡度上的两个爆管关断阀，关闭前坡上爆管关断阀以防止水流继续向爆管点流淌，关闭后坡上爆管关断阀以防止后段管道中水体倒流；最后关闭减压池前的调流阀，防止水流继续流进减压池造成满溢，同时使整个输水系统停止工作。现对 G15+261 处设置爆管关断阀进行验证分析，爆管验证工况沿线最大内水压力、最小内水压力见图 3.8-27，爆管点流量变化、压力变化见图 3.8-28、图 3.8-29。

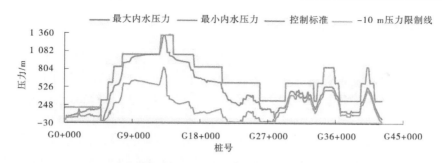

图 3.8-27　爆管验证工况沿线最大内水压力、最小内水压力

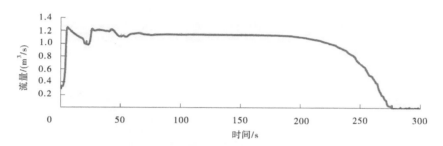

图 3.8-28　爆管验证工况爆管点流量变化

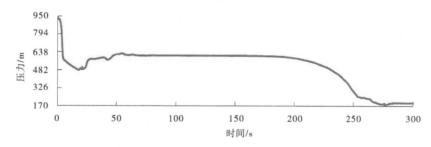

图 3.8-29　爆管验证工况爆管点压力变化

由图 3.8-27~图 3.8-29 可以看出,在当前的关阀操作下,其他典型位置发生爆管的情况,增设 22 个空气阀的防护方案依旧能较好地对主要管段进行防护,整个输水系统并未出现压力低于−10 m 的情况,能有效避免二次爆管的发生。由于爆管点位置不是位于最危险点,其爆管所产生的降压波相较最危险工况较小,同时受 22 个增设空气阀的补气防护效果影响,降压波所产生的负压影响有限,因此在最危险爆管工况防护效果满足的情况下,其他典型位置的爆管工况在现有防护方案下依旧不会产生较大的负压影响;但在桩号 G12+170~G12+806 依旧存在安全裕量不足,部分管道甚至超压的情况,故将桩号 G12+170~G12+806 管段的控制标准进一步提高至 1 350 m,以保证爆管工况下的管道安全。

五、有防护爆管安全性分析

爆管将引起压力下降,主要防范的应该是第一波压降,只要第一波压降不达到汽化压力就能有效防止管道发生弥合水锤诱发二次爆管,因此只要管道的最小内水压力大于−10 m 即能有效避免二次爆管,验证当前空气阀设置的合理性。管道上共设置四道爆管关断阀。爆管工况动作阀门关闭规律和空气阀位置见上节,空气阀径 DN100,数量 22 个。

对于实际爆管关断阀采用的先快后慢两段式关闭规律,初始动作速率较快能防止管道中的流速上升过大和水量损失过多,后段动作速率较慢能防止管道中的最大压力上升过大,对于该工程爆管工况的防护效果更为有利,因此在实际工程中可以采用两段式关闭规律。防护方案爆管工况沿线最大内水压力、最小内水压力见图 3.8-30,爆管点流量变化、压力变化、进气体积变化、进气速度变化见图 3.8-31~图 3.8-38,部分控制性管段的有防护爆管工况沿线最大内水压力、最小内水压力见表 3.8-6。

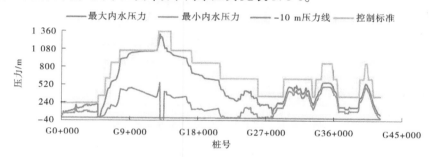

图 3.8-30　防护方案爆管工况沿线最大内水压力、最小内水压力

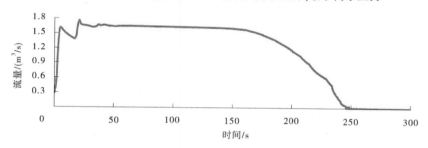

图 3.8-31　防护方案爆管点流量变化

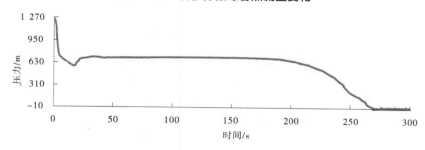

图 3.8-32　防护方案爆管点压力变化

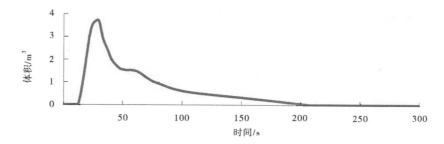

图 3.8-33　防护方案空气阀进气体积变化（G22+160）

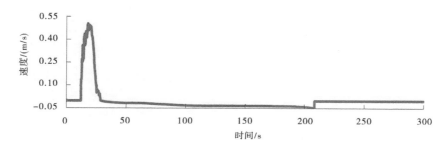

图 3.8-34　防护方案空气阀进气速度变化（G22+160）

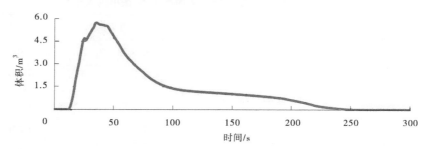

图 3.8-35　防护方案空气阀进气体积变化（G23+151）

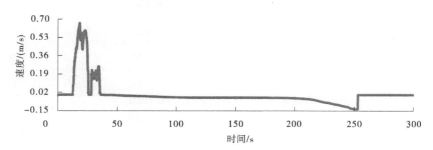

图 3.8-36　防护方案空气阀进气速度变化（G23+151）

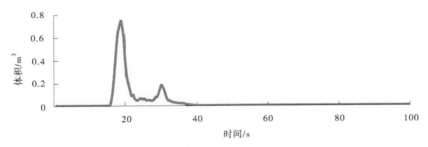

图 3.8-37　防护方案空气阀进气体积变化（G26+251）

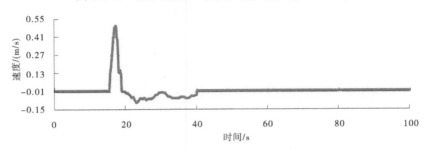

图 3.8-38　防护方案空气阀进气速度变化（G26+251）

表 3.8-6　有防护爆管工况沿线最大内水压力、最小内水压力　　　　单位：m

桩号	最大内水压力	最小内水压力	承压标准
G12+170	976.29	330.85	1 050.0
G12+365	976.86	321.69	1 050.0
G12+498	977.55	315.74	1 050.0
G12+605	994.36	327.17	1 050.0
G12+806	1 093.86	415.55	1 350.0
G12+900	1 150.62	466.66	1 350.0
G12+951	1 193.43	506.19	1 350.0
G13+000	1 231.27	540.91	1 350.0
G13+052	1 246.20	−4.82	1 350.0
G13+062	1 253.39	−4.81	1 350.0
G13+071	1 258.89	−4.80	1 350.0
G13+080	1 266.10	1.20	1 350.0
G13+091	1 273.12	8.20	1 350.0
G13+094	1 274.02	9.20	1 350.0

续表 3.8-6

桩号	最大内水压力	最小内水压力	承压标准
G13+154	1 273.92	9.15	1 350.0
G13+211	1 264.74	0.08	1 350.0
G13+239	1 259.60	−0.15	1 350.0
G13+262	1 256.56	−0.56	1 350.0
G13+293	1 250.36	−1.06	1 350.0
G13+314	1 242.55	−1.45	1 350.0
G13+341	1 230.33	−1.89	1 350.0
G13+357	1 218.27	−2.16	1 350.0
G13+389	1 198.15	−2.58	1 350.0
G13+450	1 168.02	−3.37	1 350.0
G13+501	1 133.35	−4.74	1 350.0
G13+591	1 087.54	403.82	1 350.0
G13+639	1 079.48	396.58	1 350.0
G13+748	1 079.19	398.56	1 350.0
G13+865	1 077.85	399.49	1 350.0
G13+921	1 030.98	354.14	1 350.0
G13+960	1 029.55	353.65	1 350.0

在当前的关阀操作下,爆管点前段桩号 G12+170~G12+806 沿线最大内水压力较为接近管道控制标准,压力安全裕量较小。由于管段桩号 G13+000~G13+500 不具备设空气阀条件,在桩号 G13+000~G13+591 之间沿线最小内水压力为−4.82 m,且其他部分管段间隔出现一定负压,该段管道应进行结构加强,提高其抗负压能力至−5 m;干线其他管段在增设 22 个空气阀的方案下,整个输水系统具有较好的负压防护效果。

六、小结

(1)爆管关断阀设 4 个,爆管工况下管道沿线阀门关闭:爆管发生后 30 s,爆管点前后 G13+000 处和 G13+500 处及管道 G5+990 处和 G21+752 处爆管关断阀开始动作,动作规律均为 240 s 一段直线关闭至 0 开度;爆管发生 120 s 后,管道 G4+808 处减压池调流阀开始动作,动作规律为 240 s 一段直线关闭至 0 开度。

(2)在当前的关阀操作下,为防护最危险爆管下管道压力安全,在常规排气阀布置前增设 22 个 DN100 空气阀。

（3）桩号 G13+000~G13+591 出现负压的管道应进行结构加强，提高其抗负压能力至 −5 m。干线其他管段在增设 22 个空气阀后，具有较好的负压防护效果。

第九节　高压管道充放水过程分析

一、基本原则

新平县十里河水库重力流供水干管管线长，内水压力大，充放水过程复杂。因此，中水珠江规划勘测设计有限公司与河海大学以该重力流管段为研究对象，联合分析重力流段恒定流特性和开阀、关阀水锤特性，提出水锤防护安全性措施[27]。

《城镇供水长距离输水管（渠）道工程技术规程》（CECS 193:2005）指出：压力输水管道的充水启动应编制运行操作规程。运行操作规程的编制要考虑输水管道稳定流、非稳定流的各种工况，并结合输水管道高差、距离长短、布置形式、管流形态和管道各种附件的动作性能等因素，必要时可请有关专家指导或参加编制。由于充水启动过程中流速、压力等流动参数处于调节渐变过程，意外影响因素很多，对于较复杂管道和大型管道的充水启动，有必要请专家进行现场指导。

保证输水管道安全充水启动的关键是排气顺畅，要求管道上所安装的排气阀做到无论管道处于何种流态，都能够打开大、小排气口进行高速排气。在水气相间时，仅微量排气是不能满足较大管径输水管道充水启动要求的。

管道末端阀门的开启，有利于释放意外超压，但过量放水也会增加充水时间，故末端阀门的开关和开度应结合管路情况适时改变。管道是否已充满水，一般可通过排气阀是否终止排气进行判断。但充水速度过慢、排气不畅的管道即使排气阀终止排气，仍可能在很多部位大量存气，使水难以充满管道，留下安全隐患。

不同的管道走势，其充水排气的过程也不尽相同。上坡段在充水时，其流态相对简单，除因充水流速过大而发生水面波动和翻滚外，基本是缓慢均匀上升的，这种情况对于进、排气设计是有利的。水平段在充水时，流态比较复杂，因为水平是相对的，工程实施过程中的偏差很可能使其成为不规则的波状，造成排气不畅，这种情况在管径较小时，水面坡度比较陡；在管径较大时，水面坡度将极为平缓。下坡段充水时，其气、水运动状态和过程比较复杂。根据管线坡度的不同，可能是缓流，多数情况下可能是急流。在急流流态下充水时，将不可避免地发生水体掺气和高速水流挟气，此时在急流区段设置的空气阀就不是排气而是进气了。这些吸入的气体最终还需要从其他空气阀处排出，势必影响下游其他空气阀排气。

重力流管道充水的关键是控制充水速度和管道排气。根据有关工程实际经验和相应规范，在向有压管道充水时，充水当量流速应控制在 0.3~0.5 m/s。太低的流速带不走管道的存气，不利于管道排气，也使充水时间过长；太高的流速可能使管道充水速度大于排气速度，造成气堵，引起压力振荡。在输水管道停止充水后，根据《给水排水管道工程施工及验收规范》（GB 50268—2008）的要求，继续满管保压 24 h，若试验管道全段未出现异常状态，则表明压力管道充水成功。

全线检修放水时,直接全线防空压差太大,应按照从低压到高压分段依次降低管内压力,通过沿线设置的泄水阀逐步泄水降压,直至全线泄压放空。如在检修工况仅需检修部分管段,仅需关闭检修管段两端的阀门,进行放水检修。管道充放水操作过程中须注意:管道沿线各阀井处的观测人员,要注意空气阀的排气状态,如果有空气阀出现排气异常要迅速告知调试指挥部,以便及时采取应急调整措施;检修阀的每次动作操作一定要按照规程缓慢进行,以免引发关阀水锤或断流弥合水锤,造成管道爆裂事故;重力流段首次充水调试之前,要对所有参与人员进行充水操作方案培训,发放充水启动方案系统图和详细运行操作规程,所拟定的充水方案可供编制充水启动详细运行操作规程时参考。

二、供水干线重力流管段充水方案

(一) 充水过程

十里河水库在正常水位 1 947 m 运行,减压池在设计水位 1 775 m 运行,分水池在设计水位 1 667.35 m 运行,输水系统输水总流量 0.308 m³/s,为了防止发生水体掺气和高速水流挟气的现象,其充水过程要严格控制充水当量流速在 0.3 m/s 左右,并且要保证安装在管道上的空气阀能够正常开启和高速排气。由于管道线路过长,路线较为复杂,因此将整个管线分为多段充水。干线管道充水阀门布置见图 3.9-1。

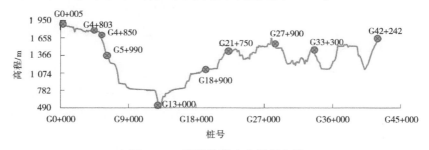

图 3.9-1 干线管道充水阀门布置

依据以上分析,制定重力流管道首次充水启动的简要方案,操作步骤如下。

初始状态:调流阀、图 3.9-1 中的检修阀及旁通阀相应均处于关闭状态。

步骤 1:开启水库处 G0+005 处进水阀约 0.3 目标开度(300 s 一段直线规律)。开启桩号 G4+803 处检修阀至约 0.1 开度(300 s 一段直线规律),给输水管道充水。

步骤 2:控制充水当量流速在 0.3 m/s 左右,充水时间约持续 4.5 h;待输水管道充水接近完成时,缓慢关闭桩号 G4+803 处检修阀(300 s 一段直线规律)一段时间后(水库进水阀过流量为 0),再缓慢开启桩号 G4+803 处检修阀至 0.1 开度(300 s 一段直线规律)。

步骤 3:反复 2~3 次执行步骤 2(不断开启关闭充水管段末端检修阀),直至输水管道中的气体排尽,空气阀停止动作,重力流段管道中充满水体,然后缓慢关闭桩号 G4+803处检修阀(300 s 一段直线规律),使输水管道在静水压力中保持 10 min,同时实测桩号 G4+803 处检修阀阀前压力并复核上游水位,进一步确认该段管道内是否存在滞留气团,如无滞留气团,桩号 G4+803 处检修阀阀前的实测压力=水库正常水位−桩号 G4+803 处检修阀设置位置的高程;管道中如含滞留气团,桩号 G4+803 处检修阀阀前的实测压力 <水库正常水位−桩号 G4+803 处检修阀设置位置的高程。

步骤 4:开启桩号 G4+803 处检修阀约 0.3 目标开度(300 s 一段直线规律),开启桩号 G4+808 处减压池调流阀至 0.5 目标开度(300 s 一段直线规律),对减压池进行充水,控制充水当量流速在 0.3 m/s 左右,充水时间约持续 2 h;当减压池水位稳定在 1 775 m,减压池充水完成。

步骤 5:开启桩号 G13+000 处旁通阀,自元江引水通过加压方式向桩号 G13+000 前充水,控制充水当量流速在 0.3 m/s 左右,充水时间持续约 6 h,以保证在桩号 G13+000 前管道中形成充足的"水垫"。

步骤 6:开启桩号 G4+850 处检修阀约 0.3 目标开度(300 s 一段直线规律),开启桩号 G5+990 处检修阀至约 0.1 开度(300 s 一段直线规律),给输水管道充水。

步骤 7:控制充水当量流速在 0.3 m/s 左右,充水时间约持续 1 h;待输水管道充水接近完成时,缓慢关闭桩号 G5+990 处检修阀(300 s 一段直线规律)一段时间后(减压池进水阀过流量为 0),再缓慢开启桩号 G5+990 处检修阀至 0.1 开度(300 s 一段直线规律)。

步骤 8:反复 2~3 次执行步骤 7(不断开启关闭充水管段末端检修阀),直至输水管道中的气体排尽,空气阀停止动作,重力流段管道中充满水体,然后缓慢关闭桩号 G5+990 处检修阀(300 s 一段直线规律),使输水管道在静水压力中保持 10 min,同时实测桩号 G5+990 处检修阀阀前压力并复核上游水位,进一步确认该段管道内是否存在滞留气团,如无滞留气团,桩号 G5+990 处检修阀阀前的实测压力=减压池正常水位−桩号 G5+990 处检修阀设置位置的高程;管道中如含滞留气团,桩号 G5+990 处检修阀阀前实测压力<减压池正常水位−桩号 G5+990 处检修阀设置位置的高程。

步骤 9:开启桩号 G5+990 处检修阀约 0.3 目标开度(300 s 一段直线规律),开启桩号 G13+000 处检修阀至约 0.1 开度(300 s 一段直线规律),给输水管道充水。

步骤 10:控制充水当量流速在 0.3 m/s 左右,充水时间约持续 6 h;待输水管道充水接近完成时,缓慢关闭桩号 G13+000 处检修阀(300 s 一段直线规律)一段时间后(减压池进水阀过流量为 0),再缓慢开启桩号 G13+000 处检修阀至 0.1 开度(300 s 一段直线规律)。

步骤 11:反复 2~3 次执行步骤 10(不断开启关闭充水管段末端检修阀),直至输水管道中的气体排尽,空气阀停止动作,重力流段管道中充满水体,然后缓慢关闭桩号 G13+000 处检修阀(300 s 一段直线规律),使输水管道在静水压力中保持 10 min,同时实测桩号 G13+000 处检修阀阀前压力并复核上游水位,进一步确认该段管道内是否存在滞留气团,如无滞留气团,桩号 G13+000 处检修阀阀前的实测压力=减压池正常水位−桩号 G13+000 处检修阀设置位置的高程;管道中如含滞留气团,桩号 G13+000 处检修阀阀前的实测压力<减压池正常水位−桩号 G13+000 处检修阀设置位置的高程。

步骤 12:开启桩号 G13+000 处检修阀约 0.3 目标开度(300 s 一段直线规律),开启桩号 G18+900 处检修阀至约 0.1 开度(300 s 一段直线规律),给输水管道充水。

步骤 13:控制充水当量流速在 0.3 m/s 左右,充水时间约持续 5.5 h;待输水管道充水接近完成时,缓慢关闭桩号 G18+900 处检修阀(300 s 一段直线规律)一段时间后(减压池进水阀过流量为 0),再缓慢开启桩号 G18+900 处检修阀至 0.1 开度(300 s 一段直线规律)。

步骤 14:反复 2~3 次执行步骤 13(不断开启关闭充水管段末端检修阀),直至输水管道中的气体排尽,空气阀停止动作,重力流段管道中充满水体,然后缓慢关闭桩号 G18+900 处检修阀(300 s 一段直线规律),使输水管道在静水压力中保持 10 min,同时实测桩号 G18+900 处检修阀阀前压力并复核上游水位,进一步确认该段管道内是否存在滞留气团,如无滞留气团,桩号 G18+900 处检修阀阀前的实测压力=减压池正常水位-桩号 G18+900 处检修阀设置位置的高程;管道中如含滞留气团,桩号 G18+900 处检修阀阀前的实测压力<减压池正常水位-桩号 G18+900 处检修阀设置位置的高程。

步骤 15:开启桩号 G18+900 处检修阀约 0.3 目标开度(300 s 一段直线规律),开启桩号 G21+750 处检修阀至约 0.1 开度(300 s 一段直线规律),给输水管道充水。

步骤 16:控制充水当量流速在 0.3 m/s 左右,充水时间约持续 2.5 h;待输水管道充水接近完成时,缓慢关闭桩号 G21+750 处检修阀(300 s 一段直线规律)一段时间后(减压池进水阀过流量为 0),再缓慢开启桩号 G21+750 处检修阀至 0.1 开度(300 s 一段直线规律)。

步骤 17:反复 2~3 次执行步骤 16(不断开启关闭充水管段末端检修阀),直至输水管道中的气体排尽,空气阀停止动作,重力流段管道中充满水体,然后缓慢关闭桩号 G21+750 处检修阀(300s 一段直线规律),使输水管道在静水压力中保持 10 min,同时实测桩号 G21+750 处检修阀阀前压力并复核上游水位,进一步确认该段管道内是否存在滞留气团,如无滞留气团,桩号 G21+750 处检修阀阀前的实测压力=减压池正常水位-桩号 G21+750 处检修阀设置位置的高程;管道中如含滞留气团,桩号 G21+750 处检修阀阀前的实测压力<减压池正常水位-桩号 G21+750 处检修阀设置位置的高程。

步骤 18:开启桩号 G21+750 处检修阀约 0.3 目标开度(300 s 一段直线规律),开启桩号 G27+900 处检修阀至约 0.1 开度(300 s 一段直线规律),给输水管道充水。

步骤 19:控制充水当量流速在 0.3 m/s 左右,充水时间约持续 5.5 h;待输水管道充水接近完成时,缓慢关闭桩号 G27+900 处检修阀(300 s 一段直线规律)一段时间后(减压池进水阀过流量为 0),再缓慢开启桩号 G27+900 处检修阀至 0.1 开度(300 s 一段直线规律)。

步骤 20:反复 2~3 次执行步骤 19(不断开启关闭充水管段末端检修阀),直至输水管道中的气体排尽,空气阀停止动作,重力流段管道中充满水体,然后缓慢关闭桩号 G27+900 处检修阀(300s 一段直线规律),使输水管道在静水压力中保持 10 min,同时实测桩号 G27+900 处检修阀阀前压力并复核上游水位,进一步确认该段管道内是否存在滞留气团,如无滞留气团,桩号 G27+900 处检修阀阀前的实测压力=减压池正常水位-桩号 G27+900 处检修阀设置位置的高程;管道中如含滞留气团,桩号 G27+900 处检修阀阀前的实测压力<减压池正常水位-桩号 27+900 处检修阀设置位置的高程。

步骤 21:开启桩号 G27+900 处检修阀约 0.3 目标开度(300 s 一段直线规律),开启桩号 G33+300 处检修阀至约 0.1 开度(300 s 一段直线规律),给输水管道充水。

步骤 22:控制充水当量流速在 0.3 m/s 左右,充水时间约持续 5 h;待输水管道充水接近完成时,缓慢关闭桩号 G33+300 处检修阀(300 s 一段直线规律)一段时间后(减压池进水阀过流量为 0),再缓慢开启桩号 G33+300 处检修阀至 0.1 开度(300 s 一段直线规律)。

步骤 23：反复 2~3 次执行步骤 22（不断开启关闭充水管段末端检修阀），直至输水管道中的气体排尽，空气阀停止动作，重力流段管道中充满水体，然后缓慢关闭桩号 G33+300 处检修阀（300 s 一段直线规律），使输水管道在静水压力中保持 10 min，同时实测桩号 G33+300 处检修阀阀前压力并复核上游水位，进一步确认该段管道内是否存在滞留气团，如无滞留气团，桩号 G33+300 处检修阀阀前的实测压力 = 减压池正常水位－桩号 G33+300 处检修阀设置位置的高程；管道中如含滞留气团，桩号 G33+300 处检修阀阀前的实测压力 < 减压池正常水位－桩号 G33+300 处检修阀设置位置的高程。

步骤 24：开启桩号 G33+300 处检修阀约 0.3 目标开度（300 s 一段直线规律），开启桩号 G42+242 处检修阀至约 0.1 开度（300 s 一段直线规律），给分水池充水。

步骤 25：控制充水当量流速在 0.3 m/s 左右，充水时间约持续 8.5 h；待输水管道充水接近完成时，缓慢关闭桩号 G42+242 处检修阀（300 s 一段直线规律）一段时间后（减压池进水阀过流量为 0），再缓慢开启桩号 G42+242 处检修阀至 0.1 开度（300 s 一段直线规律）。

步骤 26：反复 2~3 次执行步骤 25（不断开启关闭充水管段末端检修阀），直至输水管道中的气体排尽，空气阀停止动作，重力流段管道中充满水体，然后缓慢关闭桩号 G42+242 处检修阀（300 s 一段直线规律），使输水管道在静水压力中保持 10 min，同时实测桩号 G42+242 处检修阀阀前压力并复核上游水位，进一步确认该段管道内是否存在滞留气团，如无滞留气团，桩号 G42+242 处检修阀阀前的实测压力 = 减压池正常水位－桩号 G42+242 处检修阀设置位置的高程；管道中如含滞留气团，桩号 G42+242 处检修阀阀前的实测压力 < 减压池正常水位－桩号 G42+242 处检修阀设置位置的高程。

步骤 27：在输水管道停止充水后，根据《给水排水管道工程施工及验收规范》（GB 50268—2008）的要求，继续满管保压 24 h，若试验管道全段未出现异常状态，则表明压力管道充水成功。

充水主要过程示意见图 3.9-2~图 3.9-9，后段重复过程简略显示。

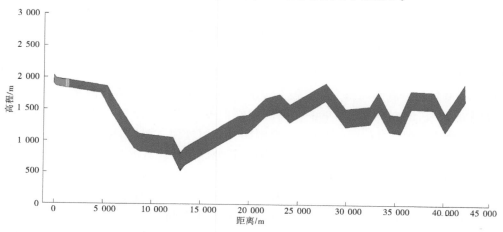

图 3.9-2　充水过程示意（一）

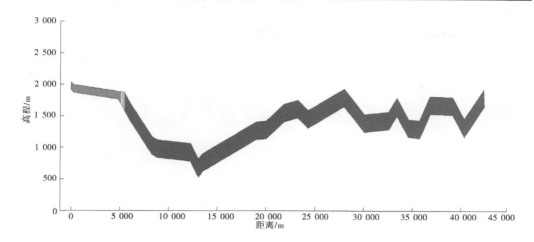

图 3.9-3 充水过程示意(二)

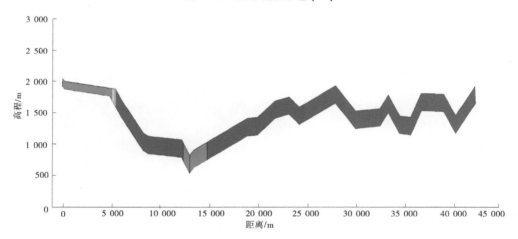

图 3.9-4 充水过程示意(三)

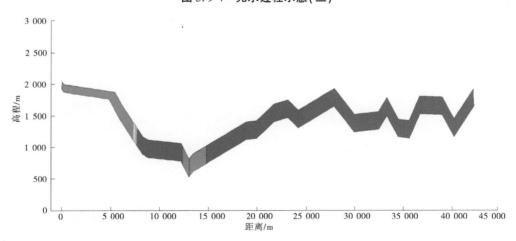

图 3.9-5 充水过程示意(四)

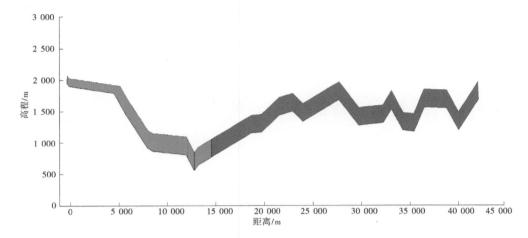

图 3.9-6　充水过程示意(五)

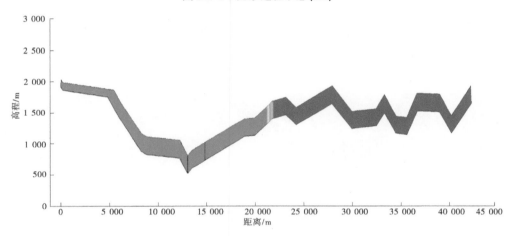

图 3.9-7　充水过程示意(六)

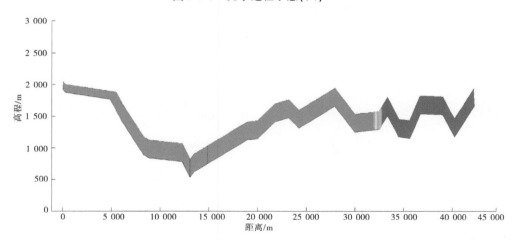

图 3.9-8　充水过程示意(七)

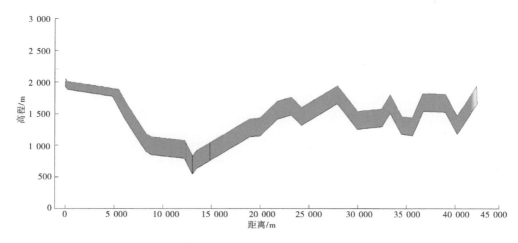

图3.9-9　充水过程示意(八)

(二)充水启动注意事项

以上的管道充水操作过程中,须注意以下事项:

(1)管道沿线各阀井处的观测人员,要注意空气阀的排气状态,如果有空气阀出现排气异常要迅速告知调试指挥部,以便及时地采取应急调整措施。

(2)检修阀的每次动作操作一定要按照规程缓慢进行,以免引发关阀水锤或断流弥合水锤,造成管道爆裂事故。

(3)重力流段首次充水调试之前,要对所有参与人员进行充水操作方案培训,发放充水启动方案系统图和详细运行操作规程,所拟定的充水方案可供编制充水启动详细运行操作规程时参考。

三、供水干线重力流管段检修放水方案

(一)全线检修管段放水

初始状态:输水管道沿线处于关阀检修状态,管道中水体处于满流状态。考虑到当高压段需要检修时,直接放空高压段泄水压差太大,初步设计按照从低压到高压分段依次降低管内压力,通过沿线设置的泄水阀逐步泄水降压,直至高压段泄压放空。跨元江高压段管道泄水阀开启顺序:①开启桩号 G4+803 处泄水阀及之前管段设置的泄水阀,泄水阀开启顺序按高程从高至低,逐步放空此桩号前段管道中水体;②开启桩号 G4+850~G5+990 管段的泄水阀,泄水阀开启顺序按高程从高至低,逐步放空该段管道中的水体;③开启桩号 G18+900~G21+750 管段的泄水阀,泄水阀开启顺序按高程从高至低,逐步放空该段管道中的水体;④开启桩号 G13+000~G18+900 管段的泄水阀,泄水阀开启顺序按高程从高至低,逐步放空该段管道中的水体;⑤开启桩号 G5+990~G13+000 管段的泄水阀,泄水阀开启顺序按高程从高至低,逐步放空该段管道中的水体;⑥高压管段完成放水后,干线后段检修放水可按照从低压到高压的原则分段重复进行上述类似操作。

(二)部分检修管段放水

上述方法为全线放水方案,如在检修工况仅需检修部分管段,需检修的管段两端阀门

可以在静水中正常关闭,则可以直接关闭需检修管段两侧检修阀,进行放水检修。阀门启闭规律定为 300 s 一段直线。

四、小结

(1)对于干线重力流段大落差的地形走势宜采用水垫式充水方案,在管道最低处形成一定的"水垫",以防止直接充水对管道造成伤害;干线其余管段充水方案按照正常充水方案,分段逐次缓慢完成充水,充水时应注意排气情况,保证管段在充水完成后形成满流状态。在完成充水后,继续满管保压 24 h,若试验管道全段未出现异常状态,则表明压力管道充水成功。

(2)在进行全线检修放水时,重力流管段检修放水操作方案主要根据"从低压到高压,逐步泄压"的原则,从低压到高压分段降低管内压力,通过沿线设置的泄水阀逐步泄水降压,直至高压段泄压放空;检修放水时右支线管道应处于停水状态,沿线检修阀处于关闭状态。

(3)如只需对部分管道进行检修操作,则只要确保该管段两端的检修阀处于关闭状态,然后从低压到高压开启管段沿线的泄水阀,确保水体从管道高处开始逐步下降放空即可。

(4)检修阀的每次动作操作一定要按照规程缓慢进行,以免引发关阀水锤或断流弥合水锤,造成管道爆裂事故;要对所有参与人员进行充水操作方案培训,明确详细运行操作规程。

第四章　管道制造关键技术

第一节　钢管制造成型关键技术

一、无缝钢管热轧、挤压成型技术

无缝钢管(SMLS)是由整支圆钢穿孔而成的,表面上没有焊缝。无缝钢管的生产工艺可分为热轧、冷轧、冷拔、热挤压等,热轧或冷轧常用10、20、30、35、45等优质碳结构钢、Q355、15MnV等低合金结构钢或40Cr、30CrMnSi、45Mn2、40MnB等合金结构钢。无缝钢管除保证化学成分和机械性能外,还要做水压试验,卷边、扩口、压扁等试验,热轧以热轧状态交货。冷轧和冷拔以热处理状态交货。使用10、20等低碳钢制造的无缝钢管主要用于流体输送管道,45、40Cr等制成的无缝钢管用来制造机械零件,如汽车、拖拉机的受力零件。由于无缝钢管具有中空截面,大量用作输送流体的管道,如输送石油、天然气、煤气、水及某些固体物料的管道等。

SMLS管径一般不大,外径为33.4~1 200 mm,壁厚不大于2 00 mm,适应于厚壁小管,单节长度可达10 m以上的管道。SMLS外径偏差和厚度偏差较大,且406 mm以上直径的无缝钢管造价较高。大口径厚壁无缝钢管使用热轧或热挤压生产工艺。热轧无缝钢管由于轧件的温度高,可以实现大的变形量,且尺寸精度要求相对低,以控制凸度为主,不容易出现板变形问题,质量相对可靠。对于组织有要求的,一般通过控轧控冷(TMCP)来实现,即控制精轧的开轧温度和终轧温度。

热轧无缝钢管的原料是圆管坯,一般在自动轧管机上生产。实心管坯经检查并清除表面缺陷,截成所需长度,在管坯穿孔端面上定心,经传送带送到熔炉内加热。钢坯被送入熔炉内加热,温度约为1 200 ℃,燃料为氢气或乙炔,炉内温度控制是关键工序。圆管坯出炉后要经过压力穿孔机穿孔,一般较常见的穿孔机是锥形辊穿孔机,这种穿孔机生产效率高,产品质量好,穿孔扩径量大,可穿多种钢种。穿孔后,圆管坯就先后被三辊斜轧、连轧或挤压。挤压后要脱管定径,定径机通过锥形钻头高速旋转入钢坯打孔,形成钢管。钢管内径由定径机钻头的外径长度确定。钢管经定径后,进入冷却塔喷水冷却,再被矫直成型。SMLS生产设备见图4.1-1,生产工艺流程见图4.1-2。

二、卷制螺旋缝钢管埋弧焊成型技术

卷制螺旋缝钢管(SAWH)是以带钢卷为原材料,经常温开平和螺旋形卷制,使用自动双丝双面埋弧焊焊接成型的。SAWH钢管外径为273~2 388 mm,壁厚为6.4~25.4 mm,单节长度可达12~18 m。常用材质有Q235、Q355、10、20、L245(B)、L290(X42)、L320(X46)、L360(X52)、L390(X56)、L415(X60)、L450(X65)、L485(X70)、L555(X80)等。

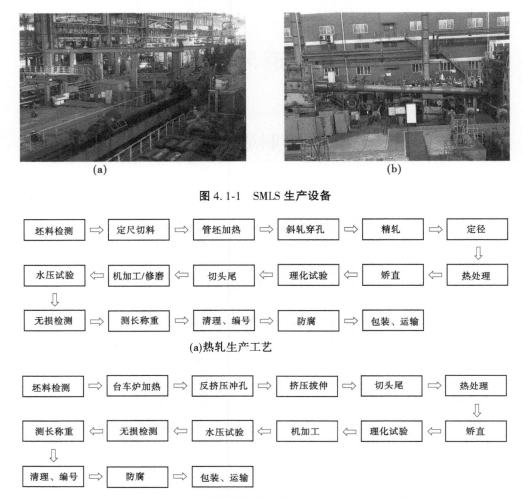

(a)　　　　　　　　　　　(b)

图 4.1-1　SMLS 生产设备

坏料检测 ⇒ 定尺切料 ⇒ 管坯加热 ⇒ 斜轧穿孔 ⇒ 精轧 ⇒ 定径

水压试验 ⇐ 机加工/修磨 ⇐ 切头尾 ⇐ 理化试验 ⇐ 矫直 ⇐ 热处理

无损检测 ⇒ 测长称重 ⇒ 清理、编号 ⇒ 防腐 ⇒ 包装、运输

(a)热轧生产工艺

坏料检测 ⇒ 台车炉加热 ⇒ 反挤压冲孔 ⇒ 挤压拔伸 ⇒ 切头尾 ⇒ 热处理

测长称重 ⇐ 无损检测 ⇐ 水压试验 ⇐ 机加工 ⇐ 理化试验 ⇐ 矫直

清理、编号 ⇒ 防腐 ⇒ 包装、运输

(b)热挤压生产工艺

图 4.1-2　SMLS 生产工艺流程

　　SAWH 生产工艺的特点为：钢管成型过程中钢板变形均匀,残余应力小,表面不产生划伤。螺旋钢管在直径和壁厚的尺寸规格范围上有更大的灵活性,尤其在生产高钢级薄壁管,特别是中小口径薄壁管方面具有其他工艺无法比拟的优势,可满足用户在螺旋钢管规格方面更多的要求;采用先进的双面埋弧焊工艺,可在最佳位置实现焊接,不易出现错边、焊偏和未焊透等缺陷,容易控制焊接质量。对钢管进行 100% 的质量检查,使钢管生产的全过程均在有效的检测、监控之下,有效地保证了产品质量。整条生产线的全部设备具备与计算机数据采集系统联网的功能,实现数据即时传输,由中央控制室对生产过程中的技术参数进行及时调整和控制。

　　随着国内外多项重大管道工程的规划及建设,使用大变形管线钢、高钢级 SAWH 生产的热煨弯管和厚规格低温管件等高附加值产品,显现出良好的市场竞争能力和较大的市场需求,近 10 年来国内螺旋钢管生产设备和技术水平明显提高,其产品已广泛应用在输送石油天然气工程,长距离输水工程也逐渐获得应用。SAWH 的生产工艺相对简单,流水线生产效率高,尤其适用于薄壁中低压管道批量化生产,但同时生产厂家水平参差不齐,产品质量堪忧。目前,长距离输水工程 SAWH 的使用压力一般不超过 4 MPa,远比不上石油天然气管道的输送压力。SAWH 生产设备见图 4.1-3,生产工艺流程见图 4.1-4。

图 4.1-3　SAWH 生产设备

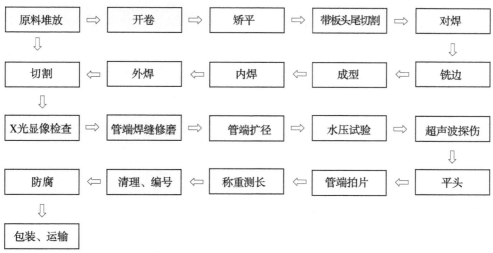

图 4.1-4　SAWH 生产工艺流程

三、卷制直缝钢管埋弧焊成型技术

卷板机是用于金属板材弯曲成型的设备,可将金属板材一次上料,不须调头完成板材两端部预弯和卷制成型,能生产各种规格的圆形或弧形工件及成型工件的校圆,借助辅助设备还可卷制锥形筒体,是水利、石油、化工、锅炉、造船、机车车辆、金属结构及机械制造等行业理想的弯曲成型设备。

卷制直缝钢管是使用卷板机将单块钢板沿轧制方向卷制的,自动埋弧焊接成的钢管,管径不小于 300 mm,单节长度一般为 2~3 m。这种钢管生产设备简单,生产效率低,管节短,环缝多,造价低,可生产各种大口径钢管、异形钢管,在水利水电工程中被广泛采用,目前最大的卷制直缝钢管为乌东德水电站引水压力钢管,管径 12.4 m。国内最大的水平下调式三辊卷板机可生产卷板厚度 250 mm(Q235)、预弯厚度 220 mm(Q235)、宽度 3 m 的钢管,最大板厚对应的最小钢管直径为 6 m。钢管卷制采用一次性成型工艺,通过调整滚床压力,分 2~3 次卷制成型。钢板两端可在卷板机上预先压弯,也可使用压机压弯。钢管焊接后一般需要用卷板机二次回圆,必要时两端管口使用专用锥头模具整圆。

　　板料在上下辊之间的位置必须放正,务必在板料上画好中心线与下辊中心线保持平行,避免卷出来的工件出现歪扭。卷圆管瓦片调整两端上下轴辊的距离时,轴辊的升降应左右对称同步动作,掌握好工件的曲率,防止鼓肚现象。卷制直缝焊钢管生产设备见图 4.1-5,三辊对称式卷板机生产过程见图 4.1-6,生产工艺流程见图 4.1-7。

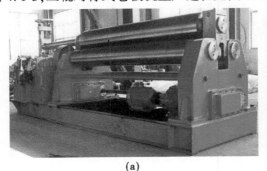

(a)　　　　　　　　　　　　　　(b)

图 4.1-5　卷制直缝钢管生产设备

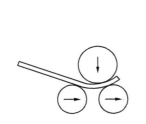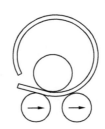

图 4.1-6　三辊对称式卷板机生产过程

　　卷制直缝钢管生产设备有三辊对称式卷板机、三辊不对称式卷板机、四辊式卷板机等多种。国内最大的水平下调式三辊卷板机的主体结构均为焊接结构,三个辊子均为主动辊,上辊为四电机驱动,下辊为液压电动机驱动。两下辊分别装入可以沿导轨水平移动的机架内,在水平油缸的作用下可以相对于上辊轴线两侧向前或向后移动。上工作辊安装在左右轴承体内,由安装在左右底座内的油缸推拉使其升降运动。左轴承体为便于工件的卸料,由倒头缸拉推其倾倒与复位,右轴承体外连接有上辊传动部分和平衡装置,以保证倾倒轴承体倾倒后上辊悬空的力平衡。上辊、下辊移动的位移量以数字形式显示,辊子两端移动的同步精度由系统自动调平控制。上辊传动是由 4 台 55 kW 电机驱动速比为 280 的行星齿轮减速器,上辊油缸左右两端的升降运动由 1 台 90 kW 的 4 级电机驱动行走减速器。

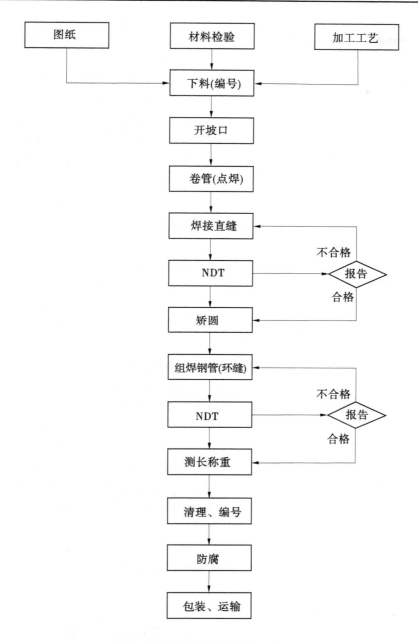

图 4.1-7　卷制直缝钢管生产工艺流程

使用三辊卷板机应注意以下操作细节：禁止卷制或校平有突起焊缝或有切开毛边的钢板；钢板与作业辊不得有打滑现象；卷制圆锥形工件时，应使工件小圆一端压在立辊的导辊上；使用垫块校平钢板时，垫块硬度不得高于作业辊硬度；钢板弯卷出现搭头时禁止作业；液压站油压不稳定或油温、轴承温度超过 60 ℃时禁止作业；工件仍在上下作业辊中夹持时，不得开动翻转组织来反转翻倒横梁；取下三辊卷板机的工件时，应防止氧化皮和灰尘掉进翻倒横梁的轴承内;除节流阀外,其他液压阀门禁止私自调正。

四、辊压直缝钢管高频电阻焊成型技术

高频电阻焊是电阻焊的一种生产方法,是一种利用固体电阻热能的焊接方式,分为交流焊接(AC)和直流焊接(DC)两种。交流焊接较为常用,直流焊接通常用于生产小直径钢管。交流焊接根据加热频率的不同分为低频焊接、中频焊接、高频焊接和超高频焊接。高频电流通过金属导体,将产生两个特殊的效果,即"集肤效应"和"接近效应"。而高频焊接工艺是利用"集肤效应"使电流集中流过钢制物体表面,利用"接近效应"控制高频电流流动路径的位置和功率。辊压直缝钢管与埋弧焊管的焊接方式有显著不同,它生产速度很快,接触的板边缘可以在短时间内加热熔化,然后通过对接过程挤出,实现钢口的融合。在焊接过程中,辊压直缝钢管的焊缝是由钢带本体的母材熔化而成,不需要添加填充金属和焊剂。

辊压直缝钢管是将带钢送入焊管机组,用轧辊滚压将带钢逐渐卷起,形成有1~3 mm开口间隙的圆形管坯,采用高频电阻焊焊接成型。由于焊接在高速下瞬间完成,保证焊接质量的难度大大高于埋弧焊接方式,生产质量受原材料和工艺等许多因素的影响,产品质量较难控制,需要不断提高焊接温度、焊接压力、焊接速度、开口角、感应器及阻抗器的位置等生产工艺。

辊压直缝钢管生产过程中的焊接温度、焊接电流难以测量,常用输入热量来代替。当输入热量不足时,被加热边缘达不到焊接温度,仍保持固态组织而焊不上,形成焊合裂缝;当输入热量大时,被加热边缘超过焊接温度易产生过热,甚至过烧,受力后易产生开裂;当输入热量太大时,焊接温度过高,焊缝会被击穿,造成熔化金属飞溅形成孔洞,因此,熔化焊接温度一般控制在1 350~1 400 ℃为宜。

焊接压力的大小影响着焊缝的强度和韧性。若所施加的焊接压力过小,金属焊接边缘不能充分压合,焊缝中残留的非金属夹杂物和金属氧化物因压力小不易排出,焊缝强度降低,受力后易开裂;压力过大时,达到焊接温度的金属大部分被挤出,不但降低焊缝强度,而且产生内外毛刺过大或搭焊等缺陷。因此,应根据不同的品种规格在实际中求得与之相适应的最佳焊接压力,生产过程常用的焊接压力一般控制在20~40 MPa。管坯宽度及厚度可能存在的公差,以及焊接温度和焊接速度的波动,都有可能涉及焊接挤压力的变化,一般通过调整挤压辊之间的距离或挤压辊前后管筒周差来控制焊接挤压量,从而保证焊接压力。

加快焊接速度可以提高焊接质量,因为加热时间的缩短使边缘加热区宽度变窄,缩短了形成金属氧化物的时间。如果焊接速度降低,不仅加热区变宽,而且熔化区宽度随输入热量的变化而变化,形成内毛刺较大,且低焊速会因输入热量少而使焊接困难,若不符合规定值则易产生焊接缺陷。因此,在高频焊管时,应在机组的机械设备和焊接装置所允许的最大速度下,根据不同规格钢种选择合适的焊速。

开口角是指挤压辊前管坯两边缘的夹角,开口角的大小与烧化过程的稳定性有关,对焊接质量的影响很大。减小开口角时,边缘之间的距离也减小,从而使邻近效应加强,在其他条件相同的情况下便可增大边缘的加热温度,从而提高焊接速度。但开口角如果过

小将使会合点到挤压辊中心线的距离加长,从而导致边缘并非在最高温度下受到挤压,这样便使焊接质量降低,增加用电消耗。实际生产经验表明,可移动导向辊的纵向位置来调整开口角大小,通常为2°~6°。在导向辊不能纵向调整的情况下,可用导向环厚度或压下封闭孔型来调整开口角的大小。

感应器放置位置距挤压辊中心线的距离对焊接质量影响很大。距挤压辊中心线较远时,有效加热时间长,热影响区宽,焊缝强度降低。通常感应器应与管同心放置,以其前端与挤压辊中心线距离不超过管径为最佳状态。阻抗器为磁棒,当其前端位置超过挤压辊中心线伸向定径机一侧时,扩口强度和压偏强度明显下降;阻抗器不在成型机中心而在一侧时,会使焊接强度降低。最佳位置即阻抗器放在感应器下面的管坯内,其头部与挤压辊中心线重合或向成型方向调节20~40 mm,有利于保证扩口强度和压扁强度,能增加管内背阻抗,减少其循环电流损失,提高焊接电压。

辊压直缝钢管的生产过程控制严格,流水线生产效率高,质量可靠,焊接速度可以达到30 m/min,焊接电流频率为不小于70 kHz,机械强度比一般焊管好,钢管外表光洁、精度高、造价低、焊缝余高小,有利3PE防腐涂层的包覆。辊压直缝钢管工艺主要用于生产具有焊接纵向接缝的普通或薄壁钢管,生产的钢管外径为219.1~610.0 mm,壁厚为4.0~19.1 mm,单节长度可达12~18 m,尤其适应于小直径厚壁管批量化生产,广泛应用于水、油、天然气等大批量加压流体的输送。辊压直缝钢管生产的不同管径需采购宽度相匹配的钢卷,否则钢卷废料太多不经济。辊压直缝钢管生产设备见图4.1-8,生产工艺和流程见图4.1-9、图4.1-10。

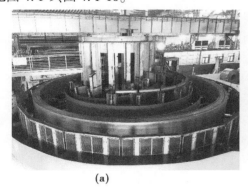
(a)

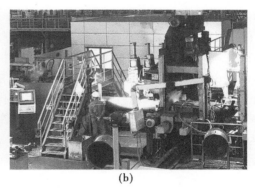
(b)

图4.1-8 辊压直缝钢管生产设备

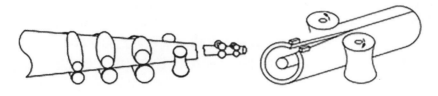

图4.1-9 辊压直缝钢管生产工艺

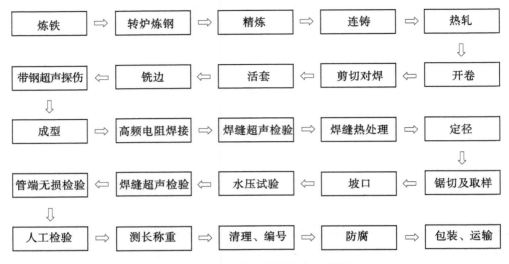

图 4.1-10　辊压直缝钢管生产工艺流程

五、冲压直缝钢管埋弧焊成型技术

冲压直缝钢管(SAWL)是在常温下使用冲压机将单块钢板沿垂直轧制方向冲压,使用自动双丝双面埋弧焊焊接成型的。单节长度可达 12～18 m,成型精度和效率高,适用于标准规格、批量化生产。SAWL 在石油天然气管道上大量应用,水利行业基本未采用。SAWL 的生产过程控制严格,流水线生产效率高,质量可靠,尤其适应于厚壁管批量化生产,但设备投入多,要求生产车间大。SAWL 常用的常用成型方式有"UOE""JCOE"两种。"UOE"需要使用不同规格模具,生产钢管的标准外径系列为 457 mm、508 mm、559 mm、610 mm、660 mm、711 mm、762 mm、813 mm、864 mm、914 mm、965 mm、1 016 mm、1 067 mm、1 118 mm、1 168 mm、1 219 mm、1 321 mm、1 422 mm,壁厚为 6.4～40 mm,代表的生产厂家有宝山钢铁股份有限公司、番禺珠江钢管(珠海)有限公司。"JCOE"生产的钢管外径为 406～1 626 mm,壁厚为 6.4～40.0(×65) mm,代表厂家有番禺珠江钢管(珠海)有限公司、中石化石油工程机械有限公司沙市钢管厂。这两种工艺的生产标准均采用《低压输送流体用焊接钢管》(GB/T 3091—2015)、《页油燃气工业管线输送系统用钢管》(GB/T 9711—2017)、API 5L。SAWL 与 SAWH、HFW 性能对比见表 4.1-1。

宝山钢铁股份有限公司于 2007 年斥资 30 多亿元引进了德国 MEER 公司"UOE"生产线,年产量达 50 万 t,解决了国内大型石油天然气工程所需的高质量直缝埋弧焊管国内配套能力不足的现状,其中的关键加工设备"O"成型机压力达到 7 200 t,居世界第一。"UOE"所需模具数量多,每套模具费用即高达百万元,目前国内"UOE"生产厂家数量极为有限。"UOE"工艺的主要成型过程是先将钢板铣边或刨边后经压机冲压成 U 形,合缝成 O 形,再进行内焊、外焊、E 扩径、矫直、平头、水压试验、检测等多道工序,达到相关标准要求。"UOE"成型精度和生产效率高,应力集中和焊后残余应力小,成形后的母材屈强比小,生产同规格钢管效率高;但由于一套"U"成型机和"O"成型机模具只能生产一种直径的钢管,对成型机压力要求很高,因此生产的管径和壁厚要小于"JCOE"成型方式。

"UOE"生产工艺流程见图 4.1-11。

表 4.1-1 SAWL 与 SAWH、HFW 性能对比

项目		SAWL	SAWH	HFW
制管	原料形态	中厚板/热轧切板	热轧钢卷	热轧钢卷
	板宽	3.14D+余量	(0.8~3)D	3.14D+余量
	制管过程	非连续	连续	连续
	焊接方式	埋弧焊、熔焊	埋弧焊、熔焊	高频电阻焊、压焊
	焊接金属	焊剂填充	焊剂填充	无填充
	定径	全长定径	无	全长定径
	补焊	允许	允许	不允许
成品	化学成分	合金含量略低	合金含量略低	合金含量略高
	强度	真实反映承压能力	与环向应力呈一角度	真实反映承压能力
	韧性	热影响区偏低	热影响区偏低	良好
	尺寸精度	良好	一般	优
	表面状态	良好	良好	优
	焊缝长度	L	(1.047~3.925)L	L
	焊缝余高	≤3 mm	≤3 mm	≤0.5 mm
	焊缝承压	实际环向应力	实际环向应力+切向应力	实际环向应力
	残余应力	较小	较大	较小
	外径范围	406~1 426 mm	273~2 388 mm	219.1~610 mm
	壁厚范围	6.4~40 mm	6.4~25.4 mm	4.0~19.1 mm
	最高钢级	X80	X80	X70
	冷热弯管	优选	通常不用	可选
	过流能力	强	较强	强
	经济性	价格高	价格略高	价格低

"JCOE"是 20 世纪 90 年代发展起来的一种成型方式和生产设备,该工艺的主要成型过程是先将钢板铣边或刨边后经纵边预弯成 J 形,再用压机冲压成 C 形,合缝成 O 形,再进行内焊、外焊、E 扩径、矫直、平头、水压试验、检测等多道工序,达到相关标准要求。其中的关键工序是冲压成型,每一步冲压均以三点弯曲为基本原理,使用多道次渐进冲压成型,需要确定好模具形状、上模冲程、下模冲程、冲压步长和道次,才能保证冲压出最合适的弯曲半径和最佳开口毛坯圆管,这些又与钢板材质、壁厚、力学性能、钢管直径等直接相

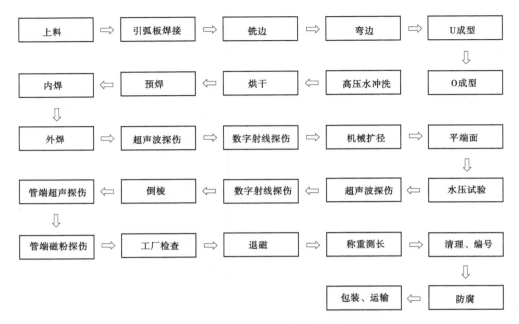

图 4.1-11 "UOE"生产工艺流程

关,"J"成型机压力可达 6 500 t。"JCOE"可生产非标直径,生产的管径和壁厚范围广,一套模具可生产多种管径的钢管,但成型精度和生产效率低于"UOE","JCOE"的工艺参数复杂,生产设备众多,一次性生产线投入在 5 亿元以上,目前国内"JCOE"生产厂家数量有限。"JCOE"生产工艺流程见图 4.1-12。

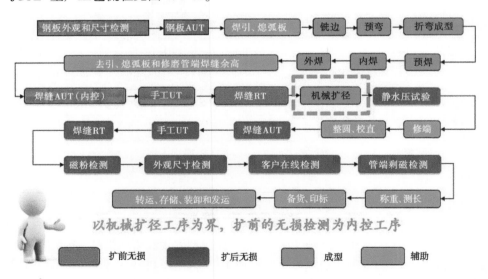

图 4.1-12 "JCOE"生产工艺流程

"UOE"和"JCOE"生产线制管均需用到多丝埋弧焊系统、水压试验机、坡口修端机等自动化生产设备和自动 UT、焊缝在线自动 UT、焊缝 X 射线、工业电视、焊缝在线管端拍片等检测装置,可以保证钢管生产优质高效。但"JCOE"所用到的生产设备多于"UOE",生产线尚需配套自动铣边机、板边双边预弯机、"J"成型机、"C"成型机、"O"成型机、大功率合缝机及高速合缝焊接系统、"E"扩径机等生产设备。

国内主要"JCOE"生产线见表 4.1-2,"UOE"和"JCOE"主要生产设备见图 4.1-13,主要理化检测设备见图 4.1-14。

表 4.1-2　国内主要"JCOE"生产线

品牌	管径/mm	壁厚/mm	钢级	产能/万 t	投资方	投产年份
河北巨龙	406~1 422	6~27	X70	15	中国石油	2002
湖北沙市	406~1 422	6~30	X70	15	中国石化	2003
珠江钢管(连云港)	406~1 626	6~30	X70	15	民营	2007
秦皇岛万基	508~1 524	6~32	X70	30	合资	2004
秦皇岛宝世顺	508~1 422	6~32	X80	15	中国石油	2008
南京巨龙	508~1 422	6~32	X80	15	中国石油	2009
珠江钢管(番禺)	406~1 626	6~45	X70	20	民营	2010
青岛武晓	406~1 422	7~60	Q345	15	民营	2003
上海月月潮	355~1 422	10~60	Q345	10	民营	2005
紫金	355~1 422	10~60	Q345	10	民营	2005

以番禺珠江钢管(珠海)有限公司为代表的自动化生产流水线配备有 MES 生产执行系统,能够有效地优化企业的生产管理模式,强化过程管理和控制,实现自动化生产。MES 系统可以监控从原材料进厂到钢管入库的全部生产过程。其中包括记录生产过程中钢管所使用的物料、设备、批号、试验和检验、钢管质量的数据和结果,以及每道工序上生产的时间、人员、机器损耗等信息。这些数据的收集,经过 MES 系统加以分析,就能生成相应的看板报表,实时呈现生产现场的订单进度、任务进度、产能分析、设备异常状况、工序报警及生产的人、机、料的利用状况,这样就让整个生产现场实现完全透明化。同时,MES 可以将生产线上实时的生产数据,通过互联网准确地传送给使用者查看,无论是企业的管理人员,还是身在总部的老板,甚至远在国外的客户。不管身在何地,只要通过手机或者电脑,就能将生产现场的状况看得清清楚楚,随时了解订单进度、产品质量管控、过程追溯等生产状况。MES 系统通过反馈结果来优化生产制造过程的管理业务。当出现钢管质量问题时,MES 系统能够根据钢管序列号,追溯这批钢管的所有生产过程信息,包括它的原料供应商、操作机台、操作人员、经过的工序、生产时间日期和关键的工艺参数等。根据这些反馈信息及时做出调整,就能有针对性地为客户提供更好的服务。同时,钢管生产过程中的数据,为生产管理决策提供有效的支持,当生产过程发生异常事件时,MES 系统还能提供现场异常状态的信息,并以最快速度通知使用者,从而有效遏制问题的发生。因此,企业使用 MES 系统可以降低生产周期时间,减少再制品,增强订单按期交付能力,改善产品质量,继而降低生产成本,提高产品质量,增加生产效率。

(a) "UOE" 成型机

(b) "JCOE" 成型机

(c)自动铣边机

(d)预弯边机

(e)多丝自动内焊机

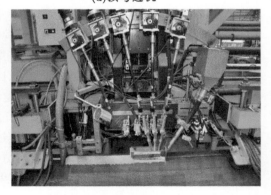

(f)多丝自动外焊机

图 4.1-13　"UOE"和"JCOE"主要生产设备

(g)合缝预焊机

(h)内孔扩径机

(i)水压机

(j)修端机

(k)自动UT检测设备

(l)RT检测房

续图 4.1-13

(a)金属分析光谱仪　　　　　(b)导向弯曲试验机　　　　　(c)摆锤冲击试验机

图 4.1-14　"UOE"和"JCOE"主要理化检测设备

第二节　冲压直缝钢管焊接关键技术

一、研究内容和要求

以新平县十里河水库重力流供水高压回填管道为例,研究冲压直缝钢管焊接性能试验关键技术。该工程高压管段钢管内径 600 mm,设计内水压力 13.5 MPa,钢材采用 X70M 和 WDB620 两种对比性高强钢,屈服强度大于 485 MPa,抗拉强度大于 570 MPa,屈强比小于 0.9,管壁厚度 24 mm,径厚比 25,远超出《水利水电工程压力钢管设计规范》(SL/T 281—2020)对高强钢径厚比不小于 57 的要求。排气阀三通岔管采用 Q355C 无缝钢管,外径 114 mm、壁厚 10 mm。

针对工程高压钢管的生产制作和工程应用,中水珠江规划勘测设计限公司先后调研了云南省元阳县南沙河灌溉管道工程、云南省元江县红河灌溉管道工程、新平县那板箐水电站、大红山铁精矿管道输送工程等 4 个工程,以及武汉重工铸锻有限责任公司、上海宝武钢铁集团有限公司、番禺珠江钢管(珠海)有限公司、河北华阳钢管厂、浙江泰富无缝管有限公司、云南大红山管道有限公司等 6 家高压管道生产企业,取得了相关技术资料和工程经验。考虑到 600 MPa 级别的高强钢在国内引调水工程中设计运用不多,且径厚比远小于规范建议值,材料性能指标、材料现场的可焊性、三通岔管的破坏与失效力学行为等关键技术都有待研究验证,因此该项目开展了 1∶1 实物试制,以获取材料的各项基本性能数据,作为设计、施工、安全运行等一系列工作的技术支撑。钢管制作借鉴油气管道经验,采用"JCOE"工艺而不采用传统的卷板制作工艺,标准管节长度达 12 m,可大大减少现场安装环缝数量。

中水珠江规划勘测设计限公司联合番禺珠江钢管(珠海)有限公司(简称 PCK)承担实物 1∶1 的钢管制作,联合开展性能试验关键技术研究工作,同时聘请水利部水工金属结构质量检验测试中心(简称质检中心)作为第三方检测单位[27]。性能试样由 PCK 准备两套,一套由 PCK 联合帕博检测技术服务有限公司完成,另一套由质检中心完成,并各自提供性能测试报告,研究周期为 6 个月[28]。

研究要求采用直缝试板进行焊接工艺评定,确定焊接工艺和方法;对直管和岔管进行"JCOE"冷加工成型,试验并评定成品管母材和纵缝的力学性能、铁研低温焊接性能、环缝力学性能和排气阀三通岔管焊缝的力学性能,确定焊接工艺和焊前预热等关键技术,作为验证和优化高压管道设计、制造方案的重要参考数据。试验用管基本参数见表 4.2-1,试验用管结构见图 4.2-1、图 4.2-2。

表 4.2-1　试验用管基本参数

材质	公称尺寸/mm	数量/根	用途
X70M	钢板:24(厚)×1 960(宽)×12 500(长)	2	1 根性能测试、1 根爆破试验
WDB620	钢板:24(厚)×1 960(宽)×12 500(长)	2	1 根性能测试、1 根爆破试验
Q345C	无缝钢管:外径 114×10(厚)×5 000(长)	1	用于岔管

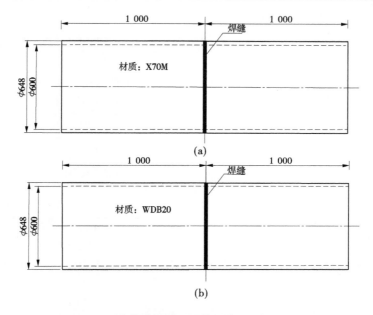

图 4.2-1　直管焊接试验用管结构　(单位:mm)

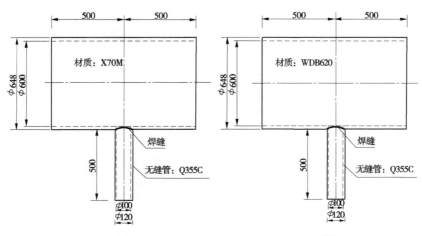

图 4.2-2　岔管焊接试验用管结构　(单位:mm)

钢管在冷扩径和水压试验前后,均进行纵缝全长超声波 UT 检测、X 射线 RT 检测和表面磁粉 MT 检测,其中纵缝、环缝和补焊评定均采用 100% UT 和 100% RT,岔管对接焊缝还需进行 100% MT 检测。无损检测验收等级:UT 按 NB/T 47013.3—2015 的 B 级检测 I 级执行和验收;RT 按 NB/T 47013.2—2015 的 AB 级检测 II 级执行和验收;MT 按 NB/T 47013.4—2015 的 I 级规定执行和验收。当焊缝出现缺陷时,应按规定返修,并经检测合格。钢管尚需进行剩磁检验,在每一端沿圆周方向相距 90° 至少读取 4 个读数,检测结果应在 4~7 Gs 内为合格。

二、纵缝试板焊接工艺评定

(一)力学性能试验项目和要求

在钢管试制前,对 X70M 和 WDB620 的两种材料分别进行了直缝试板焊接工艺评定,评定工艺包括自动埋弧焊工艺评定,以及对自动埋弧焊的返修焊工艺评定,返修通常采用焊条工艺返修。直缝试板焊接评定力学性能试验项目和要求见表 4.2-2。

表 4.2-2　直缝试板焊接评定力学性能试验项目和要求

材质/类型	试验项目	试样数量和位置	试验结果参考值
X70M 自动焊评和返修焊评	拉伸	2 件;横向	$R_m \geqslant 570$ MPa
	夏比冲击	焊缝、FL、FL+2 mm;各 3 件;横向	试验温度:0 ℃;10 mm×10 mm×55 mm 全尺寸试样。冲击功:单个值≥20 J,平均值≥27 J
	导向弯曲	侧弯 4 件;横向	弯曲直径 40 mm;弯曲角度 180°。拉伸面上的焊缝和 HAZ 内,沿任何方向不得有单条长度大于 3 mm 的开口缺陷。试样的棱角开口缺陷一般不计。但由于未熔合、夹渣或其他内部缺欠引起的棱角开口缺陷长度应计入
	维氏硬度	1 件;横向	≤300 HV10
	金相		提供金相照片
WDB620 自动焊评和返修焊评	拉伸	2 件;横向	$R_m \geqslant 620$ MPa
	夏比冲击	焊缝、FL、FL+2 mm;各 3 件;横向	试验温度:0 ℃;10 mm×10 mm×55 mm 全尺寸试样。冲击功:单个值≥33 J,平均值≥47 J
	导向弯曲	侧弯 4 件;横向	弯曲直径 40 mm;弯曲角度 180°。拉伸面上的焊缝和 HAZ 内,沿任何方向不得有单条长度大于 3 mm 的开口缺陷。试样的棱角开口缺陷一般不计。但由于未熔合、夹渣或其他内部缺欠引起的棱角开口缺陷长度应计入
	维氏硬度	1 件;横向	≤300 HV10
	金相		提供金相照片

(二)力学性能试验

1. 拉伸

焊缝横向拉伸试样取至焊接试板,焊缝应位于试样中心,试样的焊缝余高应以机械方法去除,使之与母材平齐。每一种材质自动焊评和返修焊评各取 1 件,试样尺寸为 24 mm×38.1 mm。按《金属材料　拉伸试验　第 1 部分:室温试验方法》(GB/T 228.1—2021)进行拉伸试验,两种材质的拉伸试验均合格。焊缝拉伸性能试验结果见表 4.2-3,拉伸试样见图 4.2-3。

表 4.2-3　焊缝拉伸性能试验结果

类型	拉伸试验指标	位置	X70M			WDB620		
			验收参考值	结果	断裂位置	验收参考值	结果	断裂位置
自动焊评;试样 1	R_m/MPa	焊缝横向	≥570 MPa	607	母材	≥620 MPa	639	母材
自动焊评;试样 2				614	母材		637	母材
返修焊评;试样 1	R_m/MPa	焊缝横向	≥570 MPa	622	母材	≥620 MPa	690	母材
返修焊评;试样 2				617	母材		704	母材

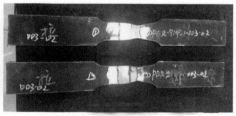

(a)X70M　　　　　　　　　　(b)WDB620

图 4.2-3　拉伸试样

2. 夏比 V 型缺口冲击

夏比 V 型缺口冲击试样的纵轴线应垂直于焊缝轴线,缺口轴线垂直于母材表面。试样位置取至焊缝中心、FL(熔合线)和 FL+2 mm。每一材质自动焊评和返修焊评各取 4 组,每组 3 件。试验温度 0 ℃,试样公称尺寸 10 mm×10 mm×50 mm。按《金属材料　夏比摆锤冲击试验方法》(GB/T 229—2020)进行冲击试验,两种材质的焊缝夏比冲击试验性能结果见表4.2-4,锤断后试样形貌见图 4.2-4。两种材质的试验结果均合格,并具有一定的富裕量。

表 4.2-4　焊缝夏比冲击试验性能结果(0 ℃)

类型	位置	冲击指标	X70M				WDB620			
			1	2	3	平均	1	2	3	平均
自动焊评	焊缝中心	冲击功/J	190	166	166	174	215	184	191	197
	FL		258	197	259	238	66.5	160	53.6	93.4
	FL+2 mm		243	259	238	247	224	247	251	241

续表 4.2-4

类型	位置	冲击指标	X70M				WDB620			
			1	2	3	平均	1	2	3	平均
返修焊评	焊缝中心	冲击功/J	220	214	200	211	167	178	177	174
	FL		289	217	208	238	133	234	147	171
	FL+2 mm		230	281	262	258	58	199	205	154
验收参考值			单个值≥20 J,平均值≥27 J				单个值≥33 J,平均值≥47 J			

 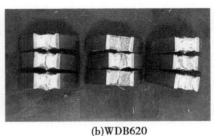

(a)X70M　　　　　　　　　　　　　　(b)WDB620

图 4.2-4　夏比冲击试验锤断后试样形貌

3. 导向弯曲

导向弯曲试验采用侧弯试样,试样取焊接试板,试样的焊缝余高应采用机械方法去除。每一材质自动焊评和返修焊评各取 4 件,试样尺寸(厚×宽)10 mm×24 mm,弯曲直径为 4 倍试样厚度,即 40 mm,弯曲角度 180°,按《金属材料　弯曲试验方法》(GB/T 232—2010)进行导向弯曲试验,导向弯曲后试样受拉面见图 4.2-5。两种材质的试样均未发现任何裂纹,试验结果均合格。

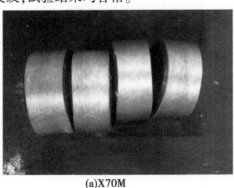 

(a)X70M　　　　　　　　　　　　　　(b)WDB620

图 4.2-5　导向弯曲后试样受拉面

4. 维氏硬度

硬度试样取至焊缝位置,取样方向为横向,也可采用宏观金相试样。试样应包含母材、两侧热影响区、两侧母材,每一材质自动焊评和返修焊评各取 1 件,按《金属材料　维氏硬度试验　第 1 部分:试验方法》(GB/T 4340.1—2009)进行,维氏硬度打点位置见

图 4.2-6,维氏硬度检测结果见表 4. 2-5。表 4. 2-5 中的硬度检测结果显示 X70M 与 WDB620 的硬度均表现为:焊缝≥HAZ≥母材,硬度的分布合理。从焊缝接头断口看,断口全部断在母材,说明焊材的选用符合过强匹配原则。

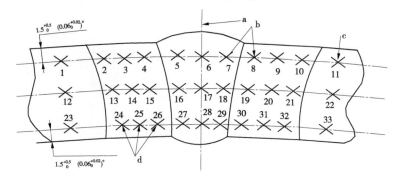

图 4.2-6　维氏硬度打点位置

表 4. 2-5　维氏硬度检测结果

位置分布		母材	HAZ			焊缝			HAZ			母材
X70M 自动焊评	点位	1	2	3	4	5	6	7	8	9	10	11
	硬度值/HV10	186	192	200	205	217	219	215	210	203	196	188
	点位	12	13	14	15	16	17	18	19	20	21	22
	硬度值/HV10	197	191	202	208	214	217	213	207	204	200	185
	点位	23	24	25	26	27	28	29	30	31	32	33
	硬度值/HV10	184	200	203	206	210	216	212	206	205	201	186
硬度平均值/HV10		189	201			215			204			186
X70M 平均硬度/HV10		203										
X70M 返修焊评	点位	1	2	3	4	5	6	7	8	9	10	11
	硬度值/HV10	197	213	216	218	226	231	225	218	215	211	196
	点位	12	13	14	15	16	17	18	19	20	21	22
	硬度值/HV10	193	210	215	217	228	230	228	216	214	210	194
	点位	23	24	25	26	27	28	29	30	31	32	33
	硬度值/HV10	191	199	212	216	231	234	223	215	213	211	196
硬度平均值/HV10		194	213			228			214			195
X70M 平均硬度/HV10		214										

续表 4.2-5

位置分布		母材	HAZ			焊缝			HAZ			母材
WDB620自动焊评	点位	1	2	3	4	5	6	7	8	9	10	11
	硬度值/HV10	209	200	220	207	217	220	212	214	204	205	202
	点位	12	13	14	15	16	17	18	19	20	21	22
	硬度值/HV10	210	205	221	221	229	226	227	216	210	203	212
	点位	23	24	25	26	27	28	29	30	31	32	33
	硬度值/HV10	212	212	236	218	238	231	231	222	224	212	210
硬度平均值/HV10		210	216			226			212			208
WDB620 平均硬度/HV10		216										
WDB620返修焊评	点位	1	2	3	4	5	6	7	8	9	10	11
	硬度值/HV10	190	250	237	230	222	216	237	230	228	237	197
	点位	12	13	14	15	16	17	18	19	20	21	22
	硬度值/HV10	211	211	210	204	218	214	213	215	210	213	204
	点位	23	24	25	26	27	28	29	30	31	32	33
	硬度值/HV10	205	214	210	205	214	219	216	206	214	218	208
硬度平均值/HV10		202	219			219			219			203
WDB620 平均硬度/HV10		216										
参考值/HV10		所有位置硬度≤300										

5. 金相

试板焊缝焊接严格按焊接工艺规程 WPS 完成,宏观金相试样取至焊缝位置,取样方向为横向。每一材质,每一种焊接工艺评定各取 1 件,按《钢的低倍组织及缺陷酸蚀检验法》(GB/T 226—2015)进行金相试验,2 种材质的焊缝宏观金相检测结果全部一次性合格。焊缝宏观金相检测结果见表 4.2-6。

三、成品管母材和纵缝的性能评定

(一) 力学性能试验项目和要求

钢管成型后对钢板的化学成分与金相组织影响微乎其微,因此不再对成品管的化学成分和金相组织进行检测。成型后的钢管进行了扩径、水压和无损检测。考虑到母材强度级别高、径厚比小,"JCOE"生产线制管时纵缝焊接采用了焊后缓冷保温措施,力学性能评价的具体要求是从上述 2 种材质的成品钢管中各挑选 1 根,进行成品管的力学性能试验,成品管母材和纵缝力学性能试验项目和要求见表 4.2-7。

表 4.2-6　焊缝宏观金相检测结果

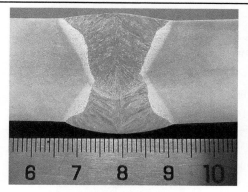

X70M 自动焊评,焊缝宏观照片(4×)

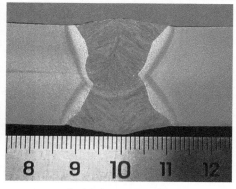

WDB620 自动焊评,焊缝宏观照片(4×)

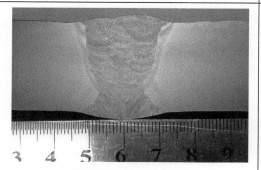

X70M 返修焊评,焊缝宏观照片(4×)

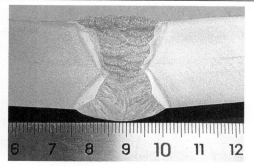

WDB620 返修焊评,焊缝宏观照片(4×)

典型焊缝形貌数据	X70M		WDB620	
	自动焊评	返修焊评	自动焊评	返修焊评
内焊缝宽度/mm	24	26	24	25
外焊缝宽度/mm	23	24	21	24
内焊缝余高/mm	1.8	1.9	2.0	3.8
外焊缝余高/mm	1.5	1.9	1.8	1.8
焊偏量/mm	0.3	—	0.9	—
错边/mm	0.2	0.2	0.2	0.4
内外焊缝重合量/mm	全熔透	全熔透	全熔透	全熔透
其他缺陷	无	无	无	无

表 4.2-7　成品管母材和纵缝力学性能试验项目和要求

材质/类型	试验项目	试样数量和位置	试验结果参考值
X70M 和 WDB620 成品钢管理化试验	拉伸	母材 1 件；横向	X70M：$R_{p0.2}$：485~635 MPa；R_m：570~760 MPa；$R_{p0.2}/R_m \leqslant 0.92$；$A_{50} \geqslant 23\%$。WDB620：$R_{P0.2} \geqslant 490$ MPa；R_m：620~750 MPa；$R_{p0.2}/R_m \leqslant 0.92$；$A_5 \geqslant 17\%$
		焊缝 1 件；横向	X70M：$R_m \geqslant 570$ MPa；WDB620：$R_m \geqslant 620$ MPa
	夏比冲击	母材、焊缝、FL；$L+2$ mm；各 3 件；横向	试验温度：0 ℃；10 mm×10 mm×55 mm 全尺寸试样。X70M 冲击功：单个值 $\geqslant 20$ J，平均值 $\geqslant 27$ J。WDB620 冲击功：单个值 $\geqslant 33$ J，平均值 $\geqslant 47$ J
	导向弯曲	侧弯 2 件；横向	弯曲直径 40 mm；弯曲角度 180°。拉伸面上的焊缝和 HAZ 内，沿任何方向不得有单条长度大于 3 mm 的开口缺陷。试样的棱角开口缺陷一般不计。但由于未熔合、夹渣或其他内部缺欠引起的棱角开口缺陷长度应计入
	落锤撕裂（DWTT）	母材 2 件；横向	试验温度：0 ℃。X70M 剪切面积：单个值 $\geqslant 70\%$，平均值 $\geqslant 85\%$。WDB620 剪切面积：单个值 $\geqslant 70\%$，平均值 $\geqslant 85\%$
	维氏硬度	焊缝 1 件；横向	$\leqslant 300$ HV10
	金相		提供金相照片

(二) 力学性能试验

1. 拉伸

两种材料制成成品管后，钢板母材拉伸试样取至板宽 1/2 位置，即管身 180°的取样位置，对应取样方向为横向，每一材质各取 1 件。钢管管体拉伸试样取至管体 180°位置，取样方向为横向，每一材质各取 1 件。试样尺寸均为 24 mm×38.1 mm。按《金属材料拉伸试验　第 1 部分：室温试验方法》(GB/T 228.1—2021)进行试验，板、管拉伸性能对比见表 4.2-8，拉伸曲线对比见图 4.2-7。

表 4.2-8　板、管拉伸性能对比

拉伸试验指标	位置	X70M		WDB620	
		参考值	实测	参考值	实测
$R_{p0.2}$/MPa	钢板母材	485~635 MPa	495	≥490 MPa	620
	钢管母材		527		578
	母材变化(管-板)	—	+32	—	-42
R_m/MPa	钢板母材	570~760 MPa	618	620~750 MPa	691
	钢管母材		637		702
	母材变化(管-板)	—	+19	—	+11
$R_{p0.2}/R_m$	钢板母材	≤0.93	0.80	≤0.92	0.90
	钢管母材		0.83		0.82
	母材变化(管-板)	—	+0.08	—	-0.08
$A_{50}(A_5)$/%	钢板母材	A_{50}≥23%	51.5	A_5≥17%	27%
	钢管母材		48		26%
	母材变化(管-板)	—	-3.5%	—	-1%
焊缝接头	抗拉强度	≥570 MPa	611	≥620 MPa	662
	断裂位置	—	母材	—	热影响区

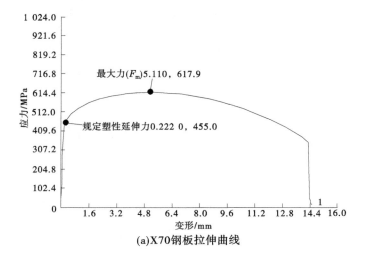

(a)X70钢板拉伸曲线

图 4.2-7　板、管拉伸曲线对比

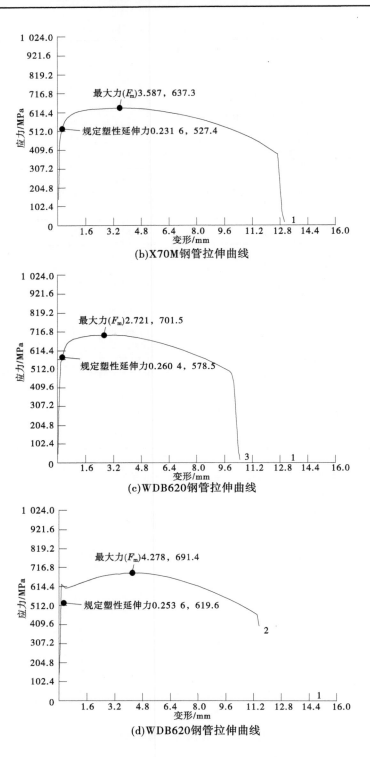

(b)X70M钢管拉伸曲线

(c)WDB620钢管拉伸曲线

(d)WDB620钢管拉伸曲线

续图 4.2-7

从屈服强度的变化趋势看,X70M 的屈服强度制管后上升了约 30 MPa,而 WDB620 则相反,下降了约 40 MPa。与之相对应的拉伸曲线类型,X70M 呈典型的圆屋顶形,屈服平台不明显,而 WDB620 拉伸曲线存在着明显的屈服平台。根据经典金属学原理,具有明显屈服平台的钢材往往会具有明显的包辛格效应。从 WDB620 的拉伸数据看,确实具有明显的包辛格效应,成型后强度下降了 40 MPa;而 X70M 拉伸曲线圆滑,屈服平台不明显,说明 X70M 具有较强加工硬化作用,所以钢管成型后强度会升高。

从抗拉强度的变化趋势看,X70M 和 WDB620 两者制成钢管后,抗拉强度均有小幅上升,10~20 MPa。说明形变加工可以使材料的抗拉强度有所升高,但幅度不大。

从屈强比的变化趋势看,X70M 呈上升趋势,WDB620 呈下降趋势,其内在决定因素是在微观组织上有所不同。屈强比是反映材料的抵抗形变的裕度指标,API 5L 标准和 GB/T 9711—2017 标准规定屈强比不超过 0.93 为合格。而试制的两材料屈强比均未超过 0.9,说明两种材质的钢板的成型性能均良好。

从纵缝抗拉强度和断裂位置看,焊缝强度均比母材 X70M 和 WDB620 抗拉强度高,焊材选择符合过强匹配的要求,焊接工艺均满足要求。

2. 夏比 V 型缺口冲击

1)母材冲击

钢板母材冲击试样取至板宽 1/4 位置,取样方向为横向,每一材质各取 1 组,每组 3 件。钢管冲击试样取至管体 90°。试验温度 0 ℃,试样公称尺寸 10 mm×10 mm×50 mm,按《金属材料 夏比摆锤冲击试验方法》(GB/T 229—2020)执行,两种材质的母材冲击性能均合格。板、管冲击性能对比见表 4.2-9。

表 4.2-9 板、管冲击性能对比

类型	冲击试验指标	X70M				WDB620			
		1	2	3	平均	1	2	3	平均
钢板,母材 1/4 处	冲击功/J	331	354	194	294	233	244	228	235
	剪切面积/%	98	100	88	95	94	96	92	94
钢管,母材 90°	冲击功/J	316	321	321	319	264	220	266	250
	剪切面积/%	100	100	100	100	95	90	95	93
母材试验结果参考值	(冲击功/J)/(剪切面积/%)	单个值≥20 J / 80% 平均值≥27 J / 90%				单个值≥33 J / 80% 平均值≥47 J / 90%			

2)焊缝冲击

焊缝冲击试样取至焊缝中心、熔合线、熔合线+2 mm 位置,取样方向为横向,每一材质各取 1 套,每套 4 个位置各 1 组,每组 3 件。试验温度 0 ℃,试样公称尺寸 10 mm×10 mm×50 mm。按《金属材料 夏比摆锤冲击试验方法》(GB/T 229—2020)进行冲击试验,两种材质的焊缝冲击性能均合格。钢管焊缝冲击性能对比见表 4.2-10。

表 4.2-10　钢管焊缝冲击性能对比　　　　　　　　单位:J

冲击缺口位置	X70M				WDB620			
	1	2	3	平均	1	2	3	平均
钢管,焊缝中心	177	122	124	141	151	142	175	156
钢管,FL	284	295	314	298	179	40	177	132
钢管,FL+2 mm	287	285	297	290	88.9	105	125	106
焊缝冲击参考值	单个值≥20 J,平均值≥27 J				单个值≥33 J,平均值≥47 J			

3. 导向弯曲

钢管焊缝导向弯曲试样取至焊缝位置,取样方向为横向,每一材质各取 2 件侧弯,试样尺寸 24 mm×10 mm。弯曲直径 40 mm(4 t),弯曲角度 180°,按《金属材料　弯曲试验方法》(GB/T 232—2010)进行导向弯曲试验,导向弯曲后试样受拉面见图 4.2-8。两种材质的试样弯曲后,均未发现任何裂纹,结果合格。

(a)X70M　　　　　　　　　　　　　　(b)WDB620

图 4.2-8　导向弯曲后试样受拉面

4. 落锤撕裂(DWTT)

制成钢管后,钢管母材 DWTT 试样取至管体 90°位置,取样方向为横向,每一材质各取 1 组,每组 2 件。试验温度 0 ℃,试样公称尺寸 24 mm×76.2 mm×305 mm,按《钢材　落锤撕裂试验方法》(GB/T 8363—2018)进行 DWTT 试验,钢板 DWTT 试样取至板宽 1/4 位置,制成钢管后与管体 90°位置对应,板、管落锤性能对比见表 4.2-11。

表 4.2-11　板、管落锤性能对比　　　　　　　　　　　　　　　　单位:J

类型	落锤试验指标	试验结果参考值	X70M			WDB620		
			1	2	平均	1	2	平均
钢板,母材 1/4 处	剪切面积/%	单个值≥70%	100	100	100	40	48	44
钢管,母材 90°处		平均值≥85%	100	100	100	10	10	10

由此可以看出,X70M 的断裂韧性非常优异,成型前和成型后的试样断口均为 100% 的塑性断口;而 WDB620 的韧性则相对较差,钢板的韧断面积不足 50%,经过制管成型后,韧性剧烈下降,断口几乎由半韧半脆断口转变为接近全脆性断口。钢板、钢管落锤撕裂后形貌对比见图 4.2-9。

(a)X70M钢板落锤撕裂后形貌

(b)X70M钢管落锤撕裂后形貌

(c)WDB620钢板落锤撕裂后形貌

(d)WDB620钢管落锤撕裂后形貌

图 4.2-9　钢板、钢管落锤撕裂后形貌

5. 维氏硬度

钢管硬度试样取至焊缝位置,取样方向为横向,试样应包含焊缝、两侧热影响区、两侧母材,每一材质各取 1 件。按《金属材料　维氏硬度试验　第 1 部分:试验方法》(GB/T 4340.1—2019)进行维氏硬度试验,维氏硬度打点位置示意见图 4.2-10,维氏硬度检测结果见表 4.2-12。表中的硬度检测结果显示,X70M 与 WDB620 的硬度均表现为:焊缝≥HAZ≥母材,硬度的分布合理。从焊缝接头断口看,断口全部断在母材,说明焊材的选用符合过强匹配原则。

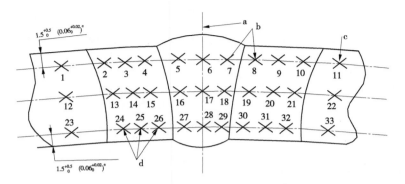

图 4.2-10　钢管硬度打点位置示意图

表 4.2-12　维氏硬度检测结果

位置分布		母材	HAZ			焊缝			HAZ			母材
	点位	1	2	3	4	5	6	7	8	9	10	11
X70M	硬度值/HV0	208	194	215	214	213	208	213	209	210	199	203
	点位	12	13	14	15	16	17	18	19	20	21	22
	硬度值/HV0	197	196	226	222	237	237	236	222	216	199	205
	点位	23	24	25	26	27	28	29	30	31	32	33
	硬度值/HV10	213	224	233	232	228	234	231	230	227	218	219
硬度平均值/HV10		206	217			226			214			209
X70M 平均硬度/HV10		217										
参考值/HV10		所有位置硬度≤300										
	点位	1	2	3	4	5	6	7	8	9	10	11
WDB620	硬度值/HV10	228	209	213	227	224	225	231	222	203	204	214
	点位	12	13	14	15	16	17	18	19	20	21	22
	硬度值/HV10	222	202	215	226	226	225	226	215	236	220	223
	点位	23	24	25	26	27	28	29	30	31	32	33
	硬度值/HV10	206	215	226	223	222	219	216	223	223	211	211
硬度平均值/HV10		219	217			224			217			216
WDB620 平均硬度/HV10		219										
参考值/HV10		所有位置硬度≤300										

6. 金相

钢管纵缝焊接严格按焊接工艺规程 WPS 完成,宏观金相试样取至焊缝位置,取样方向为横向。每一材质,每一种焊接工艺评定各取 1 件,按《钢的低倍组织及缺陷酸蚀检验法》(GB/T 226—2015)进行金相试验,两种材质的焊缝宏观金相检测结果全部一次性合格。焊缝宏观金相检测结果见表 4.2-13。

表 4.2-13　焊缝宏观金相检测结果

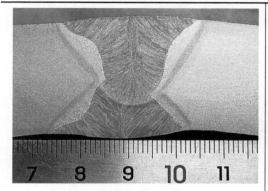 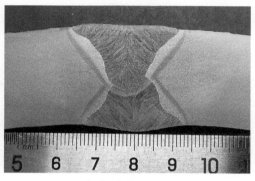

X70M 钢管,焊缝宏观照片(4×)	WDB620 钢管,焊缝宏观照片(4×)

典型焊缝形貌数据	X70M	WDB620
内焊缝宽度/mm	28	26
外焊缝宽度/mm	28	28
内焊缝余高/mm	1.1	1.5
外焊缝余高/mm	1.1	1.0
焊偏量/mm	1.8	1.5
错边/mm	0.8	0.4
内外焊缝重合量/mm	全熔透	全熔透
其他缺陷	无	无

四、铁研性能评定

铁研试验是为了解决母材的最低预热温度问题,以求得现场安装环缝所需的最低预热温度。若现场安装时的环境温度高于最低预热温度,则可不需焊前预热,为此选定 15 ℃、室温 24 ℃、30 ℃ 三个温度点分别进行铁研试验,并分别在 X70M 和 WDB620 两种材质的试板上开展。试验温度要求 15 ℃ 的试件,将试件放置于约 4 m² 空间空调房,将室温降至 10~15 ℃,试件放置于空调房内,并使用冰块辅助降温,试件降温至合适的试验温度,在空调房内进行焊接,焊接前应进行温度测量;试验温度要求为室温 24 ℃ 的试件,直接在室温下进行焊接;试验温度要求 30 ℃ 的试件,试件采用火焰加热,加热至合适的试验温度再焊接。

　　试板尺寸为 24 mm×1 945 mm×400 mm(厚×宽×长),按 GB/T 32260.2—2015 进行系列温度试验。选用两种焊条作为试验焊条:CHE58-1、CHE607GX,考虑到打底焊道一般采用 3.2 mm 焊条居多,因此两种焊条的直径均选 3.2 mm。试板焊接要求使用一根焊条完成试验焊缝的焊接,拘束焊缝使用 GMAW 或 SMAW 焊接方式焊接,背部可气刨以保证拘束焊缝焊透。铁研斜 Y 形坡口试件见图 4.2-11,铁研试验焊接示意见图 4.2-12,铁研试验要求及结果见表 4.2-14。

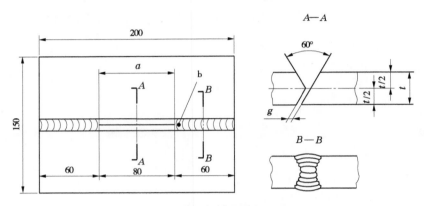

图 4.2-11　铁研斜 Y 形坡口试件　(单位:mm)

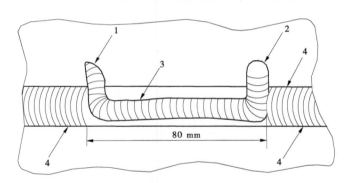

1—起弧;2—收弧;3—试验焊道;4—拘束焊缝。

图 4.2-12　铁研试验焊接示意

表 4.2-14　铁研试验要求及结果

试件编号	材质	预热温度	焊条牌号	焊条规格	结果
PCK-TYSY-04-022		15 ℃	CHE58-1	φ3.2	合格
PCK-TYSY-04-004	X70M	室温 24 ℃	CHE58-1	φ3.2	合格
PCK-TYSY-04-024		30 ℃	CHE58-1	φ3.2	合格

续表 4.2-14

试件编号	材质	预热温度	焊条牌号	焊条规格	结果
PCK-TYSY-04-029	X70M	15 ℃	CHE607GX	φ3.2	合格
PCK-TYSY-04-011		室温 24 ℃	CHE607GX	φ3.2	合格
PCK-TYSY-04-023		30 ℃	CHE607GX	φ3.2	合格
PCK-TYSY-04-026	WDB620	15 ℃	CHE58-1	φ3.2	合格
PCK-TYSY-04-009		室温 24 ℃	CHE58-1	φ3.2	合格
PCK-TYSY-04-028		30 ℃	CHE58-1	φ3.2	合格
PCK-TYSY-04-025	WDB620	15 ℃	CHE607GX	φ3.2	合格
PCK-TYSY-04-012		室温 24 ℃	CHE607GX	φ3.2	合格
PCK-TYSY-04-027		30 ℃	CHE607GX	φ3.2	合格

X70M 和 WDB620 钢管环缝使用焊条 CHE58-1 和 CHE607GX 在 15 ℃、室温 24 ℃、30 ℃ 温度下进行铁研试验均合格,但考虑现场环焊对接影响因素过多且不可控,现场安装环缝所需的最低预热温度不宜小于 20 ℃,并且根据实际情况,适当增加焊后缓冷等工艺措施,以避免出现延迟裂纹等焊接缺陷。

五、环缝焊接工艺评定

(一)力学性能试验项目和要求

在两种材质的成品钢管上分别切出 4 节 0.5 m 长的管段,管段的一端加工坡口,坡口角度 30°,钝边 2 mm,另一端磨平,采用手工电弧焊焊接。环缝对接工艺评定要求见表 4.2-15,环缝对接工艺评定力学性能试验项目和要求见表 4.2-16。

表 4.2-15　环缝对接工艺评定要求

编号	材质	环缝管段/m	焊材	焊前温度
直管 1	X70M	0.5+0.5	CHE58-1 打底+CHE607GX 填充盖面 (共 32 道)	常温(且不低于铁研试验温度)
直管 2	X70M	0.5+0.5	CHE607GX 打底填充盖面 (共 30 道)	常温(且不低于铁研试验温度)
直管 3	WDB620	0.5+0.5	CHE58-1 打底+CHE607GX 填充盖面 (共 30 道)	常温(且不低于铁研试验温度)
直管 4	WDB620	0.5+0.5	CHE607GX 打底填充盖面 (共 30 道)	常温(且不低于铁研试验温度)

表 4.2-16　环缝对接工艺评定力学性能试验项目和要求

材质/类型	试验项目	试样数量	试验结果参考值
X70M/ 环缝评定	拉伸	6 件	$R_m \geqslant 570$ MPa
	夏比冲击	焊缝、FL、FL+2 mm；各 3 件	试验温度：0 ℃；10 mm×10 mm×55 mm 全尺寸试样。冲击功：单个值≥20 J，平均值≥27 J
	导向弯曲	侧弯；8 件	弯曲直径 40mm；弯曲角度 180°。拉伸面上的焊缝和 HAZ 内，沿任何方向不得有单条长度大于 3 mm 的开口缺陷
	刻槽锤断（符合 API 1104）	4 件	每个刻槽锤断试样的断裂面应完全焊透和熔合。任何气孔的最大尺寸不应大于 1.6 mm，且所有气孔的累积面积不应大于断裂面积的 2%。夹渣深度应小于 0.8 mm，长度不应大于钢管公称壁厚的 1/2，且小于 3.2 mm。相邻夹渣间至少应相距 13 mm。白点（见 AWS A3.0 中的定义）不作为不合格的原因
	维氏硬度	1 件	≤300 HV10
	金相		提供金相照片
WDB620/ 环缝评定	拉伸	6 件	$R_m \geqslant 620$ MPa
	冲击	焊缝、FL、FL+2 mm；各 3 件	试验温度：0 ℃；10 mm×10 mm×55 mm 全尺寸试样。WDB620 冲击功：单个值≥33 J，平均值≥47 J
	导向弯曲	侧弯；8 件	弯曲直径 40 mm；弯曲角度 180°。拉伸面上的焊缝和 HAZ 内，沿任何方向不得有单条长度大于 3 mm 的开口缺陷。试样的棱角开口缺陷一般不计。但由于未熔合、夹渣或其他内部缺欠引起的棱角开口缺陷长度应计入
	刻槽锤断（符合 API 1104）	4 件	每个刻槽锤断试样的断裂面应完全焊透和熔合。任何气孔的最大尺寸不应大于 1.6 mm，且所有气孔的累积面积不应大于断裂面积的 2%。夹渣深度应小于 0.8 mm，长度不应大于钢管公称壁厚的 1/2，且小于 3.2 mm。相邻夹渣间至少应相距 13 mm。白点（见 AWS A3.0 中的定义）不作为不合格的原因
	维氏硬度	1 件	≤300 HV10
	金相		提供金相照片

(二)力学性能试验

1.拉伸

焊缝横向拉伸试样取至焊接试板,焊缝应位于试样中心,试样的焊缝余高应以机械方法去除,使之与母材平齐。每一种材质、每一种焊接工艺各取 6 件。试样尺寸为 24 mm×38.1 mm。按《金属材料　拉伸试验　第 1 部分:室温试验方法》(GB/T 228.1—2021)进行拉伸试验,两种材质的拉伸试验均合格。焊缝拉伸性能试验结果见表 4.2-17。

表 4.2-17　焊缝拉伸性能试验结果

试样号	拉伸试验指标	位置	X70M 直管 1			WDB620 直管 3		
			验收参考值	结果	断裂位置	验收参考值	结果	断裂位置
试样 1	R_m/MPa	焊缝横向	≥570 MPa	640	热影响区	≥620 MPa	702	母材
试样 2				621	热影响区		689	母材
试样 3				644	热影响区		698	焊缝
试样 4				631	热影响区		699	母材
试样 5				632	热影响区		704	热影响区
试样 6				637	热影响区		700	热影响区
试样号	拉伸试验指标	位置	X70M 直管 2			WDB620 直管 4		
			验收参考值	结果	断裂位置	验收参考值	结果	断裂位置
试样 1	R_m/MPa	焊缝横向	≥570 MPa	625	热影响区	≥620 MPa	704	热影响区
试样 2				627	热影响区		693	焊缝
试样 3				627	热影响区		692	焊缝
试样 4				627	热影响区		703	焊缝
试样 5				637	热影响区		698	焊缝
试样 6				627	热影响区		703	焊缝

2.导向弯曲

导向弯曲试验采用侧弯试样,试样取至焊接试板,试样的焊缝余高应采用机械方法去除。每种材质、每种焊接工艺各取 8 件,试样尺寸(厚×宽)为 10 mm×24 mm,弯曲直径为 4 倍试样厚度,即 40 mm,弯曲角度为 180°,《金属材料　弯曲试验方法》(GB/T 232—2010)进行导向弯曲试验。

试验指标:试样拉伸面上的焊缝和 HAZ 内,沿任何方向不得有单条长度大于 3 mm 的开口缺陷,试样的棱角开口缺陷一般不计。但由于未熔合、夹渣或其他内部缺欠引起的棱角开口缺陷长度应计入。两种材质的试样均未发现超标的裂纹或裂缝,试验结果均合格。

3.夏比 V 型缺口冲击

夏比 V 型缺口冲击试样的纵轴线应垂直于焊缝轴线,缺口轴线垂直于母材表面。试样位置取至焊缝中心、FL 和 FL+2 mm。每种材质、每种焊接工艺各取 3 组,每组 3 件。试验温度 0 ℃,试样公称尺寸 10 mm×10 mm×50 mm。按《金属材料 夏比摆锤冲击试验方法》(GB/T 229—2020)进行冲击试验。结果显示两种材质的冲击性能相当,均合格,并具有一定的富裕量。环缝评定冲击性能结果见表 4.2-18。

表 4.2-18 环缝评定冲击性能结果(0 ℃)

类型	位置	冲击指标	X70M 直管 1				WDB620 直管 3			
			1	2	3	平均	1	2	3	平均
环缝评定	焊缝中心	冲击功/J	180	141	167	163	166	169	186	174
	FL		225	210	266	234	186	157	206	183
	FL+2 mm		276	321	288	295	177	248	275	233

类型	位置	冲击指标	X70M 直管 2				WDB620 直管 4			
			1	2	3	平均	1	2	3	平均
环缝评定	焊缝中心	冲击功/J	169	161	174	168	159	165	176	167
	FL		280	146	254	227	218	217	158	198
	FL+2 mm		282	299	285	289	135	121	289	182
验收参考值			单个值≥20 J,平均值≥27 J				单个值≥33 J,平均值≥47 J			

4.刻槽锤断

刻槽锤断试样尺寸约 24 mm×25 mm×230 mm(厚×宽×长),试样取至环缝的横向,焊缝应位于试样中心。用钢锯在试样两侧焊缝断面的中心锯槽,每个刻槽深度约为 3 mm。刻槽锤断试样在拉伸机上拉断,试验时支承试件两端,打击中部锤断,或支承一端锤断。刻槽锤断试验结果见表 4.2-19,试验结果均合格。

表 4.2-19 刻槽锤断试验结果

试样号	位置	X70M 直管 1			WDB620 直管 3		
		气孔		其他情况	气孔		其他情况
		最大尺寸	累计面积		最大尺寸	累计面积	
试样 1	2~3 点钟	0	0	焊缝断裂面完全焊透和熔合,断口无夹渣	0	0	焊缝断裂面完全焊透和熔合,断口无夹渣
试样 2	4~5 点钟	0	0	焊缝断裂面完全焊透和熔合,断口无夹渣	0	0	焊缝断裂面完全焊透和熔合,断口无夹渣
试样 3	7~8 点钟	0	0	焊缝断裂面完全焊透和熔合,断口无夹渣	0	0	焊缝断裂面完全焊透和熔合,断口无夹渣

续表 4.2-19

试样号	位置	X70M 直管 1			WDB620 直管 3		
		气孔		其他情况	气孔		其他情况
		最大尺寸	累计面积		最大尺寸	累计面积	
试样 4	10~11点钟	0	0	焊缝断裂面完全焊透和熔合,断口无夹渣	0	0	焊缝断裂面完全焊透和熔合,断口无夹渣

试样号	位置	X70M 直管 2			WDB620 直管 4		
		气孔		其他情况	气孔		其他情况
		最大尺寸	累计面积		最大尺寸	累计面积	
试样 1	2~3点钟	0	0	焊缝断裂面完全焊透和熔合,断口无夹渣	0	0	焊缝断裂面完全焊透和熔合,断口无夹渣
试样 2	4~5点钟	0	0	焊缝断裂面完全焊透和熔合,断口无夹渣	0	0	焊缝断裂面完全焊透和熔合,断口无夹渣
试样 3	7~8点钟	0	0	焊缝断裂面完全焊透和熔合,断口无夹渣	0	0	焊缝断裂面完全焊透和熔合,断口无夹渣
试样 4	10~11点钟	0	0	焊缝断裂面完全焊透和熔合,断口无夹渣	0	0	焊缝断裂面完全焊透和熔合,断口无夹渣
验收参考值	每个刻槽锤断试样的断裂面应完全焊透和熔合。任何气孔的最大尺寸不应大于 1.6 mm,且所有气孔的累积面积不应大于断裂面积的 2%。夹渣高度应小于 0.8 mm,长度不应大于钢管公称壁厚的 1/2,且小于 3.0 mm。相邻夹渣间至少应相距 13 mm。白点(见 AWS A3.0 中的定义)不作为不合格的原因						

5. 维氏硬度

　　硬度试样取至焊缝位置,取样方向为横向,也可采用宏观金相试样。试样应包含焊缝、两侧热影响区、两侧母材,每种材质、每种焊接工艺各取 1 件,按《金属材料　维氏硬度试验　第 1 部分:试验方法》(GB/T 4340.1—2009)进行维氏硬度试验,试验结果均合格。维氏硬度检测结果见表 4.2-20。表中的硬度检测结果显示,X70M 与 WDB620 的硬度均表现为:焊缝≥HAZ,HAZ 与母材硬度相当,表明硬度的分布合理。从焊缝接头断口看,断口全部断在母材,说明焊材的选用符合过强匹配原则。

表 4.2-20　维氏硬度检测结果

位置分布		母材	HAZ			焊缝			HAZ			母材
X70M 直管1	点位	1	2	3	4	5	6	7	8	9	10	11
	硬度值/HV10	218	207	193	231	260	222	250	193	189	180	204
	点位	12	13	14	15	16	17	18	19	20	21	22
	硬度值/HV10	184	185	189	198	227	207	215	213	191	190	183
	点位	23	24	25	26	27	28	29	30	31	32	33
	硬度值/HV10	233	196	201	217	218	217	218	217	206	213	201
硬度平均值/HV10		212	202			226			199			196
X70M 直管2	点位	1	2	3	4	5	6	7	8	9	10	11
	硬度值/HV10	211	193	194	215	251	243	250	201	179	182	199
	点位	12	13	14	15	16	17	18	19	20	21	22
	硬度值/HV10	190	187	202	225	214	213	209	201	186	167	191
	点位	23	24	25	26	27	28	29	30	31	32	33
	硬度值/HV10	195	229	188	185	215	220	222	190	192	223	195
硬度平均值/HV10		199	202			227			192			195
验收参考值/HV10		所有位置硬度≤300										
位置分布		母材	HAZ			焊缝			HAZ			母材
WDB620 直管3	点位	1	2	3	4	5	6	7	8	9	10	11
	硬度值/HV10	228	213	227	255	246	246	226	245	215	203	235
	点位	12	13	14	15	16	17	18	19	20	21	22
	硬度值/HV10	242	213	221	234	209	198	209	221	203	185	234
	点位	23	24	25	26	27	28	29	30	31	32	33
	硬度值/HV10	228	216	212	212	213	213	211	209	214	205	225
硬度平均值/HV10		233	223			219			211			231

续表 4.2-20

位置分布		母材	HAZ			焊缝			HAZ			母材
WDB620 直管 4	点位	1	2	3	4	5	6	7	8	9	10	11
	硬度值/HV10	235	206	228	265	259	266	281	264	236	223	224
	点位	12	13	14	15	16	17	18	19	20	21	22
	硬度值/HV10	221	194	234	234	206	211	221	197	188	194	233
	点位	23	24	25	26	27	28	29	30	31	32	33
	硬度值/HV10	234	211	215	231	230	238	233	217	209	209	235
硬度平均值/HV10		230	224			238			215			231
验收参考值/HV10		所有位置硬度≤300										

从硬度指标看,X70M 采用 CHE58-1 打底+CHE607GX 填充盖面的环缝焊接工艺与 CHE607GX 打底、填充、盖面的环缝焊接工艺,硬度分布合理,焊缝硬度略高于 HAZ,HAZ 硬度略高于母材,说明焊材选用、焊接工艺均符合过强匹配原则;而 WDB620 采用同样工艺进行施焊,则是母材的硬度>HAZ>焊缝,显示焊材匹配偏弱,属于欠强度匹配。从焊接接头断裂位置看,X70M 的所有断口位置处于 HAZ,焊缝抗拉强度大于母材规定的最低抗拉强度,是合乎要求的。WDB620 的断口位置大多处于焊缝,但抗拉强度是大于母材规定的最低抗拉强度的,也是合乎要求的。综上,说明试验采用的 WDB620 板材强度值偏高,不利于现场的环缝焊接。

6. 金相

环缝焊接严格按焊接工艺规程 WPS 完成,宏观金相试样取至焊缝位置,取样方向为横向。每一材质,每一种焊接工艺评定各取 1 件,按《钢的低倍组织及缺陷酸蚀检验法》(GB/T 226—2015)进行金相试验,两种材质的焊缝宏观金相检测结果全部一次性合格。宏观金相检测结果见表 4.2-21。

六、岔管焊接工艺评定

(一)焊接评定内容

岔管的支管与两种不同牌号主管在常温环境下采用手工电弧焊焊接成三通岔管,使用 CHE58-1 焊条进行打底、填充、盖面,共 2 根,岔管焊接要求见表 4.2-22,对接焊缝力学性能试验项目和要求见表 4.2-23,焊接完成后分别进行了外观检测和 100%磁粉检测。

表 4.2-21　宏观金相检测结果

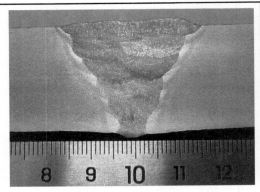

X70M 直管 1,焊缝宏观照片(4×)

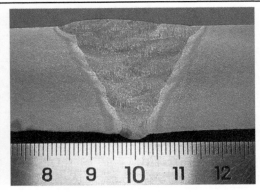

WDB620 直管 3,焊缝宏观照片(4×)

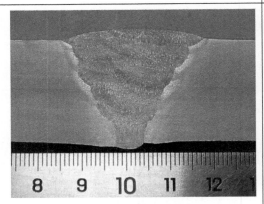

X70M 直管 2,焊缝宏观照片(4×)

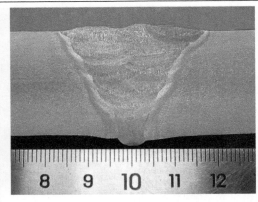

WDB620 直管 4,焊缝宏观照片(4×)

典型焊缝形貌数据	X70M		WDB620	
	直管 1	直管 2	直管 3	直管 4
内焊缝宽度/mm	7.5	7	7.5	7
外焊缝宽度/mm	32	32	34	34
内焊缝余高/mm	1.2	0.6	1.4	1.5
外焊缝余高/mm	1.8	1.9	1.7	1.4
错边/mm	0.3	1.0	0.2	0.5
内外焊缝重合量/mm	全熔透	全熔透	全熔透	全熔透
其他缺陷	无	无	无	无

表 4.2-22　岔管焊接要求

编号	材质	对接管段长度/m	焊前温度
岔管 1	主管 X70M	1	常温
	支管 Q345C	0.5	
岔管 2	主管 XDB620	1	常温
	支管 Q345C	0.5	

表 4.2-23　对接焊缝力学性能试验项目和要求

材质/类型	试验项目	试样数量	试验结果参考值	备注
岔管 1	刻槽锤断	2 件	见 API 1104 条款 5.8	GB/T 9711—2017 和 API 1104
	维氏硬度	1 件	≤300 HV10	
	金相		提供金相照片	
岔管 2	刻槽锤断	2 件	见 API 1104 条款 5.8	NB/T 47014 和 NB/T 47015
	维氏硬度	1 件	≤300 HV10	
	金相		提供金相照片	

(二) 力学性能试验

1. 刻槽锤断

刻槽锤断试样宽度至少 25 mm，一件试样取至直角处位置，另外一件取至相隔 90°。用钢锯在试样两侧焊缝断面的中心锯槽，每个刻槽深度约 3 mm，岔管刻槽试样见图 4.2-13。刻槽锤断试样应在拉伸机上拉断，试验时支撑试件两端，打击中部锤断，两种材质的试验结果均合格。岔管对接焊缝刻槽试验结果见表 4.2-24。

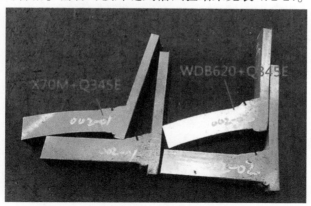

图 4.2-13　岔管刻槽试样

表 4.2-24　岔管对接焊缝刻槽试验结果

试样号	位置	X70M+Q345C			WDB620+Q345C		
		气孔		其他情况	气孔		其他情况
		最大尺寸	累计面积		最大尺寸	累计面积	
试样 1	0 点钟	0	0	焊缝断裂面完全焊透和熔合，未见缺欠	断面处有多处密集气孔，其中较大气孔尺寸有 5 处，分别为 1.03 mm、1.15 mm、1.21 mm、0.95 mm 和 0.98 mm		

续表 4.2-24

试样号	位置	X70M+Q345C			WDB620+Q345C		
		气孔		其他情况	气孔		其他情况
		最大尺寸	累计面积		最大尺寸	累计面积	
试样2	3点钟	0	0	焊缝断裂面完全焊透和熔合,未见缺欠	0	0	焊缝断裂面完全焊透和熔合,断口无夹渣
验收参考值		每个角焊缝试样的断裂表面应完全焊透和熔合。最大气孔尺寸不大于 1.6 mm。所有气孔的累计面积不大于断裂面积的2%。夹渣高度不大于 0.8 mm,长度不大于公称管壁厚的1/2,且小于 3.0 mm。相邻夹渣之间应至少有 13 mm 的无缺陷焊缝金属					

2. 维氏硬度

硬度试样取至焊缝位置,也可采用宏观金相试样。试样应包含母材、两侧热影响区、两侧母材,每一材质各取1件硬度打点,按《金属材料 维氏硬度试验 第1部分:试验方法》(GB/T 4340.1—2009)进行维氏硬度试验,维氏硬度打点示意见图 4.2-14,维氏硬度检测结果见表 4.2-25。表中的硬度检测结果显示,X70M 与 WDB620 的硬度均表现为:焊缝、HAZ、母材的硬度较大,表明硬度的分布合理。

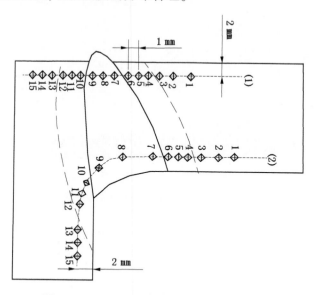

图 4.2-14 岔管对接焊缝维氏硬度打点示意

3. 金相

岔焊缝焊接严格按焊接工艺规程 WPS 完成,宏观金相试样取至焊缝位置,取样方向为横向。每一材质,每一种焊接工艺评定各取1件,按《钢的低倍组织及缺陷酸蚀检验法》(GB/T 226—2015)进行金相试验,两种材质的焊缝宏观金相检测结果全部一次性合格。焊缝宏观金相检测结果见表 4.2-26。

表 4.2-25　维氏硬度检测结果

位置分布		母材（主管）			HAZ			焊缝			HAZ			母材（支管）		
X70M + Q345C	线1 点位	1	2	3	4	5	6	7	8	9	10	11	12	13	14	15
	硬度值/HV10	199	194	198	180	186	199	212	229	236	224	216	197	201	201	217
	线2 点位	1	2	3	4	5	6	7	8	9	10	11	12	13	14	15
	硬度值/HV10	217	186	201	178	196	202	191	188	208	181	195	195	179	172	170
硬度平均值/HV10		199			190			211			201			190		
WDB620 + Q345C	线1 点位	1	2	3	4	5	6	7	8	9	10	11	12	13	14	15
	硬度值/HV10	228	221	211	201	219	191	193	195	197	190	171	178	179	179	185
	线2 点位	1	2	3	4	5	6	7	8	9	10	11	12	13	14	15
	硬度值/HV10	241	244	243	217	230	261	238	226	201	205	203	196	176	176	177
硬度平均值/HV10		231			220			208			191			179		
验收参考值/HV10		所有位置硬度≤300														

表 4.2-26　焊缝宏观金相检测结果

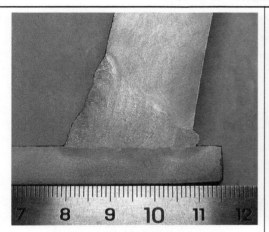

X70M+Q345C，焊缝宏观照片（4×）

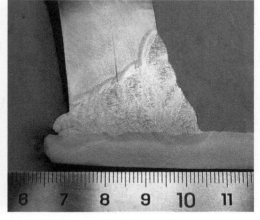

WDB620+Q345C，焊缝宏观照片（4×）

典型焊缝形貌数据	X70M+Q345C	WDB620+Q345C
未熔合或未焊透	无	无
裂纹	无	无
其他缺陷	无	无
参考值	不允许有未熔合或未焊透、裂纹等缺陷	

七、小结

（1）材质方面，X70M 和 WDB620 两种材质制成钢管后各项指标均可以达到设计的预期要求，表明本项目所采用的两种焊材、制管工艺、焊接工艺均能满足本项目要求。从可焊性、破断韧性、延展性方面来看，制作工艺成熟和性能稳定的 X70M 的综合性能表现较优，钢管成型前后的屈强比基本不变；WDB620 的强度略高，冲击性能略优，钢管成型后的屈强比下降较多。

（2）制造加工方面，采用"JCOE"成型工艺是完全可行的，虽然径厚比 $D/t=25$ 太小，远小于《水利水电工程压力钢管设计规范》（SL/T 281—2020）对高强钢径厚比不小于 57 的要求，且沿垂直轧制方向制作，但采用"JCOE"成型对钢管母材的力学性能影响很小，设计中可忽略此影响，此工艺制成成品管的纵缝可焊性和力学性能满足要求。环缝焊接方面，在工厂气温 15 ℃以上的理想环境下，两种材质制成的钢管环缝采用低强度焊条匹配和等强度焊条匹配两种焊接工艺，环缝可焊性和力学性能均满足要求，但应充分考虑现场环境对环缝焊接质量的不利影响。

（3）高压钢管应由专业厂家流水线生产，并逐根做扩径、水压试验和无损检测。考虑到现场施工条件和环境差且不可控，钢管制作宜采用直缝焊接长管，以减少现场安装环缝数量。安装环缝应采用低强度焊条打底、高强度焊条盖面，单面焊双面成型，并做焊前加热、焊后保温缓冷处理，防止出现延迟裂纹等焊接缺陷。现场焊接应由安装单位进行焊接工艺评定，预热温度由现场焊接工艺评定确定。

（4）三通岔管分岔口是薄弱部位，此处应力集中较大，岔管在工厂内作为标准件整体制作，并采取适当补强措施，避免分岔口处母材和岔口焊缝提前失效。

（5）高压管段应安装在线监测设备，对内水压力、应力、振动、内部缺陷等进行全方位实时监测，对钢管运行进行智能化管控。

第三节　水压爆破监测关键技术

一、监测目的

水压爆破是验证钢管承载极限的重要手段，属于破坏性原型试验，是高压钢管和岔管设计、制造的重要辅助手段之一。以新平县十里河水库重力流供水高压回填管道为例，研究冲压直缝焊管水压爆破试验监测关键技术，取得相应技术参数。该工程高压管段钢管内径 600 mm，设计内水压力 13.5 MPa，钢材采用 X70M 管线钢，屈服强度 500 MPa，抗拉强度 610 MPa，屈强比 0.9，管壁厚度 24 mm，生产工艺采用"JCOE"；长度 12 m，设有两条采用不同焊接工艺的环缝，一条环缝手工焊采用 CHE58-1 焊条打底+CHE607GX 焊条填充与盖面，另一条环缝手工焊采用 CHE607GX 焊条打底、填充、盖面。带有排气阀三通岔管，采用 Q355D 无缝钢管，外径 114 mm、壁厚 10 mm，采用手工焊接在主管上。三通岔管体型见图 4.3-1。

中水珠江规划勘测设计公司委托番禺珠江钢管（珠海）有限公司采用"JCOE"工艺完成实物 1:1 的钢管制作，双方共同对 X70M 带排气阀三通岔管的直钢管进行水压爆破试

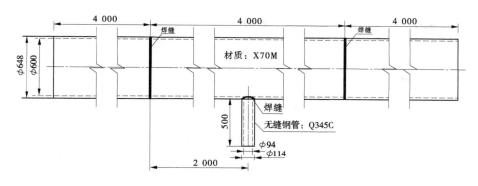

图 4.3-1　三通岔管体型　（单位：m）

验，并委托水利部水工金属结构质量检验测试中心提供仪器和监测设备，共同完成水压爆破试验相关监测工作，作为验证和优化高压管道设计、制造方案的重要参考数据[29]。

水压爆破试验的目的是采用监测技术检验高压钢管的母材、纵缝、环缝的制作及焊接质量，验证结构的可靠性和钢管的安全裕度。通过声发射监控保障试验的安全性，监测可预判出现爆破位置，确定声发射事件发生的时间及与载荷的关系；通过压力-应变曲线，分析结构应力分布规律，与理论计算结果进行验证。测试依据为《金属压力容器声发射监测及结果评价方法》（GB/T 18182—2012）和《精密工程测量规范》（GB/T 15314—94）。

二、加载过程

加载过程分为正常水压试验加载和水压爆破试验加载两个阶段。正常水压试验加载阶段首先要检查直管、岔管的密封情况及各种检测设备的运行情况。用自来水充水至满水状态，当泄压孔排出水后，关闭充水阀，稳定 30 min，检查所有管路的密封情况，确定各监测仪器的初始读数。利用压力泵向岔管或直管内充水打压，第一次预压至 2.0 MPa，稳压 15 min，然后安全卸压；第二次预压至 2.0 MPa，稳压 15 min，然后安全卸压。稳压时应对岔管或直管焊缝、试验管路等进行密封检查，如发现渗水，标明渗水部位，降压放空并修复合格后，再次进行预打压，升、降压过程中进行数据的采集分析。

在水压爆破试验加载阶段，预压试验加载完成后，利用压力泵向管内加压，当排气孔有水溢出时，表明管内空气排除完毕，此时关闭排气孔阀门。泄压孔阀门视情况而定，当升压速率较快时，打开泄压孔阀门，调节升压速率：升压至 6.3 MPa，稳压 20 min；升压至 13.5 MPa（设计内水压力值），稳压 30 min；降压至 13.1 MPa 左右，稳压 10 min；升压至 16.9 MPa（试验压力为 1.25 倍设计内水压力值），稳压 30 min；继续加压直至三通岔管爆破。X70M 高压三通岔管水压爆破加载过程示意见图 4.3-2。

三、声发射监测

（一）监测原理和方法

1. 工作原理

声发射是指材料局部因能量的快速释放而发出瞬态弹性波的现象。材料在应力作用

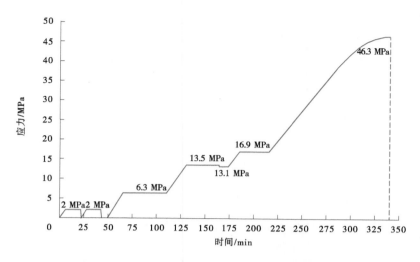

图 4.3-2　X70M 高压三通岔管水压爆破加载过程示意

下的变形、裂纹萌生或裂纹扩展,是结构失效的重要机制,这种直接与变形和断裂机制有关的弹性波源为典型声发射源。声发射监测技术是一种动态非破坏的检测技术,通过对声发射源的采集和分析,确定声发射源的部位,鉴别声发射源的类型,确定声发射发生的时间及与载荷的关系,提供缺陷随荷载、时间、温度等外变量而变化的实时或连续信息,对材料的运行状况进行综合的评价,为材料的安全运行提供科学的数据,适用于在线监控及早期或临近破坏预报,可解决常规无损检测方法所不能解决的问题。

采用声发射技术对高压钢管进行加载爆破试验研究,利用声发射独有特性研究直管和岔管特定区域的母材和焊缝在加载过程中,从"开裂前兆→开裂→扩展→快速断裂"的动态全过程。声发射监测技术可以将爆破试验实际加载过程中材料发生屈服破坏时的水压力值和位置与计算成果进行比较,判断材料破坏行为是否正常,实现直管、岔管在水压试验过程在线监控及早期或临近破坏预报,保障试验的安全性。通过声发射监测可预判出现爆破位置,确定声发射事件发生的时间及与载荷的关系,并利用声发射技术的 Kaiser效应进行岔管安全度余量估算和评价。通过声发射具备的独有特性来解释直管、岔管在加载过程中各阶段的力学特征,可以弥补通常用力学测试方法的不足。

2. 监测流程和分析方法

声发射监测的流程为:确定传感器位置→测点位置表面处理→布置传感器→系统联机调试→高压三通岔管升压、保压试验→声发射源采集→分析声发射源数据→提供监测成果。监测现场环境要求:控制检测现场的背景噪声,提供 220 V 稳定电源,升压速率不能过高,减少机械振动和外界电磁干扰。

正常水压试验阶段声发射数据的分析方法为:关阀水锤后的设计内水压力值为 13.5MPa,1.25 倍设计内水压力值为 16.9 MPa;正常水压试验阶段指内水压在 0~16.9 MPa的过程。根据《金属压力容器声发射检测及结果评价方法》(GB/T 18182—2012)对声发射定位源的强度及活性进行综合评级。声发射定位源综合分级为Ⅲ级及以上时,应采用其他无损检测方法对该声发射定位源进行复检。声发射监控时,若发现声发射撞击数随压力或时间的增加呈快速增加时应及时停止加压,在未查出声发射撞击数增加的原因时禁止继续加压。

水压爆破阶段声发射数据的分析方法为:爆破阶段指内水压在 16.9 MPa 直到最终爆管过程。在该试验过程中,应时刻注意声发射信号特征参数幅度(Amplitude)、撞击数(Hit)和能量(Energy)的变化规律,特别在加压过程中临近爆破压力阶段,以上特征参数出现快速增长或增多十分明显时,及时发出警告并预判出现爆破位置,确定声发射事件发生的时间及与载荷的关系。

(二) 系统组成和传感器布置

1. 系统组成

监测采用 PAC 公司的 DaiseAE 链式自源以太声发射系统(无线声发射系统),Daise-AE 无线方式连接示意见图 4.3-3、链式声发射系统元件见图 4.3-4、链式声发射系统频响曲线见图 4.3-5。

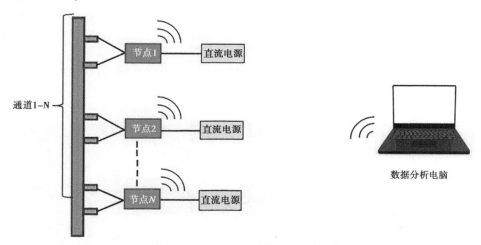

图 4.3-3　DaiseAE 无线方式连接示意

(a)声发射系统节点　　　　(b)声发射系统HUB　　　　(c)声发射传感器

图 4.3-4　链式声发射系统元件

DaiseAE 链式自源以太声发射系统采用链式串联,颠覆了传统的传感器与声发射通道——对应的连接方式,而是每个传感器之间用网线串联后,数据通过 WiFi 无线传输连接到主机上。在保持有线连接的稳定性和数据传输高效性的基础上,从根本上解决了当前所有 AE 系统大量布线的麻烦和弊端,提高了检测效率,降低了物力成本。每个 HUB

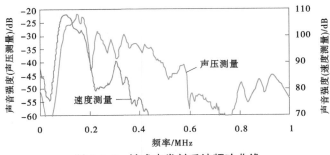

图 4.3-5　链式声发射系统频响曲线

可连接 2 链 DaisAE,每链最多可接 8 个节点,每个节点最多可接 2 个声发射传感器,相当于每个 HUB 最多可接 32 通道。每个节点之间通过网线连接,网线同时实现数据传输、供电、时钟同步三个功能。采用网线链式连接,信号衰减大大降低,单个节点覆盖范围大大增加,最长可达 600 m。HUB 及节点都采用防雨防尘设计,更适合现场的工作环境,可靠性更高,耐用性更好。

2. 传感器布置

根据该岔管的结构、焊接工艺及焊接质量情况,采用 PAC 公司 Daise AE 型无线声发射仪对高压三通岔管进行监控,共采用 16 个传感器分布在不同部位进行整体监测,传感器布置见图 4.3-6。

图 4.3-6　传感器布置

主管定位组布置 12 个传感器(传感器编号:1# ~ 12#)进行近似柱面定位。主管轴线长为 12 000 mm,外周长为 2 035 mm,轴线布置 4 圈,以一端管口为基准,离开管口轴线距离依次为 0.5 m、4.5 m、8 m、11.5 m,外壁每圈 3 个传感器,同一圈相邻传感器环向间距为 678 mm,相邻两圈间传感器环向交替布置,两端的封堵端无须布置传感器。主管定位组见图 4.3-7。

支管定位组传感器布置 4 个传感器进行近似柱面定位,其中 3 个在岔管相贯线焊缝的外围直径为 240 mm 的近似圆周上(位于主管上)等间距布置(传感器编号:13# ~ 15#),另一个传感器布置在支管管壁距离岔管相贯线焊缝 350 mm 处(传感器编号:16#)。支管定位组见图 4.3-8。

主管-支管相贯线焊缝局部布置 3 个定位组传感器,在岔管相贯线焊缝的外围直径为 240 mm 的近似圆周上(位于主管上)等间距布置(传感器编号:13# ~ 15#),进行一个展开的平面定位组。主管-支管相贯线焊缝局部定位组见图 4.3-9。

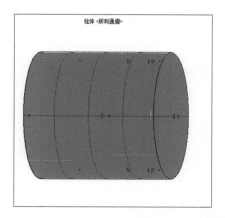
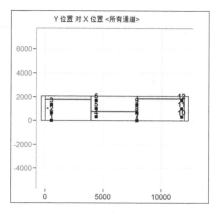

图 4.3-7　主管定位组(12 个传感器)

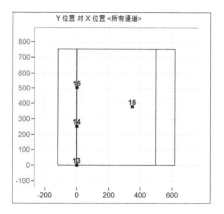

图 4.3-8　支管定位组(4 个传感器)

(三) 监测数据分析

由于有两个打压到 2 MPa 的预压过程,正式打压时,在压力到达 2 MPa 及以前,声发射满足 Kaiser 效应,未发现有意义的声发射定位源,因此主要分析正式试验过程中的声发射数据,分为 16.9 MPa 及以下的正常水压试验阶段和 16.9 MPa 以上的爆破过程阶段。

1. 正常水压阶段声发射数据分析

压力在 1.25 倍设计内水压力值以前属于正常水压试验过程,即 0~16.9 MPa 阶段。整个保压阶段声发射撞击随着时间缓慢增加,保压阶段声发射撞击数随时间分布的经历图有关数据见表 4.3-1,保压阶段声发射幅值与时间的关联分布有关数据见表 4.3-2。

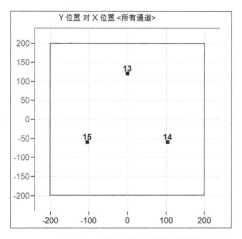

图 4.3-9　主管–支管相贯线焊缝局部定位组

表 4.3-1　保压阶段声发射撞击数随时间分布的经历图有关数据

压力阶段	声发射撞击数随时间分布的经历图
6.3 MPa 保压阶段	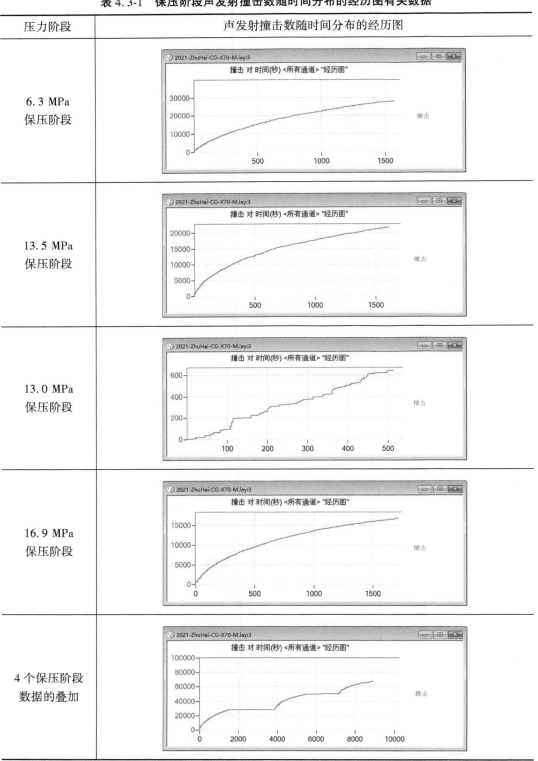
13.5 MPa 保压阶段	
13.0 MPa 保压阶段	
16.9 MPa 保压阶段	
4 个保压阶段 数据的叠加	

表 4.3-2　保压阶段声发射幅值与时间的关联分布有关数据

压力阶段	声发射幅值与时间的关联图
6.3 MPa 保压阶段	
13.5 MPa 保压阶段	
13.0 MPa 保压阶段	
16.9 MPa 保压阶段	
4 个保压阶段数据的叠加	

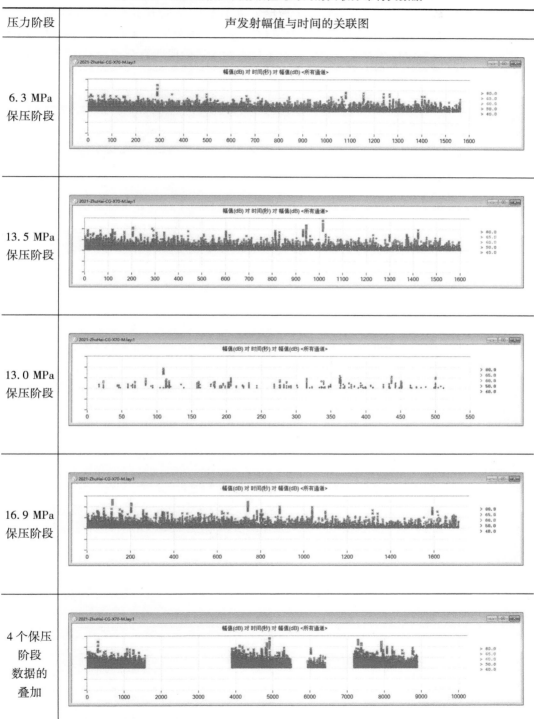

4 个保压阶段幅值在 80 dB 以上的撞击比较少,幅值主要集中在 40~50 dB,保压阶段声发射撞击计数与幅值的柱状分布有关数据见表 4.3-3。在保压阶段出现了少量有意义的声发射定位源区,保压阶段主管声发射定位图有关数据见表 4.3-4,保压阶段岔管相贯线焊缝局部声发射定位图有关数据见表 4.3-5,正常水压阶段所有升压阶段声发射参数见图 4.3-10。

表 4.3-3 保压阶段声发射撞击计数与幅值的柱状分布有关数据

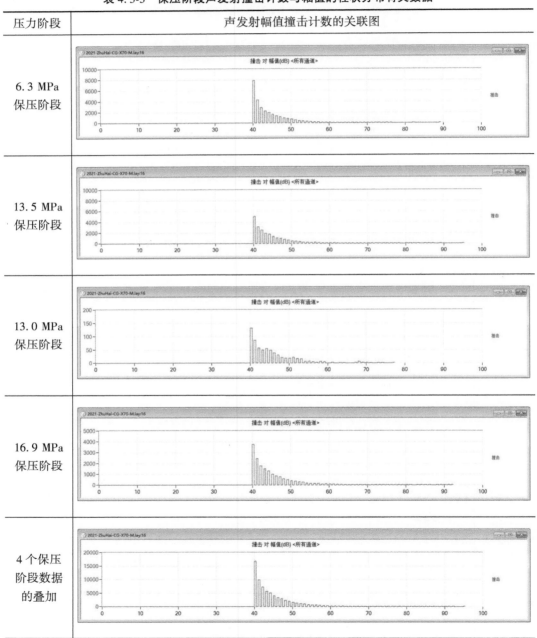

压力阶段	声发射幅值撞击计数的关联图
6.3 MPa 保压阶段	
13.5 MPa 保压阶段	
13.0 MPa 保压阶段	
16.9 MPa 保压阶段	
4 个保压阶段数据的叠加	

表 4.3-4 保压阶段主管声发射定位图有关数据

压力阶段	主管定位图
6.3 MPa 保压阶段	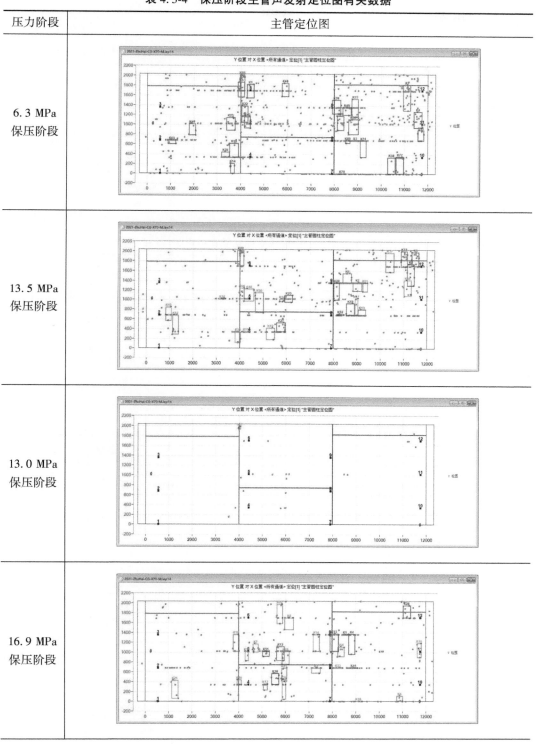
13.5 MPa 保压阶段	
13.0 MPa 保压阶段	
16.9 MPa 保压阶段	

续表 4.3-4

压力阶段	主管定位图
4 个保压阶段数据的叠加	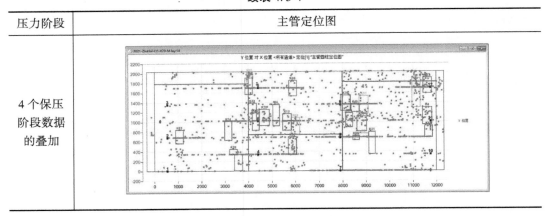

表 4.3-5 保压阶段岔管相贯线焊缝局部声发射定位图有关数据

压力阶段	支管定位图
6.3 MPa 保压阶段	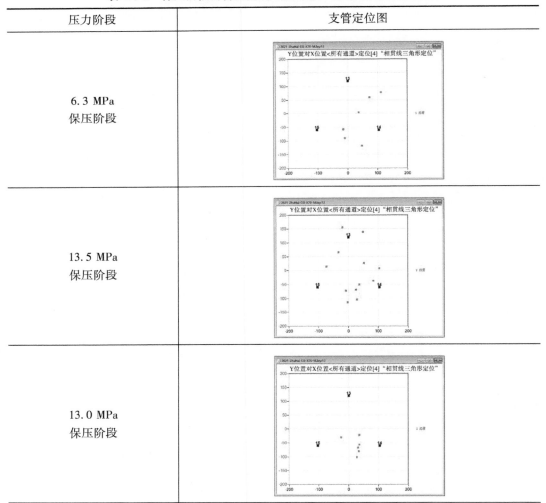
13.5 MPa 保压阶段	
13.0 MPa 保压阶段	

续表 4.3-5

压力阶段	支管定位图
16.9 MPa 保压阶段	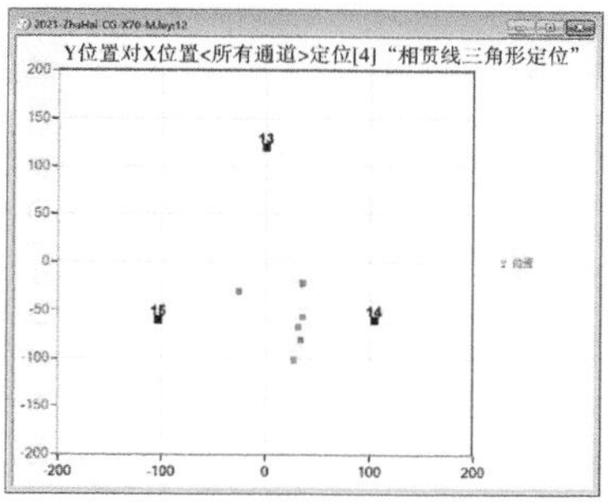
4 个保压阶段 数据的叠加	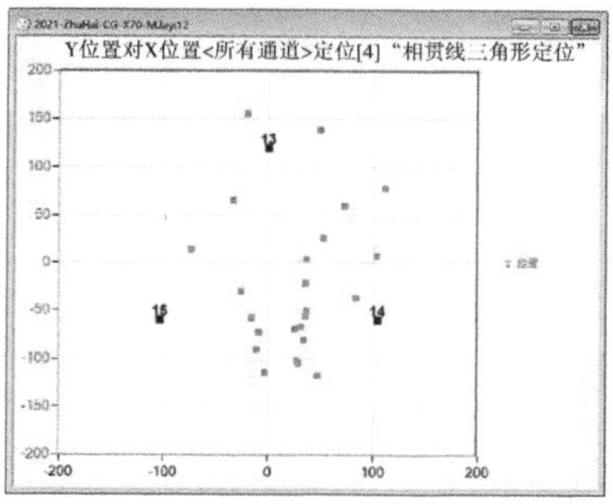

结合保压阶段数据和升压阶段数据,声发射定位源的活性等级是中活性,强度为低强度,综合等级评定为 Ⅱ 级。

2. 水压爆破阶段声发射数据分析

从试验压力 16.9 MPa 持续加压到爆管,历时半天多,期间声发射撞击数持续增多,幅值逐渐增大。45.55 MPa 至爆管过程中幅值与时间的相关分布散点图(局部放大图)见图 4.3-11,爆管瞬间幅值与时间的相关分布散点图见图 4.3-12。

裂纹快速扩展时刻为 2021 年 5 月 14 日晚上 9 时 46 分 22.01 秒,爆管时刻为 2021 年 5 月 14 日晚上 9 时 46 分 32.89 秒。裂纹快速扩展到爆管经历了约 10.88 s。其后的其他瞬间高幅值、高能量信号主要是由管体的运动、与地面的摩擦和水流冲击作用造成的。声发射参数见图 4.3-13。图中比较密集的声发射定位点,其坐标即对应岔管相贯线焊缝附近区域,刚好印证了最终爆破位置,两者吻合。

3. 各个升压阶段和爆破阶段声发射数据分析

各个升压阶段声发射特征参数(所有 16 个传感器)见表 4.3-6,各个升压阶段平均加载速率曲线见图 4.3-14,各个升压阶段声发射参数(支管定位组中)见表 4.3-7,各个升压阶段单位时间、单位 MPa 撞击数曲线见图 4.3-15、图 4.3-16。钢管爆破后,爆破口形状见图 4.3-17。

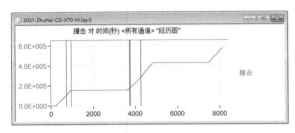

(a)撞击随时间经历图

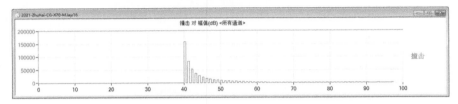

(b)撞击与幅值分布图

(c)主管定位图(3D)

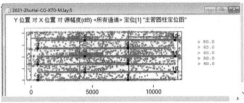

(d)主管定位图(2D)

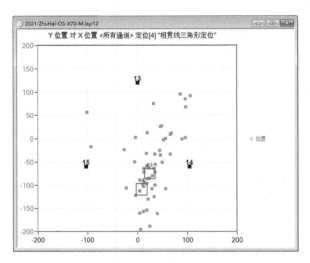

(e)局部定位图

图 4.3-10 正常水压阶段所有升压阶段声发射参数

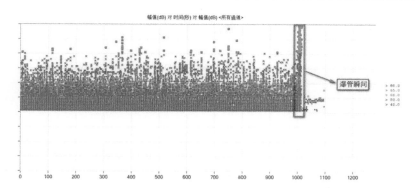

图 4.3-11　45.55 MPa 至爆管过程中幅值与时间的相关分布散点图

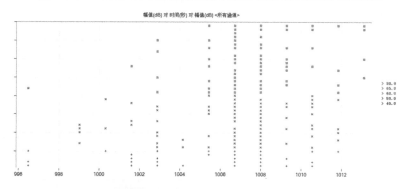

图 4.3-12　爆管瞬间幅值与时间的相关分布散点图(局部放大图)

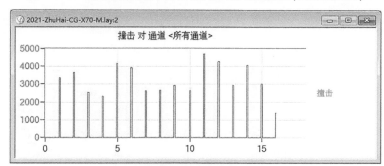

(a)撞击与通道的柱状图

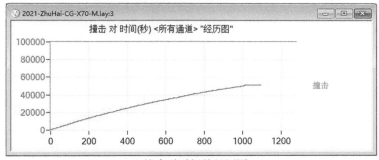

(b)撞击对时间的经历图

图 4.3-13　声发射参数

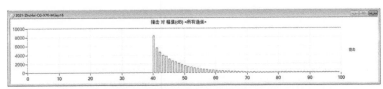

(c)撞击与幅值的柱状图

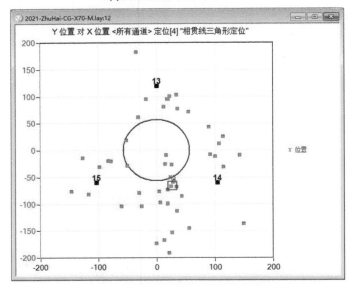

(d)岔道相贯线焊缝局部定位图

续图 4.3-13

表 4.3-6　各个升压阶段声发射特征参数(所有 16 个传感器)

阶段	经历时间/s	撞击数	单位时间撞击数/(hit/s)	内水压增大值/MPa	单位 MPa 撞击数/(hit/MPa)	平均加载速率/(MPa/min)
6.3~13.5 MPa	1 205	273 511	227.0	7.2	37 987.6	0.359
13.5~16.9 MPa	689	141 534	205.4	3.9	36 290.8	0.340
16.9~28 MPa	2 065	312 567	151.4	11.1	28 159.2	0.323
28~38 MPa	1 952	224 049	114.8	10.0	22 404.9	0.307
38~44.55 MPa	2 251	198 154	88.0	6.55	30 252.5	0.175
44.55~46.3 MPa	1 013	50 804	50.2	1.75	29 030.9	0.104

注:表中升压阶段两个声发射统计参数定义如下:

$$单位时间撞击数 = \frac{t_i \text{ 时刻至 } t_j \text{ 时刻期间的声发射撞击数}}{t_j - t_i}。$$

$$单位 MPa 撞击数 = \frac{t_i \text{ 时刻至 } t_j \text{ 时刻期间的声发射撞击数}}{P_j - P_i}。$$

式中,P_i 为 t_i 时刻的内水压;P_j 为 t_j 时刻的内水压。

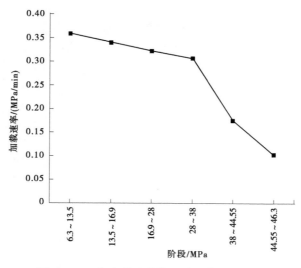

图 4.3-14 各个升压阶段平均加载速率曲线

表 4.3-7 各个升压阶段声发射参数(支管定位组中)

阶段	经历时间/s	撞击数	单位时间撞击数/(hit/s)	内水压增大值/MPa	撞击数/(hit/MPa)
6.3~13.5 MPa	1 205	49 833	41.4	7.2	6 921.3
13.5~16.9 MPa	689	20 631	29.9	3.9	5 290.0
16.9~28 MPa	2 065	41 036	19.9	11.1	3 696.9
28~38 MPa	1 952	29 826	15.3	10	2 982.6
38~44.55 MPa	2 251	29 728	13.2	6.55	4 538.6
44.55~46.3 MPa	1 013	9 970	9.8	1.75	5 697.1

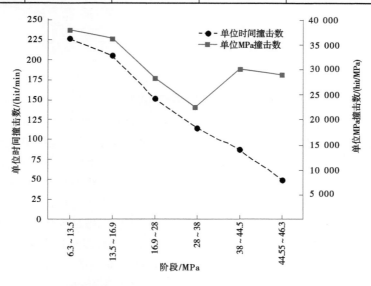

图 4.3-15 各个升压阶段单位时间、单位 MPa 撞击数曲线(所有 16 个传感器)

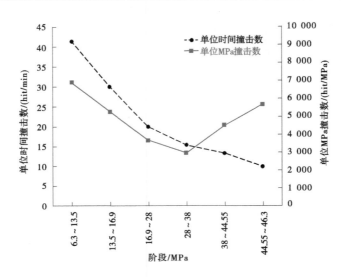

图 4.3-16　各个升压阶段单位时间、单位 MPa 撞击数曲线(支管定位组中)

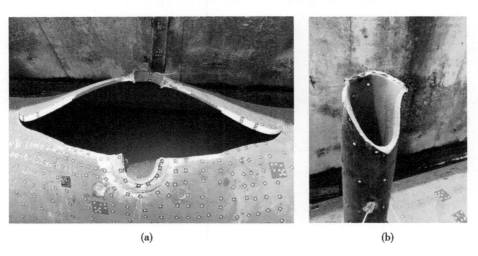

(a)　　　　　　　　　　　　　　(b)

图 4.3-17　爆破口形状

　　由此可以看出,内水压在 38 MPa 以前,高压三通岔管本体没有出现太大的塑性形变,加载速率从 0.359 MPa/min 缓慢下降到 0.307 MPa/min,单位 MPa 声发射撞击数随着压力的增大,有一个逐渐变小的趋势。随着内水压的继续增大,内水压达到 38 MPa 以后,塑性形变加剧,体积膨胀明显,单位 MPa 声发射撞击数快速增大,且水压加载速率快速下降。在内水压力达到 45.55 MPa 以后,内水压力很难继续升高,用了 17 min 内水压从 45.55 MPa 升至爆破时的 46.3 MPa。X70M 岔管水压爆破最大压力 46.3 MPa,爆破口长度 1 062 mm,爆破口宽度 396 mm,爆破口呈现明显韧断,爆破口发生在母材上,形状较为规则,爆破试验合格。对爆破口沿钢管纵向每米测量一次,爆破口周长实测尺寸见表 4.3-8、爆破口壁厚实测尺寸见表 4.3-9。

表 4.3-8　爆破口周长实测尺寸　　　　　　　　　　　单位:mm

测量点	1	2	3	4	5	6	7	8	9	10	11	12
爆破前	2 042	2 041	2 040	2 041	2 042	2 042	2 041	2 041	2 042	2 042	2 042	2 042
爆破后	2 046	2 042	2 043	2 048	2 046	2 042	2 043	2 045	2 045	2 044	2 042	2 043

表 4.3-9　爆破口壁厚实测尺寸　　　　　　　　　　　单位:mm

测量点	1	2	3	4	5	6	7	8	9	10	11	12
爆破前	23.81	23.75	23.82	23.84	23.81	23.83	23.84	23.80	23.82	23.81	23.80	23.79
爆破后	23.76	23.71	23.80	23.81	23.04	22.74	23.80	23.81	23.80	23.80	23.75	23.72

在正常水压阶段:声发射定位源的活性等级为中活性,强度为低强度,综合等级评定为Ⅱ级,在内水压不超过 1.25 倍设计内水压力值即 16.9 MPa 工况下,高压三通岔管母材及焊缝区域均未发生因材料缺陷和焊接质量引起的活性较大的声发射事件。高压三通岔管在 1.25 倍设计内水压力值工况下运行安全、正常,反映出材料和焊接质量较好,结构安全可靠。在 X70M 高压三通岔管爆破阶段,声发射监测预判出了爆破位置,确定了声发射事件发生的时间及与载荷的关系。

内水压在 38.0 MPa 以前,高压三通岔管本体没有出现太大的塑性形变,加载速率从 0.359 MPa/min 缓慢下降到 0.307 MPa/min,单位 MPa 所产生的声发射撞击数随着压力的增大,有一个逐渐变小的趋势。内水压在 38.0 MPa 以后,岔管本体才出现明显的塑性变形,单位 MPa 所产生的声发射撞击数快速增加,且水压加载速率明显下降;在濒临破坏前,材料发生严重屈服,爆破瞬间,声发射幅值大增,声发射撞击数快速增加。

四、应力测试

(一)工作原理

采用电测法对 X70M 高压三通岔管的水压加载爆破试验全过程进行工作应力测试和应力监测。在岔管典型区域选定应力测点并布置应变片,采用无线动态应变测试仪器对岔管在加压各阶段的应变数据进行采集,绘制各测点在加载过程中的应变过程线。应力测试结果用以验证理论计算结果,并为优化设计提供参考依据。

应力测试的检测流程为:确定应力测点位置→测点位置表面处理→布置应变片→系统联机调试→确定应变初始状态→高压三通岔管升压、保压试验→应变数据采集→分析应变测试数据→提供测试成果。应力测试时需要确定被测构件的应变初始状态,即高压三通岔管在不承受水压力的情况下完成应变调零工作。监测现场环境要求:控制检测现场的背景噪声,提供 220 V 稳定电源,升压速率不能过高,减少机械振动和外界电磁干扰。

(二)测试仪器及应变片布置

1.测试仪器

采用 DH5908L 无线应变测试系统进行应力测试工作。DH5908L 无线通信应变测量系统是全智能化的巡回数据采集系统。每台采集箱内置智能锂电池组、WiFi 无线通信模块、传感器电源、放大器、A/D 转换器、控制电路等。可用于全桥、半桥、三线制 1/4 桥的应变应力的动态测量。DH5908L 无线应变测试系统见图 4.3-18,性能指标见表 4.3-10。

图 4.3-18　DH5908L 无线应变测试系统

表 4.3-10　DH5908L 无线应变测试系统性能指标

指标项	主要指标
通道数	4 通道/模块,单台计算机可控制 16 台采集模块工作
连续采样速率	最高 50 kHz/通道
桥路方式	程控切换支持全桥、半桥、三线制 1/4 桥
供桥电压	2 V DC、5 V DC 分档切换
应变量程	±30 000 $\mu\varepsilon$、±3 000 $\mu\varepsilon$,最小分辨率 0.5 $\mu\varepsilon$
应变示值误差	不大于 0.5%±3 $\mu\varepsilon$
电压量程	±5 V、±30 mV、±3 mV,最小分辨率 5 μV
电压示值误差	不大于 0.5%
通信方式	WiFi 无线通信
无线通信距离	200 m(视距)
供电	电池供电,充满电可持续工作不少于 12 h
尺寸	155 mm×130 mm×58 mm(不含天线)
质量	约 998 g(不含天线)

DH5908L 无线通信应变测量系统的功能和优点为:①通过 AP 模式实现无线通信,有效减少现场工作量,提高现场测试安全,适用于高危行业测试场合;②体积小巧,安装方便,IP65 高防护等级,可在雨淋等恶劣环境下使用;③直接安装于测点附近,缩短信号输入线长度,减少线路干扰和工作量;④内置直流供桥电压和信号采集处理电路,通过无线

进行数字信号传输,避免外界信号干扰;⑤可利用笔记本与 AP 的连接,直接控制仪器工作,实时显示采集数据,方便快捷;⑥采用标准 2.4 G 无线 WiFi 通信技术,通信可视距离可达 200 m;⑦采样速率 50 kHz,每台计算机可同时控制 16 个模块;⑧内置标准电阻,由软件程控设置全桥、半桥、三线制 1/4 桥的桥路类型;⑨具有自检和自诊断功能;⑩可设置任意一个测点作为补偿测点;⑪能够实时采集、显示、储存和分析等;⑫具有信号长时间实时高速记录功能(海量存储);⑬内置大容量锂电池,保证仪器连续工作时间 12 h 以上。

　2. 应变片布置

　　应力测试工作采用日本东京测器生产的防水型应变片,计量敏感栅长度 6 mm,导线电阻 120 Ω±0.5 Ω,温度补偿 $11.0 \times 10^{-6}/℃$,灵敏度 0.1%。根据设计提供的钢管应力云图,结合现场实际工况,高压三通岔管共布置 3 个应变片,其中分岔口处的 2 个为三向应变片,直管段上的 1 个为双向应变片,测点距焊缝中心 30 mm。X70M 高压三通岔管应力测点位置示意见图 4.3-19。

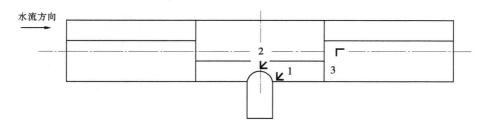

图 4.3-19 X70M 高压三通岔管应力测点位置示意

(三) 测试数据分析

　　根据水压试验加载程序,水压爆破试验对高压三通岔管在各个加压及保压过程进行应变测试,并通过数据处理,得到各测点在各保压阶段的工作应力值。测试开始记录时间为除去两次预压到 2 MPa,再降至零压力的时间。各测点应变测试结果见图 4.3-20~图 4.3-22,各测点爆破试验过程应变测试结果和应力计算结果见表 4.3-11~表 4.3-13。

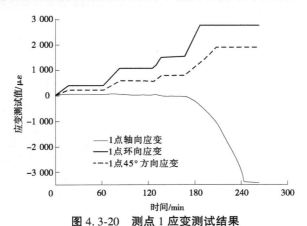

图 4.3-20 测点 1 应变测试结果

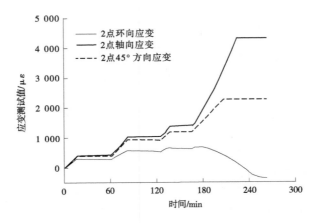

图 4.3-21 测点 2 应变测试结果

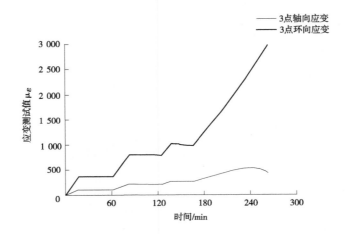

图 4.3-22 测点 3 应变测试结果

表 4.3-11 测点 1 爆破试验过程应变测试结果和应力计算结果

测点	测点位置	水压力值/ MPa	ε_0 (轴向)/ $\mu\varepsilon$	ε_{90} (环向)/ $\mu\varepsilon$	ε_{45} (45°方向)/ $\mu\varepsilon$	σ_1/MPa 及方向	σ_2/MPa
1	岔管附近外壁测点, 距离岔管焊缝中心 30 mm	0	0	0	0	0	0
		6.3	70	240	420	92, $\varphi=54°$	−38
		13.5	40	580	1 090	226, $\varphi=54.7°$	−152
		16.9	−30	810	1 550	316, $\varphi=55°$	−251
		爆破前	−3 400	2 700	1 900	—	—

注:表中的应力值为计算值,σ_2 方向与 σ_1 垂直,下同。

表4.3-12　测点2爆破试验过程应变测试结果和应力计算结果

测点	测点位置	水压力值/MPa	ε_0(轴向)/$\mu\varepsilon$	ε_{90}(环向)/$\mu\varepsilon$	ε_{45}(45°方向)/$\mu\varepsilon$	σ_1/MPa 及方向	σ_2/MPa
2	岔管附近外壁测点,距离岔管焊缝中心30 mm	0	0	0	0	0	0
		6.3	420	400	290	144,$\varphi=-43.0°$	85
		13.5	1 040	930	540	369,$\varphi=-41.4°$	162
		16.9	1 400	1 200	620	499,$\varphi=-40.8°$	185
		爆破前	−4 330	670	2 280	—	—

表4.3-13　测点3爆破试验过程应变测试结果和应力计算结果

测点	测点位置	水压力值/MPa	ε_0(轴向)/$\mu\varepsilon$	ε_{90}(环向)/$\mu\varepsilon$	环向应力 σ_{90}/MPa	轴向应力 σ_0/MPa
3	直管段环缝和纵缝交叉点附近外壁测点,距离纵缝和环缝中心30 mm	0	0	0	0	0
		6.3	110	370	92	50
		13.5	220	800	200	106
		16.9	270	1 010	254	133
		39.8	490	2 000	495	252
		爆破前	540	3 390	—	—

X70M高压三通岔管爆破试验过程中,加压至1.25倍设计内水压力值即水压力达到16.9 MPa工况下,岔管上部外壁测点2,即主管与支管管节相贯线附近的表面处,根据应变测试结果按弹性理论计算得到最大主应力计算值$\sigma_1=499$ MPa,已达到岔管材料的塑性延伸强度$R_{p0.2}$,其他测点数值远低于$R_{p0.2}$。主应力随水压力变化见图4.3-23。

当水压力值超过16.9 MPa后,高压三通岔管测点2处最大主应力已达到材料的规定塑性延伸强度$R_{p0.2}$的规定值,该测点不再处于弹性状态,无法提供按弹性理论的计算应力值,只提供最大应变值。从1.25倍设计内水压压力值的16.9 MPa工况继续加压直至岔管爆破过程中高压三通岔管测试的最大应变$\varepsilon_{max}=4$ 330 $\mu\varepsilon$。从爆破后的断口看出,最终起裂破坏处为测点1附近的支管与主管连接焊缝处。

X70M高压三通岔管水压试验过程中,在1.25倍设计内水压力值16.9 MPa工况下,岔管直管段测点3的外壁上,即主管环缝和纵缝相交处,最大环向应力计算值$\sigma_{90}=254$ MPa;当内水压力值到达39.8 MPa后,最大环向应力计算值$\sigma_{90}=495$ MPa,已达到岔管材料的塑性延伸强度$R_{p0.2}$。

总体上看,所测最大主应力方向与岔管起裂位置吻合,数据也验证了局部膜应力区由于附加弯矩和应力集中等而造成应力最大,导致起裂。测试结果表明,主管和支管连接分

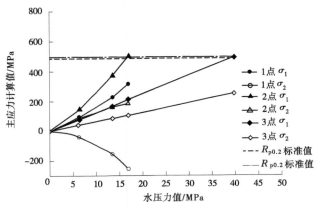

图 4.3-23　主应力随水压力变化

岔口处应采取合适的补强措施,避免分岔口处母材和焊缝提前失效。

五、变形测量

(一)工作原理和方法

1. 工作原理

根据高压三通岔管爆破试验变形观测的要求,结合目前中心配备的测量仪器,综合分析现场实施作业的可行性,决定采用 DPM 数字工业摄影测量系统获取高压三通岔管在加压过程中的变形量数据。DPM 数字工业摄影测量系统主要由相机、定向靶、基准尺、标志点、编码点和像点解算软件 svlmage、数据处理软件 Spatival View(SV)构成。DPM 数字工业摄影测量系统见图 4.3-24。

图 4.3-24　DPM 数字工业摄影测量系统

DPM 数字工业摄影测量系统通过在不同位置和方向获取同一物体的多张数字图像,

经过像点扫描、定向、匹配与平差得到待测点的精确三维坐标。该系统在 20 m 内的标称测量精度为 5 μm/m+5 μm/m，即 8 m 范围内测量的精度优于 0.05 mm。目前 DPM 数字工业摄影测量系统广泛应用于大型工业部件设计、仿制、放样、安装、检测、质量控制和动态监测中。

首先利用标志图像识别及中心定位算法，从整幅图像中识别测量标志，并确定各标志包含的像素，从而为后期摄影测量的数据处理提供基础。标志图像中心坐标提取见图 4.3-25。

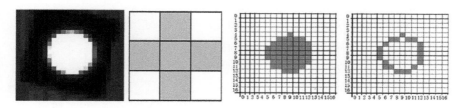

图 4.3-25　标志图像中心坐标提取

利用定向靶和编码标志实现像片的概略定向，以确定每张像片在物方空间坐标系中的位置和姿态。像片定向见图 4.3-26。在完成标志点识别与像片定向后，基于核线约束的像点匹配，完成同名像点的自动匹配。像点匹配见图 4.3-27。

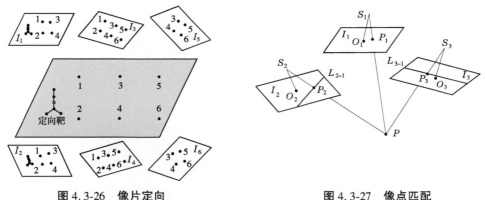

图 4.3-26　像片定向　　　　　　　　　图 4.3-27　像点匹配

最后以像点坐标为观测值，将共线条件方程线性化作为主要误差方程，利用光束法平差同时计算摄站参数和标志点的三维坐标。

2. 工作方法

根据被测高压三通岔管的特点和 DPM 数字工业摄影测量系统的工作流程，设计如下测量过程。

(1)布设标志点。根据试验设计及技术要求，在高压三通岔管的岔口区域、三条纵缝和一条横缝的关键位置布设标志点，另外在主管的管体上适当布设标志点。

(2)布设稳定点。在图 4.3-6 爆破室内的地面与墙体上，粘贴标志点，用于建立监测点不同阶段变形比较的基准，作为变形监测的稳定点。

(3)布设编码点。为配合定向靶完成像片的概略定向，根据粘贴的标志点布设编码点。

（4）安置定向靶与基准尺，并对相机进行调光，以确保标志点与编码点识别的质量。

在升压前及升压过程中的每个保压阶段（例如设计水头、水锤计算值、试验压力、屈服强度值及岔管发生变形后）对监测点、稳定点进行测量。利用地面和墙体上的稳定点作为控制点，将升压过程中测得的高压三通岔管特征部位监测点坐标转换至升压前的测量坐标系中，以分析不同压力阶段的特征部位变形。

DPM 数字工业摄影测量系统建立的坐标系由定向靶放置的位置与姿态决定，该坐标系不适用于表达岔管变形的方向。建立高压三通岔管变形坐标系，以高压三通岔管主管中心为坐标原点，以主管轴线为 X 轴，以支管轴线向上为 Z 轴，根据右手系确定 Y 轴。高压三通岔管变形坐标系见图 4.3-28。

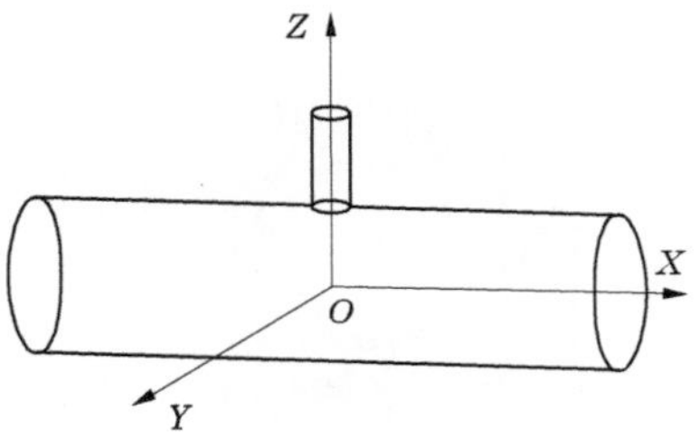

图 4.3-28　高压三通岔管变形坐标系

将各部位在原始坐标系下的变形值转换到该坐标系下后，可得高压三通岔管各部位在各方向的变形值，最终，可绘制岔管不同特征点位在不同水压阶段的变形曲线图。

（二）拍摄测量

1. 测点布置

根据高压三通岔管的结构、现场安置位置及交会条件，在高压三通岔管岔口区域、两条纵缝、一条横缝与主管表面布置标志点与编码点。同时，为统一不同加压阶段的各点的坐标系，在东西两侧的墙体及主管前后的地面上分别粘贴标志点，作为稳定点。测试现场布点示意见图 4.3-29。

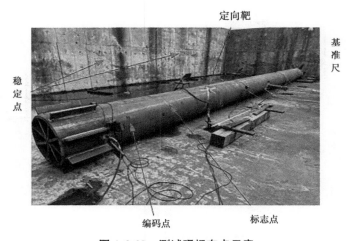

图 4.3-29　测试现场布点示意

基准尺与定向靶安置在左侧支管附近，标志点的具体安置方法为：在 2 条环缝的中上部，各粘贴 1 列标志点，每列上每隔 20 cm 粘贴 1 个标志点。在纵缝上，粘贴两行标志点，每行上每隔 50 cm 粘贴 1 个标志点。在岔口的交叉区域，计划沿支管布设 3 个环或 4 个标志点，每环隔 5 cm 布设 1 个。编码点布设每隔 100 cm 布设 1 个环，每环大概 4 个编码片,关键位置适当加密,可得试验中高压三通岔管关键位置标志点与编码点的布设示意图。高压三通岔管标志点与编码点布置实物示意见图 4.3-30、关键位置标志点与编码点布置示意见图 4.3-31。

图 4.3-30　高压三通岔管标志点与编码点布置实物示意

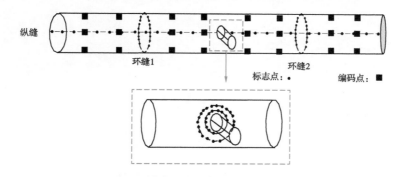

图 4.3-31　高压三通岔管关键位置标志点与编码点布置示意

另外,在主管的非关键区域,计划每隔 50 cm 布设 1 个环,每环大概 4 个点,预计 80 个点。以上总共布设标志点 534 个,编码片 81 个。

2. 拍摄情况

根据设计要求,充水加压至不同的压力值并保压后,进行拍照测量。在设计压力前的不同阶段,进入爆破室内进行拍摄,以充分获取阶段的变形信息。加压至 46.3 MPa 时,高压三通岔管爆破的时间为 5 月 15 日 21 时 46 分左右,由于爆破后现场情况复杂,因此高压三通岔管爆破后变形观测时间为次日 10 时 25 分。加压至不同阶段的拍摄情况见表 4.3-14。

(三) 变形量提取

1. 提取方法

根据各阶段拍摄的照片,利用 svImage 处理照片,获取加压至不同阶段岔管的三维坐标值,然后利用墙体与地面上的标志点,将各阶段的坐标值统一转换到充水前的坐标系下进行比较,最终获取不同阶段相对于充水前的变形值,从而获取各部位的变形历程。

表 4.3-14　加压至不同阶段的拍摄情况

拍摄阶段	拍摄时间(月-日 T 时:分)	照片数量
加压前	05-15T13:35	224
加压至 2 MPa	05-15T16:25	196
加压至 6.3 MPa	05-15T17:35	277
加压至 46.3 MPa	05-16T10:25	182

　　因高压三通岔管在爆破试验中沿南北方向放置(北端靠近爆破室门口),因此将高压三通岔管的变形部位划分为北端、钢管北端至北环缝、北环缝、北环缝至支管、支管、支管至南环缝、南环缝、南环缝至钢管南端、钢管南端、北纵缝和南纵缝 11 个部位。高压三通岔管变形位置划分示意见图 4.3-32。

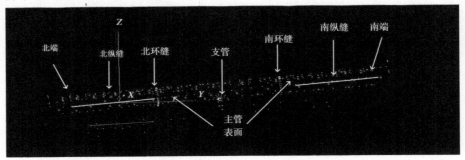

图 4.3-32　高压三通岔管变形位置划分示意

2. 加压至 2 MPa 各部位变形量

　　第二次加压至 2 MPa,保压期间高压三通岔管相比加压前各部位变形量的最大和最小值,见表 4.3-15。

表 4.3-15　加压至 2 MPa 各部位变形量

部位	最小变形量/mm	最大变形量/mm
钢管北端	0.355	0.494
钢管北端至北环缝	0.121	0.373
北环缝	0.304	0.517
北环缝至支管	0.369	0.459
支管	0.459	0.535
支管至南环缝	0.484	0.635
南环缝	0.580	0.678
南环缝至钢管南端	0.700	0.988
钢管南端	1.027	1.344
北纵缝	0.121	0.133
南纵缝	0.687	1.144

注:变形方向为各测点的法向,向外为正。

加压至 2 MPa 后,高压三通岔管最大变形量为南端的 1.344 mm,最小变形量为钢管北端至北环缝之间的 0.121 mm。总体来讲,钢管北端至北环缝之间的变形最小,然后向两边变形逐步扩大,南端变形量显著大于北端变形量。南侧的环缝和纵缝变形量大于北侧的环缝和纵缝。加压至 2 MPa 支管变形量示意(见图 4.3-33),图中的数字为该点的变形量大小。

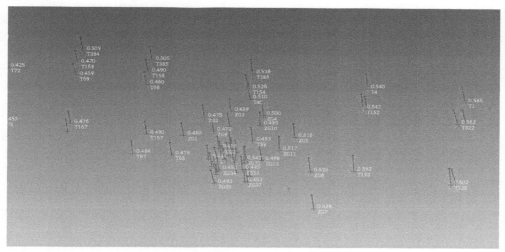

图 4.3-33　加压至 2 MPa 支管变形量示意

3.加压至 6.3 MPa 各部位变形量

加压至 6.3 MPa,保压期间高压三通岔管相比加压前各部位变形量的最大和最小值,见表 4.3-16。

表 4.3-16　加压至 6.3 MPa 各部位变形量

部位	最小变形量/mm	最大变形量/mm
钢管北端	0.272	0.557
钢管北端至北环缝	0.405	1.068
北环缝	1.081	1.150
北环缝至支管	1.132	1.265
支管	1.255	1.365
支管至南环缝	1.203	1.353
南环缝	1.056	1.185
南环缝至钢管南端	0.779	1.166
钢管南端	0.888	1.202
北纵缝	0.121	0.324
南纵缝	0.525	1.144

加压至 6.3 MPa 后,高压三通岔管最大变形量为支管的 1.353 mm,最小变形量为钢管北端的 0.272 mm。总体来讲,支管处的变形量最大,向两端逐渐减少;与加压至 2 MPa 相同,南侧的纵缝变形量同样大于北侧纵缝变形量,但此时两环缝变形量相近。同样,加压至 6.3 MPa 支管变形量示意见图 4.3-34,图中的数字为该点的变形量值。

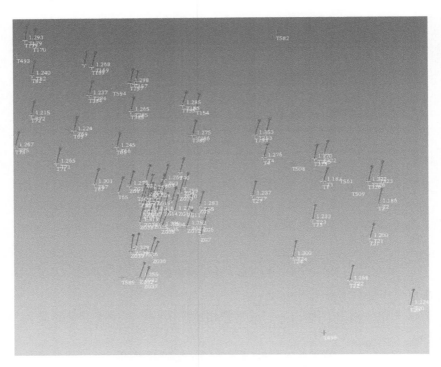

图 4.3-34　加压至 6.3 MPa 支管变形量示意

4. 高压三通岔管爆破后的变形量

管道加压高于 6.3 MPa 时,出于人员安全考虑,未进行变形监测。由于岔管爆破后,发生了显著的位移(向东平移约 4.5m)与旋转(逆时针旋转约 88°),且加压前粘贴的编码点与标志点发生震落或被遮挡的情况,因此 5 月 16 日获取第 2 根直钢管的变形情况时,需要重新粘贴标志点与编码点。爆破口位置示意见图 4.3-35。

破坏区域变形示意见图 4.3-36。将摄影测量获取的标志点的坐标进行处理,并计算各点相比原始支管的变形量,经计算,红色区域表示向外凸起,蓝色表示向内凹陷,最大凸起量为 151.775 mm,最大凹陷量为 35.402 mm,东侧区域的凸起大于西侧区域,南侧区域的凹陷大于北侧区域。断裂处为非规则的曲线,为直观表达裂缝长度,连接 4 条断裂缝的起始点,并计算每条裂缝的起始长度。

爆破位置编辑部变形示意见图 4.3-37,将破裂处分为东北、东南、西南、西北四个部分,每个部分的变形示意见图 4.3-38~图 4.3-41,图中数值表示变形量,箭头表示变形的方向,以 T 开头的字符表示点号,红色箭头表示凸起,蓝色箭头表示凹陷。

图 4.3-35　爆破口位置示意

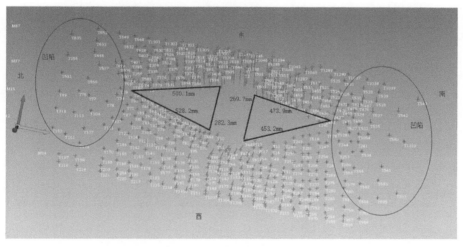

图 4.3-36　破坏区域变形示意

东北部位区域最大凸起值为 154.523 mm,其余大于 100 mm 凸起的点均分布在过支管的主管纵向上,如 T364、T328、T596、T2 等。东南部位区域最大凸起值为 154.618 mm,其余大于 100 mm 凸起的点同样均分布在过支管的主管纵向上,如 T500、T504、T129、T510 等。西南部位区域最大凸起值为 84.562 mm,其余大于 50 mm 凸起的点均分布在距支管最近的区域,如 T68、T95、T47 等。西北部位区域最大凸起值为 82.609 mm,其余大于 50 mm 凸起的点均分布在距支管较近的区域,如 T62、T19、T94 等。

六、小结

(1)X70M 制作的高压三通岔管水压爆破试验采用声发射、应力测试和变形监测等监控手段对全过程进行了有效的监测,获取了试验数据,监控取得了成效。

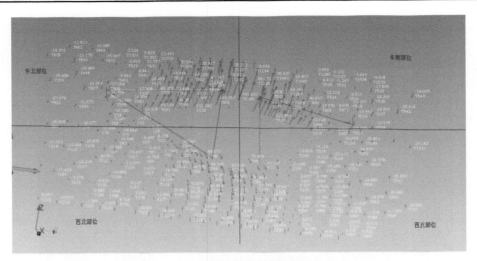

图 4.3-37　爆破位置编辑部变形示意

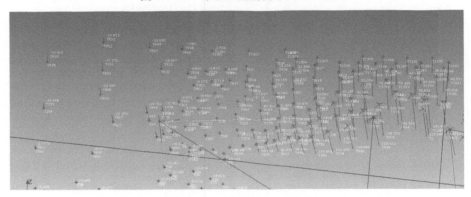

图 4.3-38　东北部位变形示意

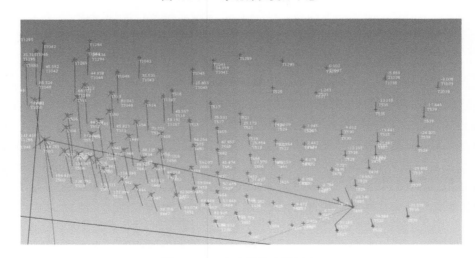

图 4.3-39　东南部位变形示意

图 4.3-40　西南部位变形示意

图 4.3-41　西北部位变形示意

（2）水压爆破试验在声发射和应力监控下进行，未发生因材料和焊接质量引起的提前失效。在内水压不超过 1.25 倍设计内水压力值即 16.9 MPa 工况下，岔管和直管母材及焊缝区域均未发生因材料缺陷和焊接质量引起的活性较大的声发射事件，岔管和直管在 1.25 倍设计内水压力值工况下运行安全、正常，反映出材料和焊接质量较好，结构安全可靠。

（3）钢管应力测试结果与计算值吻合较好，验证了设计计算成果。X70M 高压三通岔管爆破压力为 46.3 MPa，超过了设计计算预期结果，表明高压三通岔管和钢管整体设计安全裕度较大。在 1.25 倍设计内水压力值下，主管与岔管连接焊缝附近工作应力已达到该材料的规定塑性延伸强度 $R_{p0.2}$，建议主管和支管连接处采取适当的局部补强措施，避免连接焊缝处提前失效。

（4）出于人身安全的考虑，水压力值达到 6.3 MPa 后不允许进入爆破室内进行测量，因此未取得超过 6.3 MPa 后的岔管变形数据，须进一步改进和完善测量方法，确保在人身和设备安全的前提下，得到后续过程关键点的监测数据。

第四节　高压排气阀研发关键技术

一、工作原理

输水管线高处或较长输水管线上安装排气阀，其作用是：输水管道运行时，当管道内因压力或温度变化而使溶于水中的空气被释放出来时，能够及时排出，防止管道中形成气囊而影响管道系统的运行；输水管道初期充水和定期检修后充水时，能够排出管道内的空气，避免压力波动爆管；输水管道产生水锤出现负压时，吸入管道外空气，以免在管道内产生较大的负压，引起管道失稳。排气阀造价占输水管道工程的比例很小，但对输水管道安全运行至关重要。排气阀与管道上的颈管用法兰连接，通常设有闸阀或蝶阀作为排气阀的检修阀，从而形成排气阀组。空气阀组布置见图 4.4-1。

图 4.4-1　朱昌河水库空气阀组布置

工程实践证明，在大多数工况下只能微量排气，不能保证在管道内任何水流状态下都高速排气，是造成长距离供水管道排气难的根源，也给输水工程造成了大量的爆管事故和巨大的经济损失。理想的排气阀应在管道水气相间的任何压力和状态下，只要阀体内充满气体，就可以打开大、小排气口，高速、大量地排出管道内存气，同时还应具有缓闭功能。

充满水时自动关闭不漏水,出现负压时可自动向输水管道补气。

空气阀也称复合式排气阀,是为了解决输水管道中夹带的气体问题,实现自动排气和自动补气功能。当系统中有空气时,气体聚集在排气阀的上部,阀内气体聚积,压力上升,当气体压力大于系统压力时,气体会使腔内水面下降,浮球随水位一起下降,打开排气口;气体排尽后,浮筒随水位上升,内压大于外压,关闭排气口。当管道内压力低于外界压力时,浮筒随水位一起下降,打开排气口向管道内补气。在一般情况下,水中约含体积分数2%的溶解空气,在输水过程中,这些空气由水中不断地释放出来,聚集在管线的高点处,形成空气袋,使输水变得困难,系统的输水能力下降可达5%~15%。空气阀通常设有微量排气孔是为了排除体积分数2%的溶解空气。空气阀工作原理见图4.4-2。

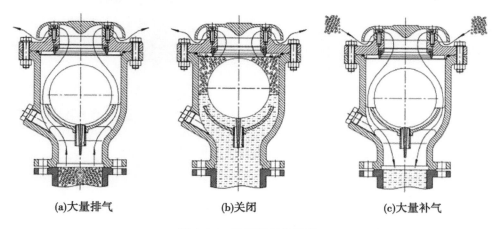

(a)大量排气　　　　　　　　(b)关闭　　　　　　　　(c)大量补气

图4.4-2　空气阀工作原理

空气阀主排气阀的功能是自动大量排气和补气。管道在充水阶段时,管道液位较低,在液位上升过程中,主排气阀处于打开状态,大量排出管道内空气;管道内的空气排净后,浮球在水的浮力作用下升起,阀门关闭,管道压力上升,阀门处于密封承压状态;管道停水或放空检修时,液位下降,阀门在负压作用下打开,大量地向管道里补气。主排气阀功能见图4.4-3。

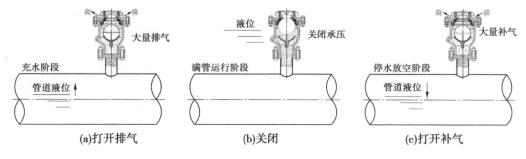

(a)打开排气　　　　　　　　(b)关闭　　　　　　　　(c)打开补气

图4.4-3　主排气阀功能

空气阀微量排气阀的功能是自动排出少量溶解气体,不作为补气用。微量排气阀内液位较低时,浮球在重力作用下向下运动,通过杠杆机构拉动阀芯向下运动,使阀芯与阀座脱离,阀门开启,向外排气;空气排净后,浮球在水的浮力作用下升起,通过杠杆机构推动阀芯向上运动,使阀芯和阀座接触,阀门关闭,管道压力上升,阀门处于密封承压状态。微量排气阀功能见图4.4-4。

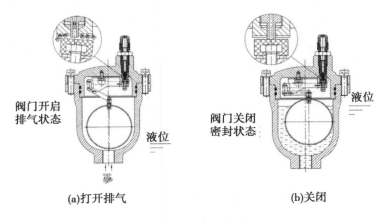

图 4.4-4　微量排气阀功能

二、结构特点

高压空气阀的主排气阀和微量排气阀均内设浮球,浮球大小和重量根据计算有所不同。主排气阀和微量排气阀通常为分体设置,也有少数是将微量排气阀设在主排气阀中上部。高压空气阀主要结构的常用材质为:阀体 WCB;阀盖 WCB;浮球不锈钢 316L;杠杆和轴不锈钢 316 L;软密封阀座橡胶 EPDM;硬密封阀座黄铜 H62+不锈钢 304。高压空气阀结构见图4.4-5。

主阀主要由阀体、阀盖、浮球、上阀座、下阀座、进排气口密封圈、导向套、防护盖、O 形密封圈等零部件组成,见图4.4-6。微量排气阀主要由阀体、阀盖、杠杆机构、浮球动力组件、密封组件等组成,微量排气阀结构见图4.4-7。10.0 MPa 微量排气阀由于排气时需克服很大的压力,大多对浮球动力组件采用双联杠杆驱动机构和排气口密封组件的特殊设计,利用杠杆原理将微量排气阀的浮球重力和浮力两次放大,放大系数可达到15倍以上;而以色列 ARI 公司则采用独特的卷帘机构开启微量排气口,此方式对卷帘的材质、密封、开启压力均有极高要求。

国内外能生产公称压力 6.3 MPa 及以上空气阀的厂家不多,中高压生产厂家主要有武汉大禹阀门股份有限公司、武汉阀门水处理机械股份有限公司、湖北高中压阀门有限公司、德国 VAG 水处理系统(太仓)有限公司、以色列 BERMAD 阀门(中国)有限公司等。对于公称压力 6.3 MPa 以上超常规使用的中高压空气阀,工程上应用虽然不多,但长距离输水工程和水电站工程最高已有应用到 10.0 MPa 的成功案例。国内外高压进排气阀应用工程见表4.4-1。

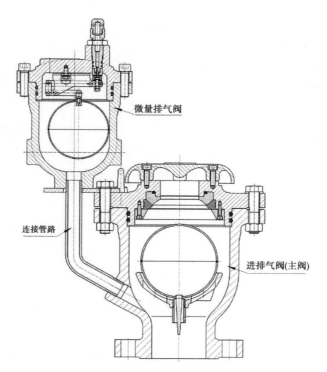

图 4.4-5　高压空气阀结构

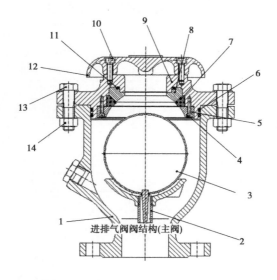

1—阀体；2—导向套；3—浮球；4—内六角螺钉；5—下阀；
6—O 形密封圈；7—进排气口密封圈；8—上阀座；9—阀盖；
10—内六角螺钉；11—O 形密封圈；12—防护盖；13—螺栓；14—螺母。

图 4.4-6　主阀结构

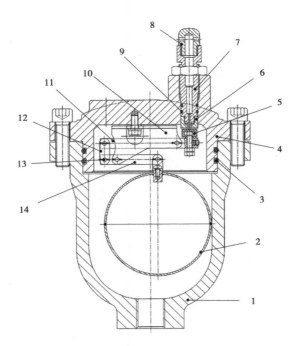

1—阀体;2—浮球;3,9—O 形圈;4—阀盖;5—密封阀芯;6—下阀座;7—上阀座;8—防尘盖;
10—杠杆支架;11—长杠杆;12—连杆;13—销轴;14—短杠杆。

图 4.4-7　微量排气阀结构

表 4.4-1　国内外高压进排气阀应用工程

生产厂家	公称直径/mm	公称压力/MPa	应用工程
武汉大禹阀门股份有限公司	DN50	10.0	中铁十八局有限公司冬奥会工程
	DN80	6.3	大理海西直引水原水引水工程
	DN200	5.0	中天合创厂外输水工程
武汉阀门水处理机械股份有限公司	DN150	12.0	秘鲁 HUANZA 电站
	DN150	6.4	重庆两会沱电站
	DN200	6.4	四川理县绿叶电站
	DN200	6.4	四川苗圃电站
湖北高中压阀门有限公司	DN50	12.0	云南清水河二级水电站
	DN100	10.0	云南岩瓦河水电站
德国 VAG 水处理系统(太仓)有限公司	DN100	6.3	内蒙古乌审旗图克供水工程
	DN150	6.3	兰州市水源地建设工程
以色列 BERMAD 阀门(中国)有限公司	DN50	6.4	新疆和田河气田供水工程
	DN50	6.4	玉溪大龙潭取水工程
	DN150	6.4	玉溪大龙潭取水工程
以色列 ARI 阀门(中国)有限公司	DN50	10.0	中天合创鄂尔多斯煤炭深加工项目
	DN100	10.0	中天合创鄂尔多斯煤炭深加工项目
	DN150	10.0	中天合创鄂尔多斯煤炭深加工项目
	DN200	10.0	中天合创鄂尔多斯煤炭深加工项目

三、性能试验

(一)试验设备

高压空气阀性能试验宜在专业阀门生产厂或试验厂进行,试验设备及仪表器具清单见表 4.4-2。

表 4.4-2　试验设备及仪表器具清单

序号	设备或仪表器具名称	量程范围	数量
1	阀门强度和密封试验台	—	1
2	增压泵	0~15 MPa	1
3	浮球强度试验罐	—	1
4	主阀进排气试验装置	—	1
5	微量排气阀最大开启排气压力试验装置	—	1
6	DN100 阿牛巴流量计(包含压力变送器、热电阻、显示屏等)	0~6 000 nm^3/h	1
7	压力表	0~40 MPa	2
8	压力表	0~15 MPa	2
9	精密压力表	0~0.1 MPa	2
10	精密压力表	0~0.6 MPa	2

(二)试验方法

1. 阀门整体强度试验

将空气阀装配好之后安装在试压台上,要求阀门关闭、处于垂直向上安装;用增加泵向阀内充水加压,加压到 1.5 倍公称压力时,保压时间不少于 3 min,观察阀门各连接部分应无渗漏、冒汗和永久可见变形。试验应符合《工业阀门　压力试验》(GB/T 13927—2022)的规定。整体强度试验见图 4.4-8。

2. 浮球结构强度试验

采用密闭的试压罐,将单个或数个浮球置于罐内,向罐内充满水,罐内的空气被排完后,关闭出气口,用增压泵将试压罐内水压增至 1.5 倍公称压力,静水压下保持 12 h。要求浮球无可见变形,无向内渗漏增重现象,对浮球试验前后进行称重。浮球强度试验见图 4.4-9。

3. 低压密封试验

将空气阀装配好之后安装在试压台上,要求阀门关闭、垂直向上安装。向阀内充入自来水,当水从溢流口流出时,关闭截流阀,此时空气阀大排气口密封位置的压力约为 0.02 MPa,在该压力下保压 3 min,观察主阀排气口和微量排气阀口应无可见性渗漏。试验应符合《给水管道复合式高速进排气阀》(CJ/T 217—2013)的规定。2 m 水头低压密封试验见图 4.4-10。

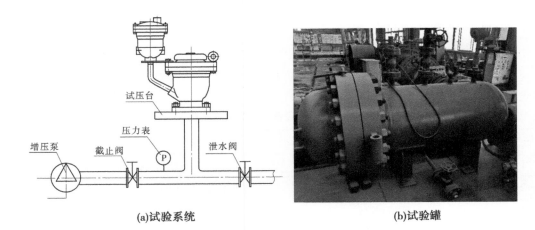

(a)试验系统　　　　　　　　　(b)试验罐

图 4.4-8　整体强度试验

图 4.4-9　浮球强度试验

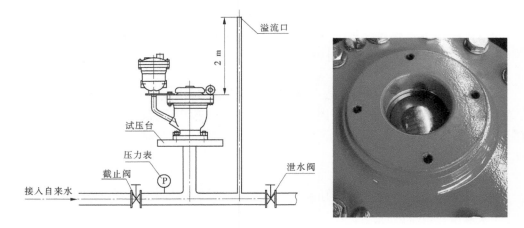

图 4.4-10　2 m 水头低压密封试验

4. 高压密封试验

将空气阀装配好之后安装在试压台上,要求阀门关闭、垂直向上安装。用增压泵向阀内充水加压,加压到 1.1 倍公称压力,保压 3 min,观察主阀排气口和微量排气阀口应无可见性渗漏。试验应符合《工业阀门　压力试验》(GB/T 13927—2022)的规定。高压密封试验见图 4.4-11。

图 4.4-11　高压密封试验

5. 主排气阀空气关阀压差试验(浮球吹起关闭试验)

将空气阀装配好之后垂直向上安装在试验系统上;关闭压力调节阀,通过空压机向储气罐充气加压,当储气罐压力达到一定值时,关闭空压机;缓慢开启压力调节阀,储气罐中的压缩空气开始通过系统管道从排气阀大孔口排出;通过控制压力调节阀的开度来调节空气阀进出口处的气压,从安装在管道中的压力表可以读出压力值。当压力表计数为 0.2 MPa,即排气压差为 0.1 MPa 时浮球未被吹起,当气压加大到一定值时,浮球可被吹起关闭,说明空气关阀压差大于 0.1 MPa。试验应符合《给水管道复合式高速排气阀》(CJ/T 217—2013)的规定。空气关阀压差试验见图 4.4-12。

6. 主排气阀排气量试验(测主排气口排气量)

将主排气阀装配好之后垂直向上安装在专用试验系统上;关闭压力调节阀,通过空压机向大储气罐充气加压,当储气罐压力达到一定值时,空气储蓄量满足试验要求,关闭空压机;开启管道上的测量仪表;缓慢开启压力调节阀,使大储气罐里的空气开始通过系统管道从空气阀大孔口排出;通过控制压力调节阀的开度,来调节空气阀进口处的排气压差,从缓冲罐上的压力表可以读出排气压差,当排气压差达到 35 kPa 时,维持该压差不变;使用涡街空气流量计(或阿牛巴空气流量计)测量该压差下流量计上显示的瞬时流量,也可采用其他形式的试验装置及计量手段来测量空气阀的排气量。试验应符合《给水管道复合式高速排气阀》(CJ/T 217—2013)的规定。主排气阀排气量试验见图 4.4-13。

7. 微量排气阀最大排气压力试验(微量排气阀自动排气功能试验)

将微量排气阀装配好之后垂直向上安装在专用试验系统上;关闭球阀 2 和排污阀 4,打开进气阀 3,启动空气压缩机,通过空气压缩机向压力罐内注入空气,当压力罐内压力达到 2 MPa 时,关闭空气压缩机和进气阀 3;打开进水阀 1,启动增压泵,水进入微量排气

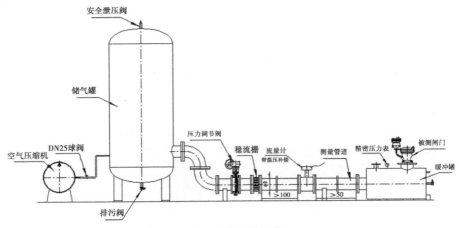

(a)试验系统示意

(b)现场试验设备主阀进排气试验装置

图 4.4-12　空气关阀压差试验

阀阀腔内,微量排气阀阀腔内浮球浮起,微量排气口关闭;迅速打开球阀2,增压泵不断向微量排气阀阀腔内加压输水;由于空气的密度比水低,空气会往高处走,发生水气置换,压力罐内的压缩空气会向上进入微量排气阀阀腔内,微量排气阀阀腔内的水会向下进入压

图 4.4-13 主排气阀排气量试验

力罐内,压力罐内的水压力不断增加,当压力罐中的压力表读数达到公称压力时,增压泵停止加压,关闭进水阀 1;此时大气压缩空气进入微量排气阀阀腔内,浮球失去了浮力向下运动,观察微量排气口排气现象。以上的水汽置换也可根据压力罐容积大小预先注满一定压力的压缩空气。微量排气阀最大开启排气压力试验见图 4.4-14。

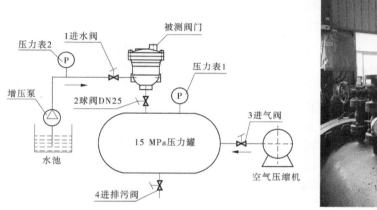

图 4.4-14 微量排气阀最大开启排气压力试验

8. 主排气阀负压开启试验(主阀自动补气功能试验)

将空气阀装配好之后垂直向上安装在试压台上,用增压泵向阀内充水加压,加压到公称压力时,关闭截止阀和泄水阀,此时阀门关闭。保压 3 min 后,缓慢打开泄水阀,让主阀阀腔内的水从泄水阀中排出。当主排气阀阀腔内液位下降且阀腔内的压力为 0 时,浮球失去浮力,浮球在自身重力作用下和橡胶阀座对浮球向下释放的推力作用下迅速下落,观察浮球应能迅速下落打开主排气口,保证负压时能及时打开主排气口进气。

9. 主排气阀补气量试验(测主排气口补气量)

主排气阀补气量试验与排气量试验方法类似。用聚气罩将空气阀罩起来,向聚气罩内充气,让空气从空气阀主排气口进入,从进气口排出,类似吸气。当气压差达到 35 kPa 时,测量该气压差下的流量。试验应符合《给水管道复合式高速排气阀》(CJ/T 217—2013)的规定。主排气阀补气量试验见图 4.4-15。

图 4.4-15　主排气阀补气量试验

10. 主排气阀抗负压能力试验

空气阀外部应能承受 0.1 MPa 的空气压力,保压时间不少于 1 h,模拟负压对空气阀的影响。主排气阀抗负压能力试验与排气量试验方法类似。人为封堵住进排气口,没有空气进入主排气阀,主排气阀持续保持关闭状态。使用聚气罩将空气阀罩起来,向聚气罩内充入 0.2 MPa 压力的空气,此时主排气阀内外压差为 0.1 MPa,保压时间不少于 1 h,模拟负压对空气阀的影响。试验后进行主阀整体强度试验、浮球结构强度试验、低压密封试验和高压密封试验,并观察和对比阀门试验前后的零部件应无变形和损伤。试验应符合《给水管道复合式高速排气阀》(CJ/T 217—2013)的规定。

(三)试验要求

高压空气阀的各项试验项目按各自的试验方法和试验要求分别进行检测和记录,各项检验结果全部合格才可在工程中安装使用。空气阀试验要求见表 4.4-3。

表 4.4-3　空气阀试验要求

序号	试验项目	试验要求
1	阀门整体强度试验	空气阀阀腔内充满水,且阀门为关闭状态,阀腔内部强度试验压力为 15.0 MPa,保压时间不少于 3 min,要求无渗漏、冒汗及可见性变形,并应符合《工业阀门　压力试验》(GB/T 13927—2022)的规定
2	浮球体结构强度试验	浮球体外部应能承受 1.5 倍公称压力的静水压力,保压 12 h,浮球体应无可见变形,无内渗漏增重现象
3	低压密封试验	低压密封试验压力为 0.02 MPa,保压 1 min,应无可见性泄漏(包括主阀和微量排气阀),并应符合《给水管道复合式高速进排气阀》(CJ/T 217—2013)的规定
4	高压密封试验	密封压力为 1.1 倍公称压力,保压 1 min,应无可见性泄漏(包括主阀和微量排气阀),并应符合《工业阀门 压力试验》(GB/T 13927—2022)的规定

续表 4.4-3

序号	试验项目	试验要求
5	空气关阀压差试验	对空气阀进行浮球被吹起关闭试验,当阀门大量排气浮球被吹起而关阀时,阀门的进、出口瞬时压差不应小于 0.1 MPa,并应符合《给水管道复合式高速进排气阀》(CJ/T 217—2013)的规定
6	排气量试验	参照《给水管道复合式高速进排气阀》(CJ/T 217—2013)规定的方法对空气阀大孔口的排气能力进行检测,检测排气压差在 35 kPa 时的排气量
7	补气量试验	补气量试验与排气量试验的方法相同。用聚气罩将空气阀罩起来,向聚气罩内充气,让空气从空气阀主排气口进入,空气阀入口排出,类似吸气。记录排气压差为 35 kPa 时该压差下的流量
8	微量排气阀最大排气压力试验	微量排气阀阀腔内充满水,阀门为关闭状态,当空气进入阀腔时微量排气阀应开启排气,测定其排气开启压力
9	负压开启试验	当主阀阀腔内液位下降时且阀腔内的压力小于或等于 0 时(低压大气压时),浮球失去浮力,浮球应在自身的重力作用下和橡胶阀座对浮球向下释放的推力作用下迅速下落,打开主气口,保证负压时能及时打开主排气口
10	抗负压能力试验	空气阀持续保持关闭状态,用聚气罩将空气阀罩起来,向聚气罩内充入 0.1 MPa 压力的空气,保压时间不少于 1 h,要求空气阀中的零部件无变形和损伤

四、高压空气阀研究

以新平县十里河水库重力流供水高压回填管道为例,研究高压空气阀关键技术。该工程高压管段钢管内径 600 mm,设计内水压力 13.5 MPa。针对工程高压空气阀的生产制作和工程应用,先后调研了大理直饮水原水引水工程等水利水电工程,以及湖北洪城通用机械股份有限公司、武汉阀门水处理机械有限公司、温州伯特利阀门集团有限公司、四川飞球(集团)有限责任公司、上海欧特莱阀门机械有限公司、上海冠龙阀门机械有限公司、中核苏阀科技实业股份有限公司等 7 家高压阀门生产企业,取得了相关技术资料和工程经验。

项目研发选取国产和进口两种 DN100-PN100 高压空气阀。国产高压空气阀的微量排气阀采用杠杆式,与浮球式主阀分体式安装;进口高压空气阀的微量排气阀采用卷帘式,与浮球式主阀分体安装,主阀带有 3 个 8 mm 小孔的防水锤限流装置。通过对阀结构和密封形式进行性能对比试验,解决了高压空气阀的设计、制造关键技术,为工程运行提供了安全可靠产品。试验发现进口高压空气阀在主阀装上防水锤限流装置后,虽然排气压差逐渐上升至 0.12 MPa 以上时浮球被吹起关闭大孔口,满足空气关阀压差试验要求,但此时受限流装置小孔影响,排气量太小无法读取。拆除防水锤限流装置后,排气压差超过 0.006 MPa 时浮球即被吹起关闭大孔口而不排气,说明进口高压空气阀是防水锤型,不具备大量排气功能,可专门用于防水锤型管网中。

经对空气阀各项关键技术研究,除进口高压空气阀的排气量太小无法读取外,国产和进口高压空气阀的其余各项技术指标均合格,均满足设计和使用要求。高压空气阀见图4.4-16,国产高压空气阀试验成果见表4.4-4,进口高压空气阀试验成果见表4.4-5。

(a)国产排气阀 (b)进口排气阀

图 4.4-16 高压空气阀

表 4.4-4 国产高压空气阀试验成果

序号	检验项目	试验要求	检验结果或数据	单项评价
1	阀门整体强度试验	空气阀阀腔内充满水,且阀门为关闭状态,阀腔内部强度试验压力为 15.0 MPa,持压时间不少于 3 min,要求无渗漏、冒汗及可见性变形,并应符合 GB/T 13927—2022 的规定	无渗漏、冒汗及可见性变形现象	符合要求
2	浮球体结构强度试验	浮球外部应能承受 15.0 MPa 的静水压力,持压 12 h,浮球体应无可见变形,无内渗漏增重现象	无可见变形,无内渗漏增重现象	符合要求
3	低压密封试验	低压密封试验压力为 0.02 MPa,持压 1 min,应无可见性泄漏(包括主阀和微量排气阀),并应符合 CJ/T 217—2013 的规定	无可见性泄漏	符合要求
4	高压密封试验	密封压力为 11.0 MPa,持压 1 min,应无可见性泄漏(包括主阀和微量排气阀),并应符合 GB/T 13927—2022 的规定	无可见性泄漏	符合要求
5	空气关阀压差试验	对空气阀进行浮球被吹起关闭试验,当阀门大量排气浮球被吹起而关闭时,阀门的进、出口瞬时压差不应小于 0.1 MPa,并应符合 CJ/T 217—2013 的规定	排气压差逐渐上升至 0.12 MPa 时,浮球未被吹起关闭大孔口,测试 3 次	符合要求

续表 4.4-4

序号	检验项目	试验要求		检验结果或数据	单项评价
6	大孔口排气量试验	参照 CJ/T 217—2013 规定的方法对空气阀大孔口的排气能力进行检测。 空气阀充气时,分别测 10 kPa、20 kPa、30 kPa、35 kPa、50 kPa 压差下的流量,反复试验 3 次,取试验平均值(注:CJ/T 217—2013 标准要求排气压差为 35 kPa 时的流量不小于 2 900 nm³/h 的 80%)	排气压差达到 10 kPa 时该压差下的流量	1 910 nm³/h	符合要求
			排气压差达到 20 kPa 时该压差下的流量	2 530 nm³/h	符合要求
			排气压差达到 30 kPa 时该压差下的流量	3 040 nm³/h	符合要求
			排气压差达到 35 kPa 时该压差下的流量	3 255 nm³/h	符合要求
			排气压差达到 50 kPa 时该压差下的流量	4 125 nm³/h	符合要求
7	大孔口补气量试验	用聚气罩将空气阀罩起来,向聚气罩内充气,让空气从进排气口进入,空气阀入口排出,类似吸气。 空气阀反向充气时,分别测 10 kPa、20 kPa 、30 kPa、35 kPa、50 kPa 压差下的流量,反复试验 3 次,取试验平均值(注:CJ/T 217—2013 标准要求补气不小于排气量的 80%)	补气压差达到 10 kPa 时该压差下的流量	1 808 nm³/h	符合要求
			补气压差达到 20 kPa 时该压差下的流量	2 406 nm³/h	符合要求
			补气压差达到 30kPa 时该压差下的流量	2 950 nm³/h	符合要求
			补气压差达到 35 kPa 时该压差下的流量	3 058 nm³/h	符合要求
			补气压差达到 50kPa 时该压差下的流量	3 851 nm³/h	符合要求
8	微量排气阀最大排气压力试验	微量排气阀阀腔内充满水,且阀门为关闭状态,当空气进入阀腔时微量排气阀应开启排气,测定其排气开启压力。分别检测 6.3 MPa、8.0 MPa 和 10.0 MPa 压力下的微量排气阀能否正常开启排气	当压力达到 6.3 MPa 时微量排气阀是否正常开启排	压力达到 6.3 MPa 时,微量排气阀能开启排气	符合要求
			当压力达到 8.0 MPa 时微量排气阀是否正常开启排	压力达到 8.0 MPa 时,微量排气阀能开启排气	符合要求
			当压力达到 10.0 MPa 时微量排气阀是否正常开启	压力达到 10.0 MPa 时,微量排气阀能开启排气	符合要求

续表 4.4-4

序号	检验项目	试验要求	检验结果或数据	单项评价
9	负压开启试验	当主阀阀腔内液位下降时且阀腔内的压力小于或等于 0 时(低于大气压),浮球失去浮力,浮球应在自身的重力作用下和橡胶阀座对浮球向下释放的推力作用下迅速下落,打开主排气口(大孔口),保证负压时能及时主排气口	阀腔内的压力小于或等于 0 时,浮球迅速下落,主排气口(大孔口)打开	符合要求
10	抗负压能力试验	使空气阀持续保持关闭状态,用聚气罩将空气阀罩起来,向聚气罩内充入 0.1 MPa 压力的空气,持压时间不少于 1 h(模拟负压对空气阀的影响)。要求空气阀中的零部件无变形和损伤	零部件无可见变形和损伤	符合要求

表 4.4-5　进口高压空气阀试验成果

序号	检验项目	试验要求	检验结果或数据	单项评价
1	阀门整体强度试验	空气阀阀腔内充满水,且阀门为关闭状态,阀腔内部强度试验压力为 15.0 MPa,持压时间不少于 3 min,要求无渗漏、冒汗及可见性变形,并应符合《工业阀门 压力试验》(GB/T 13927—2022)的规定	无渗漏、冒汗及可见性变形现象	符合要求
2	浮球体结构强度试验	浮球外部应能承受 15.0 MPa 的静水压力,持压 12 h,浮球体应无可见变形,无内渗漏增重现象	无可见变形,无内渗漏增重现象	符合要求
3	低压密封试验	低压密封试验压力为 0.02 MPa,持压 1 min,应无可见性泄漏(包括主阀和微量排气阀),并应符合 CJ/T 217—2013 的规定	无可见性泄漏	符合要求
4	高压密封试验	密封压力为 11.0 MPa,持压 1 min,应无可见性泄漏(包括主阀和微量排气阀),并应符合《工业阀门 压力试验》(GB/T 13927—2022)的规定	无可见性泄漏	符合要求
5	空气关阀压差试验	对空气阀进行浮球被吹起关闭试验,当阀门大量排气浮球被吹起而关阀时,阀门的进、出口瞬时压差不应小于 0.1 MPa,并应符合 CJ/T 217—2013 的规定	排气压差逐渐上升至 0.12 MPa 时,浮球未被吹起关闭大孔口,测试 3 次	符合要求

续表 4.4-5

序号	检验项目	试验要求		检验结果或数据	单项评价
6	大孔口排气量试验	参照 CJ/T 217—2013 规定的方法对空气阀大孔口的排气能力进行检测。空气阀充气时,分别测 10 kPa、20 kPa、30 kPa、35 kPa、50 kPa 压差下的流量,反复试验 3 次,取试验平均值(注:CJ/T 217—2013 标准要求排气压差为 35 kPa 时的流量不小于 2 900 nm³/h 的 80%)	排气压差达到 10 kPa 时该压差下的流量	防水锤空气阀在排气过程中是通过 3 个 φ 8 mm 的小孔排气,在 10~50 kPa 排气压差下的流量无法读取,该小孔下的流量低于流量计最小量程	—
			排气压差达到 20 kPa 时该压差下的流量		
			排气压差达到 30 kPa 时该压差下的流量		
			排气压差达到 35 kPa 时该压差下的流量		
			排气压差达到 50 kPa 时该压差下的流量		
7	大孔口补气量试验	用聚气罩将空气阀罩起来,向聚气罩内充气,让空气从进排气口进入,空气阀入口排出,类似吸气。空气阀反向充气时,分别测 10 kPa、20 kPa、30 kPa、35 kPa、50 kPa 压差下的流量,反复试验 3 次,取试验平均值(注:CJ/T217—2013 标准要求补气不小于排气量的 80%)	补气压差达到 10 kPa 时该压差下的流量	989 nm³/h	补气量偏小
			补气压差达到 20 kPa 时该压差下的流量	1 279 nm³/h	
			补气压差达到 30 kPa 时该压差下的流量	1 625 nm³/h	
			补气压差达到 35 kPa 时该压差下的流量	1 712 nm³/h	
			补气压差达到 50 kPa 时该压差下的流量	2 222 nm³/h	
8	微量排气阀最大排气压力试验	微量排气阀阀腔内充满水,且阀门为关闭状态,当空气进入阀腔时微量排气阀应开启排气,测定其排气开启压力。分别检测 6.3 MPa、8.0 MPa 和 10.0 MPa 压力下的微量排气阀能否正常开启排气	当压力达到 6.3 MPa 时微量排气阀是否正常开启	压力达到 6.3 MPa 时,微量排气阀能开启排气	符合要求
			当压力达到 8.0 MPa 时微量排气阀是否正常开启	压力达到 8.0 MPa 时,微量排气阀能开启排气	符合要求
			当压力达到 10.0 MPa 时微量排气阀是否正常开启	压力达到 10.0 MPa 时,微量排气阀能开启排气	符合要求

续表 4.4-5

序号	检验项目	试验要求	检验结果或数据	单项评价
9	负压开启试验	当主阀阀腔内液位下降时且阀腔内的压力小于或等于 0 时(低于大气压),浮球失去浮力,浮球应在自身的重力作用下和橡胶阀座对浮球向下释放的推力作用下迅速下落,打开主排气口(大孔口),保证负压时能及时开启主排气口	阀腔内的压力小于或等于 0 时,浮球迅速下落,主排气口(大孔口)打开	符合要求
10	抗负压能力试验	使空气阀持续保持关闭状态,用聚气罩将空气阀罩起来,向聚气罩内充入 0.1 MPa 压力的空气,持压时间不少于 1 h(模拟负压对空气阀的影响)。要求空气阀中的零部件无变形和损伤	零部件无可见变形和损伤	符合要求

第五章　管道施工关键技术

第一节　管道运输与安装

一、管道运输

（一）运输

不同直径的管道同时发货时,可将小管套装在大管中,采用套管方式运输以减小运输成本,管节间应设有柔性衬垫防止碰撞。运输时管节应固定,严禁在运输过程中发生管与管间、管与其他物体间的碰撞。直管运输宜设支架,大直径薄壁钢管宜设内支承;散件运输应采用带挡板的平台和车辆均匀堆放。承插口管节及管件应分承口、插口两端交替堆放整齐,两侧加支垫保持平稳。橡胶圈的运输温度宜为−5~30 ℃,存放位置不宜长期受紫外线照射,离热源距离应 1 m;橡胶圈不得与溶剂、易挥发物、油脂或对橡胶产生不良影响的物品放在一起,在储存、运输中不得长期受挤压,以免变形失效。

管道运输受交通主管部门规定的最大外形尺寸和最重件重量的限制要求,运输宽度不宜超过 4 m,不应大于 5 m。当管节因带有加劲环超过运输宽度时,可将加劲环单独运输、现场焊接,管节仍整体分段运输。管节吊装时应使用柔性绳索、兜身吊带或专用工具,使用钢丝绳或铁链时不得直接与管节接触。管道搬运时应小心轻放,不得抛、摔、拖管,不得受到剧烈撞击、磨损和碰撞。

通常先将几个 2~3 m 长的管节在工厂内组装焊好,以 6~12 m 管段作为运输单元,以减少现场环缝焊接数量。岔管、弯管、锥管尽量整体运输,当地下埋管受隧洞尺寸限制时,也可分体运输、现场拼装,但现场焊接工作量大,安装质量较难保证。管道场外运输通常采用汽车公路运输,公路运输尺寸受限时也可采取水路运输。汽车运输时应制作一套弧形托架固定在车厢上,作为管道卧放的外支承,并使用若干个倒链加固,大直径薄壁管道尚需设活动内支承防止运输变形。运输大直径管道的车厢需采用可调节高度的特制底盘,在经过隧道或限高处可降低底盘高度通行。公路运输中会途经隧道,到达现场后可能会进入施工隧洞。公路运输的几种方式见图 5.1-1~图 5.1-3。

管道由场外运输至场内卸车地点后,使用汽车吊等设备将管道吊起放置在有轨运输台车上进行二次转运,使用卷扬机将运输台车牵引至安装位置。当运输台车需要在洞内转弯时,台车轮应能转向,使用千斤顶顶起运输台车的四个角,将台车轮转向后继续运输至指定位置卸车,再用卷扬机将管道牵引至安装位置。管道洞内运输前,先用管道模型进行模拟运输,在台车运输受阻部位,需进行扩挖。管道施工隧洞内有轨台车运输见图 5.1-4。

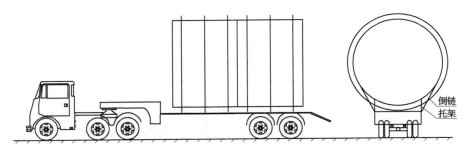

图 5.1-1　公路汽车运输示意

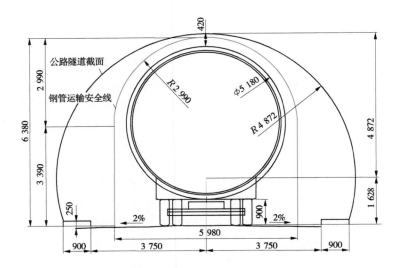

图 5.1-2　公路隧道内汽车运输示意　（单位：mm）

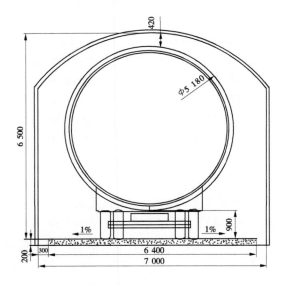

图 5.1-3　施工隧洞内汽车运输示意　（单位：mm）

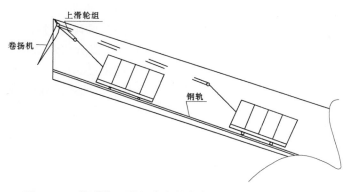

图 5.1-4　管道施工隧洞内有轨台车运输示意　（单位：mm）

(二) 卸车和堆放

　　管道运输至隧洞洞口位置,需要将管道从运输汽车上卸至洞内运输的自制平车上,由于洞口位置狭窄,若无法使用汽车吊卸车,可使用自制简易龙门架进行吊装,龙门架的大小和规格只能根据现场实际情况确定,龙门架卸车见图 5.1-5。

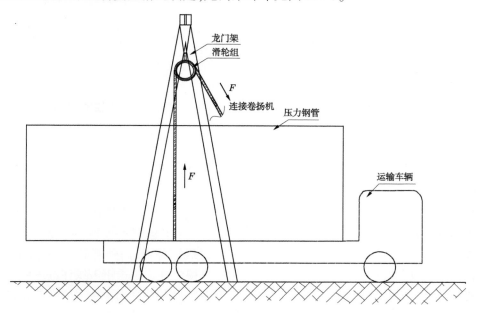

图 5.1-5　龙门架卸车

　　当汽车可以将管道运输至施工支洞内时,受洞内净空限制,可使用天锚配合卷扬机等土办法卸车。天锚卸车点布设在隧洞顶拱部位,该处需扩挖设置天锚,天锚施工在洞室开挖支护完成后进行造孔和打锚杆。锚杆施工完成后应进行拉拔试验,经检测合格后用钢板将多根锚杆连接为整体,在钢板上焊接吊耳,滑轮组固定到吊耳上。天锚吊装示意见图 5.1-6,天锚施工流程见图 5.1-7。

　　卸管过程中要密切注意四周环境和建筑物,吊车要避开电力线、通信线和其他地面及地下设施。卸管时应轻吊轻放,不得抛、摔、拖管及受剧烈撞击和被锐物划伤;注意保护管口,不得使管口产生任何豁口与伤痕。起重吊钩应具有足够的强度且防滑,确保使用安全。卸管时应每根检查管道尺寸和防腐管,填写检查记录,缺陷超过标准的不得使用。经验收合格的防腐管在堆管场存放时,按规格、材质、防腐等级分垛堆放。管道应堆放在平整、坚实的场地上,底部要垫稳防止滚动,堆放高度不宜超过 3 层,不应超过 2 m,底层管两端垫枕木或砂袋,垫起高度为 200 mm 以上。室外不应长期露天露晒,堆放温度不宜超过 40 ℃,并远离热源及带有腐蚀性试剂或溶剂的地方。

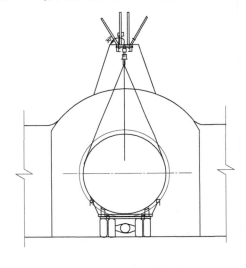

图 5.1-6 天锚吊装示意

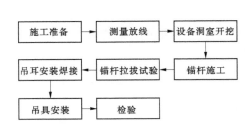

图 5.1-7 天锚施工流程

二、钢管焊接

(一)焊缝分类与焊接要求

1. 焊缝分类

(1)一类焊缝。钢管管壁纵缝,弹性垫层管的环缝,厂房内明管环缝,预留环缝,凑合节合拢环缝;钢岔管管壁纵缝、环缝,钢岔管加强构件的对接焊缝,加强构件与管壁相接处的组合焊缝及卜形岔管相贯线焊缝;伸缩节的接管纵缝、环缝,内外套管、压圈环的纵缝,外套管与端板、压圈环与端板的连接焊缝、端板的拼接焊缝。不锈钢波纹体的纵缝及其与接管的环缝;闷头拼接焊缝及闷头与钢管管壁的连接环缝;支承环对接焊缝;人孔颈管的对接焊缝,人孔颈管与颈口法兰盘及与钢管管壁相贯线焊缝。

(2)二类焊缝。不属于一类焊缝的钢管管壁环缝;加劲环、阻水环、止推环对接焊缝地下埋管或钢衬的纵向、横向或环向焊缝。

(3)三类焊缝。支承环、加劲环、阻水环、止推环与管壁连接的角焊缝,以及不属于一、二类焊缝的其他焊缝。

2. 焊接要求

钢管安装焊接过程中受外部环境影响大,当气体保护焊风速大于 2 m/s、其他焊接方法风速大于 8 m/s、相对湿度大于 90%、低碳钢环境温度−20 ℃以下,低合金钢环境温度−10 ℃以下,高强钢及非奥氏体型不锈钢环境温度 0 ℃以下、处于雨雪或结露结霜环境等时,焊接部位应有可靠的防护屏障和保温措施。

　　焊接前编写详细的焊接工艺指导书,焊接工艺指导书的主要内容包括:焊接程序、焊接材料的选择与烘焙、焊缝厚度、焊缝设计、焊前焊后热处理、焊接工艺试验、质量检验的方法及标准等。焊接前尚应进行焊接工艺评定,对于标准抗拉强度下限值大于 540 N/mm^2 的钢材,宜做生产性焊接试板试验。焊接过程中严格按照评定合格的焊接工艺实施,不得随意改动焊接参数。焊工应经考试合格,并持有有效合格证,只有立、平、横、仰四个位置考试合格的焊工才能进行任何位置的焊接。

　　施焊前应将坡口及其两侧 10~20 mm 的铁锈、熔渣、油垢、水迹等清除干净,并检测装配尺寸和坡口尺寸,定位焊缝上的裂纹、气孔和夹渣等均应清除,再根据焊接工艺评定确定的焊接参数进行定位焊及正式焊接。正式焊缝及定位焊的焊条、焊丝、焊剂、保护气体等均应与所施焊的钢种相匹配。

(二)焊接工艺

　　手工焊包括焊条电弧焊、二氧化碳气体保护焊、自保护药芯半自动焊及手工 TIG 焊等;自动焊包括埋弧自动焊、MAG 自动焊、MIG 自动焊和自保护药芯自动焊等。采用 CO_2 气体保护焊或手工电弧焊时,不同钢种的手工焊条电弧焊焊接工艺参数见表 5.1-1~表 5.1-3。

表 5.1-1　Q345R 钢手工焊条电弧焊焊接工艺参数

焊接母材	Q345R	母材厚度/mm	20~38
焊条牌号	THJ507	焊条直径/mm	3.2/4.0
预热温度/℃	—	坡口形式	V 形、X 形
焊接电流/A	110~150	焊接电压/V	22~25
焊接速度/(cm/min)	6~15	线能量(kJ/cm)	<45
层间温度/℃	80~200	后热温度/℃	—
焊缝金属厚度/mm	板厚 0~3	焊缝金属宽度/mm	坡口宽度 2~5,且平缓过渡
角焊缝焊脚 k	—	电流种类和极性	直流反接

注:采用多层多道焊接,焊道摆宽不大于 4 倍的焊条直径。

表 5.1-2　600 MPa 钢手工焊条电弧焊焊接工艺参数

焊接母材	600 MPa	母材厚度/mm	30~34
焊条牌号	GLE-67	焊条直径/mm	3.2/4.0
预热温度/℃	80	坡口形式	X 形
焊接电流/A	110~150	焊接电压/V	23~25
焊接速度/(cm/min)	10~18	线能量/(kJ/cm)	<40
层间温度/℃	80~200	后热温度/℃	—
焊缝金属厚度/mm	板厚 0~3	焊缝金属宽度/mm	坡口宽度 2~5,且平缓过渡
角焊缝焊脚 k	—	电流种类和极性	直流反接

注:采用多层多道焊接,焊道摆宽不大于 4 倍的焊条直径。

表 5.1-3　800 MPa 钢手工焊条电弧焊焊接工艺参数

焊接母材	N800CF	母材厚度/mm	30~54
焊条牌号	GEL-118W	焊条直径/mm	3.2/4.0
预热温度/℃	100~120	坡口形式	X 形($\delta \geqslant 30$)、V 形($\delta < 30$)
焊接电流/A	100~170	焊接电压/V	22~25
焊接速度/(cm/min)	7~20	线能量/(kJ/cm)	10~25
层间温度/℃	100~180	后热温度/℃	(150~200)×2 h
焊缝金属厚度/mm	板厚+0~3	焊缝金属宽度/mm	坡口宽度+2~5,且平缓过渡
角焊缝焊脚 k	—	电流种类和极性	直流反接

注:采用多层多道焊接,焊道摆宽不大于 4 倍的焊条直径。

相邻两管节为异种钢焊接时,应采用低强度母材的焊接材料和高强度母材的焊接工艺。相邻两管节为不等厚钢板焊接时,应采用缓坡过渡焊接。遇环境湿度过大时,焊前应对焊口烘干处理。采用手工 CO_2 气体保护焊施焊时应严格控制焊接工艺,CO_2 气体保护焊焊接工艺参数见表 5.1-4。

表 5.1-4　CO_2 气体保护焊焊接工艺参数

板厚/m	接头形式	层数	焊丝直径/mm	电流/A	电压/V	送丝速度/(m/h)	气体流量/(L/min)
5~8	T 形/对接	第1层	1.2	280~320	25~30	210	8~10
		第2层		300~340	26~31	236	8~10
8~12	T 形/对接	第1层	1.2	220~280	22~26	190	8~10
		第2层		300~340	26~31	236	8~10
10~16	T 形/对接	第1层	1.2	350~400	26~31	265	10~12
		第2层		370~420	27~32	298	10~12
		第3层		370~420	27~32	298	10~12
		第4层		400~450	28~32	337	12~14
14~20	对接/T 形	第1层	1.2	220~280	22~26	190	8~10
		第2层		300~340	26~30	236	8~10
		第3层		370~420	27~32	298	10~12
		第4层		400~450	28~32	337	12~14

当采用双面焊接时,在主焊侧焊接后应使用碳弧气刨进行背面清根,将焊在清根侧的定位焊缝金属清除,不允许保留在焊缝内。清根后用砂轮机磨除渗碳层和刨槽表面缺陷,再进行背缝焊接。当焊接坡口局部间隙在 8~20 mm 时,可在焊接坡口两侧或一侧进行堆焊处理,堆焊时不得在焊缝内留下填塞的金属材料,堆焊后应使用砂轮修整,堆焊部位的

焊缝应进行表面无损检测。大间隙封底焊要先堆焊至设计间隙时再正常施焊,堆焊工艺与焊接工艺相同。每焊完一条环缝,由安装技术人员检查钢管安装里程、中心、高程变化,当发现有较大的有害变形趋势时,立即采取改变焊接顺序或焊接方向等措施,减少变形或控制反向变形。焊完拆除钢管上的工卡具时,严禁采用锤击法,应使用割枪或气刨将工卡具距离母材 2~4 mm 处切割或气刨去除,然后用砂轮机打磨光滑。焊缝内部或表面发现有裂纹时,要进行分析,找出原因,制定措施,再清除裂纹并进行补焊处理至合格。在母材上严禁电弧擦伤,若有擦伤,需用砂轮打磨处理后进行探伤检查。

(三) 预热与后热

对于使用高强钢制作的钢管或厚壁钢管,焊接的关键是准确掌握和实施预热温度和后热温度,控制好扩散氢含量、硬淬倾向和拘束应力,防止焊接裂纹的产生,要根据焊接工艺评定要求进行焊前预热、焊后消应消氢处理。厚度不超过 36 mm 的 Q355、Q345R 钢无须预热及后热;600 MPa 级钢预热温度 80~120 ℃、800 MPa 预热温度 100~150 ℃,后热温度 150~200 ℃,保温时间不少于 1 h。对不需预热的焊缝,当环境相对湿度大于 90% 或环境气温低于-10 ℃时,宜预热到 20 ℃以上时再施焊。后热应在焊后立即进行,焊后立即进行消除应力,热处理者可不后热。对于需要采用焊后热处理消除残余应力的钢管,若低碳钢、低合金钢的钢管或钢岔管在退火炉中做整体消应热处理确有困难,可采用局部消应热处理,加热宽度为焊缝中心两侧各 6 倍以上最大板厚的区域,加温、保温、降温速度和时间与整体消应热处理相同,内外壁温度应均匀,在加热带以外部位应采取保温措施。高强钢不宜做焊后消应热处理。当采用振动时效消应工艺时,施工前应选取合理的振动时效工艺参数和实施方案。

加热过程中应缓慢加热并随时监测层间温度,达到要求温度时停止加热,预热区的宽度为焊缝中心线两侧各 3 倍板厚且不小于 100 mm。焊前加热通常采用加热板加热、远红外电加热。焊接采用加热板加热焊接时,加热板采用磁铁固定在管壁上,根据焊缝处实测的温度确定背缝的加热板是否加热,背缝焊接时同样操作。采用履带式加热器时,可配保温材料及外壳,做成围形对开式加热器,便于装拆,适用于管道的焊缝加热。履带式加热器焊接见图 5.1-8。

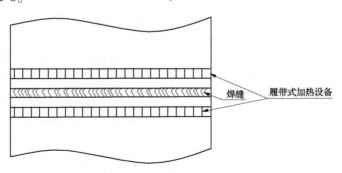

图 5.1-8　履带式加热器焊接示意

同以往采用的火焰预热方式相比较,远红外电加热有温度控制准确可靠,可以控制升、降温速度的优点,最重要的是所有采用电加热的焊缝全部受热均匀,从而避免了火焰加热的不均匀和焊接过程中的不均匀叠加而产生附加应力,有效地防止焊接裂纹的产生。采用远红外电加热技术,可减少厚钢板的温度差,同时也减少不均匀加热和冷却所带来的附加应力,对提高厚板焊接质量十分有效。

(四)焊接质量控制

1. 焊材质量控制

焊材的管理和质量控制应符合现行行业标准《焊接材料质量管理规程》(JB/T 3223—2017)的有关规定。焊接使用的焊材应符合焊接工艺评定确定的材质、规格、牌号;药皮不得有脱落和明显的裂纹。焊丝在使用前应清除铁锈和油污,当焊剂中有杂物混入时,应进行清理或全部更换。焊条、焊丝、焊剂应放置于通风、干燥和室温不低于 5 ℃的专设库房内,设专人保管、烘焙和发放,并应及时做好实测温度和焊材发放记录。烘焙后的焊条、焊剂应保存在 100~150 ℃的恒温箱内,烘焙温度和时间严格按照厂家说明书的规定进行,应有严格的取用制度和跟踪发放使用记录。现场使用的焊条应装入 80~150 ℃的保温筒内,随用随取。焊条在保温筒内的时间大于 4 h 后,应重新烘焙,重复烘焙次数不宜超过 2 次,做好实测温度记录。有缝的药芯、金属粉芯焊丝开封后,宜在 6 h 内用完,最长不应超过 24 h。超过 1 h 未使用的有缝的药芯、金属粉芯焊丝,应置于干燥箱内或相对湿度不大于 60%的干燥环境中。2 d 以上不用的焊丝,应密封包装回库储存或移存于干燥环境中,在送丝机上未用完的焊丝应做好防潮保护措施。久置未用的药芯、金属粉芯焊丝使用前应剪去其端部 200~300 mm。

2. 焊接过程质量控制

一、二类焊缝的定位焊缝焊接工艺和对焊工要求与正式焊缝相同。钢管环缝拼接对位合格后,在后焊一侧的焊缝坡口内进行定位焊接,定位焊缝距焊缝端部 30 mm 以上,长度应在 50 mm 以上,间距宜为 100~400 mm,但对标准屈服强度 $R_{p0.2} \geq 650$ N/mm² 或标准抗拉强度 $R_m \geq 800$ N/mm² 的高强钢,至少焊两层,其长度应在 80 mm 以上。定位焊厚度不宜大于正式焊缝厚度的 1/2,最厚不宜大于 8 mm。对于需要预热焊接的钢板定位焊,应在定位焊缝周围宽 150 mm 范围内进行预热,预热温度应比正式焊缝预热温度提高 20~30 ℃。正式焊接时,定位焊缝应清除,不得保留在低碳钢和低合金钢的一类焊缝内以及高强钢的一、二类焊缝内。焊接时应严格控制焊接电流大小,减小焊缝变形量。

采用手工电弧焊时,同一条焊缝的多名全位置焊工沿环缝圆周长划分等份同时施焊,以相同的焊接工艺参数,对称分层连续焊接,不允许跳跃焊接。钢管焊缝正式焊接时,将一、二类焊缝内的定位焊接金属及渗碳层清除干净。手工多层焊接时的层间焊接接头必须错开 25 mm 以上。每层焊道焊接完毕后及时将每层道的焊渣、飞溅、焊瘤清除干净,检查合格后方可再进行下层(道)焊接。每条焊缝应连续焊接,不得随意中断。当因故中断焊接时,应采取防裂措施。在重新焊接前,应将焊缝表面焊渣、飞溅、焊瘤清除干净,确认焊缝无裂纹、无气孔、无夹渣后,方可按焊接工艺要求继续施焊。每条一、二类焊缝焊接完毕、焊工自检合格后,在焊缝附近用钢印打上工号,做好焊接过程记录。高强钢不打钢印,但应进行编号并做好焊接过程记录。所有焊缝焊接完毕后由焊工在焊接过程记录上签字,部分重要焊接过程进行录像或照相。焊接完毕后应按一、二类焊缝的质量要求,对焊缝的内外质量进行外观检查及无损探伤检测。

3. 焊缝质量控制

1) 焊缝外观质量控制

钢管安装焊缝焊接完毕后,焊缝外观质量应检测裂纹、表面夹渣、咬边、未焊满、表面气孔、焊瘤、飞溅、焊缝余高、对接接头焊缝宽度、角焊缝焊脚高度等指标。焊缝外观质量检查必须符合焊缝外观质量标准,并做好外观质量的录像、照相及检查记录。

2) 焊缝内部质量控制

无损检测人员应持有水利、电力行业及无损检测学会等国家有关部门颁发的,与其工作相适应的技术资格证书。评定焊缝质量应由Ⅱ级或Ⅱ级以上的无损检测人员担任。焊缝外观质量检查合格后,根据不同钢种在焊缝焊接完毕 4~48 h 后,进行焊缝内部质量无损探伤检查,进行探伤检查的焊缝表面不平整度不应影响探伤评定。焊接接头内部质量检测应选用超声波检测(UT)或射线检测(RT),焊接接头表面质量检测应选用磁粉检测(MT)或渗透检测(PT),铁磁性材料应优选磁粉检测(MT)。当其中一种无损检测方法检测有疑问时,应采用另一种无损检测方法复查。超声波检测可选用脉冲反射法超声检测(UT)、相控阵超声检测(PA-UT)和衍射时差法超声检测(TOFD)。钢岔管月牙肋或梁与管壳的组合焊缝及其与锻钢圆柱体交会部位等 T 形焊接接头,当无法用射线检测(RT)、衍射时差法超声检测(TOFD)时,可采用脉冲反射法检测(UT)或相控阵超声检测(PA-UT),空间狭窄处或形状复杂结构可采用相控阵超声检测(PA-UT)。焊接接头内部无损检测长度占焊缝全长的百分比见表 5.1-5。

表 5.1-5 无损检测长度占焊缝全长的百分比

钢种	脉冲反射法超声检测(UT)或相控阵超声检测(PA-UT)/%		衍射时差法超声检测(TOFD)或射线检测(RT)/%	
	一类焊缝	二类焊缝	一类焊缝	二类焊缝
低碳钢和低合金钢	100	50	25	10
高强钢、不锈钢、不锈钢复合钢板	100	100	40	20

射线检测(RT)应按现行国家标准《焊缝无损检测 射线检测 第 1 部分:X 和伽玛射线的胶片技术》(GB/T 3323.1—2019)或《焊缝无损检测 射线检测 第 2 部分:使用数字化探测器的 X 和伽玛射线技术》(GB/T 3323.2—2019)的有关规定执行,检测技术等级为 B 级;焊缝质量验收等级应按现行国家标准《焊缝无损检测 射线检测验收等级 第 1 部分:钢、镍、钛及其合金》(GB/T 37910.1—2019)的有关规定执行,一类焊缝质量验收等级不低于 2 级为合格,二类焊缝质量验收等级不低于 3 级为合格。

脉冲反射法超声检测 UT 和相控阵超声检测(PA-UT)应按现行国家标准《焊缝无损检测 超声检测 技术、检测等级和评定》(GB/T 11345—2013)的有关规定执行,检测等级为 B 级;焊缝质量验收等级应按现行国家标准《焊缝无损检测 超声检测 验收等级》(GB/T 29712—2013)的有关规定执行,一类焊缝质量验收等级 2 级为合格,二类焊缝质量验收等级不低于 3 级为合格。

衍射时差法超声检测(TOFD)应按现行行业标准《水电水利工程金属结构及设备焊接接头衍射时差法超声检测》(DL/T 330—2021)的有关规定执行,或应按现行行业标准《承压设备无损检测　第10部分:衍射时差法超声检测》(NB/T 47013.10—2015)的有关规定执行。一类焊缝和二类焊缝质量验收等级均不低于Ⅱ级为合格。

磁粉检测(MT)应按现行行业标准《承压设备无损检测　第4部分:磁粉检测》(NB/T 47013.4—2015)有关规定执行或渗透检测PT应按现行行业标准《承压设备无损检测　第5部分:渗透检测》(NB/T 47013.5—2015)的有关规定执行。一类焊缝、二类焊缝的质量验收等级均为Ⅰ级为合格。

同一焊接接头部位或同一焊接缺陷,使用两种及以上的无损检测方法进行检测时,应达到各自合格标准。焊接接头局部无损检测当发现有不允许缺陷时,应在缺陷的延伸方向或在可疑部位做补充无损检测,补充无损检测的长度不应小于250 mm。当经补充无损检测仍发现有不允许缺陷时,应对该焊工在该条焊接接头上所施焊的焊接部位或整条焊接接头进行100%无损检测。当焊接接头需在高温下进行表面探伤时,可采用高温磁粉MT或高温渗透剂PT进行表面探伤检测。焊接接头缺陷返工后应按原无损检测工艺进行复检,复检范围应向返工部位两端各延长50 mm。

3)缺陷处理

不锈钢、高强钢管母材表面不得有电弧擦伤和硬物击痕,当有擦伤或击痕时应采用砂轮打磨将其清除。当打磨后的深度大于2 mm时应进行补焊,高强钢应进行预热补焊,补焊后立即后热缓冷。当管壁表面凹坑深度大于板厚的10%或大于2 mm时,应采用碳弧气刨、砂轮将焊口修磨成便于焊接的沟槽,再进行补焊,补焊后应用砂轮将补焊处磨平。

焊接接头的刨槽内没清除干净而残留的渗碳层将会在随后的焊接中,在焊接接头内形成脆硬的高碳马氏体组织,甚至再次出现裂纹。因此,当焊缝的外观检查发现有裂纹、未熔合等表面缺欠时,必须用磨光机将缺欠磨掉,再对缺欠处进行表面修补,修补的焊接工艺与正式焊缝的焊接工艺相同。焊缝内部质量发现有超标缺欠时,严格按制定的返修工艺返修,用碳弧气刨刨削,用砂轮磨除渗碳层清除缺欠。刨U形坡口时应清理坡口打磨使其露出金属光泽。补焊预热温度应比正式焊缝预热温度高出20~30 ℃。除低碳钢、低合金钢和不锈钢除盖面焊层外,其余焊层可采用逐层逐道锤击来防止补焊产生的焊接裂纹和降低焊接收缩应力。高强钢焊接不得锤击,应采取预热和后热或其他措施来防止焊接裂纹等缺陷。高强钢、不锈钢焊接时宜采用多层多道焊接,不宜横向摆动焊接。

返工补焊通常是在拘束度较大的条件下进行的,所以易于产生焊接裂纹,此外,多次返工会增大焊接残余应力,使该处遭受热疲劳,从而导致该处的力学性能、耐蚀性能等下降。在线补焊时严格按焊接工艺进行,对缺陷处理做好详细焊接过程记录。返工处理后的焊接接头应采用超声波检测(UT、PA-UT、TOFD)或射线检测(RT)进行复查。同一部位的返工次数:对于低碳钢、低合金钢和不锈钢不超过2次,高强钢不超过1次。若需进行第二次返修,应找出原因,制定可靠的技术保障措施,同时使用熟练的、技能较高的焊工补焊。

三、明管安装

（一）明钢管安装

在山区、高纬度、高寒地带和沙漠等气温比较恶劣的地区及日温差大的地区，明钢管应采取隔热保温措施。因为钢管壁温度小于 0 ℃时，会使管内水有结冰的倾向，水头低、管内水流速度慢，尤其是冬季停机检修时的明管，更有可能发生结冰现象。另外，太阳光照射、环境温度影响导致沿钢管壁圆周温差过大，将会引起钢管管道弯曲和摆动移位，尤其是明管放空由水介质变为空气介质时，空管热容量大大减小，弯曲移位现象更加明显，从而使支座发生侧向位移、支墩和镇墩混凝土开裂，甚至引起伸缩节被破坏、钢管爆裂的可能。

鞍形支座相比于其他支座形式结构简单，制造安装维护方便，但其与钢管组成的摩擦副由环境气温引起的热胀冷缩产生的摩擦阻力很大，易发生"啃轨"现象，这样可能会导致伸缩节被破坏，甚至发生钢管被憋坏爆裂。为此，摩擦副材质宜选用工程塑料合金、铜基镶嵌石墨、钢背聚四氟乙烯等高承载、低摩擦阻的材料，避免摩擦副出现卡阻现象。同时钢管制作安装的圆度、直线度不能超标，焊缝余高应磨除。设计时镇墩间距不能过大，从而可限制温度导致的热胀冷缩产生的位移量偏大问题。鞍形支座间距应根据钢管自重和管内水重引起的下挠度，并结合钢管径厚比和刚度进行综合确定，通常取 6~15 m。

滚轮式、摇摆式和滑动式支座垫板宜采用不锈钢材质，滚轮轴承采用工程塑料合金、铜基镶嵌石墨、钢背聚四氟乙烯等高承载、低摩擦阻的自润滑材料。支座安装后应能灵活动作，无卡阻现象，各接触面应接触良好，间隙不应大于 0.5 mm。钢管经过地震区时，支座板两侧应设有限位板，阻止钢管从支座上滑落。

钢管螺栓在装配拧紧过程中，会损坏螺栓的镀锌层或发黑（发蓝）防腐蚀层，钢管运行中螺栓被破坏的防腐蚀层会发生电化学腐蚀，加速螺栓的腐蚀破坏。因此，露天钢管所用螺栓外露部分应涂装油漆，洞内或室内钢管所用螺栓外露部分可涂抹润滑脂或涂装油漆，亦可戴螺纹防护帽，螺纹防护帽材质为钢制、彩色塑料、橡胶或复合材料。

（二）伸缩节安装

跨度较大的明管安装后，如果气温变化较大，钢管可能会发生较大的轴向位移或径向位移。当钢管安装不考虑环境温度、管壁温度及管床沉陷对伸缩量和摆动量的影响时，势必导致波纹管或套筒式伸缩节的伸缩位移量不足而渗水，甚至使伸缩节遭到滑脱、挤压和开裂等破坏。因此，伸缩节安装时，其伸缩量的调整应充分考虑环境温度的影响，不得采用调整伸缩节伸缩量的方法来凑合管道安装的安装误差。

伸缩节安装时的伸缩量调整，应通过伸缩节的临时紧固件来进行。伸缩节两端与钢管对装压缝完毕后，当焊接两镇墩之间钢管的最后一条合拢环缝时，应解除伸缩节上的轴向和径向限位装置的拘束，伸缩节的所有活动元件不得被卡死或限制其位移，要按要求将限位装置调到规定位置，使管系在环境条件下有充分的补偿能力。伸缩节的临时拉杆、临时限位螺杆等影响伸缩节后续运行时的轴向位移和径向位移的临时构件均应拆除，否则将会阻碍钢管随后运行时伸缩节的轴向伸缩、径向位移或摆动的补偿作用，甚至导致波纹管或镇墩的开裂及管道损坏。

伸缩节在镇墩、支墩、限位支座、导向支座等混凝土浇筑完成并达到设计强度后进行安装。伸缩节安装时应使其与两端的连接管处于同一轴线上,安装时不得有焊渣等异物进入伸缩节的滑动副、波纹管处。波纹管伸缩节在安装时,应注意介质流向,不得装反方向。铰链型伸缩节的铰链转动平面应与位移转动平面一致。

安装波纹管伸缩节时,不得用硬件划伤和电弧溅到波壳表面,不允许波壳受到其他机械损伤。在伸缩节与管道对接焊接时不得在伸缩节滑动副和不锈钢波纹体上引弧、搭接地线,否则很容易使波纹管受电弧击伤,损坏滑动面及其内部金相组织。水压试验时应对装有伸缩节管路端部的固定管架进行加固,使管路不发生移动或转动。水压试验结束后,应尽快排出波壳中的积水,并将波壳内表面吹干。

(三) 吊耳、临时构件焊接及拆除

当根据钢管吊装运输需要在钢管内外壁上安装焊接吊耳板时,应严格按照焊接工艺规程确定的工艺要求进行操作。钢管内外壁上的吊耳板,应采用与钢管材质相同或相容的钢板,吊耳板焊缝应封闭焊接;吊耳板与钢管内外壁的焊缝经过打磨合格后,按一类焊缝要求进行焊接。对于 600 MPa 及 800 MPa 高强钢与吊耳板间的焊缝,按照焊接工艺规程确定的预热温度,达到预热温度后进行焊接,做好焊接后的后热保温工作。钢管上的吊耳板焊接完毕后,进行外观检查及焊脚尺寸检测。

钢管内外壁上不得随意焊接临时构件,高强钢管内外壁严禁直接焊接临时构件。确有需要在钢管内外壁上焊接临时构件时,应严格按照钢管焊接工艺规程确定的工艺要求进行操作,工卡具、内支承、外支承、吊耳等临时构件的材质应与管壁材质相同或相容。当钢管需要预热焊接时,临时构件的预热温度应比钢管焊缝预热温度提高 20~30 ℃。临时构件与母材的连接焊缝应距离正式焊缝 30 mm 以上,其引弧和熄弧点均应在工卡具等临时构件上。

拆除钢管上的工卡具、吊耳、内支承和其他临时构件时,不得使用锤击法,应使用碳弧气刨或热切割在离管壁 3 mm 以上切除,切除后钢管上残留的痕迹和焊疤应磨平,并检测确认无裂纹。对焊接处的可疑裂纹,使用磁粉或渗透进行探伤检查。确定裂纹后,应用角磨机将裂纹完全磨去,形成便于焊接的沟槽,按焊接工艺规程确定的工艺参数进行补焊,补焊余高用角磨机磨平至母材平面后应用磁粉或渗透进行复检。对不妨碍后续工序或使用、运行的临时构件和埋管、回填管外壁的一些临时构件,可不拆除。

四、地下埋管安装

(一) 安装前准备

地下埋管安装前,土建单位已完成隧洞开挖、喷锚支护、开锚吊点、导向地锚基础施工、卷扬机基础混凝土浇筑、隧洞内的排水、排烟、除湿系统安装等工作,并检查隧洞断面不允许存在欠挖,此时基本具备钢管运输、安装条件。测量队先按设计图纸放出有关三角网点、水准网点和钢管的基准线,在洞基岩面上定出始装节管口中心线,在始装节和各管段的转点、终点埋设铁标测量点,在十字方向提供参考点。在钢管分段安装过程中,每个安装段都应事先做好点线设置。测量工作全部完成后即可安装运输台车轨道。

在钢管安装之前必须对电焊机、气割用具、起重设备等进行检查,所有设备均应满足安全使用标准。对电焊机的检查包括:电焊机外壳是否良好接地,电焊机的引出线是否有绝缘损伤、短路或接触不良等现象;电焊机是否在潮湿地面工作;焊接电缆不得搭在易燃易爆的物品上,也不得直接接在管道上。对气割用具的检查包括:使用氧-乙炔割枪时氧气、乙炔瓶应该分开至少 5 m,乙炔瓶严禁受到剧烈的震动或撞击;氧气、乙炔胶管是否漏气,漏气应该扎紧或更换胶管;乙炔管中是否有水分或有异物;气瓶上仪表配备齐全,工作正常。对起重设备的检查包括:起重设备的外观和试运转是否正常,荷载试验是否满足吊装要求;起重用钢丝绳的外套保护是否完好,以避免损坏钢管外防腐层。

（二）安装工艺流程

　　地下埋管安装采用分段安装、分段回填混凝土循环施工方法,循环长度一般控制在 12~24 m。安装顺序是先安装定位节,再安装其余管节,相邻管节间错缝安装。回填混凝土时在钢管端部预留 1.0 m 左右不回填,为后续钢管环缝对接留出作业空间。监测仪器的安装应在钢管安装验收合格后、混凝土回填之前进行。地下埋管安装工艺流程见图 5.1-9。钢管安装完后的圆度不得大于管径的 5/1 000 且不应大于 40 mm。

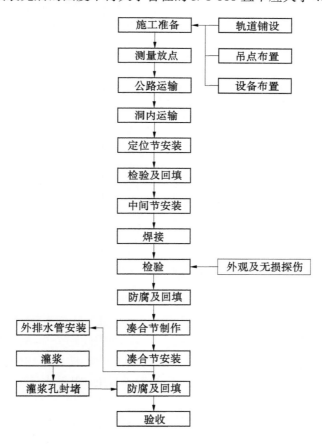

图 5.1-9　地下埋管安装工艺流程

（三）对位与加固

　　钢管在现场安装定位节之前,先将后续几节钢管利用卷扬机牵引至安装部位处,牵引时钢丝绳绕过反向滑轮反挂于钢管上游部,启动卷扬机,将管节牵引至安装部位附近,使用倒链、千斤顶等辅助工器具将管口调整到位,并将钢管用型钢固定牢固。待后续几节钢管均牵引至安装部位处并固定好后,开始安装首条定位节,定位节安装合格,完成混凝土浇筑后再安装后续管节。

钢管运输至安装部位后,在钢管的两个加劲环上对称焊接 2 个水平托架,使用 4 个液压千斤顶将托架同步缓慢顶起,待钢管上升到设计高程时,再退出台车,水平托架承担管节自重。利用千斤顶进行管节高程的调整,使管节与管道中心线对齐。水平高程可以通过底部布置的液压千斤顶进行调整,而左右方向同样通过侧面设置的千斤顶进行调整,然后调整管节的腰部高程和管口垂直度,调整完成合格后使用型钢将钢管与预先装设的轨道、埋件焊接固定,同时在腰部与预留的锚杆焊接拉紧,再缓慢地降下千斤顶,使钢管重量全部由临时支承承担。钢管洞内就位示意见图 5.1-10,钢管洞内调整定位示意见图 5.1-11。

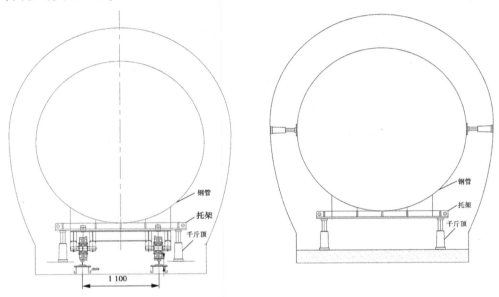

图 5.1-10　钢管洞内就位示意　　　　图 5.1-11　钢管洞内调整定位示意

钢管加固以支承为主,充分利用安装运输轨道、埋件,进行底部支承和顶部、侧向支承压紧拉结固定。拉结位置为距每个管节管口最近 1 道加劲环或直管管壁进行焊接拉结,同时利用型钢将主洞锚杆与加劲环焊接连接在一起,加固间距为 2~5 m,使钢管不受混凝土浇筑过程中浮力和侧向力影响而移位。加固应对称进行,防止不均匀变形,加固后进行复测。对于外包弹性垫层的管段,加固件不得与钢管焊死,应采用活动支撑、卡箍等方式加固。钢管加固方式见图 5.1-12。

钢管加固完成后,对待装管节和已安装完成管节的管口使用压马和楔子板压缝。压缝时根据相邻管口的周长值确定压缝时应该留出的错牙值,调整错牙时以钢管内壁为准、沿圆周均匀分配,压缝过程中不得对管口进行点焊,可用挡板临时固定相对位置,在环缝全部压缝完成后对称点焊固定。

(四) 洞内焊接

地下埋管的焊接作业均在隧洞内进行,作业环境湿度大、通风条件不好,工作条件差。

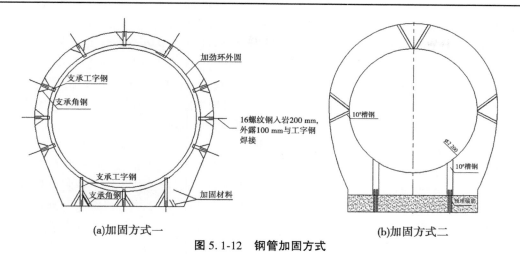

(a)加固方式一　　　　　　　　　　(b)加固方式二

图 5.1-12　钢管加固方式

若钢管与洞身间有 500 mm 以上的间隙,可以满足安装人员进出,环缝可采用双面焊接、管外清根或在管外环缝处设垫板,在管内进行单面焊接;若间隙不足以施工人员进出,将采用单面焊双面成形的焊接技术,对焊接工艺和焊工的要求很高。

安装环缝采用对称、分段的焊接方法,施焊人员数量宜为偶数。焊接过程中,焊工应互相照顾,对使用的电流、速度保持基本相同,从中间开始逐步向四周扩散施焊。焊接分段长度为 200~400 mm,最好是一根焊条正好焊完的长度,以减少焊接接头。对于坡口较深的焊缝,应采用多层多道、对称、分段退步的焊接工艺。焊接顺序及焊工布置示意见图 5.1-13,图中:Ⅰ、Ⅱ、Ⅲ、Ⅳ…表示焊工工位及整体焊接方向,1、2、3、4…表示每个焊工的焊接顺序及运条方向。

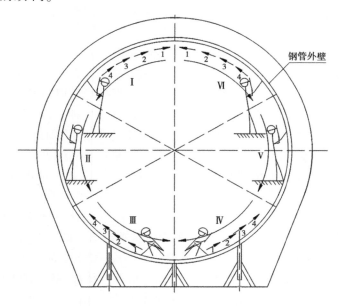

图 5.1-13　焊接顺序及焊工布置示意

环缝安装焊接施焊时可使用焊接台车、有轨自动焊机或人工搭建操作平台。当焊接人员在进行背缝焊接时,可站在钢管外部的临时工作平台上进行作业。在钢管前后管口第一道加劲环处焊接角钢,角钢上铺设木板,木板用铁丝固定搭设临时工作平台,平台的另一端尽可能焊接在洞壁的锚杆上。平台搭设好后,在平台下部挂一道安全网,防止人员及工具坠落。操作平台、钢丝绳及锁定装置等必须经设计计算确定。电焊机等电气装置必须电气绝缘和可靠接地,不得用操作平台作为接地电路。空压机、焊材烘干箱等大型工器具必须固定牢固,工作中不得在平台上发生相对滑动或滚动。

对于采用在管外贴壁设排水管路降低外水压力的钢管,集水型钢在工厂内预先安装在钢管上,沿钢管外壁纵向布置和环向布置,纵向布置时应避开灌浆孔,环向布置时宜紧贴加劲环。集水型钢与钢管外壁、加劲环均采用跳焊,非焊接部位先用工业肥皂封涂厚度不小于 30 mm,然后在工业肥皂上部覆盖无纺土工布或麻绳,土工布或麻绳与钢管外壁采用工业胶粘接,避免水泥浆进入管路造成堵塞。排水主管的非标准件接头处用满焊焊接或法兰连接。对于使用盾构或 TBM 施工的钢管,可采用塑料排水板降低外水压力,排水板在钢管安装前沿施工管片内壁安装,并贴土工布作为保护层,防止钢管安装和混凝土浇筑破坏排水板。

(五)封孔与灌浆

地下埋管预留有灌浆孔时,灌浆孔内不易清除的浮锈、泥浆、油漆、油污及围岩渗水或灌浆凝固水渗出,都将会使焊接接头内的扩散氢含量增加,从而为产生氢致裂纹埋下隐患。当灌浆孔渗水时,应采取止水措施,如继续补充灌浆进行止水。当灌浆孔有少量渗水时,可采用厚度为 1~3 mm 的锌皮圆平垫或厚度为 2~4 mm 的铅皮圆平垫进行灌浆孔堵头密封止水,亦可将直径 3~6 mm 的电器保险丝敲扁作为止水垫,堵头拧入直至无渗漏水为止,氧-燃气火焰烘干焊接坡口后才能进行焊接。否则,进行"带水焊接"势必会在焊接接头内产生气孔和裂纹,甚至导致整个焊接堵头开裂。而堵头焊接位置狭小无法进行内部无损检测,这样会给将来钢管运行埋下事故隐患。

钢管开设灌浆孔时,宜在开孔处的管壁外预先焊好补强板。当灌浆孔堵头采用焊接封堵时,灌浆孔堵头的焊接坡口深度宜为 7~8 mm、宽度宜为 12~20 mm。对于有裂纹倾向的母材和潮湿环境,焊接时应进行预热和后热,并保持焊道层间温度。堵头上不应开设I 形槽,这样往往导致旋拧操作不便,也不易涂料防腐蚀处理,旋拧结束后焊接人员常常用焊接方法想把 I 形槽"补焊"上,由于该部位孔径尺寸较小、拘束度大势必增加焊接应力,甚至导致该处裂纹或延迟裂纹的产生,运行中灌浆孔堵头渗水质量事故的发生可能性将会增大。正确的做法是在灌浆孔堵头上焊接 50 mm 左右长的扁钢片,灌浆孔堵头拧紧后,用碳弧气刨或氧-燃气火焰割除,再用砂轮打磨光滑平整。

当灌浆孔螺纹堵头采用非熔化焊封堵时,堵头采用密封胶粘接法、O 形橡胶密封圈法或缠聚四氟乙烯胶带法与孔壁黏结,并在钢管内壁螺纹堵头端位置焊接 3~6 mm 厚的圆形不锈钢板作为封堵止水。这种灌浆孔连接结构形式,国外较为常见,如巴基斯坦印度河上的塔贝拉水电站Ⅳ期,1976 年投入使用的水库放空洞排沙钢管,作为后来Ⅳ期 2018 年3 月开始发电用的上游段的引水压力钢管,该段钢管是采用直接将螺纹堵头拧入,再在其钢管内壁部位贴合焊接 3 mm 厚的圆形不锈钢板做封堵止水。

焊接完成并经检测合格后进行防腐涂装和回填混凝土。混凝土回填时应对称下料,并控制好浇筑速度,同时应有专人进行监控,发现有变形时立刻停止浇筑,并进行处理,同时调整浇筑方法。当定位节混凝土强度达到75%以上时,依次安装后续管节。待除凑合节外所有钢管安装完毕后,实地精确测量凑合节相邻管节的高程、里程及中心位置等数据,按测量数据确定凑合节尺寸,在钢管加工厂制作完成后运输至安装部位进行凑合节安装。

当地下埋管的外包混凝土浇筑完毕或接触灌浆后发现脱空时,可用钢板空心钻对管壁进行补充钻孔,开孔直径不小于30 mm,其在钢管内壁的孔口应倒角3 mm×45°,再进行接触灌浆。灌浆检查合格后,可用厚度不小于5 mm、直径约为26 mm的塞焊圆垫板塞入灌浆孔内进行塞焊,塞焊应在止水烘干管壁后进行。塞焊完毕后应打磨塞焊余高,并使焊缝表面平缓过渡,焊缝表面应做磁粉检测(MT)或渗透检测(PT)。低碳钢和低合金钢的无损探伤抽查比例不少于10%、高强钢不应少于25%。当发现裂纹时,应进行100%无损检测。

(六)大直径钢管安装

对于大直径长距离输水钢管工程,地下埋管的运输及安装是一大技术难题。地下埋管穿越高山峡谷中时,大型运输道路、现场堆放区及现场制造厂的布置场地都十分困难。随着钢管制造安装技术的日益成熟与进步,大型智能化施工设备已成功应用在乌东德、锦屏一级、梨园、黄金坪等大型水电站,以及珠江三角洲水资源配置工程、环北部湾广东水资源配置工程等大型引调水工程中。对于采用钻爆法施工的隧洞,由于洞身形状不太规则,洞径往往比管径大1.2~1.6 m,钢管运输、安装空间较大,洞内安装可采用双面焊接,容易保证焊接质量。对于支洞洞径较小或主洞前后缩径的地下埋管,钢管安装可使用大型智能化施工设备,将智能化组焊设备直接搬到洞内,管节瓦片在洞内由汽车或自制轨道车转运至洞内工作面后,使用组焊台车在洞进行管片自动化组装和管节纵缝焊接,使用多功能滚焊台车驱动管节转动完成多节环缝焊接,再将钢管大节运输至安装工位,组焊台车类似盾构机管片组装流水施工。管节纵缝、钢管大节内环缝以及加劲环、支承环、止推环和阻水环等附件的角焊缝焊接宜采用埋弧自动焊,条件许可时钢管大节内环缝可采用双丝埋弧焊或多丝埋弧焊。

压力钢管智能化组焊设备运用信息和通信技术手段感知、测量、分析、整合压力钢管制作的各项关键信息,对质量、安全、环境、监测监控等需求做出智能响应,实现组焊过程智能管理和运行。智能化组焊设备通过支撑体系、自动化装备、传感感知系统和信息管理系统,智能化完成瓦片运输及装夹、对圆、管节纵缝焊接、钢管调圆、加劲环组焊、钢管大节环缝组焊、运输与定位安装等施工。压力钢管智能化组焊施工对于不同工作段采用不同的运输方式,平段采用多功能台车进行管节运输,斜段采用钢绞线液压提升机进行管节运输,弯段采用钢绞线整体提升方式进行管节运输与安装。与传统安装工艺相比,使用智能化组焊台车安装具有效率高、质量好、省人工、工期短等优点,钢管安装工艺对比见表5.1-6,钢管洞内组焊设备布置示意见图5.1-14,压力钢管组焊台车见图5.1-15。

当长距离输水工程采用盾构或TBM作业时,成洞断面精度较高,为减小施工洞径、减小投资,钢管与混凝土管片间的距离通常只有30~50 cm,其间回填自密封混凝土。由于内衬钢管与盾构管片间的间隙非常小,安装人员和设备无法到管外进行常规外环缝安装焊接,洞内环缝安装焊接需采用"单面焊双面成型"工艺,在工厂内制作管节时预先开好V形内坡口,在洞内使用手工半自动焊打底和全位置自动气体保护焊填充盖面。全自动焊使用专用焊机和磁吸轨道,焊机沿轨道环向行走,焊接工位可根据管内径进行调节。此种焊接工艺对焊接质量要求很高,出现返工时工程量大,较常规地下埋管运输安装难度更大。洞内环缝安装焊接设备见图5.1-16。

表 5.1-6　钢管安装工艺对比

工序	传统方法安装	智能化组焊台车安装
瓦片制作	钢管厂下料、卷板等工序	钢管厂下料、卷板等工序
瓦片组圆	洞外组圆平台进行瓦片组圆	洞内组焊台车进行瓦片组圆
纵缝焊接	手工电弧焊	水平埋弧自动焊
加劲环组焊	手工电弧焊	埋弧自动焊
焊接时钢管是否旋转	不旋转	360°旋转
单节洞内运输	轨道车运输、卷扬机拖放配合	多功能台车沿轨道运输至大节工位
大节组焊	无(或洞外人工组焊后再进洞)	多功能台车组对,埋弧自动焊焊接环缝
安装环缝焊接	手工焊	手工焊
内支承	每节需要	定位节需要
防腐	钢管厂内瓦片防腐,现场焊缝部位补充防腐	钢管厂内瓦片防腐,现场焊缝部位补充防腐,最后进行整体防腐

采用盾构或TBM作业成洞时,受洞身空间限制,钢管运输无法采用常规设备,需采用专用运输设备,先将多节管节在工厂组焊成8~12 m的管段,运输至现场后再由专用运输设备一次性运进洞,此运输设备尚应能满足在洞内完成钢管对接组装要求。

珠江三角洲水资源配置工程钢管使用前后2台轮胎液压运输车,以驮运方式运输到安装点进行安装。轮胎式专业运输车见图5.1-17。运输车将首节驮运就位调整好后,用外支承将钢管与洞壁之间加固牢固;第二节由运输车正常驮运至首节管口,运输车辅助轮抬起主轮进入首节,收起辅助轮、前轮全部进入首节,继续前进直至第二节与首节间的空隙缩小至100 mm时,运输车顶部的顶升装置通过移动水平、竖向油缸,将第二节与首节准确组对;待两节管合拢并且调整好各项指标符合要求后,进行环缝点焊和钢管加固,最后运输车原路退出。如此循环工作,即可完成全部钢管洞内运输和组装。钢管洞内运输、组装示意见图5.1-18。

五、回填管安装

(一)安装准备

回填管安装采用分段安装、分段回填土循环施工方法,从一端向另一端安装,相邻管节间错缝安装,几个工作段可同时安装。循环施工长度根据地形条件、施工机械和水压试验方案综合确定,平缓段一次性安装长度一般不小于500 m。能满足运输条件的管节应

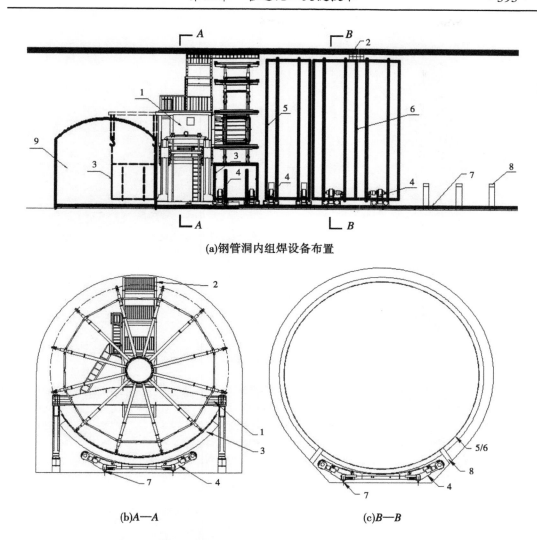

(a)钢管洞内组焊设备布置

(b)A—A　　　　　　　　(c)B—B

1—组圆机；2—顶部焊接作业平台及埋弧自动焊设备；3—瓦片；4—多功能台车；
5—管节；6—钢管大节；7—运输轨道；8—型钢支架；9—施工支洞。

图 5.1-14　钢管洞内组焊设备布置示意

在制造厂内制造和防腐,组装成 6~12 m 的管段运输,尽量减少现场环缝焊接和防腐工作量。监测仪器应在钢管安装验收合格后、土料回填前安装。管道附属设备安装前应对基础、预埋件、预留孔的位置、高程、尺寸等进行复核。

根据施工图纸、设计控制桩、水准桩进行管道测量放线定位,测量放出线路轴线和施工作业带界限。在线路轴线上根据设计图纸设置控制桩、曲线加密桩、标志桩,控制桩上注明里程、地面高程、管底高程和挖深。在河流、沟渠、公路穿越段的两端、地下管道、电缆、光缆穿越段的两端、管线路闸阀井的两端及管线直径、壁厚、材质等变化分界处设置标志桩,注明变化参数、起止里程。地下障碍物标志桩上注明穿越名称、埋深和尺寸。

(a)乌东德水电站压力钢管组焊台车

(b)锦屏一级水电站压力钢管组焊台车

图 5.1-15　压力钢管组焊台车

(a)专用全自动焊机　　　　　　　　　　　　(b)环形轨道

图 5.1-16　洞内环缝安装焊接设备

　　管道安装前,应随时清除管道内杂物;暂时停止安装时,两端应临时封堵。钢管、PE 管安装应避开雨天,球墨铸铁管、PCCP 冬季安装不得使用冻硬的橡胶圈。柔性接口的管道安装坡度大于 18°时,或刚性接口的管道安装坡度大于 36°时,应采取防止钢管下滑的措施。管道上的阀门安装前应先逐个进行启闭检验,合格后再安装,确保阀门工作安全可

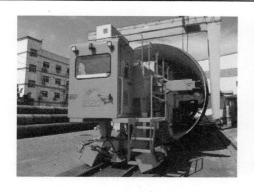

图 5.1-17　珠江三角洲水资源配置工程轮胎式专业运输车

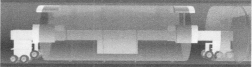

(a)辅助轮抬起主轮进入首节　　　　　　　　(b)收起辅助轮、前轮全部进入首节

(c)两节间隙缩小直至对应　　　　　　　　(d)运输车退出

图 5.1-18　钢管洞内运输、组装示意

靠。回填管安装作业流程为：定位放线→沟槽开挖→沟底夯实→安装准备→清扫管膛和管件→下管铺设→对口焊接→检验与试压→阀门安装→构筑物砌筑→管沟夯填→消毒冲洗→验收。

（二）下管铺设

管道下管铺设应在沟槽开挖、基础处理、基坑排水完成及边坡稳定和支护结构做好安全措施后进行。管道安装根据工程特点和现场条件按系统分项施工，管节下入沟槽时，不得与槽壁支承及槽下管道相互碰撞，沟内运管不得扰动原状地基。沟槽底部要留有一定的管道安装空间，单侧工作面宽度不应小于 300 mm，且随着管径加大而增加。

下管方法根据管径、管段长度、自重、外防腐层材料、吊距布置综合确定。下管铺设前，管节应逐根测量、编号，应选用管径相差最小的管节组对对接，并检查管节的内外防腐层。钢管内、外防腐层遭受操作或局部未做防腐层的部位，下管前应修补。露天或设在对橡胶圈有腐蚀作用的土质及地下水中的柔性接口，应采用对橡胶圈无不良影响的柔性密封材料封堵接口间隙。

下管铺设时宜按从下游向上游、先大管后小管的顺序，必要时制作安装支架保证管道平衡，采用承插口时的承口安装方向应朝向施工前进方向。管道铺设前，宜将管节和管件按施工方案的要求摆放，摆放的位置应便于起吊和运送。钢管对口使用汽车吊或龙门架吊装,通过吊钩控制左右和手动葫芦调准高低。汽车吊下管铺设时,支腿架设的位置不得影响沟槽边坡的稳定。起重机在架空高压输电线路附近作业时,与线路间的安全距离应符合电业管理部门的规定。

采用焊接或承插式、套筒式接口时,宜人工布管且在沟槽内连接。槽深大于 3 m 或管外径大于 400 mm 的管道,宜用非金属绳索兜住管节下管,严禁将管节翻滚抛入槽中。采用电熔、热熔接口时,宜在沟槽边上将管道分段连接后以弹性铺管法下管安装。

(三) 钢管安装

始装节的里程允许偏差为 ±5 mm,弯管起点的里程允许偏差为 ±10 mm,始装节两端管口垂直度为 3 mm。钢管安装完后的管口圆度不得大于管径的 0.5/100,其他部位圆度不得大于管径的 1/100。钢管安装中心的允许偏差见表 5.1-7。

表 5.1-7　钢管安装中心的允许偏差

钢管内径 D/m	始装节管口中心的允许偏差/mm	与岔管、阀等附件连接的管节及弯管起点的管口中心允许偏差/mm	其他部位管节的管口中心允许偏差/mm
$D \leq 2$	±5	±6	±15
$2 < D \leq 5$		±10	±20
$5 < D \leq 8$		±12	±25
$D > 8$		±12	±30

管道安装前,应检查管节表面应无斑疤、裂纹、严重锈蚀等缺陷,焊缝质量和外观尺寸应符合规定。钢管安装对口时应保证内壁齐平,错口的允许偏差应为壁厚的 20%,且不大于 2 mm。钢管对口使用千斤顶和拉紧器调整相邻两管口的间隙,管口压缝采用压马和楔子板压缝,压缝一般从上中心向下分两个工作面进行,同时要注意钢板错边和环缝间隙。纵向焊缝应放在管道中心垂线上半圆 45° 左右处,对口时纵向焊缝宜错开 300 mm 以上,加劲环距管节的环向焊缝不应小于 50 mm,直埋管段两相邻环向焊缝的间距不应小于 200 mm,分片安装的加劲环距对焊焊缝与管节纵向焊缝错位距离不宜小于 100 mm。不同壁厚的管节对口时,管壁厚度差不宜大于 3 mm。不同管径的管节相连、两管径相差大于小管管径的 15% 时,可用渐变管连接,渐变管的长度不应小于两管径差值的 2 倍,并不应小于 200 mm。管道上开孔位置不得在纵向、环向焊缝、管件上,开孔开关应为圆形孔,不得开方形孔,开孔处宜在管外壁设补强板。

钢管对口检查合格后,方可进行接口定位焊接。定位焊接采用点焊,点焊焊条应与接口焊接的焊条相同。点焊时应对称施焊,其焊缝厚度应与第一层焊接厚度一致。点焊位置不得在钢管的纵向焊缝及螺旋焊缝处,点焊长度与间距见表 5.1-8。

在寒冷或恶劣环境下焊接应清除管道上的冰、雪、霜等,当工作环境的风力大于 5 级、雨雪天或相对湿度大于 90% 时,焊接作业时应采取保护措施。对首次采用的钢材、焊接材料、焊接方法或焊接工艺,安装单位必须在施焊前按设计要求和有关规定进行焊接试验,并应根据试验结果编制焊接工艺指导书。焊工必须按规定考试合格后持证上岗,并应根据经过评定的焊接工艺指导书进行施焊。沟槽内施焊时,应采取有效技术措施保证钢管底部的焊接质量。管节组对焊接时应先修口、清根,施焊时不得在对口间隙夹焊帮条或用加热法缩小间隙。钢管对口焊接时采用"逆向分段跳焊法",每个管口两个焊工同时对称焊接,同时应使焊缝可自由伸缩,并应使焊口缓慢降温,减少焊接热的影响。最后凑合节两管段管间的闭合焊接温度应为多年平均气温。焊接时严格控制施焊电流,通过试焊的质量确定焊机的电流要求。

表 5.1-8　点焊长度与间距

管外径 D_0/mm	点焊长度/mm	环向点焊数量或间距
350~500	50~60	5 个
600~700	60~70	6 个
≥800	80~100	点焊间距≤400 mm

焊接方式按焊接工艺评定要求,壁厚大于 12 mm 时,宜采用双面焊,其余可采用单面焊,管段任何位置不得出现十字形焊缝。焊接时应使焊缝可自由伸缩,并应使焊口缓慢降温。冬季焊接时应根据环境温度进行预热处理,并通过焊接工艺评定确定预热温度和后热温度。环向安装焊缝焊后应进行外观质量检测和无损探伤检测。焊缝外观质量要求见表 5.1-9。

表 5.1-9　焊缝外观质量要求

检测项目	质量要求
外观	不得有熔化金属流到焊缝外未熔化的母材上,焊缝和热影响区表面不得有裂纹、气孔、弧坑和灰渣等缺陷;表面光顺、均匀,焊道与母材应平缓过渡
宽度	应焊出坡口边缘 2~3 mm
表面余高	应小于或等于 1~2 倍坡口边缘宽度,且不大于 4 mm
咬边	深度应小于或等于 0.5 mm,焊缝两侧咬边总长不得超过焊缝长度的 10%,且连续长不应大于 100 mm
错边	应小于或等于 0.2 倍壁厚,且不应大于 2 mm
未焊满	不允许

无损检测取样数量不应小于焊缝量的 10%,检测不合格的焊缝应返修,返修次数不得超过 3 次。钢管采用螺纹连接时,管节的切口断面应平整,偏差不得超过一扣;丝扣应光洁,不得有毛刺、乱扣、断扣,缺扣总不得超过丝扣全长的 10%;接口紧固后宜露出 2~3 扣螺纹。

对于管径和内压相对较小的管段采用平底基础,此种做法既能保证强度、稳定及变形等各项指标要求,同时又能加快施工进度与降低造价。对于管径较大、内压较高的管段,可采用设一定厚度的砂弧基础,以改善管道的应力分布,并能减小管壁厚度,从而降低综合造价。当管道沿现有河道铺设,河道沟壁为混凝土或浆砌石结构时,在河道沟壁上间隔安装若干钢支架,采用抱箍方式固定管道,并每隔 10~20 m 浇筑一个混凝土支墩。遇到软弱夹层或滑坡体处宜布设镇墩、支墩,在管道与混凝土墩内可设软垫层,必要时管身全长外包混凝土保护。跨越河谷、沟壑处,可采用倒虹吸埋管穿越,防止管道受水流的冲刷影响。管线采用开挖法穿越公路时,应局部增加壁厚或用混凝土包封等方法进行加固处理,以减小上部车辆荷载的不利影响。管道基础为基岩时,可采用半埋法将基岩部分挖除,管身外露部分包裹混凝土,并在混凝土表面配抗裂钢筋。

弯管和斜管的安装方法相同,安装时要注意各节弯管、斜管的同心度和管口倾斜度,管中心高程可挂垂球或用经纬仪测定。弯管、斜管安装时,应将下中心对准首装节钢管的下中心,如有偏移可在相邻管口上各焊一块挡板,在挡板间用千斤顶调整钢管,使其中心一致。弯管安装 2~3 节后必须检查调整,以免误差积累,造成以后处理困难。钢管安装支架示意见图 5.1-19,钢管安装现场见图 5.1-20,阀安装见图 5.1-21。

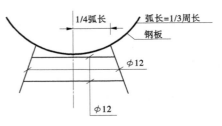

图 5.1-19　钢管安装支架示意

(a)

(b)

图 5.1-20　白牛厂汇水外排工程输水钢管安装现场

(四)球墨铸铁管安装

管道安装前,应检查管节及管件的表面不得有裂纹,不得有妨碍使用的凹凸不平的缺陷;应清除承口内部的油污、飞刺、铸砂及凹凸不平的铸瘤。柔性接口铸铁管及管件承口的内工作面、插口的外工作面应修整光滑,不得有沟槽、凸脊缺陷;有裂纹的管节及管件不得使用。橡胶圈材质应符合相关规范的规定;橡胶圈应由管厂配套提供;橡胶圈外观应光滑平整,不得有裂缝、破损、气孔、重皮等缺陷;每个橡胶圈的接头不得超过 2 个。

安装滑入式橡胶圈接口时,推入深度应达到标记环,并复查与其相邻已安好的第一至第二个接口推入深度。安装机械式柔性接口时,应使插口与承口法兰压盖的轴线相重合,螺栓安装方向应一致,用扭矩扳手均匀、对称地紧固。管道沿直线安装时,宜选用管径公

图 5.1-21　白牛厂泄水外排工程活塞消能阀和半球检修阀安装现场

差组合最小的管节组对连接,确保接口的环向间隙应均匀。管道沿曲线安装接口的允许转角应符合表 5.1-10 规定。

表 5.1-10　沿曲线安装接口的允许转角

管径 D/mm	允许转角/(°)
75~600	3.0
700~800	2.0
≥900	1.0

(五) 预应力钢筒混凝土管安装

管道安装前,应检查管道内壁混凝土表面平整光洁;承插口钢环工作面光洁干净;内衬式管(简称衬筒管)内表面不应出现浮渣、露石和严重的浮浆;埋置式管(简称埋筒管)内表面不应出现气泡、孔洞、凹坑及蜂窝、麻面等不密实的现象。状裂度不应大于 0.5 mm(浮浆裂缝除外);距离管的插口端 300 mm 范围内出现的环向裂缝宽度不应大于 1.5 mm;管内表面不得出现长度大于 150 mm 的纵向可见裂缝;管端面混凝土不应有缺料、掉角、孔洞等缺陷。端面齐平、光滑,并与轴线垂直;外保护层不得出现空鼓、裂缝及剥落。橡胶圈材质应符合相关规范的规定;橡胶圈应由管厂配套提供;橡胶圈外观应光滑平整,不得有裂缝、破损、气孔、重皮等缺陷;每个橡胶圈的接头不得超过 2 个。

承插式橡胶圈柔性接口施工时,应清理管道承口内侧、插口外部凹部和橡胶圈;将胶圈套入插口上的凹槽内,保证橡胶圈在凹槽内受力均匀、没有扭曲翻转现象;用配套的润滑剂涂擦在承口内侧和橡胶圈上,检查涂覆是否完好;在插口上按要求做好安装标记,以便检查插入是否到位;接口安装时,将插口一次插入承口内,达到安装标记为止;安装时接头和管端应保持清洁。安装就位后,放松紧管器具后进行下列检查;复核管节的高程和中心线;检查橡胶圈各部的环向位置,确认橡胶圈在同一深度;检查橡胶圈有无脱槽、挤出等现象;沿直线安装时,插口端面与承口底部的轴向间隙应大于 5 mm。采用钢制管件连接时,管件应进行防腐处理。

现场安装合拢要求:安装过程中,应严格控制合拢处上、下游管道接装长度、中心位移偏差;合拢位置宜选择在设有人孔或设备安装孔的配件附近;不允许在管道转折处合拢;

现场合拢施工焊接不宜在当日高温时段进行。管道沿曲线安装接口的允许转角应符合表 5.1-11 规定。

表 5.1-11　沿曲线安装接口的允许转角

管径 D/mm	允许转角/(°)
600~1 000	1.5
1 200~2 000	1.0
2 200~4 000	0.5

(六)玻璃钢管安装

管道安装前,应检查管道内、外表面应光滑平整,无划痕、分层、针孔、杂质破碎等现象;管端面应平齐、无毛刺等缺陷。橡胶圈材质应符合相关规范的规定;橡胶圈应由管厂配套提供;橡胶圈外观应光滑平整,不得有裂缝、破损、气孔、重皮等缺陷;每个橡胶圈的接头不得超过 2 个。

采用套筒式连接的,应清除套筒内侧和插口外侧的污渍和附着物。管道安装就位后,套筒式或承插式接口周围不应有明显变形和胀破。施工过程中应防止管节受损伤,避免内表层和外保护层剥落。检查井、透气井、阀门井等附属构筑物或水平折角处的管节,应采取避免不均匀沉降造成接口转角过大的措施。设在混凝土或砌筑结构等构筑物墙体内的管节,可采取设置橡胶圈或中介层做法,管外壁与构筑物墙体的交界面密实、不渗漏。管道沿曲线安装接口的允许转角应符合表 5.1-12 规定。

表 5.1-12　管道沿曲线安装接口的允许转角

管径 D/mm	承插式接口允许转角/(°)	套筒式接口允许转角/(°)
400~500	1.5	3.0
500<D≤1 000	1.0	2.0
100<D≤1 800	1.0	1.0
D>1 800	0.5	0.5

(七)聚乙烯管、硬聚氯乙烯管安装

管道安装前,应检查管道内、外壁光滑、平整、无气泡、无裂纹、无脱皮和严重的冷斑及明显的痕纹、凹陷;管节不得有异向弯曲,端口应平整。橡胶圈材质应符合相关规范的规定;橡胶圈应由管厂配套提供;橡胶圈外观应光滑平整,不得有裂缝、破损、气孔、重皮等缺陷;每个橡胶圈的接头不得超过 2 个。

承插式柔性连接、套筒(带或套)连接、法兰连接、卡箍连接等方法采用的密封件、套筒件、法兰、紧固件等配套管件,必须由管节生产厂家配套供应;电熔连接、热熔连接应采用专用电气设备、挤出焊接设备和工具进行施工。管道连接时必须对连接部位、密封件、套筒等配件清理干净,套筒(带或套)连接、法兰连接、卡箍连接用的钢制套筒、法兰、卡箍、螺栓等金属制品应根据现场土质并参照相关标准采取防腐措施。承插式柔性接口连

接宜在当日温度较高时进行,插口端不宜插到承口底部,应留出不小于 10 mm 的伸缩空隙,插入前应在插口端外壁做出插入深度标记;插入完毕后,承插口周围空隙均匀,连接的管道平直。电熔连接、热熔连接、套筒(带或套)连接、法兰连接、卡箍连接应在当日温度较低或接近最低时进行。电熔连接、热熔连接时电热设备的温度控制、时间控制,挤出焊接时对焊接设备的操作等,必须严格按接头的技术指标和设备的操作程序进行,接头处应有沿管节圆周平滑对称的外翻边,内翻边应铲平。管道与井室宜采用柔性连接,连接方式可采用承插管件连接或中介层做法。管道系统设置的弯头、三通、变径处应采取混凝土支墩或金属卡箍拉杆等技术措施;在消火栓及闸阀的底部应加垫混凝土支墩;非锁紧型承插连接管道,每根管节应有 3 点以上的固定措施。安装完的管道中心线及高程调整合格后,即将管底有支撑角范围用中粗砂回填密实,不得用土或其他材料回填。

(八) 管沟回填

当管道安装和铺设工程中断时,应用木塞或其他盖堵将管口封闭,防止杂物进入管道。水压试验前,除接口外的管道两侧及管顶以上回填高度不应小于 0.5 m,水压试验合格后及时回填沟槽的其余部分,回填时土料和施工机械不得损伤管道及接口。对于内径800 mm 以上的柔性管道,回填时应在管内设竖向支撑。回填后若监测到钢管、球墨铸铁管的变形率超过 3%、化学建材管道的变形率超过 5%时,应挖出管道处理后重新回填。

管道安装结束并经试压合格后,才能进行管段的土方回填与夯实,回填时注意保护好管道及附件部分,防止出现管道破损或移位现象。管周填土为原基槽开挖的合格土料,不得使用耕植物、腐殖土等土料,对填土的密实度采用分区压实。当遇有软弱等不良地基土时,应对其全部清除或部分清除换填砾石或粗砂,以提高该地基及基座的稳定性,确保地基不发生超标沉降。管道安装完成后,应按相关规定和设计要求设置管道位置标识。管道安装完成并经整个工程竣工验收合格后方可投入使用。

六、水压试验

(一) 试验要求

水压试验的目的是试验检查管道的强度、接口或接头的质量等是否符合设计要求,并及时处理出现的问题,防患于未然。长距离输水管道的水压试验可分段进行,平缓段试验长度不宜大于 1 km,以压力较小管段的试验压力作为该段的试验压力。管道采用两种管材时,宜按不同管材分别进行试验,当无条件分别进行试验时,应按试验控制标准最严格的管材进行组合试验。

水压试验的检验内容包括强度试验和渗漏量试验。强度试验主要是检验管道的强度和施工质量。水压试验的保压时间与管道类型有关,对于塑料管道和水泥预制管,其保压时间一般不小于 1 h;对于现场浇筑的混凝土管,其保压时间一般不小于 8 h。渗漏量试验是观测试验压力下单位时间内试验管段的渗水量,当渗水量为一稳定值时,此值即为试验管段的渗漏量。渗漏量应符合管道水利用系数要求,一般不能超过总输水量的 5%。压力管道以允许渗水量作为质量合格判定标准。

《水利水电工程压力钢管设计规范》(SL/T 281—2020)规定,明管和回填管宜做全长整体水压试验;管道较长、内压变化较大的钢管可做分段水压试验;新型构件、新型结构和采用新工艺或特殊工艺制作的管节应做水压试验;岔管宜在工厂内做水压试验。水压试验压力不应小于1.25倍正常运行情况最高内水压力,也不应小于特殊工作情况最高内水压力。考虑围岩分段内水压力的岔管,水压试验的压力值应根据地下埋藏式岔管体形、试验条件及水压试验工况允许应力,通过计算确定。水压试验应分级加(卸)载,缓慢增(减)压。各级稳压时间及最大试验压力下的保压时间不应短于30 min,压力增减速度不宜大于0.05 MPa/min。岔管水压试验宜进行两个完整的压力循环过程。

《给水排水管道工程施工及验收规范》(GB 50268—2008)对水压试验的压力与SL/T 281—2020不同,试验压力按$P+0.5$且不小于0.9 MPa,水压试验判定合格依据为允许压力降为0。该规范要求给水管道必须水压试验合格,并网运行前进行冲洗与消毒,经检验水质达到标准后,方可允许并网通水投入运行。回填管进行水压试验前,除接口处管道顶部回填土留出位置以便检查渗漏外,其余部位管道两侧及管顶以上回填高度不应小于0.5 m。特殊条件下,不做水压试验应具备以下条件:设计合理;钢材符合要求;事先审查施工组织设计;对焊接焊工、监理、工程管理人员做专业培训;要求100%超声波探伤,20%射线探伤,无损检测一次合格率达99%;监理旁站有完整记录,证明实际焊接过程得到严格控制(焊接间隙、预热、清根、焊接线能量、层间温度、后热);采取合适的清除焊接残余应力的措施(如振动法、爆破法)并进行过专家评审、报规范管理部门备案。各种管材水压试验压力见表5.1-13。

表5.1-13　各种管材水压试验压力

管材各类	工作压力/MPa	试验压力/MPa
钢管	P	$P+0.5$,且不小于0.9
球墨铸铁管	$P \le 0.5$	$2P$
	$P > 0.5$	$P+0.5$
PCCP	$P \le 0.6$	$1.5P$
	$P > 0.6$	$P+0.3$
现浇钢筋混凝土管	P	$1.5P$
化学建材管	P	$1.5P$,且不小于0.8

(二)试验准备

水压试验前,施工单位应编制设计方案,设计内容应包括闷头、后背、支承进排水管路、排气孔、加压设备和压力计的安装、排水疏导措施、分级加压方案和观测制度、试验管段的稳定措施和安全措施等。管道试压前,先备齐各种试压用具、试压设备及装置,打开管道内的检修阀,关闭泄水阀,对试压管段的端口和所有三通做好闷头。当闷头与管口采用焊接全部承压时,闷头采用平面或锅形面,其尺寸和厚度根据管径、试验压力、基础等情况计算确定,闷头不需设后背和支承,管口需预留闷头拆除的切除余量,不得用闸阀做闷头。当闷头由后背和支承承压时,支承一般用千斤顶或活动钢构件,支承力要保证能够均匀传递荷载到后背。后背采用一个支承时,支承点应在管段面的中心位置。为保证支承稳定,支承两侧可用土填实,千斤顶两侧也应加固,以防支承失稳。后背墙面应平整并与管道轴线垂直,后背应设在原状土或人工后背上,土质松软时应采取加固措施。钢管水压试验支承和后背见图5.1-22。

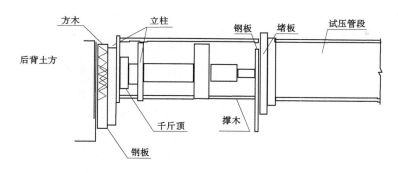

图 5.1-22　钢管水压试验支承和后背

水压试验前,管道顶部回填土宜留出接口位置以便检查漏点;管段所有敞口应封闭,不得有渗漏水现象;试验管段不得含有消火栓、水锤消除器、安全阀等附件;清除管道内所有杂物。钢管中最后一个接口焊接完毕经 1 h 以上方可进行水压试验。水压试验管道内径≥600 mm 时,试验管段端部的第一个接口应采用柔性接口或采用特制的柔性接口闷头。管段注满水后,宜在不大于工作压力条件下充分浸泡后再进行水压试验。

(三)水压试验

水压试验先从管道下缓慢注水,通过排气阀排尽管道内空气。预试验阶段将管道内水压缓缓升至试验压力并稳压 30 min,期间如有压力下降可注水补压,但不得高出试验压力。检查管道接口、配件等处有无漏水、损坏现象;若有漏水、损坏应及时停止试压,查明原因并采取相应措施后重新试压。主升压阶段停止注水补压,稳定 15 min,当焊接管道在 15 min 后压力未下降,将试验压力降至工作压力并保持恒压 30 min,进行外观检查,若无漏水,则试验合格。球墨铸铁管的允许压力降为 0.03 MPa。管道升压时,应先排尽管道内气体,升压过程中若发现弹簧压力计表针摆动、不稳,且升压较慢时,应重新排气后再升压。分级升压时,每升一级应检查支承、后背、管身及接口,无异常现象时再继续升压。水压试验过程中,后背顶承牢固、管道两端严禁站人。水压试验过程中严禁修补缺陷,遇有缺陷应做出标记,待卸压后修补。

大口径球墨铸铁管的承插接口或钢管与球墨铸铁管连接的承插接口应进行单口水压试验。试验时应将管材出厂时已加工好的单口水压试验用的进水口置于管道顶部。管道接口连接完毕后进行单口水压试验,试验压力为管道设计压力的 2 倍,且不得小于 0.2 MPa。试验采用手提式打压泵,管道连接后将试压嘴固定在管道承口的试压孔上,连接试压泵,将压力升至试验压力,恒压 2 min,无压力降为合格。试压合格后取下试压嘴,在试压孔上拧上 M10×20 mm 不锈钢螺栓并拧紧。试验时应先排净水压腔内的空气。单口试压不合格且确认是接口漏水时,应马上拔出管节,找出原因,重新安装,直至符合要求为止。

(四)冲洗与消毒

给水管道必须水压试验合格,并网运行前进行冲洗与消毒,经检验水质达到标准后,方可允许并网通水投入运行。给水管道通水前的冲洗与消毒严禁使用污染水源。当施工管段处于污染水域附近时,必须严格控制污染水进入管道;如不慎污染管道,应由水质检测部门对管道污染水进行化验,并按其要求在管道并网运行前进行冲洗与消毒。管道冲洗与消毒应编制实施方案,冲洗时应避开用水高峰,连续冲洗流速不小于 1 m/s。

给水管道冲洗消毒前,应做好以下准备工作:用于冲洗管道的清洁水源已经确定;消毒方法和用品已经确定,并准备就绪;排水管道已安装完毕,并保证畅通、安全;冲洗管段末端已设置方便、安全的取样口;照明和维护等措施已经落实。管道冲洗宜分两次进行:第一次冲洗应使用清洁水洗至出水口水样浊度 3NET 为止,冲洗流速应大于 1.0 m/s,此时出水口处的浊度、色度与进水口处的浊度、色度基本相同;第二次冲洗应在第一次冲洗后,用有效热源离子含量不低于 20 mg/L 的清洁水浸泡 24 h 后,用清洁水进行第二次冲洗,直至水质检测、管理部门取样化验合格为止。冲洗过程中及冲洗结束后,应检查管道渗水情况,做好冲洗记录。对于复杂管路,每段管道冲洗消毒先主管、干管、支管、毛管。主管冲洗一次进行,干管、支管、毛管因管头太多,一次冲洗水压太小,应按部位顺序分段冲洗,并保证排水管道畅通安全。

七、重点作业安全措施

(一)起重安全措施

起重机械作业人员必须经培训合格、持证上岗,熟悉本工种操作规程;严格交接班制度,认真填写当班工作情况和运行记录。当风速超过 4 级或遇有雷雨天气时,停止起吊作业。起吊过程中必须有专人指挥作业,吊装作业范围内严禁站人。起重设备要定期检查,严禁"带病"作业;钢丝绳不得和电焊把线或其他电线相接触。用绳索捆绑有棱角的重物时,在其棱角处必须垫木板、管道皮、麻袋、胶皮板或其他柔软垫物,以免绳索被割断或磨损。切断钢丝绳时,必须先将欲切断部分的两边用细铁丝绑扎,以免切断后绳头松弹伤人。吊钩发生裂纹或有显著变形的禁止使用,禁止在吊钩上补焊、填补或钻孔。滑车和滑轮组使用前,必须经过详细检查,如滑车边缘磨损过多或有裂纹、滑车轴弯曲等缺陷,均禁止使用。

卷扬机运行要严格遵守国家有关的安全规程,钢丝绳单股断丝不能大于 5%,卷筒上的钢丝绳安全圈不能少于 3 圈。操作员在每次运行前必须对卷扬机系统进行检查,认真填写运行记录。发现有异常现象应立即停止作业进行检修。检修完毕进行试运行正常后,方可进行吊装作业。操作员必须严格按操作规程作业,操作规程要悬挂于醒目位置。司机要服从调度人员的指挥,接到命令后方可操作。卷扬机要设置事故开关和限位器,操作完毕必须及时拉掉事故开关。

(二)供电安全措施

钢管安装作业时,焊接、预热、后热等用电量非常大,供电安全尤为突出,要选用优质的导线绝缘良好的橡皮线,对供电设备要加强检查、维护,严格执行用电安全规程。电气作业人员要定期进行身体检查,患有不适应证人员一律不准从事电气作业。电气作业人员必须经过专业培训,熟悉本专业安全操作规程,具备技术理论和实际操作技能,取得合格证书方可上岗。在安装施工供电设施时,遇有易燃易爆气体场所,电气设备线路均应满足防火、防爆要求。电动机械与电动工具的电气回路接线时,必须设开关或触电保护器,要一闸控制一机,禁止一闸控制多机。安装手动操作开关、自动空气开关、熔断器时,必须使用绝缘工具。

当施工用电设施用完后,需拆除电气装置时,不准留有带电的导线,必须保留时,一定要将裸露端包好,做出标记妥善放置。110 V以上的灯具只能用于固定照明,悬挂高度一般不低于2.5 m,若低于2.5 m时必须设保护罩,以防人员意外触电。混凝土仓面、机械检修车间等部位所用的工作灯,应使用36 V以下的低压电。变压器在每年雨季前,必须做一次绝缘试验。

日常电工作业时必须保证2人以上,一人作业,一人监护,禁止非电气作业人员从事电气作业。电气作业人员,对于使用的工具必须经常进行检查,不合格品不准使用。电工作业严禁乱拉乱扯电源线,所有配电箱按规定要求设置摆放。电工登高作业必须按要求戴好安全帽,系好安全带和脚扣,立杆、架线、紧线作业要设专人统一指挥。跨越线路、公路、铁路、河流放线时,必须征得主管部门的同意,并做好安全防范措施方可作业。当施工用10 kV及以下变压器装于地面时,必须搭设有0.5 m以上的高台,其周围需装栅栏,栅栏与变压器外缘距离不少于1 m,并且要挂"止步、高压危险"等警示标志牌。凡可能漏电伤人或易受雷击的电气设备及建筑物均应设置接地或避雷装置,定期派专人检查这些装置的效果,并及时更换失效的装置。避雷装置的安装位置必须设在不经常通行的地方,避雷针及其接地装置与道路的距离不宜小于3 m,当小于3 m时,应采取接地体局部深埋或铺沥青绝缘层等安全措施。

(三)通风安全措施

供风用的空压机站必须设在基础坚硬地势较高的位置,并远离振动、易燃、易爆、腐蚀性、有毒气体和粉尘浓度较高的场所。空压机站要配备足够的防火、防洪器材。空压机站照明光线要充足,通风、散热良好,并有利于检修。储气罐设在机房外,与墙距离不小于2.5~3 m。储气罐上必须装安全阀,安全阀排风量必须大于空压机排气量,储气罐每年进行一次压力试验。为防止环境污染,在空压机站附近的指定地点设废油池。管内焊接时,应采取有效的通风换气措施,必要时专门设通风管。

(四)安装安全措施

要高度重视所有现场施工人员的安全,保持现场井然有序,避免生产安全事故发生,特别是对运输轨道、吊点、卷扬机、运输轨道车要进行经常性的安全检查和定期维护。严格执行国家安全法规,落实安全生产措施和安全操作规程,严格按施工作业特点佩戴劳保用品,防腐人员配备防毒面具和防尘口罩,现场工作人员一律佩戴安全帽,穿绝缘鞋。施工区域应设置足够的照明系统。

施工现场的临时孔洞、边坡、井口应设置安全围栏、扶手和盖板,做好各种危险控制和警示牌,并做好与土建交叉作业的防护措施。施工现场应配有兼职消防人员,组建义务消防队,配齐消防器材。值班人员做好防火、防盗工作。工作现场施工电源、氧气、乙炔、焊机等按规定摆放与接线,在现场及生活区均设有足够的防火设备、器材,满足消防规程要求。在油漆存放厂设禁火标识及足够的防火设备、工具及器材,杜绝火灾事故的发生。

钢管运输和吊装时应由专业人员操作,起吊设备、吊环、支吊架在使用前应提前进行检查和维护,吊装和牵引用的钢丝绳、吊具等必须认真挂装。特大件运输和重要部件的吊装等要制定安全措施。钢管洞内运输时,侧面不准站人。卷扬机工作时,任何人禁止跨越和用手触钢丝绳。钢管或岔管吊装对缝时,任何人不准将头、手、脚伸进管口,以防挤伤。钢管上临时焊接的挡板、支承架、吊耳等,焊后必须认真检查,确认牢固后方可使用。安装人员所用的工具,应放在工具袋内或其他安全位置,防止坠落伤人。

压力钢管安装过程中,由于受空间条件限制,作业面比较狭窄,施工人员比较集中,特别是斜井里施工时斜井较深,是安全工作的重点。焊接前必须检查焊机和电闸及焊机的所有线路,保证接触良好,焊机要设用电保护器,不准一个开关控制多台焊机,氧气瓶和乙炔瓶距离必须保持5 m以上。焊接周围不得有易燃物,在易燃、易爆场地施焊,必须办理动火手续,制定防火措施后方可进行。钢管焊接作业过程中,必须正确使用安全带、绝缘鞋、护眼面罩、口罩、手套等劳动保护用品。在管道内施焊时,焊条焊丝头不准乱扔,应放在指定地点,焊完后带出管外。水压试验时,严禁对管身、焊口进行敲打或修补缺陷。在潮湿的管道或沟槽内作业时,要正确使用低压行灯,防止触电伤人。地下埋管在安装、焊接、检验阶段,钢管内均有工作台车,应在台车上放置木板,并用铁丝将木板与台车固定牢固,并铺设安全网。在台车上部安全护栏的明显位置悬挂"注意高空坠物"和"注意安全"等字样的警示标志。严禁台车未固定或在运行过程中进行作业。

第二节 钢管检测与维护

一、钢管检测

(一)基本要求

钢管制造、安装过程中需严格按照相关规范进行检测,检测主要项目包括外观检测、材料化学成分和力学性能检测、防腐蚀检测、焊缝无损检测、应力检测、振动检测等,检测内容和要求按《压力钢管安全检测技术规程》(NB/T 10349—2019)。检测的传统方式为企业自检和监理或第三方抽检。企业自检要求企业内部质量检测部门对所有项目逐一检测,对重要部位应进行复检,重要设备或质量有疑问的设备,应由具备资格的第三方检测机构对其质量进行复检。对检测不合格部位应按相关规定进行返工、返修或报废处理。

压力钢管制造、安装的检测人员应具备压力钢管基本知识,熟悉相关产品标准,熟悉相关业务知识,熟练掌握检测方法,具备专项检测技能。各级无损检测人员应持有无损检测学会或水电行业颁发的与其工作相对应的资格证书,在其资格证书准许范围内开展检测工作,无损检测结果应由持有2级或2级以上资格证书的无损检测人员评定。

(二)抽样检测

产品抽样采用在工厂车间或现场随机抽样法,抽样人员根据企业生产该规格产品的数量确定随机抽样数量和代表样品,但至少为1套。在相同规格产品内,应抽取具有覆盖关系的最大规模产品作为代表样品;在不同规格产品内,应抽取高规格产品作为代表样品,如岔管覆盖钢管。

代表样品检测合格后,不再对其覆盖范围内的产品进行抽样检测。如企业申请大型岔管和钢管,则可抽取大型岔管作为代表样品,不再抽取大型钢管;如企业申请中型岔管和大型钢管,则中型岔管不能作为代表样品,应分别抽取中型岔管和大型钢管作为样品。

产品检测时,若检测的结果未满足相关规范或设计文件的要求,检测人员应再检测一次;若检测的结果仍未达到相关规范要求,可由企业人员进行复检。如对复检结果仍有异议,则由双方共同检查全部检测程序和仪器设备,确认正常后再次复检,直至双方确认无误;必要时应请企业代表在原始记录上对确认的数据签字或提出文字说明。大中型工程的建设单位通常聘请第三方检测单位开展产品抽样检测,出具第三方检测报告。

(三)检测设备和计量器具

产品检测所使用的仪器、量具应具有绿色"合格证"或黄色"准用证"。检测设备和计量器具包括:卷尺、钢直尺、游标卡尺、塞尺、直角尺、外径千分尺、焊缝检测尺、环规、水准仪、粗糙度检测仪、硬度计、噪声计、百分表、兆欧表、电流表、接地电阻仪、涂层测厚仪、表面粗糙度样板(Rz)、粗糙度仪、结合力划格器、超声波探伤仪、磁粉探伤仪、射线探伤机等。所有检测设备和计量器具应满足对应检测项的量程、准度、分辨率等指标要求,每年应经过地(市)级及以上计量检定机构检定或校准合格。

(四)检测注意事项

产品检测工作一般应在成品防腐涂装前进行,包括几何尺寸检测、焊接质量检测等,涂装质量检测在防腐涂装后进行。受检产品的检测工作必须在完成整体拼装后进行,受检产品应经受检企业检测达到合格水平,并附有工厂检测记录、检测资料等文件。检测人员在对产品进行检测前,应对上述文件进行认真的审查,必要时应提出质疑。

产品放置的场地应有坚实地坪,无阳光直射,场地应清扫干净;在受检产品的周围至少应留有 1 m 的间隙,并有架设水准仪或经纬仪的位置。环境温度不低于−10 ℃、不高于35 ℃,环境噪声不应大于 70 dB(A),风力不大于 4 级,无雨雪。当受检产品必须从存放地点运至检测现场,而检测现场的环境温度与产品存放地的温度又相差 5 ℃ 以上时,应在检测前 4 h 将受检产品运到检测现场,所用的检测仪器、量具应在检测前 1 h 携带至现场,以适应温度的变化。

受检产品应安放牢固、稳定,并经过调整校平。检测开始前和检测完毕后,都应按仪器、量具规定的使用方法逐项进行性能检查,并把检查结果记录下来。若在检测开始前的检查中发现仪器、量具有异常,应进行校准和调整,使其恢复正常;若在检测完毕后的检查中发现仪器、量具有异常,应重新进行校准和调整,在其恢复正常后,重新开始检测。应按规定的方法正确使用仪器、量具。通常用钢卷尺进行几何尺寸测量时,应按检定证书规定的值对钢卷尺施加拉力,进行测量读数,并注意对读数值进行修正,检测的实际尺寸为钢卷尺读数值与检定修正值之和。

若在检测过程中发现首次测量尺寸超差或检测结果离散太大,应停止检测,重新检查安放及校平情况,检查检测仪器、量具是否有异常;在排除所有的异常后,方可再进行检测。若在检测过程中发现产品损坏、仪器或量具异常、照明断电、人身或设备发生事故等非常情况,应立即停止检测,进行妥善处理。

(五)检测机构

检测机构应具有国家监督管理部门颁发的检验检测机构资质认定证书,证书授权的检测产品或类别、检测项目或参数、检测范围应满足钢管安全检测要求。安全检测机构应具有国家市场监督管理总局或省级市场监督管理部门颁发的计量认证合格证书(CMA),

资质认定证书有效期 6 年。检测机构应在设备安全检测报告中对设备的安全等级进行评定,并对设备的维护、检修、改造、更新等提出建议。

2008 年 11 月 3 日,水利部印发《水利工程质量检测管理规定》(水利部令〔2008〕36号),要求水利工程质量检测单位实行资质等级管理制度,检测单位应当取得相应资质,并在资质等级许可的范围内承担质量检测业务。承担水利工程质量检测的检测单位资质分为岩土工程、混凝土工程、金属结构、机械电气和量测共 5 个类别,每个类别分为甲级、乙级 2 个等级,检测单位必须取得《水利工程质量检测单位资质等级证书》方可对外开展检测业务,《水利工程质量检测单位资质等级证书》有效期为 3 年。取得甲级资质的检测单位可以承担各等级水利工程的质量检测业务。大型水利工程(含一级堤防)主要建筑物及水利工程质量与安全事故鉴定的质量检测业务,必须由具有甲级资质的检测单位承担。取得乙级资质的检测单位可以承担除大型水利工程(含一级堤防)主要建筑物以外的其他各等级水利工程的质量检测业务。水利部负责审批检测单位甲级资质;省、自治区、直辖市人民政府水行政主管部门负责审批检测单位乙级资质。

金属结构类甲级检测单位的主要检测项目和参数共 38 项,乙级检测单位的主要检测项目和参数共 18 项。金属结构类主要检测项目和参数见表 5.2-1。

表 5.2-1　金属结构类主要检测项目和参数

资质		主要检测项目和参数
甲级	铸锻、焊接、材料质量与防腐涂层质量检测,16 项	铸锻件表面缺陷、钢板表面缺陷、铸锻件内部缺陷、钢板内部缺陷、焊缝表面缺陷、焊缝内部缺陷、抗拉强度、伸长率、硬度、弯曲、表面清洁度、涂料涂层厚度、涂料涂层附着力、金属涂层厚度、金属涂层结合强度、腐蚀深度与面积
	制造安装与在役质量检测,8 项	几何尺寸、表面缺陷、温度、变形量、振动频率、振幅、橡胶硬度、水压试验
	启闭机与清污机检测,14 项	电压、电流、电阻、启门力、闭门力、钢丝绳缺陷、硬度、上拱度、上翘度、挠度、行程、压力、表面粗糙度、负荷试验
乙级	铸锻、焊接、材料质量与防腐涂层质量检测,7 项	铸锻件表面缺陷、钢板表面缺陷、焊缝表面缺陷、焊缝内部缺陷、表面清洁度、涂料涂层厚度、涂料涂层附着力
	制造安装与在役质量检测,4 项	几何尺寸、表面缺陷、温度、水压试验
	启闭机与清污机检测,7 项	钢丝绳缺陷、硬度、主梁上拱度、上翘度、挠度、行程、压力

(六)安全检测

1. 检测频率

压力钢管应定期进行安全检测,检测周期可根据压力钢管的运行时间及运行状况确定,分为首次检测、定期检测和特殊检测,机组扩容前应对压力钢管进行全面检测。压力钢管投入运行后 5 年内应进行首次检测,以后每隔 5~10 年进行一次定期检测,定期检测的项目可根据压力钢管实际运行状况选择确定。当压力钢管出现在运行期间遭遇不可抗拒的自然灾害、超设计工况运行、出现质量安全事故等特殊情况,在运行期间发现并确认压力钢管存在影响安全的危害性缺陷或在运行状况出现明显异常,可能影响工程安全运行时,应立即进行特殊检测。

2. 现场检测

1) 外观检测

外观状况主要检测管壁凹陷、鼓包等变形,管壁的腐蚀状况、主要受力焊缝的表面缺陷、加劲环的损伤和变形、灌浆孔及周边状况、人孔盖板的损伤和变形;检测支承环及支座的变形和损伤、支座的运行状况、接触状况等、支承环及支座的腐蚀状况;检测伸缩节的变形和损伤、运行状况、腐蚀状况;检测钢管与镇墩、坝体、墙体等混凝土结构连接部位的外观状况、钢管与加劲环、支承环、伸缩节、与主阀的连接状况、压力钢管外周混凝土的脱空状况。

2) 材料力学性能和化学成分检测

材料质量证明书和制作安装验收文件等资料,能够证明材料符合设计文件要求时,可不进行材料检测。当材料牌号不清或对材料牌号有疑义时,应进行材料检测并确定材料牌号和性能。当现场条件允许时,应取样进行力学性能试验和化学成分分析,确定材料牌号和性能。当现场条件不允许取样时,可采用光谱分析仪或在受力较小的部位钻取屑样分析材料的化学成分,同时应测定材料硬度,按 GB/T 1172—1999 进行强度换算,经综合分析确定材料牌号和性能。

当发现压力钢管存在影响安全运行的质量问题时,应在钢管上直接取样进行力学性能试验、化学成分分析和金相分析,确定材料牌号和性能。当压力钢管发生破坏事故后,应在破坏管段上取样进行力学性能试验、化学成分分析和金相分析,确定材料牌号和性能。

3) 腐蚀检测

腐蚀检测应包括腐蚀状况检测和腐蚀量检测。腐蚀状况检测宜采用卷尺、直尺等量测工具,腐蚀量检测宜采用测厚仪、测深仪、深度游标卡尺等量测仪器和量测工具。腐蚀检测宜按上平段、斜管段、下平段等部位分段或按钢管环缝分管节进行。腐蚀量检测前应对被检部位表面进行清理,去除钢管表面附着物、污泥、锈皮等,检测时宜除去管壁表面涂层,当带涂层测量时,应扣除相应的涂层厚度。腐蚀程度应根据腐蚀状况检测和腐蚀量检测结果进行评定,分为 A 级(轻微腐蚀)、B 级(一般腐蚀)、C 级(较重腐蚀)、D 级(严重腐蚀)。

腐蚀检测结果应包括:各管段或管节的腐蚀特征、腐蚀部位、腐蚀分布范围和腐蚀面积,腐蚀面积占管段或管节面积的百分比;各管段或管节的腐蚀量及其频数分布,各管段或管节的平均腐蚀量、最大腐蚀量、平均腐蚀速率、最大腐蚀速率;腐蚀程度为 D 级各管段或管节的局部区域的平均腐蚀量、最大腐蚀量、平均腐蚀速率、最大腐蚀速率。

4) 无损检测

钢管一类焊缝、二类焊缝应进行无损检测。无损检测之前应清除焊缝表面及其附近区域的附着物、污泥、腐蚀物等,必要时宜对焊缝两侧表面进行修整打磨处理。焊缝表面质量检测可选用磁粉检测(MT)或渗透检测(PT),磁粉检测和渗透检测验收等级均应为 Ⅰ 级。焊缝内部质量检测可选用超声波检测或射线检测,超声波检测可采用脉冲反射法(UT)和衍射时差法(TOFD),脉冲反射法超声检测等级应为 B 级,验收等级应为 2 级;衍射时差法超声检测等级应为 Ⅱ 级。射线检测一类焊缝 Ⅱ 级合格,二类焊缝 Ⅲ 级合格。

当采用一种检测方法对所发现的缺陷不能定性和定量时,应采用其他无损检测方法进行复查。同一焊接部位或同一焊接缺陷,当采用不同的无损检测方法检测时,焊缝质量等级应分别按各自的标准进行评定,满足相应要求。对于前次检测发现超标缺陷的部位或经返修过的部位,应在下次检测时按照原检测方法进行100%的复检。对于无损检测发现的裂纹或其他超标缺陷,应分析其产生原因,判断发展趋势,对缺陷的严重程度进行评估,并提出处理意见。

5)应力检测

应力测点应具有代表性,高应力区域和复杂应力区域均应布置足够数量的测点,传感元件应粘贴牢固并做好绝缘防潮处理。传感元件处于水下时,应做好防水处理。检测宜在符合或设计工况下进行。如无法实现,则应充分利用现场条件,尽可能使检测工况接近设计工况。

应力检测宜采用应变电测法,检测中应记录与检测有关的上下游水位、检测工况、运行时间等信息。压力钢管明管段宜进行应力检测,其他形式的钢管可不做应力检测。明管应力测点应布置在跨中管壁、支承环附近管壁、加劲环附近管壁、钢管与伸缩节连接处附近管壁、钢管与镇墩、支墩、坝体、墙体等混凝土结构连接处附近管壁等位置。

静应力检测宜重复进行2~3次。当各次检测数据相差超过10%时,应分析原因并重新检测。检测结果应与检测工况计算结果进行分析比较,必要时可根据检测工况应力值推算设计工况和校核工况应力值。动应力检测宜结合机组甩负荷试验进行,检测工况宜分为甩25%额定负荷、甩50%额定负荷、甩75%额定负荷、甩100%额定负荷等4种工况,检测数据应连续采集,以得到完整的应力应变过程线。

6)振动检测

振动检测应包括位移、速度、加速度等振动响应检测和固有频率、阻尼比、振型等动力特性检测。检测仪器应适应压力钢管检测现场的温度、湿度和噪声等环境条件,其频率范围应覆盖被测信号的有用频率范围,动态范围应适应信号的变化范围。

位移、速度、加速度等振动量宜分别采用专用传感器测量。传感器应与结构连接牢固,振动过程中不能松动,电缆及信号线应固定牢靠。振动响应检测的测点应布置在振动响应较大的位置。动力特性检测的测点布置应根据结构形式确定。振动响应和动力特性检测时,传感器应沿钢管截面径向布置在振动较大处,取3~4个测点,每个测点沿振动方向布置1个或2~3个互成90°的单向测振传感器。当布置1个传感器时,测振方向应与结构振动方向一致。振型检测时,传感器应沿钢管轴线方向布置,测点应完整反映振型信息。

振动响应检测时,应分别检测机组正常运行时的振动响应和机组甩负荷时的振动响应。检测中应记录与检测有关的上下游水位、检测工况、运行时间等信息。检测数据应包括主要频率的振动幅值、相频关系、响应幅值。动力特性检测的激励方式可采用激振器激励、脉冲激励、环境激励。通过传感器测量振动位移、速度、加速度和频率响应,检测结果应包括压力钢管的五阶固有频率、阻尼比和振型。

3.安全评定

压力钢管安全等级可分为安全、基本安全和不安全。

评定为安全的钢管:巡视检查的各项内容均符合要求;外观检测的各项内容均符合要

求;腐蚀程度不低于 B 级;材料符合设计要求;一类焊缝、二类焊缝质量符合规范要求;在设计工况下的强度、抗外压稳定性均符合规范要求,在机组甩负荷工况下的强度符合规范要求;在运行过程中无明显振动。

评定为基本安全的钢管:巡视检查的各项内容均符合要求;外观检测的各项内容均符合要求;腐蚀程度不低于 C 级;材料符合设计要求;一类焊缝、二类焊缝质量符合规范要求;在设计工况下的强度、抗外压稳定性均基本符合规范要求,在机组甩负荷工况下的强度基本符合规范要求,最大值均不应大于抗力限值的 105%;在运行过程中有明显振动,但经检测分析不影响压力钢管安全运行。

评定为不安全的钢管:不符合基本安全的钢管中的任意一条。

二、管道在线监测

(一) 发展现状

在线监测技术是在被测设备处于运行的条件下,对设备的状况进行连续或定时的监测,通常是自动进行的。20 世纪 80 年代,加拿大安大略水电局研制了用于发电机的局部放电分析仪(PDA),并已成功地用于加拿大等的水轮机发电机上。我国开展在线监测技术的开发应用已有十几年了,此项工作对提高设备的运行维护水平、及时发现故障隐患、减少事故的发生起到了积极作用。目前,水轮机发电机在线监测系统发展已经比较成熟,但压力管道在线监测系统的研究才刚处于起步阶段。

长期以来,对于水利工程压力管道的安全运行监测,仍停留在人工目测阶段。对于具体关系到压力管道安全运行的主要结构应力、位移、振动、外水压力等参数的在线监测,缺乏规范的监测手段。压力管道的实时在线监测技术,已成为水利水电工程推广"无人值班、少人值守"管理水平提高的发展瓶颈,该系统有必要在已建和在建工程上尽早安装使用,目前由国能集团大渡河流域水电开发公司、成都众柴科技有限公司主编的《水电工程金属结构设备状态在线监测系统技术条件》(NB/T 10859—2021) 已于 2021 年颁布实施,填补了压力钢管在线监测的空白,国内大中型工程已开始推广使用压力管道在线监测设备。

压力管道在线监测系统主要是在线监测管道的运行状态,利用传感器进行数据采集,通过通信网、互联网,将大量数据汇集至数据库,并在云端平台进行大数据分析和计算整合,可实现对水工金属实时安全化运行管理,是建设"智慧水利"的迫切需要。

在线监测系统根据压力管道的特点、运行方式、现场条件,合理选择监测项目和系统规模,采用的方案、手段、测点布置对被检测设备不应产生损害且不影响设备的正常使用。在线监测系统对不同的监测对象,布置相应的不同性能的信号传感器,实现对监测对象运行状态的过程参数和稳定性参数进行实时在线监测。监测数据分为状态监测量工况参数和过程量。其中,状态监测量应从永久布置在被监测对象上的传感器直接采集;工况参数和过程量参数可从相关资料或设备获取。上位机应具备数据存储和管理功能,存储容量应能够满足至少存储 12 个月的监测数据,并应预留数据通信接口、现地至集中控制或中控室的数据通信接口,以实现智能化监控。

(二) 基本要求

1. 系统的结构

在线监测系统采用分层分布式开放系统结构,由传感器单元、数据采集单元、上位机和传输设备组成,见图 5.2-1。

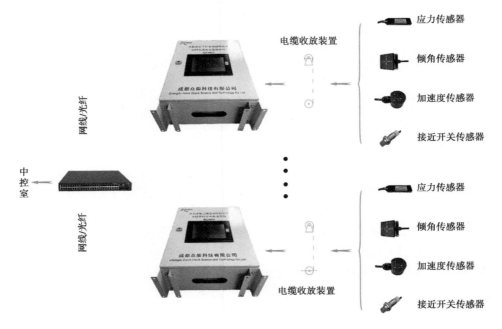

图 5.2-1　系统组成示意

传感器常用的形式有应变传感器、三轴低频加速度传感器、通频加速度传感器、倾角传感器、倾角开关传感器、声发射传感器、钢丝绳缺陷监测传感器、钢丝绳拉力监测传感器、挠度监测传感器、位移传感器、压力脉动传感器、压力传感器等。长期在水下工作的传感器应满足防护等级 IP68。传感器安装时与被测工件表面可采用胶粘接、磁吸或螺栓固定,传感器宜采用护罩进行保护,传感器外壳和护罩应采用耐腐蚀、抗老化的材料制作。

数据采集单元具有现地监测、分析的功能,能对状态监测量、运行工况过程量参数进行数据采集、处理和传输。在线监测系统数据采集单元包括数据采集装置、相关软件、传感器供电电源等。

上位机包括数据服务器、显示器、屏柜、操作台、打印输出、Web 服务器、网络安全装置等。数据采集单元与上位机之间采用有线(光纤或网线)或无线通信的网络设备及线缆,通信软件设计应采用开放系统互联 OSI 协议或适于工业控制的标准协议。

2. 系统的功能

1) 数据存储和管理功能

在线监测系统数据服务器应存储至少 12 个月的监测数据,完整记录并保存监测对象出现异常前后 15 min 的采样数据,以满足系统状态分析需要。系统应有自动管理、检查、清理和维护数据库功能,在线监测硬盘容量信息,当剩余容量低于设定值时自动发出警告信息,对超过存储时限的数据应进行清理。数据库应提供自动备份和手动备份、增量备份数据的功能。数据库应具备自动检索功能,用户可通过输入检索运行工况参数快速获得满足条件的数据;应提供回放功能,对历史数据进行回放。数据库应具备多级权限认证功能,只有授权用户才能访问权限范围内的数据。系统应具备数据下载功能,根据数据检索条件下载相关数据。

2)报警功能

在线监测系统应能提供报警功能,报警定值可根据监测对象技术特性和运行工况设定。出现报警时,系统应推出分级报警界面,报警逻辑和报警定值应能通过软件组态设置。

3)辅助诊断

在线监测系统应能对监测对象的常见故障或异常现象进行辅助诊断,并能通过历史数据趋势进行分析、评价,提供辅助诊断结论,为运行管理部门进行故障处理或检修提供决策参考。

4)报告功能

在线监测系统应能提供状态报告,报告应反映监测对象运行状态的数值和变化趋势,应对运行状态提出初步评价,并附有相关图形和图表。报告宜采用 Word、Excel 等兼容的文件格式。状态报告具有根据需要定制的功能。

5)自诊断及自恢复功能

在线监测系统应对系统内的硬件及软件进行自诊断,系统出现故障时,应自动报警;还应具有包括断电后自动重新启动自恢复功能、预置初始状态和重新预置功能、失电保护功能。

3.在线监测项目

在线监测系统根据压力管道的形式和工作状况,对下列状态监测量进行实时采集和分析,当出现数据异常或超限时,给出报警信号并分析异常原因。

静应力和动应力:通过布置应变传感器测点,采集压力钢管、钢岔管、伸缩节主要受力部位的静应力和动应力数据,分析压力钢管、钢岔管、伸缩节结构强度、刚度的安全性。

结构振动:通过布置低频加速度传感器测点,采集压力钢管、钢岔、伸缩节管运行状态的动态响应数据,分析和判断压力钢管、钢岔管、伸缩节运行的稳定性。重点监测结构动态响应的振幅、频率和加速度的异常情况。

外水压力:通过布置压力传感器测点,采集洞内埋管的外水压力,监测外水压力变化趋势。

缺陷扩展:通过布置声发射传感器测点,采集压力钢管、钢岔管、伸缩节运行状态缺陷扩展的数据,分析和判断压力钢管的安全性。

4.测点的布置

1)应变测点

应变测点应布置在主要部件的最大应力分布区域,可根据结构分析的应力云图、计算书给出的最大应力位置、测试构件轴向的表面应变量等确定。对称结构应布置冗余测点,进行测试数据分析比对。

2)振动测点

结构类的振动测点应布置在梁、支臂、机架、平台等特征部位;机械类振动测点应布置在传动机构的支承座、齿轮箱轴承座等特征部位;管道类振动测点应按测试截面的圆周方向布置;振动测点应避开筋板、支承、连接板、加劲环等结构的变化部位。

3)声发射测点

管道类的声发射测点宜按测试里程的轴线方向等距分布。

4)位移测点

根据位移特征布置监测点,传感器安装在固定基准上的监测对象的位移值为绝对位移,传感器安装在移动基准上时检测对象的位移值为相对位移。

5)外水压力测点

根据压力钢管埋管形式,主要选择在下平段、伸缩节上游布置监测点,传感器布置在压力钢管的外壁,并应符合设计的要求,监测钢管与外包混凝土接触缝隙间的外水压力。采用防护罩和保护套管对传感器、线缆进行防护。

三、管道检修维护

随着我国国民经济的发展及能源结构的转变,压力管道的分布越来越广泛,仅长输油气管道就有近 30 000 km,而在建的长输油气管道近 7 000 km,公用管道与工业管道没有确切的统计数据,估计应该已有上千万千米。其安全运行与生产生活关系极为密切,保证压力管道的安全运行意义十分重大。因而有必要加强压力管道的运行与维护管理,做好立法与有关标准制定工作,做到有法可依、有标准可执行,确保压力管道的安全运行。原劳动部 1996 年 4 月颁布的《压力管道安全管理与监察规定》将压力管道分为三种类型:长输管道、公用管道(分为城市燃气管道和城市热力管道)与工业管道(包括动力管道)。这也是目前国内最明确的管道分类规范性文件。在实际生产过程中,长输水管道、油气集输管道与城市燃气管道基本上是埋地敷设。

有关部门统计了 2000 年发生的压力管道事故,发现事故原因如下:设计安装不合理、元件质量不合格、维护操作不当、管道腐蚀泄漏等,造成的危害与损失较大。正确进行压力管道的运行维护与检修,对于确保压力管道的安全至关重要。但目前,对于压力管道的运行维护与检修问题,法规与标准并不完善,这与以前我国压力管道条块分割的管理体系有关,而压力容器与锅炉的安全管理已建立一整套安全保证体系。因此,借鉴压力容器与锅炉的管理规范,是输水管道运行管理应采取的措施。

(一)日常检查

运行操作人员和检修人员应对管道进行日常检查,检查内容包括:管道有无锈蚀和涂层脱落;焊缝有无裂纹或渗水;进人孔和伸缩节有无漏水;镇墩、支墩的基础及结构是否完整稳固,有无开裂、破损、明显位移和沉降等现象;支承环与支墩混凝土之间有无障碍物影响支承环移动;管道之间及管道与相邻物间有无摩擦;滚动型或摇摆支座防护罩的密闭情况是否正常;明管管沟排水是否顺畅;管道有否异常振动和响声,阀门操作机构的润滑和操作是否正常,详细填写检查记录表。如果发现不正常现象,应及时报告并采取措施进行处理。当遇到管道严重泄漏或破裂等可能直接威胁管道安全运行的事故时,应立即采取紧急措施处理。

压力钢管可以通过定期检查和评价确定是否符合安全运行要求,首次安全检测应在钢管运行后 5~10 年内进行,每隔 10~15 年应进行一次中期检测,检测项目按现行行业标准《压力钢管安全检测技术规程》(NB/T 10349—2019)进行安全评价。如果通过检测尚不能确定其运行安全状况,则应进行强度和稳定验算;明管振动时采取钢管减振措施消除振源和改变管道的自振频率。使用年限达到 40 年的压力钢管,应进行折旧期满安全检测。

(二)检修

管道检修内容包括:管道局部更换;密封件更换;螺栓、法兰、垫片修理或更换;伸缩节和支承环、支座的维修及更换;阀门及附件的维修及更换;焊缝修补;防腐层修补等。

管道检修安全注意事项:管道、阀门检修前应先进行卸压、清洗、通风等工作,严禁对情况不明的管道检修;检修中不间断地向管道内通风换气;检修时应设有专人监护,并准备好急救用器;在进入大直径管道内检修时所用灯具和工具的电源电压应符合《特低电压(ELV)限值》(GB/T 3805—2008)的规定;采用在线密封时,必须办理许可证并做好相应的安全措施;高空检修应避免上下同时施工作业;发生泄漏时,严禁带压修理。

(三)维护

管道维护内容包括:管道表面应定期进行防腐处理;出现锈蚀、裂缝或失稳等病害应修复或更换;联合承载的埋管与混凝土及岩石之间缝隙增大时,可采取接缝灌浆等措施处理;明管振动时应采取减振措施。

管道维护安全注意事项:高空管架进行维护管道、阀门时,应采取保护措施,防止坠落;管道、阀门运行时法兰密封发生泄漏,严禁带压拧紧螺栓。

四、钢管改造更新

压力钢管的更新改造内容和技术要求见《水电工程金属结构设备更新改造导则》(NB/T 10791—2021)。改造、更新方案应充分利用原有水工设施和设备,采用新工艺、新材料、新设备、新技术和新产品,满足安全、节能、环保要求,做到安全可靠、技术先进、经济合理;不应影响原有水工建筑物的安全;不得使用国家明令淘汰的产品。已明确进行改造或更新的钢管,不再开展安全检测。改造、更新设计应满足相关设备在结构尺寸上合理衔接、性能匹配的要求,并应与水工建筑物协调;对重大技术问题,应开展专项研究。

钢管出现以下情况,且经检修不能消除时,应进行改造:①钢管、岔管有局部超标变形或失稳,伸缩节渗水或位移量不满足要求;②支承结构变形、移位或不均匀沉降;③进人孔及其他开孔或接管密封不严密;④排水设施异常;⑤一类、二类焊缝存在超标缺欠、有裂纹或开裂。

压力钢管报废标准按照《水利水电工程金属结构报废标准》(SL 226—1998)执行。钢管出现以下情况,且经改造不能消除时,应进行更新:①钢管、岔管在规定的各种工况下不能安全运行或对操作、维修人员的人身安全有威胁,且经过改造仍不能满足要求;②设计、制造、安装等原因造成设备本身有严重缺陷或因技术落后、耗能高、效率低、运行操作人员劳动强度大;③工程运行条件改变或经大修、技术改造、遭遇意外事故破坏;④设备超过规定折旧年限,经检测不能满足安全运行条件;⑤某段钢管的蚀余厚度小于 6 mm 或小于构造要求的厚度;⑥某段钢管的管壁厚度已减薄 2 mm 以上,经计算复核和实测钢管应力不能满足设计要求;⑦某段钢管因有裂纹、意外事故、地震等作用而失稳;⑧压力钢管、岔管整体不满足强度或稳定性。

第三节　土建施工

一、施工特点和内容

(一) 施工特点

长距离输水管道工程属于线性工程,其施工的工作面沿线分布且开阔,其施工特点为:①施工作业具有单一性和连续性。单一性是指长距离输水管道施工作业内容(如挖沟、布管、组对焊接和防腐绝缘等)比较单一;连续性是指以上各工序的衔接非常紧密,便于使用机械进行连续作业,即各项作业按照施工程序一环扣一环地进行。②野外施工作业工作线长,使得工程施工中人力和物力比较分散,其施工组织和后勤保障工作较为复杂。③施工流水作业速度快、流动性大,各种施工设备必须具有轻便和适宜快速转运的特点。④穿越频繁、自然障碍多,除大型穿(跨)越工程外,管道还可能穿过众多的小型沟渠和道路,以及森林和沼泽。这些区域都可能影响管道施工的推进速度,必要时必须采用专门的施工队伍提前清理这些障碍。

(二) 施工内容

长距离输水管道施工一般包括测量放线、扫线、开挖管沟、运管、现场预制弯管、布管、管道组装、管道连接、无损检测、现场防腐或补口、检漏与补伤、下沟、回填、试压、通球扫线、恢复地貌等。

(1)测量放线。以施工图及测量成果表为依据,确定管道实地安装的中心线性位置,并画出施工带界线。

(2)扫线。用推土机平整、清理沿线施工作业带,为管道安装作业创造运输和安装的场地条件。

(3)开挖管沟。在管沟中心线上按施工图要求进行管道敷设标高位置的土石方开挖作业。

(4)运管。把钢管从预制厂或车站、码头装运至施工现场。

(5)修正弯管。根据设计要求和现场条件,修正各种曲率和角度的弯管。

(6)布管。把钢管一根接一根地布置在管道安装作业线上。

(7)管道组装。把待焊的钢管按工艺要求对口并固定。

(8)管道连接。把单根钢管串联起来用焊接或兰等方式接长。

(9)无损检测。用各种手段检查环形焊缝的焊接质量。

(10)现场防腐或补口。在钢管外壁和内壁现场环缝处涂覆防腐绝缘层或在化学管道连接处修补作业。

(11)检漏与补伤。检查管道防腐绝缘层或补口破损处,按规范要求进行修补。

(12)下沟。把管道或焊好的管段吊放在管沟内预定安装埋设的位置上。

(13)回填。把沟内已就位的管道掩埋起来。

(14)试压。利用水体将规定的压力施加于待试管道上,以检验管道的强度和严密性。

（15）通球扫线。油气管道通常用水推动清管球从管道内通过，以排出管道内的杂物。

（16）恢复地貌。清理施工现场，恢复沿线原地貌。

二、土石方施工

土石方工程在长距离输水管道工程施工中占有重要的位置，它开工最早，完工最晚，对整个工程的工期、质量、效益都起着重要的作用。依照工程规模、管道埋深和管线长度，土石方的工程量一般以万立方米计，在施工期间受到气候、水文、地质条件等的直接影响。为了提高劳动生产率、加快施工速度，在组织土石方工程的施工过程中，对开挖、运输和回填三个施工阶段，除尽量采用机械化代替繁重的体力劳动外，应特别注意调配平衡关系，达到高工效、低运量、低造价的目的。长距离输水管道工程中所涉及的土石方工程主要有施工通道修筑、管沟开挖、管沟回填等。

（一）施工通道修筑

连接现有道路与施工作业带之间的道路称为施工通道。该通道应平坦，并具有足够的承压强度，应能保证施工机具和设备的安全行驶。

1. 准备工作

熟悉图纸，了解和掌握施工地区现有道路的分布情况，并对管道沿线进行实地勘察，确定临时道路的位置及其修筑方法。根据总体施工方案，编制施工通道修筑方案。若需增开公路路口，应提前与公路主管部门联系，办理有关手续。准备必要的施工机具（如推土机、单斗挖掘机）和材料（如编织袋、预应力混凝土管、钢板和枕木等）。

2. 修筑原则

为保证钢管运输及施工人员和施工机具正常进入施工作业带，应根据不同地段的具体情况采用不同的方法修筑施工通道。当管线沿公路敷设时，须修筑连接施工作业带与公路的施工通道，通向作业带的道路原则上尽可能利用原有的和作业带相交的乡村道路，以减少修筑工作量。管线敷设地点距离公路较远时，为满足施工运输需要，与公路相连的施工通道可大致每间隔 5~10 km 修筑 1 条。若施工作业带内的通道平行于管沟，则保证施工机具和运输车辆通过的道路应修在靠近现有道路一侧。施工作业带与现有运输道路便道连接处要平缓接通，尽量利用现有的道路或者选择平坦土地作为临时运输线路。在河床、河谷、沟谷、山洪冲刷和受泥石流影响的区域，修筑施工通道应与后续工序紧密衔接，且不得在洪水期施工。

施工通道要平坦，并有足够的承载能力和承压强度，以满足大型机械设备安全行驶为前提，选择现有公路与施工作业带最近的地段进行修筑。原有道路不能满足行车要求时，要对其进行拓宽、填平、碾压。低洼处的填垫要使用碎砖石等骨料，对承载能力不足的桥涵要进行加固，转弯半径要满足要求，在雨季要能保证通车，对于地质条件坚实地段，施工通道可利用推土机平整修理完成。临时施工道路的宽度一般为 4~6 m，每 2 km 设置一个会车处，弯道的转弯半径应大于 15 m，最大坡度不超过 25°，长度与结构形式等视现场具体情况确定，尽可能避免修筑成曲线道路。

特殊地段（如水田或地下高水位地段、有横向坡度的山坡、山区等）施工通道的修筑，由承包商提出修筑方案,报业主或监理批准后方可实施。修筑前,与有关部门联系,并办理有关占地征用手续。施工通道经过埋设较浅的地下障碍物时,应与使用管理方及时联系,商定保护措施。

3.施工方法

1)一般地带修筑施工通道

村镇道路拓宽加固必须征得地方政府有关部门的同意,尽量将其作为永久性道路加宽使用。在原有道路两侧(根据地形,可以是一侧)疏干地表水,当地基含水量接近最佳含水量时,清除表层不良土层,经碾压密实后在上面填筑路基材料(视其承载力而定)。一般铺200~400 mm厚砂砾。现场道路两侧可设小排水沟。原有道路承载力不足时,在路面上再铺一层加厚层。永久道路加宽处理示意见图5.3-1。

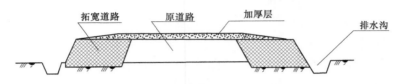

图5.3-1　永久道路加宽处理示意

2)松软土质地带修筑施工通道

对于松软土质地带修筑施工通道,应视具体情况采用土工布、土工格栅或土工格室,在其上铺盖细土并压实的方法解决,在特殊地段打排桩或铺钢板,以增加地面的承载力。设计确保进场道路及其路边排水沟设置合理以避免由于路基的损坏和排水沟的冲刷而对环境造成损害。施工便道经过埋设较浅的地下障碍物时,应与使用管理方及时联系,商定保护措施,确保地下设施的安全。软土地基地段施工通道加固见图5.3-2。

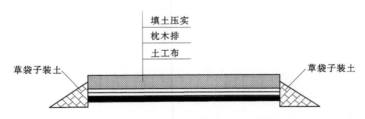

图5.3-2　软土地基地段施工通道加固

3)山区丘陵地带修筑施工通道

山区丘陵地带大口径管道施工关系到施工难度和施工效率非常重要的一点是如何能最大限度地发挥施工设备的效率。其中,非常有效的措施之一是尽可能地加大施工便道和施工作业带修筑力度以保证设备通行,其前提是处理好施工进度、施工投入及设备的比选,保证技术上可行、经济上合理,并有利于水土保持和环境保护。对于纵坡作业带可采用挖高填低的施工方法。纵坡施工通道修筑见图5.3-3。

管道沿横坡敷设时,由于横坡容易造成滚管及施工设备损坏,为保证设备及施工人员安全,横坡施工通道的修筑一般不宜出现8°以上的横坡。因此,在进行作业带开拓时,其目标是将横向坡度降至8°以下。针对现场不同的自然横坡,可以采用不同的修筑方法:

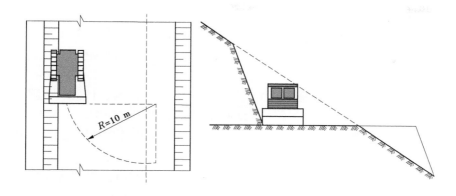

图5.3-3　纵坡施工通道修筑

当横向坡度为10°～20°时,可直接在斜坡上挖填土修建;当横向坡度为20°～30°时,在作业带填方坡脚处修建挡土墙护坡,以保证施工作业带安全可靠;在横向坡度超过30°的土方地段,修建分级式护坡,确保作业带保持稳固,墙体宽度随高度变化。

(二)管沟开挖

一般来说,大多数长距离输水管道施工质量事故和安全事故均与管沟开挖成沟质量及支护措施有关,研究制定科学合理的开挖方案是沟槽成形质量和施工安全的保证。管沟开挖方法取决于铺设管道管沟的已知尺寸和断面、工程地段的土质类型和状态、当地地形特征、地段的淹水程度、有无相应成套挖土机械,以及采用这些机械的技术经济指标。

弹性敷设管沟开挖应根据强度、变形条件分别计算出弹性敷设管道的最小弯曲半径,取两者中的较大值作为管沟开挖的最小曲率半径,就能保证管道满足强度和变形条件,实际工程中所采用的管沟线曲率半径大于其最小曲率半径。在布设管沟的竖面曲线时,转角点的位置坐标、其前后方的坡度都是已知的。管沟线曲率半径确定后,可以算出转角点到切点的距离(切线长),从而曲线切点(或称起、终点)的位置坐标也就确定了。通常用圆弧曲线法或四次曲线法计算曲线的中间点位置坐标。

1.准备工作

在管沟开挖前应按下列依据编制管沟开挖计划。包括:合同规定的工期计划;防腐成品管供应计划;各类地质状况和地貌的管沟开挖最佳施工期;特殊地段管沟开挖与管道组装、焊接、下沟、回填工序的衔接要求;管沟开挖与施工作业相结合的最佳方案;每段管沟开挖前,应编制管沟开挖计划,报业主或监理批准后方可实施;除石方地段外,为保证管线组焊时在管道两侧有顺畅的机械化流水作业面,应先组焊管线、后开挖沟,管沟开挖工序滞后于管道组焊工序的距离差以80～500 m为宜。这样,与先开挖管沟、后组焊管线相比,工效可以提高40%～50%;不同的土质在每段管沟开挖初始段应做试验。确定试验数据,应考虑施工机械的侧压、震动、管沟暴露时间等因素。

2.管沟开挖

1)一般开挖

管道与电力、通信电缆交叉时,其垂直净距不小于0.5 m;管道与其他管道交叉时,除保证设计埋深外,应保证两管道间垂直净距不得小于 0.3 m。管沟开挖前管道轴线画线后,将管线轴线上的桩进行移动。除转角桩依转角的角平分线移动外,管道轴线上的所有桩应平移至堆土侧靠沟边 0.3 m 处;对于移桩困难的地段可采用增加引导桩、参照物标记等方法来测定原位置。

　　管沟开挖行进按管线中心灰线进行控制,管沟开挖深度结合设计图纸、线路控制桩及标志桩综合考虑进行开挖控制。穿越地下设施时,设施两侧 3 m 范围内采用人工开挖,与其穿越间距符合设计要求。对于重要设施,开挖前应征得其管理单位同意,并在其监督下开挖。

　　河流地段地下水位小于沟深地段及沟深超过 5 m 的管沟开挖,根据实际情况采用明渠排水、井点降水、管沟加支撑、湿地机械开挖等施工方法,在开挖前做坡比试验,由监理现场认定后方可实施。在地质、地貌允许的情况下,采用机械开挖。管沟开挖时,将挖出的土石方堆放在与施工便道相反一侧,距沟边不小于 1 m。石方及卵石段超挖深度符合设计要求。石方段采用爆破方法进行管沟开挖时,制定相应的安全防护措施,对可能受到影响的重要设施事前通知有关部门和人员,采取安全保护措施,并征得其同意后实施爆破作业。爆破作业由取得相应资质的单位实施。对于部分软土地段,为保证设备的承载能力和管沟成型,采用开挖时铺垫钢板、打钢桩护壁的做法。

　　(1)沟槽底部的开挖宽度,应符合设计要求;设计无要求时,可按下式计算确定:

$$B = D_0 + 2(b_1 + b_2 + b_3)$$

式中:B 为管道沟槽底部的开挖宽度,mm;D_0 为管外径,mm;b_1 为管道一侧的工作面宽度,mm,见表 5.3-1;b_2 为有支撑要求时,管道一侧的支撑厚度,可取 150~200 mm;b_3 为现场浇筑混凝土或钢筋混凝土管渠一侧模板的厚度,mm。

表 5.3-1　管道一侧的工作面宽度

管道的外径 D_0/mm	管道一侧的工作面宽度 b_1/mm		
	混凝土类管道		金属类管道、化学建材管道
$D_0 \leq 500$	刚性接口	400	300
	柔性接口	300	
$500 < D_0 \leq 1\,000$	刚性接口	500	400
	柔性接口	400	
$1\,000 < D_0 \leq 1\,500$	刚性接口	600	500
	柔性接口	500	
$1\,500 < D_0 \leq 3\,000$	刚性接口	800~1\,000	700
	柔性接口	600	

注:1. 槽底需设排水沟时,b_1 应适当增加。

　　2. 管道有现场施工的外防水层时,b_1 宜取 800 mm。

　　3. 采用机械回填管道侧面时,b_1 须满足机械作业的宽度要求。

（2）地质条件好、土质均匀、地下水位低于沟槽底面高程，且开挖深度在 5 m 以内、沟槽不设支撑时，深度在 5 m 以内的沟槽边坡的最陡坡度见表 5.3-2。

表 5.3-2　深度在 5 m 以内的沟槽边坡的最陡坡度

土的类别	边坡坡度（高∶宽）		
	坡顶无荷载	坡顶有静载	坡顶有动载
中密的砂土	1∶1.00	1∶1.25	1∶1.50
中密的碎石类土（充填物为砂土）	1∶0.75	1∶1.00	1∶1.25
硬塑的粉土	1∶0.67	1∶0.75	1∶1.00
中密的碎石类土（充填物为黏性土）	1∶0.50	1∶0.67	1∶0.75
硬塑的粉质黏土、黏土	1∶0.33	1∶0.50	1∶0.67
老黄土	1∶0.10	1∶0.25	1∶0.33
软土（经井点降水后）	1∶1.25	—	—

（3）沟槽每侧临时堆土或施加其他荷载时，不得影响建（构）筑物、各种管线和其他设施的安全；不得掩埋消火栓、管道闸阀、雨水口、测量标志以及各种地下管道的井盖，且不得妨碍其正常使用；堆土距沟槽边缘不小于 0.8 m，且高度不应超过 1.5 m；沟槽边堆置土方不得超过设计堆置高度。

（4）沟槽挖深较大时，应确定分层开挖的深度，人工开挖沟槽的槽深超过 3 m 时应分层开挖，每层的深度不超过 2 m；人工开挖多层沟槽的层间留台宽度：放坡开槽时不应小于 0.8 m，直槽时不应小于 0.5 m，安装井点设备时不应小于 1.5 m；采用机械挖槽时，沟槽分层的深度按机械性能确定。

（5）沟槽的开挖断面应符合施工组织设计（方案）的要求。槽底原状地基土不得扰动，机械开挖时槽底预留 200~300 mm 土层由人工开挖至设计高程，整平；槽底不得受水浸泡或受冻，槽底局部扰动或受水浸泡时，宜采用天然级配砂砾石或石灰土回填；槽底扰动土层为湿陷性黄土时，应按设计要求进行地基处理；槽底土层为杂填土、腐蚀性土时，应全部挖除并按设计要求进行地基处理；槽壁平顺，边坡坡度符合施工方案的规定；在沟槽边坡稳固后设置供施工人员上下沟槽的安全梯。

2）农田耕作区管沟开挖

在农田耕作区开挖管沟时，表层不小于 0.5 m 深的耕作土应靠边界线堆放，下层土应靠近管沟堆放。

3）水网地区管沟开挖

管沟开挖尽量采用挖掘机进行。一般地耐力高的地段采用顺管道中心线开挖方法。土质松软地段采用侧向开挖或加垫承重浮板开挖的方法进行顺向开挖。机械无法开挖地段以及有地下障碍物的地段，采用人工开挖。开挖前进行降水作业，在水位降低至管沟设计底标高 0.5 m 时方可开挖管沟，特殊地段如管沟内出现少量明水可采用沟内间设积水坑潜水泵以明排方式进行。机械开挖前,用检测仪探测地下管道、电缆等障碍物。无法降水地段或管沟开挖遇到流砂,管沟成型困难时,尽量采用快挖法形成阶梯式管沟。采用钢板桩护壁,或者边挖沟边打钢板桩,或者采用先打钢板桩后挖沟的方法进行。连头(碰死)口部位和公路、铁路穿越操作基坑,也可采用钢板桩护壁。

4) 山前区平原地段管沟开挖

山前区平原地段管沟开挖,应尽量避开雨季施工。若在雨季施工,应加强与当地气象部门的联系,防止洪水对管沟的冲刷;避免将管沟变成排水沟,冲走已布好的管道,导致大量淤泥冲进焊好的管线内。近年来我国大部分管线施工时都出现过这种情况,所以要高度重视山前区管沟在雨季的开挖工作。雨季施工时管沟开挖应与管道组对、焊接、下沟、回填紧密结合,开挖一段,完成一段。每段长度不宜超过 1 km,每段回填后应及时进行水土保护施工,进行有序排水。

5) 山区管沟开挖

在山区管沟的开挖会遇到多种多样的地质、水文地质条件和山区独特的线路情况,各种复杂环境下的开挖方案是不同的,开挖施工方案的确定需要考虑以下因素:沿线自然情况、水文情况、地质情况、交通情况;沿线管道和建筑材料的运输组织方案;施工前的线路情况;摸清遭受塌方或泥石流的地段,及时弄清发生这种损害的可能性及可采取的预防措施;调查清楚横穿和顺沿线路的所有河流、小溪和沟渠,这些河渠在暴雨时期会成为山洪大水的流道;拖拉机、吊管机在山坡上行动的可能性,以及沿线大小树木的茂密程度。

3. 安全措施

管沟必须保证安全边坡,采用台阶开挖、修坡等办法,禁止在管沟底部及侧壁掏挖焊接作业坑洞,管沟无裂缝、垮塌现象。作业前必须对沟壁进行检查,确认管沟无裂缝、垮塌现象才能下沟作业,沟下作业人员必须佩戴安全帽、穿防护鞋等劳动防护用品。土质松软的地段,应采取相应的安全挡板、安全支护等固壁措施,对基坑、沟槽周围进行埋桩加固措施。沟下作业必须保证作业坑有足够的宽度和逃生通道,必须配备方便上下沟及逃生的梯子,梯子必须坚固且高出管沟 1 m 以上。沟下作业过程中禁止重型设备在操作坑边通过,重型设备的停放位置距基坑、沟槽不得小于 1.5 m。现场设置足够的抽水设备,防止雨水涌入基坑、沟槽造成坍塌,雨天禁止进行基坑、沟槽下作业。

(三) 管沟回填

1. 回填要求

(1) 管沟回填是在管道下沟检查合格后,用机械或人工的方法把土回填到管沟中,并恢复原来的地貌。在沟槽中回填的管道应符合:压力管道水压试验前,除接口外,管道两侧及管顶以上回填高度不应小于 0.5 m;水压试验合格后,应及时回填沟槽的其余部分;无压管道在闭水或闭气试验合格后应及时回填。

(2) 管道沟槽回填应符合:沟槽内砖、石、木块等杂物清除干净;沟槽内不得有积水;保持降排水系统正常运行,不得带水回填。

(3) 井室、雨水口及其他附属构筑物周围回填应符合:井室周围的回填,应与管道沟槽回填同时进行;不便同时进行时,应留台阶形接茬;井室周围回填压实时应沿井室中心对称进行,且不得漏夯;回填材料压实后应与井壁紧贴;路面范围内的井室周围,应采用石灰土、砂、砂砾等材料回填,其回填宽度不宜小于 400 mm;严禁在槽壁取土回填。

(4)除设计有要求外,采用土回填时,应符合:槽底至管顶以上 500 mm 范围内,土中不得含有机物、冻土及大于 50 mm 的砖、石等硬块;在抹带接口处、防腐绝缘层或电缆周围,应采用细粒土回填;冬季回填时,管顶以上 500 mm 范围以外可均匀掺入冻土,其数量不得超过填土总体积的 15%,且冻块尺寸不得超过 100 mm;回填土的含水量,宜按土类和采用的压实工具控制在最佳含水量±2%范围内。采用石灰土、砂、砂砾等材料回填应符合设计要求或有关标准规定。

(5)每层回填土的虚铺厚度应根所采用的压实机具选取。每层回填土的虚铺厚度见表 5.3-3。

表 5.3-3　每层回填土的虚铺厚度

压实机具	虚铺厚度/mm
木夯、铁夯	≤200
轻型压实设备	200~250
压路机	200~300
振动压路机	≤400

(6)回填土或其他回填材料运入槽内时不得损伤管道及其接口,并应符合:根据每层虚铺厚度的用量将回填材料运至槽内,且不得在影响压实的范围内堆料;管道两侧和管顶以上 500 mm 范围内的回填材料,应由沟槽两侧对称运入槽内,不得直接回填在管道上;回填其他部位时,应均匀运入槽内,不得集中推入;需要拌和的回填材料,应在运入槽内前拌和均匀,不得在槽内拌和。

(7)回填作业每层土的压实遍数,应按压实度要求、压实工具、虚铺厚度和含水量,经现场试验确定。采用重型压实机械压实或较重车辆在回填土上行驶时,管道顶部以上应有一定厚度的压实回填土,其最小厚度应按压实机械的规格和管道的设计承载力,通过计算确定。软土、湿陷性黄土、膨胀土、冻土等地区的沟槽回填,应符合设计要求和当地工程标准规定。

(8)刚性管道沟槽回填的压实作业应符合:回填压实应逐层进行,且不得损伤管道;管道两侧和管顶以上 500 mm 范围内胸腔夯实,应采用轻型压实机具,管道两侧压实面的高差不应超过 300 mm;管道基础为土弧基础时,应填实管道支撑角范围内腋角部位;压实时,管道两侧应对称进行,且不得使管道位移或损伤;同一沟槽中有双排或多排管道的基础底面位于同一高程时,管道之间的回填压实应与管道与槽壁之间的回填压实对称进行;同一沟槽中有双排或多排管道但基础底面的高程不同时,应先回填基础较低的沟槽;回填至较高基础底面高程后,再按上一款规定回填;分段回填压实时,相邻段的接茬应呈台阶形,且不得漏夯;采用轻型压实设备时,应夯夯相连;采用压路机时,碾压的重叠宽度不得小于 200 mm;采用压路机、振动压路机等压实机械压实时,其行驶速度不得超过 2 km/h;接口工作坑回填时底部凹坑应先回填压实至管底,然后与沟槽同步回填。

(9)柔性管道沟槽回填的压实作业应符合:回填前,检查管道有无损伤或变形,有损伤的管道应修复或更换;管内径大于 800 mm 的柔性管道,回填施工时应在管内设有竖向支承;管基有效支承角范围应采用中粗砂填充密实,与管壁紧密接触,不得用土或其他材料填充;管道半径以下回填时应采取防止管道上浮、位移的措施;管道回填时间宜在一昼夜中气温最低时段,从管道两侧同时回填,同时夯实;沟槽回填从管底基础部位开始到管顶以上 500 mm 范围内,必须采用人工回填;管顶 500 mm 以上部位,可用机械从管道轴线两侧同时夯实;每层回填高度应不大于 200 mm;管道位于车行道下,铺设后即修筑路面或管道位于软土地层以及低洼、沼泽、地下水位高地段时,沟槽回填宜先用中、粗砂将管底腋角部位填充密实后,再用中、粗砂分层回填到管顶以上 500 mm;回填作业的现场试验段长度应为一个井段或不少于 50 m,因工程因素变化改变回填方式时,应重新进行现场试验。

(10)柔性管道回填至设计高程时,应在 12～24 h 内测量并记录管道变形率,管道变形率应符合设计要求;设计无要求时,当钢管或球墨铸铁管道变形率为 2%～3%、化学建材管道变形率为 3%～5% 时,应挖出回填材料至露出管径 85% 处,管道周围内应人工挖掘以避免损伤管壁;挖出管节局部有损伤时,应进行修复或更换;重新夯实管道底部的回填材料;选用适合回填材料重新回填施工,直至设计高程,重新检测管道变形率。当钢管或球墨铸铁管道的变形率超过 3% 时,化学建材管道变形率超过 5% 时,应挖出管道,并会同设计单位研究处理。

(11)管道埋设的管顶覆土最小厚度应符合设计要求,且满足当地冻土层厚度要求;管顶覆土回填压实度达不到设计要求时应与设计协商处理。

2.一般地段回填

施工单位应按设计要求进行回填,主要应包括以下内容:回填区段桩号、里程,回填程序及回填土质要求,回填高度及覆土形状,地貌恢复要求及水土保护措施,预留回填段长度及详细位置(桩、里程、参照物),回填时间。

管沟回填前宜将阴极保护测试线焊好并引出,待管沟回填后安装试桩。管道穿越地下电缆、管道、构筑物处的保护处理,应在管沟回填前按设计要求配合管沟回填施工进行。管道下沟后除预留段外应及时进行管沟回填。雨季施工、易冲刷、高水位、人口稠密居住区及交通、生产等需要及时平整区段均应立即回填。

管底垫层回填细土粒径应不大于 15 mm,且粒径为 10～15 mm 的细土的质量分数不得超过 10%,细土应回填至管顶以上 0.3 m 处。该类细土应就近筛取,若管沟附近没有,可到远处筛取拉运,但经业主或监理书面同意。在距管顶 0.3 m 处设置聚乙烯警告带,并连续敷设。当进行管沟回填、平整时,严禁机械设备在管顶覆土上扭转。细土回填到管顶0.3m 后,即可回填原状土,原状土的粒径不大于 250 mm。原状土回填应高出相邻自然地面 0.3 m,用来弥补土层沉降的需要。覆土要与管沟中心线一致,其宽度为管沟上开口宽度,并应做成梯形。

当管线下沟后,管沟还没有回填,管线和土壤的摩擦力很小,管线在管沟内随温度的变化可自由伸缩,这时在管线上不会产生应力。管沟回填后,若温度变化,管线不能改变埋土时的自然长度,在管线上会产生温度应力。管沟回填时的温度与管线投产后的正式工作温度之间总有一定的温差,这种温差是造成温度应力的原因,应力大小为

$$\sigma = \alpha E(t_1 - t_2)$$

式中:σ 为温度应力;α 为管材线膨胀系数;E 为管材弹性模量;t_1 为管沟回填温度;t_2 为管线投产后可能具有的最高或最低正式工作温度。

从上式可以看出,工作温度一定时,温度应力的大小取决于管沟回填温度,因此施工中应根据施工情况来选择合适的管沟回填时间。合适的管沟回填时间为:夏季或高温地区在当天气温最低时进行管沟回填,冬季或低温地区在气温最高时进行管沟回填。从管线吊装下沟角度考虑,白天气温较高、管线塑性好,下沟时不易造成管条断裂和防腐层损坏,应选择白天气温较高时下沟;管沟回填时间应从控制温度应力角度考虑。

管沟回填土自然沉降密实后(一般地段自然沉降宜在 30 d 后,沼泽地段及地下水位高的地段自然沉降宜在 7 d 后)应用音频检漏仪对管道防腐层进行地面检漏,符合设计规定为合格。

3. 特殊地段回填

1)农田地段

农田地段回填时应先填生土,后填耕作熟土,以保证地貌的恢复质量,便于耕种。管道与埋地电(光)缆交叉时,管道与其垂直间距不小于 0.5 m,且中间应有标准预制加筋混凝土板保护。管道与其他埋地管道或地下设施交叉时,两者之间垂直净距不小于 0.5 m,且中间应有标准预制混凝土板进行隔离保护。

2)水网地段

水网地段回填管道,回填前若管沟内有积水,应排除,并立即回填。用实土回填时要严加注意,以防止发生漂管现象。对于回填后可能遭受洪水冲刷或浸泡的管沟,应按设计要求采取分层压实回填、引流或压沙袋等防冲刷、防管道漂浮措施。若设计要求管线有压重块,在压重块与管道之间应捆有厚度 8 mm 以上的橡胶板保护管体防腐层。

3)山区地段

石方段管沟,应先在沟底垫 200 mm 细土层,细土应回填至管顶上方 300 mm。细土的最大粒径应不超过 10 mm,然后回填原土石方,但石头的最大粒径不得超过 250 mm。

4)城镇地区

位于城区道路下的管段,沟内管顶以上部分回填,应用砂土或原土分层夯实。管道两侧及管顶 0.5 m 部分回填,应同时从管道两侧填土,人工分层夯实,每层厚度 0.1~0.2 m。夯实不得损坏管道及防腐层。沟槽其余部分回填可使用小型机械夯实,每层松土厚度为 0.25~0.4 m。分层夯实时,其虚铺厚度如设计未做要求,应符合下列规定:用动力打夯机械,不大于 0.3 m;用人工夯实,不大于 0.2 m。

5)其他地段

管道接口工作坑的回填必须仔细夯实。对回填质量要求:用作填方的土料应保持填方的强度和稳定性,有时还要达到特定的工艺要求,填方土料应按相关国家验收规范规定执行。对回填土密实度要求:管道应埋设在未经扰动的原状土层上;管道周围 0.2 m 范围内应用细土回填;回填土的压实系数不应小于 0.9。

为便于后续工程施工,在下列地点应留出 30 m 长的管沟不予回填:①阀室安装位置;②泵站、减压站进出站连头处;③加设混凝土连续覆盖层段的两端;④大中型河流穿越段两端;⑤分段试压的管段两端;⑥其他单独施工段两端;⑦需要碰死口连头的两端。

4. 地貌恢复

在工程验收前,将作业带内设备、车辆行走过的公共通道、水渠中的过水桥涵等设施内的施工材料和杂物清理干净。焊条头、砂轮片、油漆桶等废弃物要在施工过程中收集起来并从作业带上清走,不得放在管沟中掩埋。回填后应按原貌恢复沿线施工时破坏的挡水墙、田埂、排水沟、便道等地面设施。将作业带内的所有取土坑、土墩填平或推平,恢复原貌。在农田地段,当清理工作结束后,雇用农耕设备对耕地进行彻底的疏松,或给土地承包户支付一定数额的复耕费用。对施工机械走过的、作业带以外的区域,应按业主要求进行恢复。

管道敷设经过的公路等原有设施,应采用与原来类似的材料和方式进行恢复。管线穿越的河渠回填后,应及时拆除围堰,围堰用料和多余的土石方按河道、水利主管部门要求进行处理。河渠岸坡、河床除恢复原来的地貌外,还需按设计或河道主管部门要求进行水土保护,以保护河床和管线。对于施工中损坏的沟渠,在管沟回填后,要将沟渠断面恢复原状。

对于鱼塘内清除的淤泥应运送到指定地点集中堆放,损坏的塘岸采用草袋子装土码砌牢固。山前区管线若与铁路、公路并行,长输管线硬化的过水路面的截面面积应稍大于铁路、公路过水涵洞的截面面积。

三、穿越施工

长距离输水管道沿线通常经过公路、铁路、河流。按照通常的施工方法,分为开挖法和非开挖法,开挖法是直接将公路断路、河流截流或断流开挖施工铺设管道后恢复;非开挖法是采取非开挖方式进行铺管,不影响路上交通或水路通航,施工简单,效率高。目前非开挖法常用的工具有定向钻、顶管、盾构等。

(一)开挖穿越施工

开挖穿越施工是指直接开挖沟槽敷设管道的方法,通常用于二级以下的县乡公路、机耕道及中小型河流的施工,大开挖方案具有施工便捷、费用低的优点,但是与非开挖法相比,它又有施工许可办理程序多、施工周期长的缺点。

1. 开挖公路穿越

采用大开挖施工方式前要征得当地政府部门的许可,划定施工区域,在施工区域边缘设置围挡,在作业点前后设置涂有荧光漆的公路警示牌,夜间施工应设置警示灯;施工现场需用警示彩带围护,禁止外人进入施工作业区,以免影响工作和安全。同时,根据公路和交通部门保证道路通行的要求,应采用分段施工的技术方案。穿越管段应在路外侧提前预制好,并且焊接、补口均合格。施工过程中要突击进行开挖路面、下沟、回填,最大限度地加快施工进度,减少道路阻断时间。

开挖公路穿越施工流程为:测量放线、管道预制、交通疏导、路面破除管沟开挖、管线下沟、管沟回填、公路恢复。开挖公路穿越的施工安全要求制定施工方案与安全措施,与公路交通管理部门取得联系,征得同意并办理相应手续后方可进行施工;在穿越公路时,在穿越两侧(公路 200 m)到穿越点间每隔 50 m 分设警示标志、减速标志、施工标志、安全通过标志、夜间照明装置;穿越施工时设专人指挥过往车辆通过,避免交通堵塞。

2. 开挖河流穿越

大开挖穿越河流是长距离输水管道中最为常见的穿越施工方式,大开挖穿越河流的重点在于管沟的成型,比较常用的开挖方式为围堰开挖。

1)围堰开挖

围堰开挖较普遍采用的是土石围堰。土石围堰一般适用于两岸取材条件较好、水流速度不大、河床质地较硬的河流,淤泥和流砂质的河床一般不采用土石围堰。

土质防渗体的土料按颗粒组成分为黏土、砂质黏土、粉质黏土、砂壤土、砾质土等;按土的成因分为坡积土、残积土、冰积土、沉积砂砾土及风化岩等。水中抛填土料抗渗靠土的团粒浸水崩解颗粒水膜变厚,内摩擦力和黏聚力减小,在本身自重及上层填土作用下,双向或单向排水而压实,渗透系数相应减小,因此选用土料应以结构疏松、抛入水中即能很快自行崩解者为宜,一般选用砂壤土、砾质土、冰积土等。砂壤土强度高,透水性大;砾质土颗粒粗及黏粒含量较大,呈团粒和块状结构,有利于堰体稳定,通常,水中抛填土料的黏粒含量为 $10\% \sim 35\%$,天然含水量不小于 6% ,亦不大于 1.2 倍塑限,塑性指数以 $9 \sim 22$ 为宜,渗透系数不大于 1×10^{-4} cm/s。土石围堰的土质防渗体施工时主要控制干容重、含水量、抗剪强度及渗透系数。

围堰堰体轴线轮廓满足水流平顺和防冲要求;尽量避免堰体进入主河槽深坑内,力争工程量较省;上、下游横向围堰轴线,尽可能通过导流明渠底高程较高部位,以减少围堰下压段水下开挖工程量。

堰顶高程的确定:

$$H = h + h_{\text{w}} + \delta$$

式中:H 为上游围堰或下游围堰的顶部高程;h 为围堰挡水的静水位;h_{w} 为波浪高度;δ 为围堰的安全超高。

围堰体为袋装砂砾堰,堰体防渗采用防渗膜防渗。围堰断面采用梯形断面,堰顶宽度取决于构造、交通和施工要求等,可为 $1 \sim 2$ m,采用机械挖掘时不宜小于 3 m,下横段根据堰堤高度和边坡比计算求得。边坡根据填土料确定,迎水面边坡比一般为 $1 : (2.5 \sim 3.0)$;背水面边坡比为 $1 : (1.75 \sim 2.5)$ 。土石围堰断面见图 5.3-4。

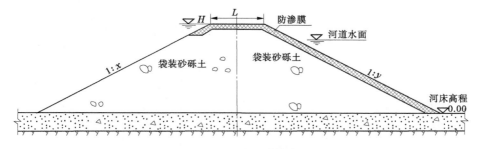

图 5.3-4　土石围堰断面

为保证围堰的质量和稳定性、有效抵抗河水的压力,堰堤应筑成向迎水面拱的弧形,拱起高度为河宽的 10% ,并不小于 2 m,在堰堤背水一侧边坡中打两排木桩加固。木桩的直径不小于 10 cm,长 $4 \sim 6$ m,排距 1.5 m,桩距 1.0 m 交错排列;在木桩的内侧用装满黏土的编织袋筑 2 m 宽的小堤,后填筑堰体。土石方工程至少 3.0 m 宽。在堰体迎水面满铺一层土工膜,并铺往河床一侧不少 2 m,上下层防渗膜搭接长度为 1 m,其余接头搭接为 0.5 m,最后在防渗膜上覆盖一层编织袋装土。

2) 开挖河流穿越的施工安全要求

水域穿越施工前,应制定详细的施工方案和安全防范措施,向运输管理部门和河道管理部门或该水域属主递交施工申请的报告,征得其同意后方可进行施工。施工应避开汛期和洪水期。应配备救生船,参与穿越施工的人员和船只要配备救生衣和救生圈。开挖管沟时,应在施工现场周围设置警戒标志,开挖时按设计要求放边起坡,最好采用梯形分层开挖,要有足够的排水设备,视土质情况采取防塌措施。

(二)非开挖穿越施工(顶管)

长距离输水管线中涉及的非开挖穿越施工主要有顶管、水平定向钻、导向钻、水平螺旋钻、水平顶推钻、夯管、冲击矛、浅孔锤、钻爆、盾构、TBM 等。在长距离输水管道施工中,最为常用的主要是顶管、钻爆、盾构、TBM 施工方法,以下介绍常见的顶管施工作业。

1. 顶管分类

顶管可按作业方式、口径、顶进轨迹、顶进距离分类。以顶进管前的工具管或顶管掘进机的作业方式可分为手掘式顶管、挤压式顶管、半机械式和机械式顶管,机械式顶管最为常用,其又可分成泥水式、泥浆式、土压式和岩石式顶管。按所顶进管道的口径大小可分为大口径、中口径、小口径顶管 3 种;按顶进管的管材可分为钢筋混凝土管顶管和钢管顶管及其他管材的顶管;按顶进轨迹的曲直可分为直线顶管和曲线顶管。按工作坑和接收坑之间顶进距离的长短可分为普通顶管和长距离顶管。

2. 顶管施工原理及系统组成

顶管施工是借助于主顶油缸及管道间中继站等的推力,把工具管或掘进机从工作坑内穿过土层一直推到接收坑内吊起,与此同时,紧随工具管或掘进机后的管道埋设在两坑之间,这是一种非开挖的敷设地下管道的施工方法。

系统主要由工作坑和接收坑、洞口止水圈、掘进机、主顶装置、顶铁、基坑导轨、后座墙、推进用管及接口、输土装置、地面起吊设备、测量装置、注浆系统、中继站等组成。

工作坑也称基坑,工作坑是安放所有顶进设备的场所,也是顶管掘进机的始发场所。工作坑还是承受主顶油缸推力的反作用力的构筑物。接收坑是接收掘进机的场所。通常管道从工作坑中一只只推进,到接收坑中把掘进机吊起以后,把第一节管道推出一定长度后,整个顶管工程才基本宣告结束。有时在多段连续顶管的情况下,工作坑也可当接收坑用,但反过来则不行,因为一般情况下接收坑比工作坑小许多,顶管设备是无法安放的。

洞口止水圈安装在工作坑的出洞洞口和接收坑的进洞洞口,具有制止地下水和混砂流到工作坑和接收坑的功能。

掘进机是顶管用的机器,安放在所顶管道的最前端,它有多种形式,是决定顶管成败的关键所在。在手掘式顶管施工中不用掘进机而只用一只工具管。不管哪种形式,掘进机的功能都是取土和确保管道顶进方向的正确。

主顶装置由主顶油缸、主顶油泵和操纵台及油管四部分构成。主顶油缸是管道推进的动力,它多呈对称状布置在管壁周边。在大多数情况下都成双数,且左右对称。主顶油缸的压力油由主顶油泵通过高压油管供给。主顶油缸的推进和回缩是通过操纵台控制的。操纵方式有电动和手动两种,前者使用电磁阀或电液阀,后者使用手动换向阀。

顶铁有环形顶铁和弧形或马蹄形顶铁之分。环形顶铁的主要作用是把主顶油缸的推力较均匀地分布在所顶管道的端面上。

基坑导轨是由两根平行的箱形钢结构焊接在轨枕上制成的。它的作用主要有两点:一是使推进管在工作坑中有一个稳定的导向,并使推进管沿该导向进入土中;二是让环形、弧形顶铁工作时能有一个可靠的托架。

后座墙是把主顶油缸推力的反力传递到工作坑后部土体中的墙体。它的构造会因工作坑的构筑方式不同而不同。

推进用管及接口分为多管节和单一管节两大类。管节的推进管大多为钢筋混凝土管,管节长度有 2~3 m。这种管接口有企口形、T 形和 F 形等多种形式。单一管节的是钢管,它的接口都是焊接成的,施工完毕以后变成一根刚性较大的管道。

推进方式不同,输土装置不同。在手掘式顶管中,大多采用人力劳动车出土;在土压平衡式顶管中,采用蓄电池拖车、土砂泵等方式出土;在泥水平衡式顶管中,采用泥浆泵和管道输送泥水。

地面起吊设备最常用的是门式行车,它操作简便、工作可靠,不同口径的管道应配不同吨位的行车。汽车式起重机和履带式起重机也是常用的地面起吊设备。

通常用最普遍的测量装置是置于基坑后部的经纬仪和水准仪。使用经纬仪来测量管道的左右偏差,使用水准仪来测量管道的高低偏差。

注浆系统由拌浆、注浆和管道三部分组成。拌浆是把注浆材料兑水以后再搅拌成所需的浆液。注浆是通过注浆泵来进行的,它可以控制注浆的压力和注浆量。管道分为总管和支管,总管安装在管道内的一侧。支管则把总管内压送过来的浆液输送到每个注浆孔去。

中继站亦称中继间,它是长距离顶管中不可缺少的设备。中继站内均匀地安装有许多台油缸,这些油缸把它们前面的一段管道推进一定长度(如 300 mm)以后,然后再让它后面的中继站或主顶油缸把该中继站油缸缩回。这样一只连一只,一次连一次就可以把很长的一段管道分几段顶。最终依次把由前到后的中继站油缸拆除,一个个中继站合拢即可。

3.泥水平衡顶管法

1)方法特点

本方法主要是用泥水压力来平衡地下水压力,同时它也平衡掘进机所处土层的土压力。主要特点:适用的土质范围比较广,如在地下水压力很高及变化范围较大的条件下,它也能适用;可有效地保持挖掘面的稳定,对所顶管道周围的土体扰动比较小;与其他类型顶管比较,泥水顶管施工时的总推力比较小,尤其是在黏土层显得更为突出,所以它适宜于长距离顶管;工作坑内的作业环境比较好,作业也比较安全。由于它采用泥水管道输送弃土,不存在吊土、搬运土方等容易发生危险的作业。它可以在大气常压下作业,也不存在采用气压顶管带来的各种问题及危及作业人员健康等问题;由于泥水输送弃土的作业是连续不断进行的,所以作业时的进度比较快;泥水平衡顶管施工噪声及震动都很小。

2)适用范围

适用的土质范围比较广,而且在许多条件下不需要采取辅助施工措施。不适于在岩土及有机土中施工;适用于小口径顶管施工。由于小口径顶管掘进机内部空间狭小,不允许操作人员进入机头内部工作,而且在机内工作安全性差,劳动强度高。采用地面遥控操作,不仅可克服上述弊端,而且可提高施工质量。泥水式顶管工艺流程见图 5.3-5。

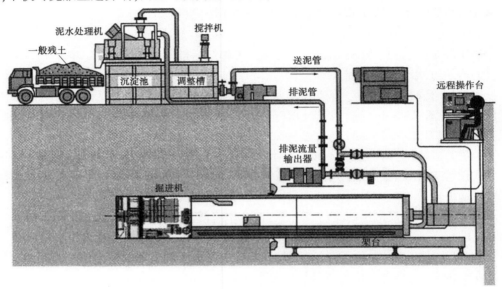

图 5.3-5　泥水式顶管工艺流程

4.顶管施工安全要求

用顶管进行穿越施工时,工作坑要足够宽敞,留有安全操作空间,工作坑要排水防灌、防止塌方;进行顶管作业前,要对机上消防器具及安全阀门等进行检查及试放;顶管作业时,非专职操作人员未经允许不得进入坑中或工作间;顶管机必须远离高压线 20 m 以外。

第六章 典型工程简介

第一节 环北部湾广东水资源配置工程

一、工程概况

环北部湾广东水资源配置工程位于广东省粤西地区,工程从云浮市西江干流取水,向粤西地区的湛江、茂名、阳江、云浮4市供水。工程开发任务以城乡生活和工业供水为主,兼顾农业灌溉,为改善水生态环境创造条件。工程设计引水流量110 m³/s,工程等别为I等,工程规模为大(1)型。工程供水范围包括湛江、茂名、阳江、云浮等4个市的10个县城(城区)、112个乡镇、9个重点工业园。工程设计灌溉面积为579万亩,其中新增灌溉面积185万亩,置换地下水灌溉面积7万亩。按2035水平年,多年平均从西江引水量为16.32亿 m³,当地水利设施增供水量(水源工程断面)为5.10亿 m³,计入输水损失后,受水区分水口门合计增供水量为20.79亿 m³;增供水量中,城乡生活和工业供水14.38亿 m³,农业灌溉供水6.41亿 m³。

工程由西江水源工程、输水干线工程和输水分干线工程等组成,包括取水泵站1座,加压泵站4座,输水线路总长度490.33 km。西江水源工程自广东省云浮市郁南县西江干流地心村河段右岸无坝引水,取水泵站设计引水流量110 m³/s,设计扬程168.0 m,共安装6台(5用1备)立式单吸单级离心泵,装机容量为276 MW。

输水干线总长201.68 km,包括西江取水口—高州水库段干线(简称西高干线,长127.33 km)、高州水库—鹤地水库段干线(简称高鹤干线,长74.35 km),通过高州水库、鹤地水库2座已建大型水库进行调蓄。西高干线设计流量110 m³/s,输水线路自北向南采用有压隧洞和压力钢管下穿起始段低矮山体、宝珠镇南广高铁等,再通过无压隧洞、倒虹吸等建筑物输水,穿越云开大山西部的剥蚀残丘-中低山和云开大山主脉直至高州水库。高鹤干线从高州水库北库(良德水库)主坝左岸取水,设计流量70 m³/s,采用隧洞、倒虹吸等建筑物,无压和有压结合自东北向西南输水至鹤地水库。输水干线工程平面布置示意见图6.1-1。

输水分干线长288.65 km,包括云浮分干线(长25.24 km)、茂名阳江分干线(长94.56 km)、湛分干线(长168.85 km)。云浮分干线从西高干线桩号XG45+120取水10 m³/s,由西往东采用重力流有压管道和隧洞输水至云浮市金银河水库,沿线给七和水厂和金银河水厂分水。茂名阳江分干线从高州水库的南库(石骨水库)电站东侧取水26 m³/s,由北向南采用重力流有压隧洞和管道输水至龙眼坪分水口,在分水口由龙名段向名

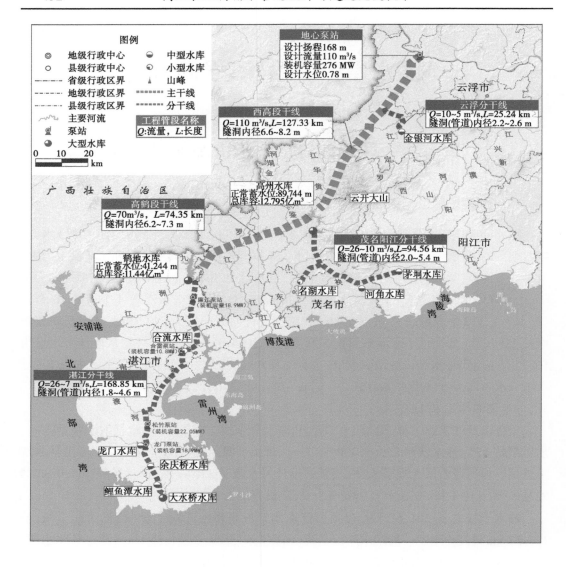

图 6.1-1　输水干线工程平面布置示意

湖水库分水,规模 10 m³/s;自龙眼坪分水口继续向东南输水(规模 18 m³/s)至河角交水口分水河角水库,规模 10 m³/s;自河角交水口继续向东北通过有压隧洞、埋管输水至茅垌水库,规模 10 m³/s。湛江分干线从鹤地水库取水,自北向南布线直至大水桥水库,由三段组成。鹤合段(鹤地水库至合流水库段)设计流量 27 m³/s,合雷段(合流水库至雷州南渡河段)设计流量 20 m³/s,雷徐段(雷州南渡河至徐闻段)设计流量 13 m³/s。湛江分干线沿线设置 4 座加压泵站,分别为廉江泵站、合雷泵站、松竹泵站、龙门泵站,装机容量为 70.65 MW。

　　工程等别为 Ⅰ 等,工程规模为大(1)型,工程合理使用年限为 100 年。工程施工总工期 96 个月,总投资 6 145 612 万元。输水线路上共有 48 座(段)输水建筑物,其中:泵站 5

座;有压隧洞 16 座,长 90.60 km,占比 18.5%;无压隧洞 6 座,长 116.18 km,占比 23.7%;倒虹吸 5 座,长 72.69 km,占比 14.8%;有压管道 16 段,长 210.86 km,占比 43.0%。

二、干线输水线路布置

(一)西江至高州水库段

西高干线自西江地心泵站出口由北向南偏西布线,经长 9.1 km 的地心有压隧洞、宝珠埋管段及宝珠有压隧洞至宝珠出水池穿越起点附近低矮山体、宝珠镇南广高铁等,再接大方无压隧洞、簪滨倒虹吸、簪滨无压隧洞、泗纶倒虹吸等建筑物穿过云开大山西部的剥蚀残丘–中低山,然后通过长 63.33 km 的云开山无压隧洞下穿云开大山主脉直至高州水库的北库——良德水库库岸。在簪滨倒虹吸洞身(桩号 XG45+120)布置竖井设分水口引水 10 m³/s 通过云浮分干线至云浮市交水点金银河水库。该段线路全长 127.33 km,设计引水流量 110 m³/s,无压隧洞纵坡 $i=1/2\,000$,地心隧洞进口设计水位 164.777 m,末端设计水位 89.744 m(高州水库正常蓄水位),总水头 75.033 m,平均水面坡降 5.89‰。西高干线平面、纵剖面布置见图 6.1-2。

西高干线在桩号 XG5+400～XG6+435 穿越郁南县宝珠镇的宝珠管段,经输水方案论证采用埋管方式,长度 1.035 km。宝珠埋管段自东北向西南布线,位于云浮市郁南县宝珠镇北郊,上接地心隧洞(有压),下接宝珠隧洞(有压),工程区地形开阔平坦,多为农田及房屋,先后跨越 S279 省道、南广高铁桥梁、宝珠河和 022 乡道,桩号 XG5+400～XG6+435,全长 1.035 km,设计流量 110 m³/s,分配水头 1.405 m,进、出口分别接地心隧洞(有压)、宝珠隧洞(有压)的内径 6.6 m 钢内衬隧洞段,相应的底板高程分别为 28 m、36.05 m,对应设计水位分别为 159.222 m、157.817 m。考虑本段高内水压,钢内衬隧洞施工难度大,采用明挖回填有压钢管方式。管身段上部和两侧回填开挖料和管基区回填材料的最小压实度为 95%,上部回填区和管顶回填区填材料的最小压实度为 90%,管顶覆土不小于 2 m,并在回填地面高程以下 80 cm 范围内回填原表层土不夯填,但留有高度不小于 30 cm 的余土,使之高于原地面,以作为自然沉实补偿之用。

(二)高州水库至鹤地水库段

高鹤干线总体自东北向西南布置。取水口布置在良德主坝左岸,线路从取水口沿东岸河左岸山体布置 3.7 km 隧洞,在 X615 县道附近进行洞外消能。消能后通过 4.8 km 隧洞式倒虹吸沿着东岸河左岸山体布置,从包茂高速下部穿过,在郑村附近接 1.1 km 无压隧洞,于塘头村附近接隧洞式倒虹吸,从东岸河和鉴江汇合口下游 600 m 附近穿过大井镇和鉴江。通过大井镇后沿直线布置,线路在桩号 GH22+500 处穿南塘镇和南塘河,从南塘镇古郡水城和北侧密集村镇之间穿过。线路在南塘镇右转约 19°后沿直线布置,在桩号 GH31+000 处左转约 10°后沿直线布置,从荷塘镇及大岭坡金矿区北侧绕过。绕过荷塘镇后,在桩号 GH38+500 附近转为无压隧洞。无压隧洞线路在桩号 GH40+000 附近从四方田水库和流坑水库中间穿过,避开流坑水库北侧地表密集水坑段之后线路沿直线布置,在桩号 GH45+000 附近转为有压隧洞。有压隧洞式倒虹吸在罗江和凌江汇合口上游 3 km

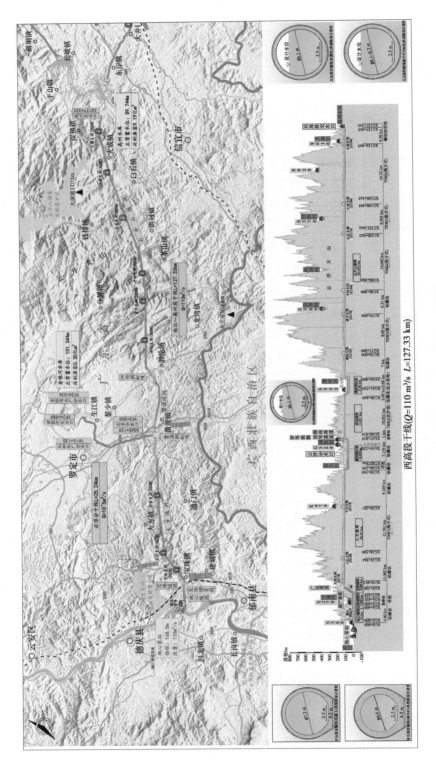

图 6.1-2　西高干线平面、纵剖面布置图

附近穿江而过,避开合江镇南侧的岩溶槽谷及避免小角度沿信宜—廉江断裂带布置,在桩号 GH48+100 从江边村附近穿凌江,在桩号 GH52+200 从鲤鱼湾附近穿罗江。过罗江后沿直线布置,在桩号 GH66+100 附近绕过长湾河水库,在那梨村左转约 32° 后沿直线布置,在中垌镇栋背村附近出洞,接入鹤地水库。线路经过高州市东岸镇、大井镇、南塘镇和荷塘镇,化州市合江镇和中垌镇至鹤地水库,线路全长 74.35 km。干线输水建筑物依次为:东岸取水隧洞→郑村倒虹吸→塘头隧洞→大井倒虹吸→高田隧洞→合江倒虹吸→那梨隧洞。

高鹤干线全长 74.35 km,设计输水流量 70 m³/s,采用重力自流输水,沿程共有 7 座输水建筑物,其中:首端有压取水隧洞 1 座,长 3.715 km;无压隧洞 3 座,长 11.575 km;隧洞式倒虹吸 3 座,长 59.06 km。沿线在大仁(3#)支洞、荷塘(4#)支洞、合江(5#)支洞、塘口(6#)支洞和中垌(8#)支洞预留 5 座分水口。沿线布置 8 座施工兼检修支洞,1 座退水渠,4 座排水泵站。高鹤干线平面布置示意见图 6.1-3、纵剖面布置示意见图 6.1-4。

图 6.1-3　高鹤干线平面布置示意

三、干线钢衬和钢管设计

(一)西江至高州水库段

1.基本断面

西江至高州水库段输水干线钢衬及压力钢管主要布置在宝珠隧洞、宝珠倒虹吸、替滨倒虹吸和泗纶倒虹吸,输水干管内径为 6.6 m,总长度 9.19 km,包括隧洞钢衬和外包钢筋混凝土回填钢管 2 种形式,以隧洞钢衬为主,钢衬段隧洞大多采用钻爆法施工,设计内径均为 6.6 m。内压设计值 0.56~1.68 MPa,外压设计值 0.5~1.5 MPa。由于钢衬管径较大,钢衬外壁至衬砌后隧洞内壁之间预留 700 mm 安装空间,以满足钢衬现场安装环缝外壁施工空间要求,一衬后设计内径为 8.0 m,根据围岩情况隧洞设计开挖洞径 8.2~8.4 m,

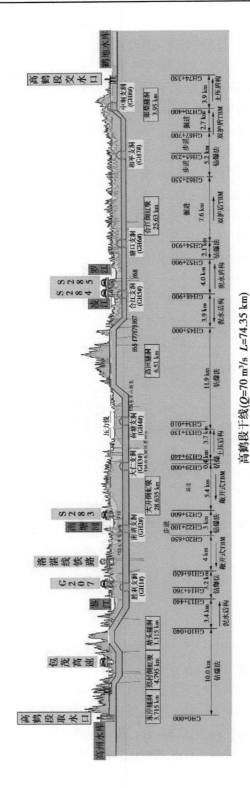

图 6.1-4　高鹤干线纵剖面布置示意

钢衬安装完成后填筑自密实混凝土。钻爆隧洞钢衬段典型断面见图6.1-5,盾构隧洞钢衬段典型断面见图6.1-6,外包钢筋混凝土回填钢管典型断面见图6.1-7。

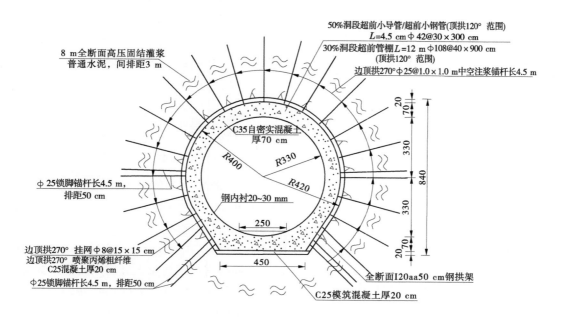

图 6.1-5　钻爆隧洞钢衬段典型断面　（单位:cm）

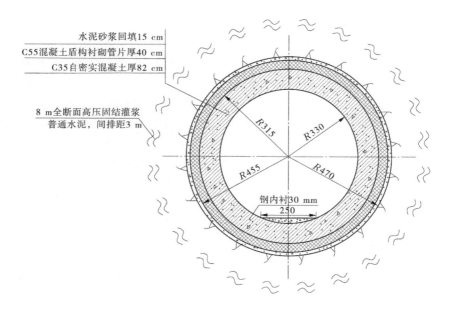

图 6.1-6　盾构隧洞钢衬段典型断面　（单位:cm）

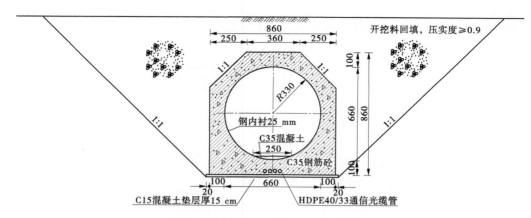

图 6.1-7　外包钢筋混凝土回填钢管典型断面　（单位:cm）

宝珠隧洞采用隧洞钢衬,宝珠倒虹吸采用外包钢筋混凝土回填钢管,这两段钢衬和钢管内水压力高达 1.26~1.68 MPa,材质选用 07MnMoVR 高强钢,其余段材质选用 Q345R。替滨倒虹吸和泗纶倒虹吸钢衬承受内外水压较小,材质选用 Q345R,长度约 4.5 km。西高线钢衬设计壁厚为 20~32 mm,已含锈蚀裕量 2 mm,钢衬环缝及纵缝均采用双面焊接。防腐措施为内壁熔结环氧粉末 600 μm,外壁聚合物改性水泥砂浆 800 μm。以下重点介绍压力较高的宝珠隧洞钢衬和宝珠倒虹吸外包钢筋混凝土回填钢管。

2. 宝珠隧洞钢衬

根据计算结果,宝珠段有压输水线路钢管最大设计内水水头为 167.83 m,根据地勘资料,设计外水水头由所测外水压力线计算确定,隧洞钢衬上的岩层覆盖厚度由地质资料的强风化底板线为上限值计算确定。

输水线路钢衬、钢管根据设计条件不同分段进行设计计算,钢衬钢管均采用双边剖口焊接,焊缝系数取 0.95,同时综合考虑规范要求的钢管腐蚀厚度要求、结构板材负偏差、腐蚀耐久性影响,钢管及加劲环锈蚀厚度取 2 mm。钢管首先按内水压确定管壁壁厚,再按外压复核钢管稳定性,对于外压控制的管段采用加加劲环和增加管壁壁厚等方法提高钢管抗外压能力。考虑洞径、制造安装和运输因素,加劲环间距不小于 1.0 m,环高不大于 250 mm,环厚不大于 28 mm,加劲环材料与该段管壁材料相同。钢衬计算参数见表 6.1-1。

表 6.1-1　钢衬计算参数

起点桩号	终点桩号	直径/m	长度/m	内水压力/m	外水压力/m	岩石最小覆盖厚度/m
XG0+000	XG0+435	6.6	435	167.83	62.14	0
XG0+435	XG0+970	6.6	535	167.83	62.14	30
XG0+970	XG1+342	6.6	372	166.3	62	0
XG1+342	XG1+450	6.6	108	162.8	96.62	30
XG1+680	XG1+900	6.6	220	161	120.84	64
XG2+650	XG3+010	6.6	360	156.5	138.13	65.5

续表 6.1-1

起点桩号	终点桩号	直径/m	长度/m	内水压力/m	外水压力/m	岩石最小覆盖厚度/m
XG4+050	XG4+380	6.6	330	149.3	100	37
XG4+700	XG5+015	6.6	315	146	68	30
XG5+015	XG5+400	6.6	385	144.4	42	0
XG6+435	XG6+590	6.6	155	131.6	45	0
XG6+590	XG6+895	6.6	305	131.6	82	30
XG7+155	XG7+315	6.6	160	126	72.88	40.4

　　由于宝珠隧洞钢衬绝大部分布置在围岩覆盖层厚度小于 3 倍洞径部位,仅少量钢衬分散在围岩覆盖层厚度大于 3 倍洞径部位,因此隧洞钢衬按单独承受内水压力设计,不考虑围岩的联合承载。钢衬壁厚计算按地下埋管依据最小围岩覆盖厚度进行条件判别分段计算,当钢管上覆盖的最小岩层厚度小于 3 倍洞径时,采用明管的允许应力计算壁厚,许用应力系数 0.55;当钢管上覆盖的岩层厚度大于 3 倍洞径,采用地下埋管的允许应力计算壁厚,许用应力系数 0.67。

　　隧洞钢衬抵抗外水压力按地下埋管进行稳定性分析,根据《水利水电工程压力钢管设计规范》(SL/T 281—2020),地下埋管光面管的钢管管壁稳定性最小安全系数为 2.0,带加劲环的钢管管壁和加劲环自身稳定性最小安全系数为 1.8。本段钢管由于设计内水压、外压均较大,因此对该段钢衬采用 Q345R 和 07MnMoVR 两种材质进行计算比选。

　　经计算,宝珠隧洞钢衬材质采用 Q345R 时,其壁厚为 25~40 mm,总重 24 487 t,采用 07MnMoVR 材质时,其壁厚为 22~28 mm,总重 20 324 t。从制造安装方面分析,若采用 Q345R 材质,其最大壁厚达 40 mm,而采用 07MnMoVR 材质的最大壁厚 32 mm,虽焊接工艺要求较 Q345R 高,但由于壁厚小,焊接工作量相对低一些,且单节重量较轻,便于运输和安装;从投资方面分析,Q345R 材料价约 5 100 元/t,综合单价约 1.55 万元/t,07MnMoVR 材料价约 7 400 元/t,综合单价约 1.8 万元/t,采用 07MnMoVR 材质的钢衬总投资也略有减少。经综合经济技术比选,宝珠段钢衬材质选用 07MnMoVR,钢衬计算成果见表 6.1-2。

表 6.1-2　钢衬计算成果

管段桩号	长度/m	钢管材质	设计内水压力/MPa	设计外压力/MPa	内压控制计算壁厚/mm	外压控制计算壁厚/mm	设计壁厚/mm	(加劲环高/厚)/mm	环间距/m
XG0+000~XG0+435	435	07MnMoVR	1.678	0.721	24.8	17.9	28	200/22	1.5
XG0+435~XG0+970	535	07MnMoVR	1.678	0.721	20.4	17.9	25	200/22	1.0
XG0+970~XG1+342	372	07MnMoVR	1.663	0.72	24.6	17.8	28	200/22	1.5

续表 6.1-2

管段桩号	长度/m	钢管材质	设计内水压力/MPa	设计外压力/MPa	内压控制计算壁厚/mm	外压控制计算壁厚/mm	设计壁厚/mm	(加劲环高/厚)/mm	环间距/m
XG1+342~XG1+450	108	07MnMoVR	1.628	1.066	19.8	22.8	25	200/25	1.0
XG1+680~XG1+900	220	07MnMoVR	1.61	1.308	19.5	25.1	28	250/28	1.0
XG2+650~XG3+010	360	07MnMoVR	1.565	1.481	19.0	28.2	32	250/28	1.0
XG4+050~XG4+380	330	07MnMoVR	1.493	1.1	18.1	23.2	28	200/22	1.0
XG4+700~XG5+015	315	07MnMoVR	1.46	0.78	17.7	18.6	22	200/22	1.0
XG5+015~XG5+400	385	07MnMoVR	1.444	0.52	21.4	16.8	25	200/22	1.5
XG6+435~XG6+590	155	07MnMoVR	1.316	0.55	19.5	17.2	22	200/22	1.5
XG6+590~XG6+895	305	07MnMoVR	1.316	0.92	16	20.8	22	200/22	1.0
XG7+155~XG7+315	160	07MnMoVR	1.26	0.829	15.3	19.3	22	200/22	1.0

3. 宝珠倒虹吸外包钢筋混凝土回填钢管

宝珠倒虹吸外包钢筋混凝土回填钢管按照《水利水电工程压力钢管设计规范》(SL/T 281—2020),本段压力钢管采用回填管的许用应力计算壁厚,钢管均采用双边剖口焊接,焊缝系数取 0.95,同时综合考虑规范要求的钢管腐蚀厚度要求、结构板材负偏差和腐蚀耐久性影响,钢管及加劲环锈蚀厚度取 2 mm。明挖段压力钢管外包钢筋混凝土后回填土,外包钢筋混凝土承担土压、外水压及车辆载荷等外部载荷,压力钢管单独承受内、外水压力,采用回填管的许用应力计算壁厚,许用应力系数 0.55。外包钢筋混凝土段压力钢管抵抗外水压力按地下埋管分析方法进行抗外压稳定性计算,其光面管的钢管管壁稳定性最小安全系数为 2.0,用加劲环加劲的钢管管壁和加劲环自身稳定性最小安全系数为 1.8。外包钢筋混凝土段压力钢管抵抗外压按地下埋管进行抗外压稳定性计算。钢管计算成果见表 6.1-3。

表 6.1-3 钢管计算成果

管段参数	管段名称	宝珠明挖段压力钢管	
	桩号	XG5+400~XG5+925 XG6+025~XG6+435	XG5+925~XG6+025 (穿南广高铁段局部壁厚加厚)
	钢管长度/m	935	100
水压力参数	设计内水压力/MPa	1.426	1.426
	设计外水压力/MPa	0.2	0.2

续表 6.1-3

管段参数	管段名称	宝珠明挖段压力钢管	
	桩号	XG5+400~XG5+925 XG6+025~XG6+435	XG5+925~XG6+025 (穿南广高铁段局部壁厚加厚)
	钢管长度/m	935	100
钢管材料性能参数	钢材材质	07MnMoVR	07MnMoVR
	钢管许用应力系数	0.55	0.55
	焊缝系数	0.95	0.95
	钢管结构许用应力值/MPa	223.1	223.1
钢管参数	钢管直径/m	6.6	6.6
	承受内水压力计算壁厚/mm	21.1	21.1
	管壁腐蚀厚度/mm	2	2
	管壁设计壁厚/mm	25	32
加劲环参数	加劲环环高/mm	200	200
	加劲环环厚/mm	22	22
	加劲环间距/m	3.0	3.0
按地下埋管光面管抗外压稳定性验算	临界外压值/MPa	0.61	0.95
	安全系数最小值	2.0	2.0
	安全系数计算值	3.04	4.77

计算结果表明,宝珠埋管段钢管壁厚设计由内水压控制,设计外压较小,按不设加劲环的埋管光面管抗外压稳定性满足规范要求,由于钢管管径较大,设加劲环可增加运输和安装时管壁的稳定,加劲环间距可按构造设置。

(二)高州水库至鹤地水库段

1. 基本断面

高州水库至鹤地水库段输水干线钢衬及压力钢管主要布置在东岸隧洞出口、大井倒虹吸和合江倒虹吸,长度 7.63 km,内径 6.2 m,包括隧洞钢衬和外包钢筋混凝土回填钢管 2 种形式。对于Ⅲ、Ⅳ、Ⅴ类围岩地质条件比较差洞段,钢衬段隧洞基本全采用盾构法施工(占比约90%),钢衬和钢管设计内压 0.25~0.8 MPa,设计外压 0.3~0.65 MPa。由于钢衬管径较大,钢衬外壁至衬砌后隧洞内壁之间预留 700 mm 安装空间。钢衬段隧洞主要采用盾构施工,根据刀盘尺寸选择,隧洞设计开挖洞径 8.5 m,盾构管片衬后内径为 7.7 m,安装空间达到 750 mm,钢衬安装完成后填筑自密实混凝土。钻爆隧洞钢衬段典型断面见图 6.1-8,盾构隧洞钢衬段典型断面见图 6.1-9,外包钢筋混凝土回填钢管典型断面见

图 6.1-10。

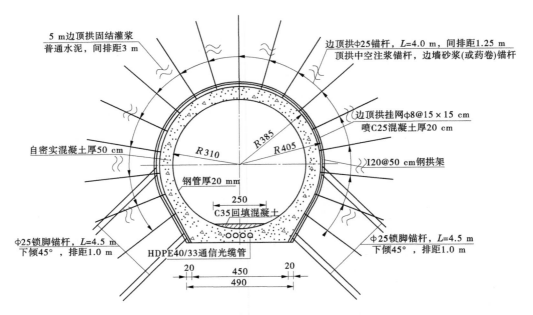

图 6.1-8　钻爆隧洞钢衬段典型断面 （单位：cm）

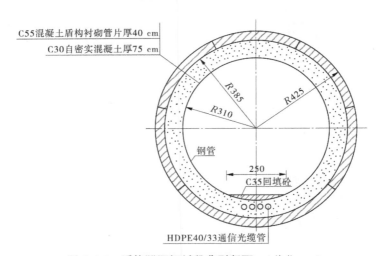

图 6.1-9　盾构隧洞钢衬段典型断面 （单位：cm）

高鹤线钢衬和钢管材质均选用 Q345R，设计壁厚为 16～25 mm，已含锈蚀裕量 2 mm，钢衬环缝及纵缝均采用双面焊接。防腐措施为内壁熔结环氧粉末 600 μm，外壁聚合物改性水泥砂浆 800 μm。这三段隧洞钢衬和外包钢筋混凝土回填钢管的内水压力均不大于 0.8 MPa，以下重点介绍合江倒虹吸隧洞钢衬和外包钢筋混凝土回填钢管。

2. 合江倒虹吸隧洞钢衬和外包钢筋混凝土回填钢管

合江倒虹吸钢管段主要包括倒虹吸进口压力钢管段（桩号 GH44+910～GH45+005）、合江倒虹吸洞身段钢衬以及合江、长湾河两个预留分水口钢管，其中倒虹吸进口压力钢管

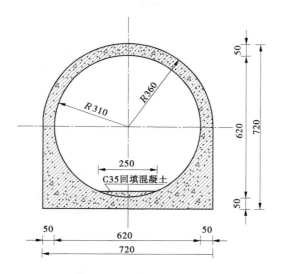

图 6.1-10　外包钢筋混凝土回填钢管典型断面 （单位:cm）

采用明挖后外包钢筋混凝土回填方式敷设,其余均为隧洞钢衬。合江倒虹吸进出口均为无压段,其钢管、钢衬按无压段最高运行水位计算最大设计内水水头,根据地勘资料,设计外水水头由所测外水压力线计算确定,隧洞钢衬上的岩层覆盖厚度由地质资料的强风化底板线为上限值计算确定。钢衬计算参数见表 6.1-4。

表 6.1-4　钢衬计算参数

起点桩号	终点桩号	直径/m	长度/m	内水压力/m	外水压力/m	岩石最小覆盖厚度/m
GH44+910	GH45+005	6.2	95	25	10	0
GH45+005	GH45+355	6.2	350	35	30	0
GH45+600	GH46+000	6.2	400	55	40	0
GH46+600	GH47+150	6.2	550	55	60	1.3
GH47+150	GH48+400	6.2	1 250	55	40	0
GH48+400	GH49+200	6.2	800	55	60	0
GH50+400	GH51+000	6.2	600	50	40	0
GH51+000	GH52+500	6.2	1 500	50	30	0
GH52+500	GH52+900	6.2	400	50	50	0
GH52+900	GH52+950	6.2	50	50	50	16.9
GH48+900		1.0	50	60	60	25.3
GH54+820		1.6	50	60	60	44.9

钢衬和钢管首先按内压确定管壁壁厚,再按外水压力复核外压稳定性,对于外压控制的管段,采用加劲环和增加管壁壁厚等方法提高钢管抗外压能力,考虑制造条件,取加劲环间距不小于 1.0 m,环高不大于 250 mm,环厚不大于 25 mm,加劲环材料与该段管壁材料相同。合江倒虹吸段隧洞钢衬和外包钢筋混凝土回填钢管的设计计算思路、方法、材料参数与宝珠隧洞钢衬和宝珠倒虹吸回填钢管一致。

倒虹吸隧洞钢衬壁厚计算按地下埋管依据最小围岩覆盖厚度进行条件判别分段计算,当钢管上覆盖的最小岩层厚度小于 3 倍洞径时,采用明管的允许应力计算壁厚,许用应力系数 0.55;当钢管上覆盖的岩层厚度大于 3 倍洞径,采用地下埋管的允许应力计算壁厚,许用应力系数 0.67;钢衬抵抗外水压力按地下埋管进行抗外压稳定性计算。明挖段压力钢管外包钢筋混凝土后回填土,外包钢筋混凝土承担土压及车辆载荷等外部载荷,压力钢管单独承受内、外水压力,采用回填管的许用应力计算壁厚,许用应力系数 0.55;外包钢筋混凝土段压力钢管抵抗外压按地下埋管进行抗外压稳定性计算。桩号 GH44+910~GH45+005 钢衬、钢管计算成果见表 6.1-5。

表 6.1-5　桩号 GH44+910~GH45+005 钢衬、钢管计算成果

管段桩号	长度/m	钢管材质	设计内水压力/MPa	设计外水压力/MPa	内压控制计算壁(厚)/mm	外压控制计算壁厚/mm	设计壁厚/mm	(加劲环高/厚)/mm	环间距/m
GH44+910~GH45+005	95	Q345R	0.25	0.2	4.3	9.5	18	150/18	1.5
GH45+005~GH45+355	350	Q345R	0.35	0.4	6.0	13.5	18	150/18	1.0
GH45+600~GH46+000	400	Q345R	0.55	0.5	10.0	16.3	20	200/20	1.0
GH46+600~GH47+150	550	Q345R	0.55	0.5	10.0	19.8	22	200/22	1.0
GH47+150~GH48+400	1 250	Q345R	0.55	0.5	10.0	16.3	20	200/20	1.0
GH48+400~GH49+200	800	Q345R	0.55	0.7	10.0	19.8	22	200/22	1.0
GH50+400~GH51+000	600	Q345R	0.5	0.5	9.1	16.3	20	200/20	1.0
GH51+000~GH52+500	1 500	Q345R	0.5	0.4	8.6	13.5	18	150/18	1.0
GH52+500~GH52+900	400	Q345R	0.5	0.6	9.1	17.7	20	200/20	1.0
GH52+900~GH52+950	50	Q345R	0.5	0.6	9.1	17.7	20	200/20	1.0
GH48+900	50	Q345R	0.6	0.7	1.4	12.8	16	150/16	2.0
GH54+820	50	Q345R	0.6	0.7	1.1	13.5	16	150/16	1.0

四、干线钢衬设计优化

在输水钢衬内径一定的情况下,设计的隧洞洞径尺寸主要由钢衬结构、现场环缝焊接工艺、外防腐处理方案和隧洞施工控制。钢衬现场环缝多,现场施工环境条件较差,洞径尺寸不统一,钢衬优化应综合分析和设计优化。

西高线宝珠高压段钢衬材料采用 07MnMoVR 高强钢,壁厚相对较厚,环缝单面焊、双面成型工艺的焊接质量难以保证,因此不做设计优化,仍维持双面焊接设计,钢衬外壁进行除锈及防腐处理。

西高线低压段和高鹤线钢衬材料采用 Q345R,由于 Q345R 采用单面焊、双面成型工艺已有成熟经验和工程实践。西高线低压段和高鹤线洞径减小后,虽然地下水腐蚀性小,电阻率大,钢衬被混凝土包封,但钢衬仍存在腐蚀风险。钻爆段洞身不规则,缩小洞径对钢衬洞内运输会有一定影响;盾构段管片衬砌后洞内钢管安装施工条件相对较好,有利于施工。进行设计优化减小、统一开挖洞径,以减少土建和施工设备投资。隧洞一衬后的开挖洞径由 8.0 m 缩小为 7.6 m;为统一盾构机规格,西高线泗纶倒虹吸盾构段钢衬内径须

由 6.6 m 调整为 6.8 m,高鹤线大井倒虹吸和合江倒虹吸钢衬内径须由 6.2 m 调整为 6.6 m,其余钢衬内径不变。由于钢衬加劲环高度 150~250 mm,钢衬外最小安装空间平均不应小于 0.5 m。取消钢衬外作业,焊缝影响系数由 0.95 调整为 0.9,钢衬壁厚在原方案考虑锈蚀 2 mm 的基础上须平均增加 1 mm,达到 3 mm。取消管外壁作业投资变化对比见表 6.1-6。计算采用的制造安装综合单价为 07MnMoVR:1.4 万/t,Q345R:1.3 万/t,干线钢衬设计优化合计 3 936 万元。

表 6.1-6　取消管外壁作业投资变化对比

序号	项目	原设计方案	设计优化方案	投资优化
一	西高线低压钻爆段			
1	(管径/洞径)/m	6.6/8.0	6.6/7.6	
2	(管长/洞长)/m	2 581	2 581	
3	钢衬投资/万元	18 396	20 175	+1 779
4	土建投资/万元	15 393	13 830	−1 563
5	合计/万元	33 789	34 005	+216
二	西高线泗纶盾构段			
1	(管径/洞径)/m	6.6/8.3	6.8/7.9	
2	(管长/洞长)/m	1 590/2 700	1 590/2 700	
3	钢衬投资/万元	13 269	15 142	+1 873
4	土建投资/万元	32 646	30 104	−2 542
5	合计/万元	45 915	45 246	−669
三	高鹤线大井盾构段			
1	(管径/洞径)/m	6.2/7.7	6.6/7.6	
2	(管长/洞长)/m	1 000/7 110	1 000/7 110	
3	钢衬投资/万元	6 026	7 385	+1 359
4	土建投资/万元	62 286	60 532	−1 754
5	合计/万元	68 312	67 917	−395
四	高鹤线合江盾构段			
1	(管径/洞径)/m	6.2/7.7	6.2/7.2	
2	(管长/洞长)/m	5 850/7 830	5 850/7 830	
3	钢衬投资/万元	32 356	36 929	+4 573
4	土建投资/万元	74 629	66 120	−8 509
5	合计/万元	106 985	103 048	−3 936

第二节　云南省新平县十里河水库

一、工程概况

新平县十里河水库工程主要承担新平县城及新化乡的人畜供水,以及坝址下游戛洒镇的农业灌溉任务。工程由枢纽工程和输水工程组成。输水工程由供水工程和灌溉工程组成。供水工程从十里河水库取水,建筑物主要由 1 根供水干管、1 根右支管、1 根左支管、1 个减压池、1 个分水池、2 个末端水池、1 个加压泵站组成,除左干管采用有压管道泵站提水输水方式外,其他均采用有压重力流管道输水方式。管道敷设方式主要采用埋地钢管单管敷设,局部采用明管架设。供水管线平面长度 66 km,管径 600~200 mm,取水总流量为 0.308 m³/s,管线为树状布置:十里河水库取水经 1 根管径 400 mm 的供水干管引至减压池,流量为 0.308 m³/s,减压池水位为 1 775 m;减压池减压后,经 1 根管径 600 mm 的供水干管跨元江重力流输水至分水池,流量为 0.308 m³/s,分水池水位 1 667.35 m,在分水池处分出左支管和右支管分别向新化乡和新平县城供水;左支管在分水池后经加压泵站加压供水至瓦白果水库附近的水厂,瓦白果水库水位 2 019 m,左支管管径 300~200 mm,流量为 0.045 m³/s;右支管在分水池后重力流输水至团结水库附近,团结水库水位 1 552 m,右支管管径 500~600 mm,流量为 0.263 m³/s。供水工程输水线路布置沿途地形地貌变化大,高低起伏变化且落差大,其中跨元江倒虹吸位置为最低点,高程为 475 m,重力流输水最大静水压力为 1 300 m。考虑关阀水锤后的设计内水压力值按 13.5 MPa 计算,阀最大公称压力按 16 MPa 选取,供水管线布置示意见图 6.2-1,供水管线示意见图 6.2-2,供水干管 59 km+右干管 5 km 剖面图见图 6.2-3。

图 6.2-1　供水管线布置示意

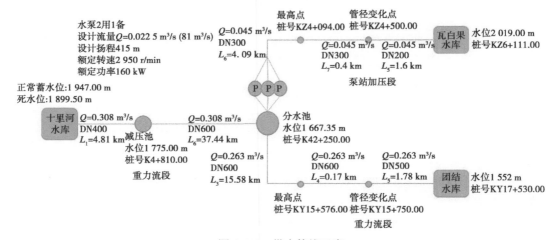

图 6.2-2　供水管线示意

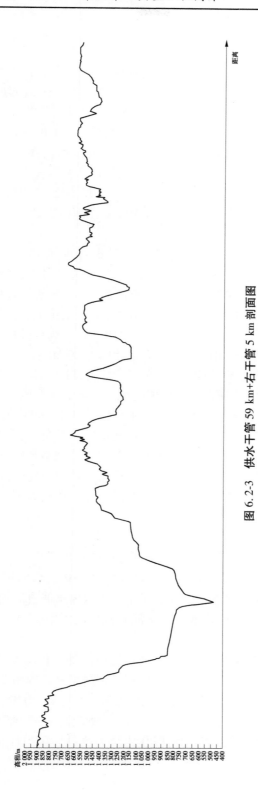

图 6.2-3 供水干管 59 km+右干管 5 km 剖面图

二、设计要点分析

供水线路大部分为高压管道,经调研,国内单级静水头较大的水电站工程有:云南滇中供水工程双管倒虹吸管钢管管径 4 170 mm,最大静水头 209 m;四川苏八姑水电站钢管管径 1 000 mm,最大静水头 1 175 m;云南南极洛河水电站钢管管径 1 200 mm,最大静水头 1 092 m;桂林天湖电站钢管管径 1 400 mm,最大静水头 1 072 m。国内单级设计压力最大的输水工程有:云南元阳县南沙河灌溉管道工程灌溉钢管管径 1.4 m,最大设计压力 4.7 MPa,云南玉溪三湖补水应急工程加压泵站钢管管径 1.2 m,最大设计压力 4.2 MPa;云南滇中供水工程倒虹吸钢管管径 4.17 m,最大设计压力 2.09 MPa;贵州盘县朱昌河水库工程供水钢管管径 1.2 m,最大设计压力 4 MPa。在国内已建的引调水工程中,单级输水设计压力均未超过 6 MPa。

石油天然气行业的压力管道主要用于长距离输送石油、天然气,通常采用浅埋柔性敷设方式。与输水管道相比,油气管道具有管径小、压力高、运量大、密闭性好等特点。例如:中俄原油管道二线工程管道全长 942 km,管径 813 mm,最大设计压力 11.5 MPa;西气东输一线工程主干线管道全长约 4 000 km,管径 1 016 mm,最大设计压力 11.5 MPa;西气东输二线工程主干线管道全长 4 895 km,管径 1 219 mm,最大设计压力 12 MPa;川气东送工程管道全长 2 206 km,管径 1 016 mm,最大设计压力 10 MPa。

管道设计首先是先确定好管道所要承受的最大压力,对于长距离输水管道,常规设计是采用先减压再加压提水方案,以降低高压管段的施工难度和运行风险。管线具备全重力流条件,若采用全重力流输水方案,最大静水头达 1 472 m,HD 值达 883.2 m²,输水压力为国内外最高。全重力流方案主要存在以下几个技术难题:①供水方式选择和管线布置问题;②高压钢管材质和制作成型工艺选择问题;③管道阀门选型,特别是高压进气排气阀、爆管关断阀的选择问题;④高压钢管在线监测问题。因此,在安全可靠、经济合理的前提下对供水方式和管线布置进行全重力流方案和常规减压方案比选是首要解决的技术难题。

三、供水方式比选

从充分利用天然地形高差及后期运行管理方便的角度出发,供水方式宜首选全重力流供水方式,考虑水锤后的管道最大设计压力为 15.5 MPa,高压钢管设计、制造、安装难度大,运行风险高。全重力流供水方式在满足十里河水库水能自流到团结水库的前提下,进一步比选在首部 1 775 m 高程处增设减压池和减压阀方案,可将管道最大设计压力有效减小 2 MPa。

十里河水库到团结水库采用分级减压方案时,应以最大化利用地形高差进行分段分级,合理控制重力流最大设计压力。参考国内外长距离供水工程的设计压力,分别按单级最大设计压力 8 MPa、6 MPa 比选两个分级减压方案,每个减压方案在沿途设多个减压池和减压阀减压,穿越元江后在合适位置设一级或多级加压泵站提水到受水点,将最后一级减压池、元江及元江一级加压泵站间的管段作为重力流最大压力控制段。上述各供水方式分述如下。

（一）全重力流方案一（无减压池）

从十里河水库至团结水库采用全重力流供水方式，在 K42+250 处设一个分水池分出左右分干管，分水池水位 1 667.35 m。左分干管在分水池后设 1 个加压泵站，加压输水至瓦白果水库。该方案即使采取延长关阀时间和智能控制等措施减小水锤压力后，管道设计压力仍高达 15.5 MPa，且高压段长度约 20 km，如此高压力在国内外长距离供水管线工程甚至在石油天然气行业均无先例，管道的设计、制造、安装难度和运行风险极大。管线纵剖面图见图 6.2-4。

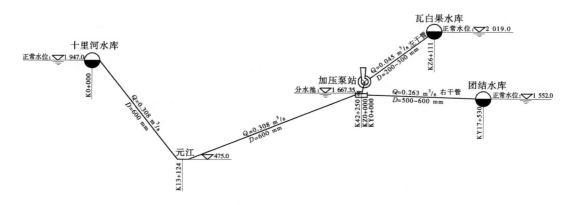

图 6.2-4　全重力流方案一管线纵剖面图

（二）全重力流方案二（有减压池）

在方案一的基础上，在十里河水库下游 K4+810 位置设一个减压池，减压池水面高程为 1 775.0 m，减压池至团结水库间的管段满足全重力流供水条件。该方案考虑水锤压力后，管道设计压力达 13.5 MPa，较方案一减少了 2 MPa，高压段仍长达 20 km。和方案一相比，该方案管道的设计、制造、安装难度和运行风险有所降低，但高压管道的一系列技术难题依然存在。管线纵剖面图见图 6.2-5。

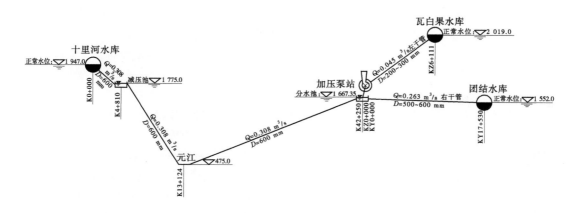

图 6.2-5　全重力流方案二管线纵剖面图

（三）减压方案一（五级减压、一级加压）

为控制管道最大设计压力不超过 8 MPa，在十里河水库下游依次设五级减压池，单级减压池高差控制在 170 m 以内，最后一级减压池水面高程为 1 200 m。最后一级减压池至元江东侧 1 150 m 高程间的管段满足重力流供水条件。在 1 150 m 高程处设有 1 个加压泵站，分别加压输水至瓦白果水库和团结水库，泵站最大静扬程 869 m。和全重力流方案方案一、方案二相比，该方案管道的设计、制造、安装难度降低较多，运行相对安全，但运行管理较复杂。管线纵剖面图见图 6.2-6。

（四）减压方案二（六级减压、二级加压）

为控制管道最大设计压力不超过 6 MPa，在十里河水库下游设六级减压池，单级减压池高差控制在 170 m 以内，最后一级减压池水面高程 950 m。最后一级减压池至元江东侧 825 m 高程间的管段满足重力流供水条件。在 825 m 高程、1 270 m 高程处各设有 1 个加压泵站，逐级加压输水至团结水库；在 1 650 m 高程处设 1 个加压泵站，加压输水至瓦白果水库。泵站最大静扬程 445 m。和减压方案一相比，该方案管道的设计压力减少了 2 MPa，管道的设计、制造、安装难度最小，运行更安全，但运行管理较复杂、运行费高。管线纵剖面图见图 6.2-7。

（五）供水方式选定

全重力流和分级减压供水方式各方案对比分析见表 6.2-1。

对以上四个方案的技术、经济、可靠性等进行对比分析可以看出，全重力流方案较减压方案来说，虽然工程投资较高，但运行费低，运行管理方便。全重力流方案二较方案一来说，管道设计压力减小了 2 MPa，工程投资和运行风险均有所降低，对工程无任何不利影响，因此供水方式最终选择方案二，即设有 1 个减压池的全重力流供水方式，管道按最大设计压力 13.5 MPa 进行设计，阀按最大公称压力 16 MPa 进行选型和布置。

四、钢管设计制造比选

压力钢管设计应在满足强度、刚度、稳定性计算的前提下，结合制造、安装条件，选用合适管材。高压钢管选用 600 MPa 级高强钢，最大壁厚为 24 mm，管径与壁厚的比值为 25，远远小于设计规范要求径厚比不小于 57 限值的规定，已达到国内钢管的制作加工极限，且厚壁钢管现场焊接质量问题难以保证，因此需对高压钢管的管材、制作成型工艺、力学性能等进行一系列分析研究，同时借助相关的科学试验研究作为技术支撑。

（一）管材比选

1. 水利水电工程管材

水利水电工程中低压钢管管材牌号通常选用 Q235、Q275 碳素结构钢，Q355、Q390、Q420 等低合金结构钢，Q245R、Q345R 等压力容器用钢。高压钢管为减小管壁厚度，便于制作和现场安装焊接，常选用高强钢。常用的高强钢有 Q460、Q500、Q620 等高强度结构钢，Q460CF、Q500CF、Q620CF 等低焊接裂纹敏感性高强度钢，07MnMoVR、WDB620CF、XDB610CF 等压力容器用高强度钢。近 20 年来，国内自主研发的 600 MPa 级 CF 钢的碳含量和焊接裂纹敏感性指标符合国际上对低焊接冷裂纹敏感性低合金高强度的要求，具有良好的焊接性能和韧性匹配、优良的低温冲击韧性和冷成型性，特别是厚度≤50 mm 钢

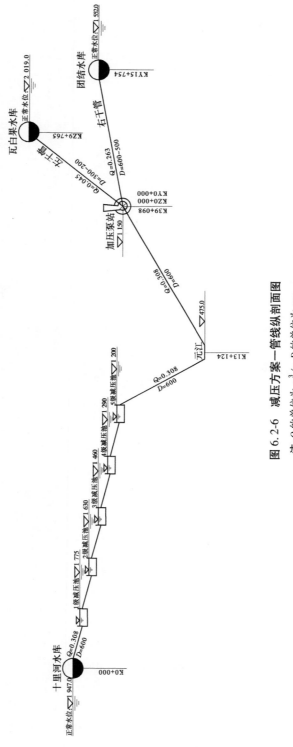

图 6.2-6　减压方案—管线纵剖面图

注：Q 的单位为 m^3/s；D 的单位为 mm。

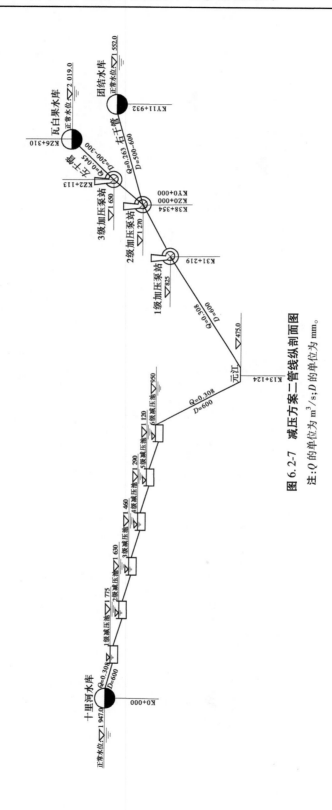

图 6.2-7　减压方案二管线纵剖面图

注：Q 的单位为 m^3/s；D 的单位为 mm。

表6.2-1　全重力流和分级减压供水方式对比分析

供水方式	全重力流方案一	全重力流方案二	减压方案一	减压方案二
设计压力/MPa	15.5	13.5	8	6
管材及壁厚	Q345R/WDB620，28 mm	Q345R/WDB620，24 mm	Q345R，22 mm	Q345R，16 mm
存在问题	钢管、阀压力高，制作、安装困难，运行风险大	钢管、阀压力高，制作、安装困难，运行风险大	钢管、阀压力较高，制作、安装可行，运行风险可控	钢管、阀压力较高，制作、安装可行，运行风险可控
工程部分投资/亿元	7.44	6.66	6.31	5.87
年运行费用/万元	2 044	1 980	2 508	2 824
年抽水电费/万元	115	115	863	1 263
运行管理	简单	简单	较复杂	复杂
征地移民	征地1 280亩，投资2 398万元	征地1 280亩，投资2 398万元	征地1 320亩，投资2 476万元	征地1 350亩，投资2 530万元
工程投资/亿元	8.58	8.25	8.08	7.86

板具有焊前可不预热或稍预热、焊后不需热处理的特点，简化了钢管的生产工序，节省了制作费用。国产800 MPa级CF高强钢已在乌东德水电站、白鹤滩水电站获得成功应用，但需进行焊前预热、焊后热处理，焊接工艺复杂，且对于小直径管道，过高的热处理温度会破坏现场环缝处的内防腐层。

2. 油气管道工程管材

石油、天然气行业管道管材一般选用管线钢，管线钢最初是从国外引进，主要用于油气输送工程，目前已实现国产量化。管线钢根据厚度和后续成型等方面的不同，可由热连轧机组、炉卷轧机或中厚板轧机生产，经螺旋焊接或直缝焊接形成大口径钢管。管线钢属于低碳或超低碳的微合金化钢，是高技术含量和高附加值的产品，通过添加微量元素，高强度、高冲击韧性、低的韧脆转变温度、良好的焊接性能、优良的抗氢致开裂（HIC）和抗硫化物应力腐蚀开裂（SSCC）性能。常用的管线钢牌号有API Spec 5L标准的B、X42、X46、X52、X60、X65、X70、X80，分别对应GB/T 9711—2017标准的L245、L290、L320、L360、L415、L450、L485、L555，钢级分为PSL1和PSL2两种。X70M的化学成分和与600 MPa级高强钢略有区别，部分600 MPa级高强钢化学成分见表6.2-2，部分600 MPa级高强钢力学性能见表6.2-3。

表 6.2-2　部分 600 MPa 级高强钢化学成分　　　　　　　　　　%

牌号	C	Si	Mn	P	S	Cu	Ni	Cr	Mo	V	Nb	B	P_{cm}
07MnMoVR	≤0.09	0.15~0.4	1.2~1.6	≤0.02	≤0.01	≤0.25	≤0.4	≤0.3	0.1~0.3	0.02~0.06		≤0.002	≤0.2
Q500CFC	≤0.09	≤0.50	≤1.8	≤0.02	≤0.01	≤1.5	≤0.5	≤0.5	≤0.08	≤0.1		≤0.003	≤0.2
WDB620C	≤0.07	0.15~0.4	1.0~1.6	≤0.02	≤0.01	≤0.3	≤0.3	≤0.3	≤0.08	≤0.08		≤0.003	≤0.2
B610CF	≤0.09	≤0.4	0.6~1.6	≤0.015	≤0.007	≤0.25	≤0.6	≤0.3	≤0.4	0.02~0.06		≤0.002	≤0.2
L485M/X70M	≤0.12	≤0.45	≤1.7	≤0.025	≤0.015								≤0.25

注:1. 当淬火+回火状态交货时,WDB620C 的碳含量上限为 0.14%;Q500CFC 碳含量上限为 0.12%。

　　2. P_{cm} 为焊接裂纹敏感性指数(板厚≤50 mm)。

　　3. 淬火+回火交货时,WDB620C 的 P_{cm} 最大值为 0.25%。

　　4. L485M/X70M 为 PSL2 钢级热机械轧制交货状态。

表 6.2-3　部分 600 MPa 级高强钢力学性能

牌号	板厚/mm	拉伸试验(横向)			弯曲试验	夏比 V 型冲击(纵向)	
		屈服强度 R_{el}/MPa	抗拉强度 R_m/MPa	断后伸长率 A/%	弯曲180° d=弯心直径 a=试样厚度	温度/℃	冲击功吸收能量 KV_2/J
07MnMoVR	10~60	≥490	610~730	≥17	d=3a	-20	≥80
Q500CFC	≤50	≥500	610~770	≥17	d=3a	0	≥60
WDB620C	≤80	≥490	620~750	≥17	d=3a	0	≥47
B610CFD	10~75	≥490	610~740	≥17	d=3a	-20	≥47
L485M/X70M	≤25	≥485	570~760	≥16	d=2a	-20	≥150

3. 管材确定

管道输送介质为水库原水,中低压钢管管材选用 Q345R,高压钢管管材选用性能较优的 X70,首次将高强度管线钢用于长距离输水工程。设计要求钢材屈强比控制在 0.9 以下,焊缝须做焊接工艺评定,每根钢管均须在厂内做 UT、RT 探伤检验和水压试验,水压试验压力不小于钢材屈服强度的 90%。

(二)钢管成型工艺比选

水利水电工程大口径压力钢管成型普遍采用直缝卷制工艺,小口径压力钢管成型常用无缝制作工艺;石油天然气工程钢管成型常用螺旋缝卷制工艺、高频焊接工艺、直缝压制工艺。现将钢管各种成型工艺分述如下：

无缝钢管（SMLS）：采用热挤压工艺或热轧工艺成型，生产的钢管外径一般为 33.4～1 200 mm，壁厚不大于 200 mm，单节长度可达 10 m 以上，多用于锅炉、核电、火电行业及液压启闭机缸体。SMLS 管质量相对可靠，生产的管径一般不大，适应于厚壁小管，无缝钢管外径偏差和厚度偏差较大，且 406 mm 以上直径的无缝钢管造价较高。

卷制直缝埋弧焊管：使用卷板机将单块钢板沿轧制方向卷制，自动埋弧焊接，生产的管径不小于 300 mm，单节长度一般为 2～3 m。这种钢管生产设备简单，生产效率低，管节短环缝多，造价低，但可生产各种大口径钢管、异形钢管，水利水电工程中广泛采用。目前，最大的水平下调式三辊卷板机可生产厚度 250 mm（Q235）、宽度 4 m 的钢管。板端压头可在卷板机上通过模具压出，也可单独用压机压出。钢管焊接后一般需要用卷板机回圆，必要时管口用锥头模具整圆。

高频直缝电阻焊管（HFW）：使用钢带轧辊成型，高频电流融熔母材施焊，生产的钢管外径一般为 219.1～610 mm，壁厚为 4～19.1 mm，单节长度可达 12～18 m，石油天然气管道上大量应用。HFW 的生产过程控制严格，流水线生产效率高，质量可靠，尤其适应于小直径厚壁管批量化生产，但管径需适应钢带宽度要求，否则钢带废料较多不经济。

卷制螺旋缝埋弧焊管（SAWH）：使用钢带螺旋卷制，双面埋弧焊接，生产的钢管外径为 273～2 388 mm，壁厚为 6.4～25.4 mm，单节长度可达 12～18 m，石油天然气管道上大量应用。SAWH 的生产厂家参差不齐，生产工艺简单，但流水线生产效率高，尤其适用于薄壁中低压管道批量化生产。目前长距离输水工程已逐渐使用 SAWH，但使用压力一般不超过 4 MPa，远比不上石油天然气管道的输送压力。

冲压直缝埋弧焊管（SAWL）：使用压机将单块钢板垂直轧制方向压制，自动埋弧焊接，生产的钢管外径一般为 406～1 622 mm，壁厚为 8～45 mm（X65），单节长度可达 12～18 m。SAWL 在石油天然气管道上大量应用，水利行业长基本未采用。SAWL 的生产过程控制严格，生产效率高，流水线生产效率高，质量可靠，尤其适应于厚壁管批量化生产。SAWL 常用的成型方式有“JCOE”“UOE”两种。“JCOE”不须模具，成型精度略低，可生产非标尺寸，适用范围广。“UOE”需要使用不同规格模具，成型精度和效率高，适用于标准规格、批量化生产。

经对以上各种钢管成型工艺分析，D500 mm 及以上钢管采用 SAWL，D300～500 mm 钢管采用 HFW 或 SAWH，D300 mm 以下钢管采用 SMLS。这几种钢管的单节管长为 6～12 m，现场安装环缝数量大大减少，可有效缩短施工工期，降低现场安装焊接带来的安全隐患。工程设计、施工难度最大的当属穿越元江段钢管，此处钢管设计压力 13.5 MPa，管径 D600 mm，采用 X70M 设计时的管壁厚度为 24 mm。该段高压管道专门采用 SAWL 工艺按 1:1 生产出了长度 12 m 的管节，进行了材料力学性能试验、铁研试验、焊接工艺评定、成品管力学性能试验及水压爆破试验，各项技术指标均满足要求，证明了输水工程高压管道采用 SAWL 工艺制作是完全可行的。试验用管见图 6.2-8。

图 6.2-8 试验用管

五、高压阀选型

管道附件主要包括检修阀、泄水阀、调流阀、泄压阀、进气排气阀、爆管关断阀等。设计管道沿线上的检修阀和泄水阀选用高压球阀,能满足公称压力 16 MPa 的要求,主阀设有旁通管和旁通阀用于阀前后平压。调流阀设在管道进入水池或水库的入口处,公称压力不超过 2.5 MPa,选用最后一级活塞阀,由水位计精确控制阀门开度从而控制水池或水库水位。泄压阀设在活塞阀前,由先导阀控制,泄压压力值根据需要现场调节。高压进气排气阀和爆管关断阀是决定供水安全的关键设备,其选型设计是研究重点。

(一) 高压自动进气排气阀

根据规范《城镇供水长距离输水管(渠)道工程技术规程》(CECS 193:2005)规定,进气排气阀采用防水锤型,口径取输水管道直径的 1/6,即 DN100 mm。据了解,国内已建工程高压进气排气阀使用压力达到 10 MPa 的仅有北京冬奥会工程、中天合创鄂尔多斯煤炭深加工工程等,生产过高压进气排气阀的厂家极少,比较知名的厂商有:以色列 ARI 阀门公司、以色列 BERMAD 阀门公司、湖北大禹阀门公司、武汉阀门水处理公司等,这些厂家分别生产过 5~10 MPa 的高压进气排气阀。

高压自动进气排气阀最大公称压力确定采用 10 MPa,阀按管道最大静压不超过 8 MPa 进行布置。对高压进气排气阀专门进行了 1:1 产品研发,进行了耐压、高压密封、低压密封、排气量、补气量、负压开启等形式试验和性能检测,研发出了结构合理、安全可靠、性能稳定的产品。

(二) 高压手动进气排气阀

工程有 20 km 以上管线设计压力大于 10 MPa,对如此高压力的进气排气阀因无阀可选,设计借鉴石油输送管道设计理念。石油输送管道沿途不设排气阀,首次排气采用压力水通气方法完成,正常运行时不再考虑管内气体的影响。

对设计压力 10 MPa 以上的高压管段选用高压手动球阀作为进气排气阀,运行期间球阀关闭,依靠管线沿途设置的自动进气排气阀实现排气和补气;检修时人工手动打开球阀进行排气和补气。高压手动球阀操作起来较为不便,需要多名运维人员现场协同操作,需制定和执行严格的操作规程。考虑到管道检修概率较低、压力高,在高压管段上选用高压手动进气排气阀。

为减小运行期管道内部气体的不利影响,设计上通过加大管道取水口处水深,在沿途设置足够的防水锤型进气排气阀等多种措施,减小气体吸入量、水中溶解气体和未排尽气体在管道内可能形成的断塞流和弥合水锤,确保管道结构安全和运行安全。

(三) 爆管关断阀

由于输水压力高、管线长,10 MPa 以上自动进气排气阀设置受限,一旦爆管,产生的高压水流将对周边村庄、建筑物和人身安全造成很大破坏。为防止管道爆管造成的事故扩大,在穿越元江倒虹吸高压管段的下平段两侧和前后坡段各设置 1 套 DN600-PN40 爆管关断阀,主阀选用球阀,事故时通过重锤或蓄能罐快速关闭。为避免关阀时在阀后形成真空,在阀后配套设置大口径真空补气阀,通过大量补气减小管内负压。

爆管时由于管道破口处压力陡降,将引起管内流速迅速加大,此时爆管关断阀若关阀太快,将对上游管道造成巨大水锤冲击,极易引发二次爆管事故,因此爆管关断阀需经过水力过渡过程计算,确定关阀时间和关阀过程曲线。

六、科研专题

十里河水库工程虽然供水规模不大,但其管道设计压力已远远突破国内外长距离输水压力规模,设计单位多次组织召开技术咨询会,邀请国内本行业及石油天然气行业知名专家,就输水设计方案、需要解决的技术难题进行全面咨询,最终确定采用重力流输水方案,最大设计静水压力 13.0 MPa。设计单位自 2016 年 10 月至 2020 年 12 月,相继对新平县那板箐水电站、大红山铁精矿管道输送工程、大理直引水原水引水工程等 5 个工程,番禺珠江钢管(珠海)有限公司、上海宝武钢铁集团有限公司、浙江泰富无缝管有限公司等 5 家钢管生产企业,四川飞球集团有限责任公司、上海冠龙阀门机械有限公司、湖北大禹阀门股份有限公司等 9 家阀门生产企业开展了调研,取得了大量设计资料和应用实例。同时开展了 4 项科研专题,基本解决了高压管道设计制造的一系列关键技术难题,为后续设计施工提供了技术支撑。科研专题分别为:

与河海大学联合研究水力过渡过程仿真分析及操作规程,研究内容为:根据输水管线的布置和运行参数,进行恒定流计算分析;开阀和关阀工况下管道过渡过程计算分析;供水工程重力流段事故爆管计算分析;左支线泵站抽水断电工况下管道过渡过程分析;制定充放水操作规程。研究结论为:恒定流计算分析得出各工况下,管道沿线没有出现负压,满足过流能力。按照推荐的开阀、关阀规律,均满足设计标准,沿线未出现负压,管道最低点处的最大内水压力 1 312 m,可按 13.5 MPa 控制。按照推荐的 4 个爆管关断阀位置,并设 22 个空气阀,可保证爆管工况下的管道安全。左支线采用空气罐+调压室的联合防护方案,在管道沿线最高点桩号 4+094 处设一直径为 3 m 的调压室,空气罐位置设定在泵后桩号 1+158 处。建议高压管道充水采用水垫式,放水按"从低压到高压,逐步泄压"的原则逐级充水,建议充放水过程流速控制在 0.3~0.5 m/s。

与武汉楚皋水电科技有限公司联合研究高压管道跨红河断裂带仿真分析,研究内容为:研究跨麻栗树-南满断裂段管道结构形式、镇墩布置,进行静动力分析和方案优化;研究跨水塘-元江断裂段管道结构形式、镇墩布置,进行静动力分析和方案优化。研究结论为:回填钢管在各静动力工况下,钢管在直管段处应力分布较为均匀且较小,在转弯处通常会出现应力集中。但总体而言,跨断裂带处的钢管设计壁厚分别采用 20 mm、24 mm,应力均能满足要求。钢管位移和相对土体的轴向滑移量主要受温度作用影响,蠕滑变形和地震作用的影响较小,钢管设计壁厚满足要求。建议在断层范围上下游侧合适部位设置若干镇墩,加强对钢管的约束。钢管柔性敷设有利于适应活动断裂带的蠕滑变形,不建议采用波纹管伸缩节。

建议钢管采用柔性敷设,柔性敷设转弯处的约束能力较弱,极易发生过大变形。建议回填土碾压密实,开挖面挖成一定的台阶状,增大沟槽接触面的摩擦接触。建议水塘-元江断裂带过河段钢管取消外包混凝土,采取其他防冲刷措施。

与番禺珠江钢管(珠海)有限公司联合研究高压管道成型及性能试验,研究内容为:对外购钢材 WDB620、X70M 进行原材料性能检验;对两种钢材采用“JCOE”冷加工成型工艺,1:1 实物试制直管和岔管,研究成型后的钢管和纵缝焊接接头的力学性能;进行铁研试验,研究环缝和岔管焊接接头的力学性能试验,以及现场环缝焊前预热性能;对直管和岔管段进行国内首个水压爆破试验,分析钢管抵抗破坏的能力和薄弱点。研究结论为:X70M 和 WDB620 两种材质所采用的制管工艺、焊接工艺、焊材选择、现场环焊缝工艺均能满足要求,从材料机械性能上看建议首选制作工艺成熟和性能稳定的 X70M 管线钢。钢管采用“JCOE”成型工艺是可行的,制作厂家应具有相应生产设备和检测能力。试验是在工厂气温 20 ℃以上的理想环境下进行,考虑到现场施工条件和环境差,建议钢管安装环缝进行焊前加热、焊后保温处理,防止出现焊接裂纹。水压爆破试验表明钢管设计安全裕度较大,但岔管岔口处应力集中较高,建议补强;爆破口出现在母材上,表明焊缝强度高于母材。建议钢管高压段安装在线监测设备,对内水压力、应力、振动、内部缺陷等进行实时监控,实现智能化监控。建议钢管全线设阴极保护,增加使用寿命。

与武汉大禹阀门股份有限公司联合研发高压空气阀。研究内容为:大禹公司自主研发 DN100-PN63、DN100-PN100 高压空气阀(浮球式)各 1 套;外购以色列 A. R. I. 艾瑞公司原装进口的 DN100-PN100 高压空气阀(卷帘式)1 套和 VAG 水处理系统(太仓)有限公司独资生产的 DN100-PN63 高压空气阀(浮球式)1 套;对 4 套高压空气阀分别进行型式试验;对各产品性能进行对比分析,选择适合工程运行的安全可靠产品。研究结论为:用于试验的武汉大禹公司生产的 DN100-PN100 和 DN100-PN63 空气阀各项技术指标均满足要求。以色列 A. R. I. 艾瑞公司生产的 DN100-PN100 防水锤空气阀在正常运行工况主要技术指标满足要求。因自身带有 3 个小孔作为防水锤措施,因此不宜在检修期间充放水时作为大量排气、大量补气使用,应和空气阀结合使用。VAG 公司生产的 DN100-PN63 空气阀因暂无现货,不对其质量进行评判。建议选用多台小口径高压空气阀组合使用,或带节流孔的防水锤型空气阀与高压空气阀组合使用。PN100 空气阀主阀口径不宜大于 DN100,PN63 空气阀主阀口径不宜大于 DN150,公称压力不宜超过 10 MPa。建议阀门安装在线监测设备,对阀门动作和状态等进行实时监控,实现智能化监控。

第三节　云南省红河州勐甸水库

一、工程概况

勐甸水库位于云南省红河州红河县境内、勐龙河支流勐甸河下游,坝址以上集水面积 59.5 km²,坝址多年平均年径流量 3 062 万 m³,工程任务为农村人畜供水、农业灌溉供水。勐甸水库正常蓄水位 646 m,相应库容为 931 万 m³,死水位 630 m,死库容 103 万 m³,兴利库容 828 万 m³,总库容 1 336 万 m³。工程由枢纽工程和输水工程组成,其中:枢纽工程主要建筑物包括黏土心墙石碴坝、右岸溢洪道、左岸导流输水隧洞,输水工程主要建筑物包括输水管道及附属设施。工程等别为Ⅲ等,规模为中型,工程估算总投资为 36 306.21 万元,总工期 30 个月。工程设计灌溉面积 2.016 万亩;供水主要承担灌区内迤萨镇沿勐龙河两岸分布的勐龙、齐心寨村供水,包括居民生活用水和大、小牲畜用水。灌溉供水设计引用流量 1.216 m³/s 勐甸水库实景图见图 6.3-1。

图 6.3-1　勐甸水库实景图

二、输水线路选择

根据供水点及灌区的地理位置和分布情况,灌溉供水分布呈狭长地带。输水线路布置服从灌区分布及乡镇分布原则,尽可能避开村寨和人口密集区,线路应尽可能短、顺直规整,以减少水头损失和工程量,且尽量靠近公路布置,利于施工材料的运输。由于库水位较高,输水方式考虑采用自流输水以降低运行成本,因此管线走向的选择具唯一性。根据以上原则,输水线路布置比选了高压管线方案与低压管线两种方案。

高压管线方案:管线沿公路布置,顺着孟洞河、勐龙河道而下,设一条干管和 5 条支管,干管平面总长 14.285 km,5 条支管平面总长 11.514 km。该方案的特点是管线布置方便简单,缺点是随着地形高程的降低,干管后半段压力偏大,最大静水压力 246 m,位于干管末端。整条管线桩号 GG0+000~GG3+400,压力水头在 100 m 以内,管道桩号 GG3+400 以后干管至末端 GG14+285,平面距离 10.88 km,长平面管线长度压力水头超过 100 m。

低压管线方案:管线干管桩号 GG5+920 前与高压管线布置方案一致,之后沿 550 m 高程左右布置,在到达齐心寨灌片后,为减少支管(斗管)工程量,基本垂直等高线而下跨河并到达曼冒灌片 600 m 高程点,并沿着 600 m 左右高程延伸至土台灌片。低压管线干管平面总长 14.560 km,设 6 条支管,支管平面总长 14.34 km。干管平面长度全长 14 560 m,在干管管线从河道左岸转至右岸的部位,即桩号 GG10+700~GG11+600,约 900 m 管线工作压力水头位于 133~200 m,其余部位工作压力水头小于 200 m。该方案的特点是管线后半段高程较高,管道压力较小,缺点是管线后半段沿山区地形而建,施工相对麻烦。

高压管线方案干管压力偏大,正常蓄水位条件下,大于 100 m 水头的管线长度约 10 630 m,最大工作水头达到 225 m,虽然水头高对管材要求较高,但管道铺设施工方便,安装快捷。低压管线方案为适应地形,管线长度比高压管略长,管道铺设多在山坡上,施工不方便,临时施工道路远多于高压管线方案。虽然管道工作水头大部分能控制在 100 m 以下,但是局部长度约 2 km 的管道水头仍超过 100 m,最大达到 210 m。工程总投资方面,高压管线方案为 7 338.38 万元,低压管线方案为 7 448.46 万元,最终推荐投资低且施工方便的高压管线方案。管线方案工程量比较见表 6.3-1。

表 6.3-1 管线方案工程量比较

部位		序号	项目	单位	高压管线方案	低压管线方案
干管	土建	1	土方开挖	m³	102 850	130 505
		2	石方开挖	m³	25 712	47 645
		3	土方回填	m³	117 501	110 929
		4	石方回填	m³	0	45 262
		5	粗砂垫层	m³	8 184	11 050
		6	回填块石	m³	1 240	1 473
		7	C15 镇墩混凝土	m³	7 713	6 793
		8	C25 混凝土支墩	m³	2 150	2 043
		9	钢筋	t	231.41	231.33

续表 6.3-1

部位		序号	项目	单位	高压管线方案	低压管线方案
干管	管材	10	玻璃钢夹砂管（DN1 000,PN1.0)	m	1 159	1 955
		11	玻璃钢夹砂管（DN1 000,PN1.5)	m	2 499	4 853
		12	球墨铸铁管（DN1 000,K7)	m	3 760	0
		13	玻璃钢夹砂管（DN800,PN1.5)	m	0	1 716
		14	球墨铸铁管（DN800,K7)	m	932	1 260
		15	球墨铸铁管（DN800,K8)	m	1 884	0
		16	玻璃钢夹砂管（DN700,PN1.0)	m	0	912
		17	玻璃钢夹砂管（DN700,PN1.5)	m	0	1 914
		18	球墨铸铁管（DN700,K8)	m	2 145	516
		19	球墨铸铁管（DN700,K10)	m	2 318	756
		20	球墨铸铁管（DN700,K11)	m	0	0
		21	玻璃钢夹砂管（DN600,PN1.0)	m	0	582
		22	玻璃钢夹砂管（DN600,PN1.5)	m	0	462
		23	球墨铸铁管（DN600,K8)	m	0	666
		24	球墨铸铁管（DN600,K10)	m	2 442	0
		25	玻璃钢夹砂管（DN500,PN1.0)	m	0	1 116
		26	球墨铸铁管（DN500,PN2.0)	m	0	468
支管	土建	27	土方开挖	m³	70 185	98 875
		28	石方开挖	m³	11 229	38 985
		29	土方回填	m³	72 736	71 951
		30	石方回填	m³	0	35 070
		31	粗砂垫层	m³	10 426	8 850
		32	回填块石	m³	720	756
		33	C15 镇墩混凝土	m³	5 420	3 381
		34	C25 混凝土支墩	m³	1 150	1 208
		35	钢筋	t	162	130.41

续表 6.3-1

部位		序号	项目	单位	高压管线方案	低压管线方案
支管	管材	36	玻璃钢夹砂管（DN300,PN1.0）	m	3 634	2 496
		37	玻璃钢夹砂管（DN250,PN1.0）	m	0	0
		38	球墨铸铁管（DN700,K8）	m	5 976	2 340
		39	球墨铸铁管（DN600,K8）	m	0	1 500
		40	球墨铸铁管（DN500,K7）	m	0	1 878
		41	球墨铸铁管（DN300,K8）	m	0	1 728
		42	球墨铸铁管（DN300,K8）	m	0	2 670
		43	球墨铸铁管（DN250,K8）	m	1 941	0
		44	球墨铸铁管（DN200,K10）	m	1 273	1 392
		45	球墨铸铁管（DN400,K10）	m	0	3 450
		46	球墨铸铁管（DN500,K10）	m	2 654	0
合计			投资	万元	7 338.38	7 448.46

三、管道布置和敷设方式

（一）管道布置

输水线路与在建的元蔓高速公路存在交叉数次，干管及支管选择尽量避免横穿开挖高速公路，可以从高速公路桥墩下通过。推荐的干管线路需要在高速公路收费匝道进口前横穿一次，横穿县道（XJ02）4 次，支管横穿县道 1 次；干管从高速公路桥墩下横穿 5 次，支管从高速公路桥墩下横穿 2 次，干管跨河 1 次。输水工程输水管线包括干管和 1# ～ 5# 支管，干管线路平面总长 14.285 km，支管线路平面总长 11.514 km。

干管与输水隧洞出口末端钢管相接，干管前半段（桩号 GG0+000～GG6+000）顺着勐龙河左岸顺着公路向下，后半段因灌区多位于右岸，为减少支管及斗管跨河的工程量，管线布置开始顺着孟洞河左岸，在 GG7+100 左右穿过孟洞河，顺河道右岸顺地形而下（桩号 GG6+000～GG14+030），直至土台灌片末端。总干管平面总长 14.285 km，总坡降为 0.152 2%，灌溉供水管首最大流量 1.119 m³/s，管道采用 DN1000、DN800、DN700、DN600 四种管径，管材采用螺纹钢管（工作压力小于 100 m 水头，桩号 GG0+000～GG2+750）和球墨铸铁管两种（工作压力大于 100 m 水头，桩号 GG2+750～GG6+183），干管累计灌溉面积 8 862 亩。

支管线路平面总长 11.514 km。干管桩号 GG2+464 处接曼板 1# 支管（平面管线长 2 026 m），负责曼板灌片；干管桩号 GG6+183 处接勐龙 2# 支管（平面管线长 4 597 m），负责勐龙灌片；干管桩号 GG8+530 处接坝蒿支管（3# 支管，长 1 618 m），负责坝蒿灌片；干管桩号 GG12+250 处接大平支管（4# 支管，长 1 061 m），负责大平灌片；在干管末端桩号

GG14+285 处接虎街河支管（5#支管，长 2 212 m），负责虎街河灌片；其余灌片由干管上接斗管负责灌溉。支管均采用球墨铸铁管，累计灌溉面积 11 338 亩。

（二）敷设方式

普通管道敷设方式：输水管道铺设采用埋管，管槽开挖边坡为 1∶0.75（土坡）和 1∶0.5（石坡），安装管道前根据管径在基础铺设 10~25 cm 粗砂垫层，管道两侧预留 30~50 cm 的施工空间，管道安装后，回填开挖料（跨沟管地面以下 500 mm 采用回填大块石防冲）并压实，管道埋深大于 80 cm。管道在平面或立面转弯、变管径、三通处设 C25 镇墩，明管段每隔 6 m 设置 1 个支墩，镇墩后管道上设伸缩节，管线共设镇墩 1 072 个。

跨河（沟）管道敷设方式：跨河（沟）管道铺设采用埋管，管槽开挖边坡为 1∶1，管道两侧预留 35~50 cm 的施工空间，根据管径管道外包 25~50 cm 厚的混凝土，上面再回填开挖料，管道埋深应在最大冲刷深度以下。

跨路管道敷设方式：跨路管道采用埋管，管槽开挖边坡为 1∶0.5，安装管道前根据管径在基础铺设 10~30 cm 厚的粗砂垫层，管道两侧预留 30~50 cm 的施工空间，管道安装后，按路基标准回填后，再恢复路面，管道埋深在路面下 1 m 以上。

陡坡管道敷设方式：管道纵坡大于 1∶2 时采用明管布置，平、纵面拐弯处设 C15 镇墩，直线段长度超过 100 m 加设镇墩，镇墩间每隔 6 m 设 C20 支墩。镇、支墩基础应落于稳定、坚实的原状土基或岩基。

软基段管道敷设方式：根据地质测绘，管道沿线无工程地质性状较差的特殊性土，因此从持力层强度上来讲，管道均可采用天然地基。如施工时发现软土地基，软土厚度较薄时采用换填处理，软土较厚时采用搅拌桩处理，使管基承载力满足设计要求。

四、水力过渡分析

在长距离供水过程中，输水工况的转换、管线阀门的启闭及某管段故障检修等都会导致输水系统产生水力瞬变现象，轻则导致管路出现非正常供水，重则导致爆管，破坏整个输水系统的运行。输水系统的水力过渡过程是非常复杂的非线性变化过程。为了保证整个输水系统的安全稳定运行，需对输水系统的水力过渡过程进行专题研究，以对输水系统的运行可靠性和危险工况进行预测，为输水系统结构布置和各类阀门的运行调节提供安全保证与科学依据。提出合理的调度方案，给出合理的水力过渡过程。分析内容包括：恒定流特性、阀门开启和关闭时间、各段管线的最高、最低压力包络线、水锤防护和爆管措施等。管道稳态最大压力见表 6.3-2，关阀时间及瞬态压力极值见表 6.3-3，开阀时间及瞬态压力极值见表 6.3-4。

表 6.3-2　管道稳态最大压力

管道序号	检修工况		设计流量工况		最大压力/m
	最大压力/m	最大压力位置	最大压力/m	最大压力位置	
干管	255.49	GG14+285	238.94	GG14+285	255.49
1#支管	99.82	ZGA1+103	96.28	ZGA1+103	99.82

续表 6.3-2

管道序号	检修工况		设计流量工况		最大压力/m
	最大压力/m	最大压力位置	最大压力/m	最大压力位置	
2#支管	162.66	ZGB0+845	154.43	ZGB0+845	162.66
3#支管	190.59	ZGC0+000	180.88	ZGC0+000	190.59
4#支管	228.62	ZGD0+667	214.82	ZGD0+667	228.62
5#支管	242.36	ZGE0+000	225.86	ZGE0+000	242.36

表 6.3-3 关阀时间及瞬态压力极值

管线	建议关阀时间/s	瞬态最大压力/m	最大压力所在桩号	1.3倍静水压力/m	瞬态最小压力/m
干管	120	257.60	GG14+285	332.14	24.91
1#支管	120	98.42	ZGA0+010	129.78	21.10
2#支管	60	180.56	ZGB0+840	211.50	86.40
3#支管	60	186.82	ZGC0+000	247.30	101.79
4#支管	60	220.68	ZGD0+665	296.63	86.83
5#支管	120	241.10	ZGE0+000	314.59	164.47

表 6.3-4 开阀时间及瞬态压力极值

管线	建议开阀时间/s	瞬态最小压力/m	所在桩号
干管	300	0.59	GG14+285
1#支管	600	0	GGA0+462
2#支管	120	16.75	GGB4+593
3#支管	120	1.88	GGC1+570
4#支管	120	14.98	GGD1+075
5#支管	120	5.70	GGE2+212

经水力过渡分析知,在不同管段发生爆管事故时对其相邻管段的压力影响很大,爆管时降压波的传递将导致相邻管段高点处空气阀大量进气,对空气阀性能要求较高,工程实际运行中空气阀的运行维护必须加以保障。在输水管线运行时,尚存在其他多种组合运行工况,运行管理中应尽量延长开关阀时间,避免多个支管阀门同时进行开、关操作。

五、管材选择

输水工程包括干管和1#~5#支管,干管线路平面投影总长 14.285 km,管首最大灌溉供水流量 1.119 m³/s;支管线路平面投影总长 11.514 km。管线布置于县道右侧,离公路不远,材料运输方便。干管与输水隧洞出口末端钢管相接,干管管首中心高程 612.5 m,管末端中心高程 390.0 m,坡降为 1.557 6%,管道工作压力水头位于 17.5~225 m。干管管径采用 DN1 000、DN800、DN700、DN600,支管管径采用 DN200~DN700。

支管线路平面总长 11.514 km。1#支管(平面管线长 2 026 m)接干管桩号 GG2+464处,负责曼板灌片,管道工作压力范围为 2.5~91.1 m;2#支管(平面管线长 4 597 m)接干管桩号 GG6+183 处,负责勐龙灌片,管道工作压力范围为 72~153 m;3#支管(平面管线长 1 618 m)接干管桩号 GG8+530 处,负责坝嵩灌片,管道工作压力范围为 71.1~164.6 m;4#支管(平面管线长 1 061 m)接干管桩号 GG12+250 处,负责大平灌片,管道工作压力范围为 64.6~205.7 m;5#支管(平面管线长 2 212 m)接干管桩号 GG14+030 处,负责虎街河灌片,管道工作压力范围为 144.3~220.3 m。支管采用 DN200、DN250、DN300、DN500、DN700 五种管径。

为保证管道线路运行安全,干管与支管的设计压力为最大工作压力的 1.5 倍,因此管材选取时,管道的公称压力应大于或等于管线相应部位的设计压力。输水工程各段管道上的输水高程控制点、管径、管中心点高程,以及死水位与正常蓄水位对应的管道工作压力、设计压力等特性见表 6.3-5。

表 6.3-5　干管及支管特性

部位		桩号		设计流量/(m³/s)	管径/m	输水点控制高程/m	管首尾中心高程/m	630 m水位工作管压/m	646 m水位工作管压/m	管道设计压力/MPa
干管	干1	GG0+000	GG1+365	1.119	1	620	612.5	17.5	33.5	1.0
							576.25	51.9	67.9	
	干2	GG1+365	GG2+780	1.095	1	620	576.25	51.9	67.9	1.5
							545.51	80.9	96.9	
	干3	GG2+780	GG3+400	0.982	1	620	545.51	81.0	97.0	1.8
							537.85	100.0	116.0	
	干4	GG3+400	GG6+183	0.951	1	620	537.85	100.0	116.0	2.0
							509	114.4	130.4	
	干5	GG6+183	GG8+530	0.509	0.8	610	509	114.4	130.4	2.6
							465.8	154.0	170.0	
	干6	GG8+530	GG12+250	0.402	0.7	600	465.8	154.0	170.0	3.0
							417.57	195.0	211.0	
	干7	GG12+250	GG14+285	0.197	0.6	600	417.57	195.0	211.0	3.5
							390	206	225	

续表 6.3-5

部位		桩号		设计流量/(m³/s)	管径/m	输水点控制高程/m	管首尾中心高程/m	630 m水位工作管压/m	646 m 水位工作管压/m	管道设计压力/MPa
支管	支1	GG2+464	ZGA2+026	0.074	0.3	620	546.2~618.8	75.1	91.1	1.5
								2.5	18.5	
	支2	GG6+183	ZGB4+597	0.331	0.7	620	483~548	137.0	153.0	2.5
								72.0	88.0	
	支3	GG8+530	ZGC1+618	0.061	0.25	600	453.6~525.1	148.6	164.6	2.5
								77.1	93.1	
	支4	GG12+250	ZGD1+061	0.017	0.2	600	419.9~545	189.7	205.7	3.1
								64.6	80.6	
	支5	GG14+030	ZGE2+212	0.129	0.5	600	403~463	204.3	220.3	3.3
								144.3	160.3	

　　输水管道具有管线长、管径较多、工作水头大等特点,经对钢管、球墨铸铁管、玻璃钢夹砂管(RPM)、预应力钢筒混凝土管(PCCP)、新型塑料给水管(PE 管)综合比较得出:①当管道设计压力等于 1 MPa 时,直径 1 m 的管道选择余度较大,5 种管材都可以,玻璃钢夹砂管最便宜,PE 管最贵;②当管道设计压力等于 1.5 MPa 时,PE 管已经没有可选型号,玻璃钢夹砂管和 PCCP 相对球墨铸铁和钢管具有比较大的价格优势;③当管道设计压力等于 2 MPa 时,只有钢管、球墨铸铁管和玻璃钢夹砂管可选,球墨铸铁管的价格优势凸显出来;④当管道设计压力大于 2MPa,管道直径小于 1 m 时,可选管材只有球墨铸铁管和钢管,价格上球墨铸铁管占优势;⑤PCCP 最重,施工运输最不方便,玻璃钢夹砂管容易受外压失稳,对基础处理和施工技术要求较高;⑥PE 管可选管径和管压可选择范围太小,可选用时的价格在 5 种管材中最高。

　　综合考虑以上因素,在选择施工相对容易并尽量减少管材型号的前提下,管材选用钢管和球墨铸铁管,在工作压力≤1 MPa 时,管材采用单价相对较少的钢管,即干管桩号 GG3+400 之前采用螺旋钢管;干管工作压力>1 MPa 时,干管桩号 GG3+400 之后的干管和 5 条支管管材采用单价小的球墨铸铁管,压力等级为 PN1.6~PN2.5,壁厚等级为 K9 级。

六、管线附属设备

　　干管、左支管和右支管等各级管首均设置检修阀,并沿管道每隔 5~10 km 布置 1 个检修阀;干管各分段在进入高位水池前设置水位控制阀;干管、左支管、右支管末端各设 1 个超压泄压阀,以降低阀前过剩水头;在管道沿线各供水点进口均设置检修阀或泄水阀;在管道凸起点设置快速排气阀,长距离无凸起点的管段每隔 0.6 km 左右设置排气阀;在管道低凹处设置泄水阀。供水支管主要设置检修阀、流量计和流量控制阀。灌溉支管只配有分水阀。输水管道共设置各式阀门172套。所有阀门均设置在阀门井内。

(一) 检修阀

由于输水管线比较长,且沿程设置有灌溉口、供水口,考虑管线分段停水维修及管线进水、出水端事故工况检修,需要在管线进、出口及中间每隔5~10 km设置检修阀。另外,在管道穿越河道、铁路、公路处也设置检修阀。根据沿线输水管线布置,支管A和支管B之间的干管上设置检修阀1套;支管B和支管C之间的干管上设置检修阀1套;支管C和支管D之间的干管上设置检修阀1套;干管末端设置检修工作阀1套,干管检修阀共4套。每套检修阀前均配相应口径和压力等级的管路补偿接头。

根据支管管线布置,每条支管首末端分别设置检修阀各1套;B支管由于管线长度稍长,在其管线中间设置检修阀1套。支管共设检修阀11套,每套检修阀前均配相应口径和压力等级的管路补偿接头。由于输水管线埋设在地下,阀门室相应设计成地下式布置,阀门井底设集水坑。检修时打开井盖通过操作孔进入井内对阀门进行检修。

长距离输水工程中,中低压管线普遍应用较多的检修阀为蝶阀和闸阀,高压管线多采用球阀作为检修阀。闸阀的闸板沿通道轴线的垂直方向移动,在管路上主要作为切断介质用。蝶阀的阀瓣为圆盘,围绕阀座内的一个轴(横轴或竖轴)旋转,旋角的大小,便是阀门的开闭度。球阀利用球体绕阀杆的轴线旋转90°实现开启和关闭,在管道上主要用于切断、分配和改变介质流动方向。闸阀相对蝶阀的优缺点:流体阻力小,启闭时较省力;启闭时间相对较长,不易产生水锤现象;全开时为全流道,密封面受工作介质的冲蚀小;外形尺寸和开启高度都较大,所需安装的空间亦较大;使用寿命相对比蝶阀长。干、支管径较小,压力变化范围较大,推荐2.5 MPa及以下的检修阀采用闸阀,2.5 MPa以上的采用球阀,由于检修阀公称直径不大,加之管线较长,供电困难,管路沿线检修阀均采用手动方式。检修阀安装位置和型号见表6.3-6。

表6.3-6 检修阀安装位置和型号

部位	管径/ mm	安装位置桩号	阀门形式	公称压力/ MPa	公称通径/ mm	数量/ 套
干管	1 000	GG3+484	手动闸阀	1.6	1 000	1
	800	GG7+420	手动闸阀	2.5	800	1
	700	GG11+026	手动球阀	4.0	700	1
	600	GG14+265	手动球阀	4.0	600	1
支管A	300	ZGA1+070、ZGA2+009	手动闸阀	1.6	300	2
支管B	700	ZGB4+577	手动闸阀	1.6	700	1
		ZGB0+020、ZGB2+281	手动闸阀	2.5		2
支管C	250	ZGC1+553	手动闸阀	2.5	250	1
		ZGC0+020	手动球阀	4.0		1

续表 6.3-6

部位	管径/mm	安装位置桩号	阀门形式	公称压力/MPa	公称通径/mm	数量/套
支管 D	200	ZGD1+056	手动闸阀	2.5	200	1
		ZGD0+020	手动球阀	4.0		1
支管 E	500	ZGE0+020、ZGE2+195	手动球阀	4.0	500	2

(二)排气阀组

管线沿程有起伏,在管线的每处驼峰顶部或坡段顶部,以及长度约为 0.6 km 的水平管段,设置自动排气装置,使管线通水或检修后通水时及时排出管内空气。平时用以排除从水中析出的气体,以免空气积存在管内,减少过水断面面积和增加管线的水头损失。水力过渡过程中管网发生负压时,该装置还可快速吸入空气抑制负压,防止水锤破坏。

输水管路的顶上接出排气阀与闸阀组成的"阀组",每套阀组安装在单独的阀门井内。对于不同管径应设置不同公称直径的排气阀,公称直径为管径的 1/6～1/8,为减少排气阀规格,D500 以上直径的干、支管排气阀组的公称直径统一为 DN150,D500 以下直径的支管排气阀组的公称直径统一为 DN80。干管上共设置排气阀组 23 套,支管上共设置排气阀组 17 套。

目前,使用较多的排气阀形式有:卷帘式复合排气阀(大量排气和微量排气结合)、大量排气阀、微量排气阀,还有部分厂家的活塞式排气阀。卷帘式复合排气阀是专门针对管线输水工程研制的,能有效保障管线供水顺畅,保护系统管线,与其他形式排气阀相比具有以下优点:①快速、大量排气。排气口采用通透式结构,当管道内开始进水时,能快速排出管中的气体,并能确保在高速排气时浮球不会被吹起,实现全压条件下排气,同时采用双层活动排气,防止了冲击效应。②微量排气。当管内注满水时,主排气口封住,运行过程中产生的少量积气,会通过微量排气阀排出,以避免管内气体的聚集;微量排气阀采用卷帘密封式结构,灵敏的动作能快速地排出累积的少量气体且能快速密封,大大减少了被杂物堵塞的可能性,相同的排气口能适应很大的排气压力范围,同时具有自净功能。③快速吸气。当管道内水流中断或产生负压时,主浮球会下落,打开主排气口,快速吸入气体,补充到管内,以保护管道不受损坏。④耐腐蚀。阀体、阀盖等部件采用特别防腐涂料,浮球采用不锈钢,微量排气阀采用非金属防腐蚀材料,使小尺寸部位的耐腐蚀性能大大提高。⑤良好的密封效果。密封副采用球面软接触式密封结构,可实现低压(压力小于 0.02 MPa)时的零泄漏。最终推荐采用卷帘式复合排气阀,排气阀前设置相同公称直径和压力等级的手动检修闸阀。复合排气阀组安装位置和型号见表 6.3-7。

表 6.3-7　复合排气阀组安装位置和型号

部位	管径/mm	安装位置桩号	阀门形式	公称压力/MPa	公称通径/mm	数量/组
干管	1 000	GG0+113、GG0+675、GG1+553	复合排气阀组	1.0	150	3
		GG2+052、GG2+641、GG3+491	复合排气阀组	1.6		3
		GG4+007、GG4+446、GG5+065、GG5+585	复合排气阀组	2.5		4
	800	GG6+412、GG6+951、GG7+442	复合排气阀组	2.5		3
		GG8+156	复合排气阀组	4.0		1
	700	GG9+184、GG9+636、GG10+263、GG11+000、GG11+650	复合排气阀组	4.0		5
	600	GG12+271、GG12+801、GG13+342、GG14+003	复合排气阀组	4.0		4
支管 A	300	ZGA1+463、ZGA1+940	复合排气阀组	1.0	80	2
		ZGA2+517	复合排气阀组	1.6		1
支管 B	700	ZGB0+272、ZGB0+774、ZGB1+331、ZGB1+968、ZGB2+542、ZGB3+095、ZGB3+848	复合排气阀组	2.5	150	7
支管 C	250	ZGC0+628、ZGC1+268	复合排气阀组	2.5	80	2
支管 D	200	ZGD0+468、ZGD1+044	复合排气阀组	4.0	80	2
支管 E	500	ZGE0+774、ZGE1+115、ZGE1+678	复合排气阀组	2.5	80	3

（三）排泥阀组

为了在检修管道时放空积水、排除沉淀物,在管线的几处最低点及需要排水的管段设置排泥三通,排泥三通接排泥管、排泥干井,排泥干井内设置检修阀和排泥阀,后接排泥湿井,湿井内污水通过溢流管或泵排出,双管排泥阀位置处共用 1 个排泥干井和排泥湿井。

排泥阀的公称直径一般为主管直径的 1/4~1/5,为减少排泥阀规格,D500 以上直径的干、支管排泥阀的公称直径统一为 DN200,D500 以下直径的支管排泥阀的公称直径统一为 DN100。每套排泥阀前均设 1 套相应公称直径和压力等级的检修阀,组成排泥阀组,检修阀与排泥阀之间配相应公称直径和压力等级的管路补偿接头。干管上共设置排泥阀组 16 套,支管上共设置排泥阀组 13 套。

由于排泥阀工作环境较差,除阀门本身结构需可靠,可免维护或维护简单外,还应防潮防腐。

由于管线内泥沙的存在,采用金属软硬密封偏心半球阀可避免采用闸阀或蝶阀的磨损问题,且具有全流道开启、水损小、耐磨损、自密封可靠、无易损件、使用寿命长、维护检修方便、在关闭过程可以切断杂物等优点。

因此,推荐采用金属软硬密封偏心半球阀。排泥阀前采用闸阀作为检修阀,以防止排泥阀前流态变化及杂物泥沙堆积,影响检修阀启闭。排泥阀组安装位置和型号见表6.3-8。

表6.3-8 排泥阀组安装位置和型号

部位	管径/mm	安装位置桩号	阀组形式	公称压力/MPa	公称通径/mm	数量/组
干管	1 000	GG0+074	排泥阀组	1.0	200	1
		GG1+449、GG2+504、GG2+757	排泥阀组	1.6		3
		GG3+418、GG4+081、GG5+680	排泥阀组	2.5		3
	800	GG7+042	排泥阀组	2.5		1
	700	GG7+908、GG8+632、GG9+146、GG10+375、GG11+394、GG12+046	排泥阀组	4.0		6
	600	GG12+686、GG13+611	排泥阀组	4.0		2
支管A	300	ZGA1+916	排泥阀组	1.0	100	1
		ZGA1+011、ZGA1+312	排泥阀组	1.6		2
支管B	700	ZGB0+153、ZGB1+696、ZGB2+725、ZGB4+487	排泥阀组	2.5	200	4
支管C	250	ZGC0+369、ZGC1+403	排泥阀组	2.5	100	2
支管D	200	ZGD0+282、ZGD0+665	排泥阀组	4.0	100	2
支管E	500	ZGE0+953、ZGE1+872	排泥阀组	4.0	100	2

(四)排污泵

由于输水管线较长,沿线设置的排泥阀较多,不方便供电,故选用移动式潜水排污泵配柴油发电机进行湿井内污水的抽排。根据管线检修阀的布置,D1 000管线两个检修阀之间(GG0+000~GG3+484段管线长度约3 484 m,设4个排泥阀)管线的容积最大,因此管线排水按该段排水容量进行水泵选择。该段管线容积约为2 740 m³,按2台泵24 h内把水排干计算。选用2台移动式潜水排污泵,单台流量100 m³/h、扬程15 m、功率7.5 kW。

当管线中某一段需要检修时,关闭该段管线首末两端检修阀门,然后全部打开或部分先后打开相应的排泥阀,在湿井内投入潜水排污泵,进行排水和抽水。每两个检修阀之间排泥阀的数量为1~4个,经核算,选用上述2台泵可以满足24 h内将任意两个检修阀之间管道内的水排空。

(五)流量控制阀

灌区内共设2处供水口,向村镇供水,主要承担灌区内的勐龙、齐心寨村供水,供水包括居民生活用水和大、小牲畜用水。为了保证干管和供水点的设计供水流量,在干管供水点和支管 B 的供水点管道末端分别设置流量控制阀各 1 套。流量控制阀前均配相应口径和压力等级的管路补偿接头。流量控制阀可根据流量计反馈信号自动调节开度,控制流量,以满足各水厂流量配置要求。

目前,工程上应用较多的流量调节阀主要为以下两种:固定锥形调流阀、活塞式流量调节阀。固定锥形调流阀主要用于管道末端,或水库放空工况,出口流速较高的情况,调流精度不高,主要用于消能。活塞式流量调节阀的线性调节性能良好,调流精度高、操作灵活、水头损失小、外形尺寸较小、重量轻,也具有消能功能。当某些管路关闭时,会使得其他支路的流量增大,此时按引用流量供水的水头也较大,需要通过调节阀进行减压。流量调节阀需具备调流和减压的功能。推荐采用活塞式流量调节阀。流量调节阀安装位置和型号见表 6.3-9。

表 6.3-9　流量调节阀安装位置和型号

部位	管径/mm	安装位置桩号	阀组形式	公称压力/MPa	公称通径/mm	数量/套
干管	700	GG9+788	活塞式流量调节阀	4.0	200	1
支管 B	700	ZGB0+340	活塞式流量调节阀	2.5		1

(六)流量计

为了对灌区 2 处供水点的供水量进行计量,需要在适当位置设置流量计和监测设备。流量检测设备与流量调节阀相对应,设置 2 套电动流量计,安装布置在流量调节阀之前。

常用的流量监测设备有电磁流量计、超声波流量计、插入式涡轮流量计等,与其他流量计相比,电磁流量计及超声波流量计无压损,在工程中常应用。与超声波流量计比较,电磁流量计具有以下优点:量程范围宽(最大流量/最小流量);是一种体积流量丈量仪器,在丈量过程中不受被测介质的温度、黏度、密度及导电率(在一定范围内)的影响;电磁流量计没有可动部件,也没有阻流件,不会引起压力损失,同时也不会引起磨损、堵塞等问题;双向测量系统,可测正向流量、反向流量;电磁流量计性能可靠,精度高,功耗低,零点稳定,参数设定方便,可以 LED 显示累计流量、瞬时流量、流速、流量百分比等。

由于管径较小,推荐采用电磁流量计,以保证计量精度。流量计安装位置和型号见表 6.3-10。

表 6.3-10　流量计安装位置和型号

部位	管径/mm	安装位置桩号	阀组形式	公称压力/MPa	公称通径/mm	数量/套
干管	700	GG9+788	电磁流量计	4.0	200	1
支管 B	700	ZGB0+340	电磁流量计	2.5		1

(七)灌溉放水阀

供水灌溉管线途经灌面处沿线每隔 300~500 m 设置一个灌溉放水口,放水口设通径为 DN100 的灌溉放水阀。管线共设灌溉放水阀 52 套,其中干管设置 30 套,支管 A 设置 4

套,支管 B 设置 9 套,支管 C 设置 3 套,支管 D 设置 1 套,支管 E 设置 5 套,灌溉放水阀在管道设计内水压力不大于 2.5 MPa 时采用闸阀,在管道设计内水压力大于 2.5 MPa 时采用球阀。放水阀安装位置和选型见表6.3-11。

表 6.3-11　放水阀安装位置和选型

部位	管径/mm	安装位置桩号	阀组形式	公称压力/MPa	公称通径/mm	数量/套
干管	1 000	GG0+178、GG0+498、GG0+964	手动闸阀	1.0	100	3
		GG1+495、GG2+000、GG2+474、GG2+932	手动闸阀	1.6		4
		GG3+364、GG3+830、GG4+341、GG4+843、GG5+387、GG5+790	手动闸阀	2.5		6
	800	GG6+260、GG6+777、GG7+273	手动闸阀	2.5		3
		GG7+775、GG8+275	手动球阀	4.0		2
	700	GG8+775、GG9+281、GG9+788、GG10+215、GG10+686、GG11+161、GG11+575、GG12+075	手动球阀	4.0		8
	600	GG12+574、GG13+076、GG13+527、GG13+950	手动球阀	4.0		4
支管 A	300	ZGA1+702	手动闸阀	1.0		1
		ZGA1+202、ZGA2+202、ZGA2+702	手动闸阀	1.6		3
支管 B	700	ZGB0+340、ZGB0+847、ZGB1+245、ZGB1+747、ZGB2+195、ZGB2+645、ZGB3+145、ZGB3+651、ZGB4+153	手动闸阀	2.5		9
支管 C	250	ZGC0+252、ZGC0+752、ZGC1+202	手动闸阀	2.5		3
支管 D	200	ZGD0+235、ZGD0+735	手动球阀	4.0		1
支管 E	500	ZGE0+168、ZGE0+668、ZGE1+062、ZGE1+562、ZGE1+962	手动球阀	4.0		5

第四节 云南省红河州石屏灌区

一、工程概况

石屏灌区位于云南省红河哈尼族彝族自治州境内,涉及石屏、建水2县,是在整合现有异宝灌区、跃进水库灌区、天华山水库灌区及尖山法武灌区等灌区的基础上续建配套和扩建升级改造而成的。工程建设任务是通过建设水源工程、骨干输水系统和田间配套工程,满足灌区农业灌溉和城乡供水需求。石屏灌区设计灌溉面积57.00万亩,其中改善灌溉面积24.22万亩,新增恢复灌溉面积32.78万亩;改善城乡供水人口9.08万。工程建成后,可节约水资源量0.37亿 m^3;与灌区已有工程联合调度,至设计水平年2035年总可供水量2.55亿 m^3,灌区新增配套供水量0.81亿 m^3。

石屏灌区由水源工程、骨干输水工程等组成,共分跃进灌片、青龙灌片、神仙洞灌片、岔科灌片、面甸灌片、北部山区灌片、异宝灌片7个灌片。水源工程指加固的小(1)型东风水库;骨干输水工程共18条,全长370.4 km,其中:改造渠道(隧洞)长110.9 km,渠道改管道长81.7 km;新建渠道(隧洞)长10 km,新建管道长167.8 km;新建小寨、土佬寨、孙家寨3座泵站,总装机容量2 404 kW。石屏灌区分区范围见图6.4-1,灌区工程总体布置汇总见表6.4-1。

各灌片建设情况为:

跃进灌片:包括跃进大沟干、支渠改造工程、大山水库输水渠改造工程、东坝团结水库输水渠改造工程、青云水库东干渠改造工程、龚家庵水库干渠改造工程。包括:①跃进大沟干、支渠改造渠(管)线路长73.2 km,包含1条干渠和12条支沟的改造;②大山水库输水渠道长20.3 km;③东坝团结水库输水渠道总长3 km,分别为东坝团结水库东干渠和东坝团结水库西干渠;④青云水库东干渠改造管线总长3.4 km;⑤龚家庵水库干渠3.3 km。

青龙灌片:包括跃进—天华山水库连通工程,输水管道42.2 km。

岔科灌片:包括跃进大沟提水工程,提水渠(管)线路总长28.2 km,含泵站2座泵站,其中小寨泵站设计流量0.505 m^3/s,设计扬程119.6 m,总装机容量1 350 kW;土佬寨加压泵站设计流量0.038 m^3/s,设计扬程48.68 m,总装机容量74 kW。

面甸灌片:包括尖山水库输水管工程、马家山水库输水管工程、大树寨水库输水管工程。包括:①尖山水库输水线路总长23 km;②马家山水库输水管总长5.7 km;③大树寨水库输水管总长5.15 km。

北部山区灌片:包括大练庄—赤瑞湖水库连通工程、黄草坝水库引水渠改造工程、黄草坝水库输水渠改造工程、桃园水库输水管工程、阿白冲—高冲水库输水渠改造工程。包括:①大练庄—赤瑞湖水库连通工程线路总长62.9 km,其中管线长52.9 km,隧洞长10 km;②黄草坝水库引水渠改造总长20 km;③黄草坝水库输水渠改造总长18.3 km;④桃园水库输水管总长1.3 km;⑤阿白冲—高冲水库输水渠改造总长28.4 km。大练庄—赤瑞湖水库连通工程DC26+437~DC27+737段埋管输水工作内压局部达到3 MPa以上,为工程最高压段。

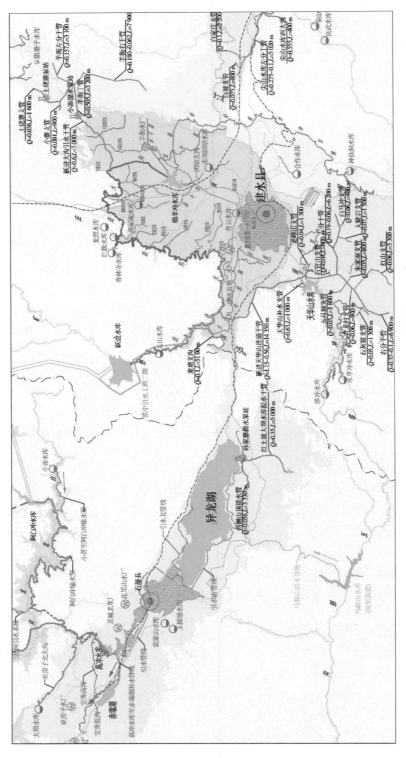

图 6.4-1 石屏灌区分区范围图 (流量单位:m³/s)

表 6.4-1　灌区工程总体布置汇总

类别	项目	所属县	主要建筑物级别	输水形式管材[设计流量/(m³/s)]	坝高/干支斗管长/装机容量/灌溉面积	备注
水库	东风水库	建水	4	土坝	41 m	加固
骨干输水工程	跃进大沟干、支渠改造渠(管)线路	建水	4、5	渠道、PVC-O 管、球墨铸铁管/5.6~0.1	73.2 km	1 条干渠和 12 条支沟的改造
	大山水库输水渠	建水	5	玻璃钢夹砂无压管、球墨铸铁管/1.2~0.6	20.3 km	
	东坝团结水库输水渠	建水	5	渠道/0.5、0.3	3.0 km	
	青云水库东干渠改造管线	建水	5	球墨铸铁管/0.2	3.4 km	
	龚家庵水库干渠	建水	5	渠道、玻璃钢夹砂无压管/0.3	3.3 km	
	跃进—天华山水库连通工程	建水	5	球墨铸铁管/1.15~0.04	42.2 km	
	跃进大沟提水工程	建水	3、5	球墨铸铁管、钢管、PVC-O 管/0.6~0.038	28.2 km	
	小寨泵站	建水	3	0.505	1 350 kW	
	土佬寨加压泵站	建水	5	0.038	74 kW	
	尖山水库输水管	建水	5	渠道、球墨铸铁管、PVC-O 管/0.555~0.05	23 km	
	马家山水库输水管	建水	5	钢管、PVC-O 管/0.144~0.019	5.7 km	
	大树寨水库输水管	建水	5	钢管、PVC-O 管/0.09~0.03	5.15 km	
	大练庄—赤瑞湖水库连通工程	石屏	5	隧洞、钢管、球墨铸铁管/1.34~0.12	62.9 km	其中管线长 52.9 km，隧洞长 10 km
	黄草坝水库引水渠改造	石屏	5	渠道、玻璃钢夹砂无压管/1~2	20 km	
	黄草坝水库输水渠改造	石屏	5	渠道、玻璃钢夹砂无压管/1.4~0.84	18.3 km	
	桃园水库输水管	石屏	5	PVC-O 管/0.04	1.3 km	
	阿白冲—高冲水库输水渠改造	石屏	4	渠道、玻璃钢夹砂无压管/3~2.35	28.4 km	
	亚房子北大沟水渠改造	石屏	5	渠道、隧洞/1.0	10.5 km	
	宝秀高沟输水渠改造	石屏	5	渠道、隧洞/0.7~0.5	12.2 km	
	红土坡大坝水库提水	石屏	4、5	钢管/0.35、0.058	9.35 km	
	孙家寨泵站	石屏	4	0.35、0.058	980 kW	

类别栏标注：跃进灌片、青龙灌片、岔科灌片、面甸灌片、北部山区灌片、异宝灌片

异宝灌片:亚房子北大沟水渠改造工程、宝秀高沟输水渠改造工程、红土坡大坝水库提水工程。包括:①亚房子北大沟水渠改造 10.5 km;②宝秀高沟输水渠改造 12.2 km;③红土坡大坝水库提水管总长 9.35 km,含泵站 1 座泵站,设计流量 0.35 m³/s 和 0.058 m³/s,设计扬程 57.4 m 和 257.71 m,总装机 980 kW。屏灌区以北部山区灌片的大练庄—赤瑞湖水库连通工程压力最大,对此段设计进行介绍。大练庄—赤瑞湖水库连通工程起点为大练庄河,途经居打嘎、咪作白、白扇冲、冲头、三岔河,在小冲村附近接入三岔河引水渠,本段线路全长约 50 km,之后借用三岔河引水渠、高冲水库库区山坡已有引水渠和已建隧洞管线,将水引至赤瑞湖水库。大练庄—赤瑞湖水库连通工程主要为上游 50 km 新建工程,包含 5 座取水坝(不包含大练庄水库大坝)、3 段引水管和 2 段隧洞。

二、管材选择

根据供水管道的特点,管线距离较长、口径偏大,引水管管材选用管材机械强度高、抗腐蚀能力强、施工安装方便、维修管理方便,适用于大口径管道选用的管材。目前,我国大中口径、长距离人饮输水工程中使用的管材主要有钢管、球墨铸铁铁管、高密度聚乙烯管。因此,输水管材将围绕上述 3 种管材做技术经济比选。

钢管、球墨铸铁管、高密度聚乙烯管都是给水工程输水管线普遍采用的管材,这些管材各自都有具有优势的适用范围,也有各自的缺陷。本项目管材选择将对工程规模、管径、工作压力、管材地质、地形、外荷载状况、施工条件、管材工期和节约投资等方面进行综合分析比较确定。管材综合性能比较见表 6.4-2,管材价格比选见表 6.4-3。

表 6.4-2　管材综合性能比较

项目	钢管	球墨铸铁管	高密度聚乙烯管
管径/m	不限	≤4	≤1.2
粗糙系数	$n=0.012$	$n=0.012$	$n=0.009$
承压能力	高	高	较低
常用接口形式	焊接	承插	电热熔连接
单管长度/m	≤12	≤8	≤12
耐腐蚀性	良	良	优
防腐性	自身易腐蚀,须采取工程措施	自身易腐蚀,须采取工程措施	具有良好的耐酸、耐碱、耐化学腐蚀性能
耐压性	耐内压高	内外压承受能力强比钢管差	相同压力等级下,管道的壁厚较厚,相对内径较小,流通性能较小

续表 6.4-2

项目	钢管	球墨铸铁管	高密度聚乙烯管
连接、密封性能	焊接刚性接口,密封性能好	管道采用承插式连接,可靠性差,易发生泄漏,施工条件要求相对高,安装质量受人为因素影响较大	高密度聚乙烯管采用热熔连接,热熔连接达不到电熔连接的效果,热熔接头内壁有翻边,流通性能小
对基础要求	适应不均匀沉陷能力强,一般不需基础处理	适应不均匀沉陷能力强,不需基础处理	适应不均匀沉陷能力差,需基础处理
施工及费用	管材接口灵活,配件齐全,适用于地形复杂地段和穿越各种障碍,运行费用低	管材质量重,需吊车等器械辅助搬运、连接,对施工条件要求高,必须对基础进行处理,管接头另加锚定处理。操作简单,安装工期短,费用一般	焊机机器大、操作不方便、焊接速度慢、安装工期长,费用高;基础与两侧的回填土要求高
跟踪性能	管材为金属材料,后期维护中,可通过金属探测仪器来查找、确定管网走向,跟踪性好	管材为金属材料,后期维护中可通过金属探测仪器查找、确定管网走向,跟踪性好	由于管道纯 PE 材料,故跟踪性差,今后管网维护、确定管网走向较为困难
管材价格	壁厚较薄、管径较大时,性价比较高	性价比较高	压力较小、管径较小时,性价比高

表 6.4-3　管材价格比选

名称	管道总长/m	建筑工程费/万元
钢管	40 545.3	37 687.01
球墨铸铁管	40 545.3	25 587.26

　　从以上 3 种管道的性能比较看,钢管、球墨铸铁管都能满足灌溉和引水对管材的要求,但经过综合比较及结合工程区实际情况,球墨铸铁管在压力小于 2.5 MPa 时使用成

本更低,因此 2.5 MPa 以下干管(占比最大)以球墨铸铁管为主,2.5 MPa 以上干管以回填钢管为主,穿越、跨沟、跨河段全部采用钢管。

三、输水线路选择

大练庄—赤瑞湖水库连通工程共有 3 段线路与 1#、2# 隧洞前后相连。1# 干管起点为大练庄水库输水隧洞出口,终点为 1# 隧洞进口,1# 干管长 1.1 km,采用球墨铸铁管,管径为 DN800,管道铺设方式为明管,设计流量为 1.0 m³/s;2# 干管起点为 1# 隧洞出口,终点为 2# 隧洞进口,2# 干管长 7.4 km,采用 K8~K12 级 DN900 球墨铸铁管,管道铺设方式为埋管和明管结合,其中埋管段长 6.37 km,明管段长 1.03 km,设计流量为 0.82~1.0 m³/s;3# 干管起点为 2# 隧洞出口,终点为高冲水库,3# 干管长 31.2 km,采用 K8~K10 级 DN900 球墨铸铁管和 Q355 级 D920 钢管,管道铺设方式为埋管和明管结合,其中埋管段长 27.27 km,明管段长 3.93 m,设计流量为 0.73~1.0 m³/s。

四、管道设计

(一)管线设计

输水线路选择时充分考虑地形条件,考虑用水点和供水点的高程位置关系,当高差可以保证以经济的造价输送所需的水量时应优先采用重力输水方式。尽量做到"高水高用、低水低用",达到节约能源,降低基建投资和运行费用,减少供水成本。管线尽量沿高程较高位置布置,尽量降低管道工作压力。

大练庄—赤瑞湖水库连通工程采用有压管道的线路共有 8 条,即 1# 干管、2# 干管、3# 干管、他乌德引水支管、白扇冲引水支管、大田引水支管、大他瓦引水支管、年扇冲引水支管。输水管道大部分位于耕地和园地,局部穿越公路、沟渠水稻田,管道布置根据不同地形采用不同埋深。管道位于耕地、园林地时,管顶回填厚度应大于 1.2 m,以满足上部农业耕作要求。管道位于公路下时,管顶埋深考虑公路两侧需埋设电缆及排水沟等设施所需位置,同时为降低车辆荷载传递到管道上的竖向压力,穿越公路时管顶土以不小于 2.0 m 布置管道,转弯半径以 3 倍管径控制。管道中心线敷设最大纵坡不大于 1:1.5,管道纵向拐弯处按《灌溉与排水工程设计标准》(GB 50288—2018)规定至少保证 2 m 水头的余压。管槽开挖边坡 1:1.5,管槽开挖底宽为 D_w(管道外轮廓)+0.8 m。管道敷设原则如下:敷设于砂砾石、碎石土、砂、土等相对均匀的柔性基础上的管道,设管基垫层,对敷设于硬地基(岩石和黏性土层)上的管道,在下方敷设 200 mm 厚中、粗砂垫层至腋角部位,包管角 120°,管槽回填压实。

(二)球墨铸铁管设计

以 2# 干管为例,水力计算成果见表 6.4-4,球墨铸铁管计算成果见表 6.4-5。经计算,埋深 0.8 m,球墨铸铁管材选用 K8~K12,各项计算指标均可满足规范要求。另管两侧回填土压实度应不小于 90%,且不允许汽车在管道上方行驶。

表 6.4-4　水力计算成果

桩号	设计流量/（m³/s）	计算内径/m	流速/（m/s）	总水头损失/m	末端自由水头/m	末端设计水头/m	管材选用
0+000.0~2+560.3	1	0.900	1.57	0.05	130.37	187.45	K8级球墨铸铁管
2+560.3~3+030.2	1	0.900	1.57	0.05	234.46	292.83	K12级球墨铸铁管
3+030.2~3+959.3	1	0.900	1.57	0.10	219.68	280.62	K9级球墨铸铁管
3+959.3~4+332.9	1	0.900	1.57	0.07	212.75	274.72	K12级球墨铸铁管
4+332.9~5+347.3	1	0.900	1.57	0.05	142.88	207.66	K9级球墨铸铁管
5+347.3~6+003.0	0.82	0.900	1.57	0.10	146.44	213.03	K9级球墨铸铁管
6+003.0~7+039.9	0.82	0.900	1.57	0.04	4.41	74.70	K8级球墨铸铁管

表 6.4-5　球墨铸铁管计算成果

允许工作压力验算		允许最大工作压力验算		强度计算/MPa		竖向变形计算/mm		径向变形计算/%		抗浮计算 K_f		压实度要求
计算值	允许值	计算值	允许值	计算值	允许值	计算值	允许值	计算值	允许值	计算值	允许值	
0.15	2.3	0.3	2.8	122.5	230.0	11.0	25.0	1.6	3.0	1.26	1.1	≥90%
1.22	2.7	1.7	3.2	196.5	230.0	10.4	28.01	1.3	3.0	1.20	1.1	≥90%
1.47	2.7	2.0	3.2	212.5	230.0	10.4	28.01	1.3	3.0	1.20	1.1	≥90%
2.07	2.7	2.6	3.2	218.1	230.0	8.1	27.97	1.0	3.0	1.23	1.1	≥90%
2.26	2.7	2.76	3.2	215.0	230.0	6.4	28.01	0.7	3.0	1.25	1.1	≥90%
2.86	4.4	3.36	5.3	197.4	230.0	4.0	28.01	0.4	3.0	1.29	1.1	≥90%

（三）钢管设计

高压管线和局部穿越、跨沟、跨河处采用明回填钢管。跨沟明钢管布置见图6.4-2。明钢管支墩间距不大于15 m，转角处设有镇墩。该段钢管内径为20 mm，总长约12 750.75 m，最大设计静水头459.4 m，设计内水压力为6.3 MPa。钢管形式采用Q355钢塑复合管，管径小于DN426 mm的基管采用无缝钢管，其余基管采用直缝埋弧焊钢管。基管为直缝埋弧焊管，材质Q355C，考虑2 mm锈蚀裕量后的壁厚为16~22 mm。管壁厚度根据内水压力等级、布置、运行条件等进行结构计算，公称压力在最大静水压力基础上考虑0.5倍水锤压力。钢管计算成果见表6.4-6，钢管防腐方案见表6.4-7。

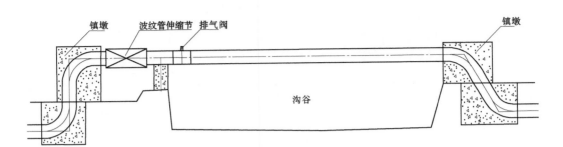

图 6.4-2　跨沟明钢管布置

表 6.4-6　钢管计算成果

钢管形式	计算类别	计算值	容许值/最小值
明管 （壁厚 22 mm）	管中部钢管应力	$\sigma = 137.5$ MPa	$[\sigma] = 175.7$ MPa
	支座处钢管应力	$\sigma = 165.1$ MPa	$[\sigma] = 214.1$ MPa
	抗外压稳定安全系数	$K = 42.2$	$[K] = 2.0$
回填管 （壁厚 22 mm）	管壁最大应力	$\sigma = 143.3$ MPa	$[\sigma] = 175.7$ MPa
	抗外压稳定安全系数	$K = 49.5$	$[K] = 1.8$
	抗浮稳定性安全系数	$K_s = 3.1$	$[K_s] = 1.1$

表 6.4-7　钢管防腐方案

型式	部位	涂料名称	管径/mm	涂层厚度/μm
各种形式钢管	内壁	熔结环氧粉末	<500	350
		熔结环氧粉末	≥500	500
回填钢管	外壁	熔结环氧粉末	<500	350
		熔结环氧粉末	≥500	500
外包混凝土钢管	外壁	表面涂含 2%碳酸钠的水泥砂浆		800
明钢管	外壁	底层	高固体分石墨烯环氧富锌漆	60
		中间层	高固体分环氧云铁漆	100
		面层	氯化橡胶面漆	100

五、构筑物设计

为了保证输水线路上的阀件安全,输水管线上的各种阀件均放置在阀井内。阀井布置在满足各种阀件和配件操作及维修的前提下,多种阀件可紧凑地布置在同一井内,以减少阀井的数量和占地。检修阀井、空气阀井、放空阀井、控制阀井、流量计井均为混凝土矩形结构井或方形结构井。阀井基底应力、抗浮计算成果见表 6.4-8。

表 6.4-8　阀井基底应力、抗浮计算成果

阀井类型	阀井尺寸（长×宽×高）/m	盖板厚度/m	壁厚/m	底板厚度/m	地基承载力/kPa	抗浮安全系数 K_f	抗浮允许值 $[K_f]$
检修阀	2.8×2.6×3.2	0.2	0.30	0.40	42.97	1.26	1.10
空气阀	1.4×1.6×2.5	0.2	0.25	0.30	37.61	1.44	1.10
放空阀	1.9×1.4×1.6	0.2	0.25	0.30	25.41	1.54	1.10
控制阀	4.6×1.3×1.8	0.2	0.30	0.40	34.26	1.87	1.10

镇墩种类主要分为竖向向下转弯镇墩,竖向向上转弯镇墩,水平转弯镇墩,水平转弯+竖向向下转弯镇墩,水平转弯+竖向向上转弯镇墩。经计算,一般地段所设镇墩均满足抗滑稳定和地基承载力的要求。在局部承载力较低地段,采用简单基础处理后也满足地基承载力的要求。镇墩稳定计算及基底应力计算成果见表 6.4-9。

表 6.4-9　镇墩稳定计算及基底应力计算成果

管线名称	设计水压力 H/m	内径 D/mm	平面转角	竖向转角	抗滑稳定安全系数	基底应力/kPa
1# 干管	20~60	800	5~42	3~10	1.69~4.55	56.95~123.01
2# 干管	52~350	900	27~67	10~39	1.64~1.98	83.10~148.30
3# 干管	54~447	900	6~75	10~40	1.53~3.1	58.38~143.60
他乌德引水支管	4~10	365	21~79	1~7	3.42~12.22	47.35~61.50
白扇冲引水支管	4~10	365	29~58	2~9	4.85~13.26	47.35~62.01
大田引水支管	4~84	313	15~53	3~32	1.99~23.61	47.57~79.71
大他瓦引水支管	4~226	610	23~87	5~40	1.54~3.87	45.81~142.28
年扇冲引水支管	4~291	460	14~89	3~37	1.62~11.39	46.86~130.56

第五节　贵州省盘县朱昌河水库

一、工程概况

朱昌河水库工程位于刘官镇和英武乡交界的乌都河左岸支流朱昌河上,是以供水为主、兼顾发电的综合利用工程,是《贵州省"十二五"水利发展专项规划》中的重点水源工

程。工程由水源工程与供水工程组成。

朱昌河水库工程为综合利用的水库,工程类别对应水库、供水及发电,工程等别为Ⅲ等,工程合理使用年限为50年。水源工程水库正常蓄水位1 460 m,总库容4 420万 m³,为中型水库。工程由碾压混凝土重力坝、坝身设闸溢流表孔、右坝段引水发电系统及坝后厂房组成。电站总装机容量4 750 kW,多年平均发电量807万 kW·h,为小(2)型电站。朱昌河水库见图6.5-1。

图 6.5-1　朱昌河水库

供水工程年可供水量为5 256万 m³,水库建成后95%枯水年仍可保证年供水量5 256万 m³,将使刘官镇、西冲镇、城关镇、两河乡和英武乡达到"每个乡镇有1个以上稳定的供水水源工程"的要求。供水工程由上游刘官镇方向供水和下游英武乡方向供水组成。上游刘官镇方向供水由库内取水泵站、加压泵站、上游高位水池与上游输水管线组成,供水对象为城关镇、刘官镇、西冲镇、两河乡的城镇和乡村居民的生活用水及工业用水,供水设计流量2.22 m³/s,泵站装机功率15 000 kW。下游英武乡方向供水由坝后泵站、下游高位水池与下游输水管线组成,供水对象为英武乡城镇和乡村居民的生活用水及工业用水,供水设计流量0.112 m³/s,泵站装机功率560 kW。以下介绍上游刘官镇方向供水管道设计。

二、输水线路布置

线路布置应符合当地市政规划布局和国土局土地开发利用的要求,尽可能减小管线对土地开发的影响,确保土地资源的合理开发;输水距离应尽可能短,并尽可能顺直,以节约能耗和工程投资;管线应尽量沿现有或规划道路边敷设,便于施工、运输及检修;尽量减少拆迁建筑物和占用永久性农田,减少穿越障碍,尽量减小对生产生活的影响,以降低工程难度和投资;确保工程建设期间周边建筑物及设施的安全,尽可能减小对周围环境的不利影响,必要时应采取相应的工程保护措施。

上游供水总线路总体布置分为两段,泵站至高位水池段和高位水池至刘官镇水厂段。

管线自取水泵站引出后,先结合进站道路交通桥沿桥布置,跨过三角田村南面冲沟后,基本沿山坡布置通向高位水池,同时避开山脊处,位于山脊南面稍平缓处,避免施工及运行影响三角田村。

高位水池至刘官镇水厂段管线:桩号 Lc0+000～Lc0+985.683 段从高位水池引出沿山坡至镇胜高速公路附近;桩号 Lc0+985.683～Lc2+487.013 段沿地形与镇胜高速公路右侧平行约 150 m 的走向布置。自桩号 Lc2+487.013 开始,沿镇胜高速公路北侧布置,不穿越高速公路,在郑家湾处沿国道 320 布置,在桩号 Lc4+194.077～Lc4+292.741 段穿过国道后沿国道北边布置,桩号 Lc4+292.741～Lc5+109.830 段沿水洞村北边荒地穿过,桩号 Lc5+109.830～Lc5+864.069 段沿镇胜高速公路北 30～60 m 布置,桩号 Lc5+864.069～刘官镇水厂段沿高速公路北部 50～100 m 的走向布置,此段位于刘家湾村北部,不经过村镇中心,多为荒地,且靠近国道,施工便利。

三、管材选择

上游刘官镇供水设计管道流量 2.22 m³/s,采用管道管径为 DN1 200。选取钢管、球墨铸铁管、玻璃钢夹砂管三种管材进行经济技术比较,从而选择出运行安全可靠、施工方便、造价经济的管材。管材综合性能对比见表 6.5-1。

表 6.5-1 管材综合性能对比

项目	钢管(SP)	球墨铸铁管(DIP)	玻璃钢夹砂管(RPMP)
耐压能力	承受内压高,抗外压能力强	承受内压较高,抗外压的能力强	承受内压相对较小,但易外压失稳
抗冲击荷载能力	适应水锤压力波动荷载能力强	适应水锤压力波动荷载能力较强	适应水锤压力波动荷载能力较差
糙率系数 n	0.012	0.012	0.009～0.010
接头方式、抗渗效果	焊接刚性接口,不漏水	柔性承插接口,有漏水风险	柔性承插接口,有漏水风险
防腐方案	内防腐超厚浆型无溶剂耐磨环氧漆,外防腐 3PE	内防腐水泥砂浆,外防腐锌+高氯化聚乙烯	无须防腐
使用年限	50	50	50
管材重量	适中	标准件较重	轻
安装施工方法	管材重量适中,施工技术成熟,现场焊接及防腐施工复杂	管材较重,需为施工机械铺设施工道路,接口安装方便快捷	管材较轻,接口安装方便
对基础要求	适应不均匀沉陷能力强,需镇墩和基础处理	适应不均匀沉陷能力强,管底需铺砂垫层	不适合软土层,管沟回填质量要求高,一般需要中粗砂垫层,当地缺乏
抗震性能	强	较强	较弱

　　因管线距离长,内压变化较大,根据管道内压及结构计算,选取 0~1.0 MPa、1.0~1.6 MPa、1.6~2.0 MPa、2.0~2.5 MPa 和 2.5~3.5 MPa 及 3.5 MPa 以上几种内水压力管段选择钢管(SP)、球墨铸铁管(DIP)、玻璃钢管(RPMP)三种管材进行对比。由于螺旋钢管制作工艺相对简单,单位造价较焊接钢管低,在国内输水工程中多应用在低压管道,用于内压在 2.0 MPa 以下的管道比选,2.0 MPa 以上的比选直缝焊接钢管。根据当时的管材价格、埋管设计和施工方案,钢管(SP)、球墨铸铁管(DIP)、玻璃钢管(RPMP)三种管材的不同内压下 DN1 200 管径单位长度管材综合单价对比见表 6.5-2。

表 6.5-2　不同内压下 DN1 200 管径单位长度管材综合单价对比

管材		玻璃钢夹砂管(含管件、施工费)/元	钢管(Q345C)(含管件及防腐、施工费)	离心球墨铸铁管(含管件及防腐、施工费)	备注
管道单位长度价格/(元/m)	0~1.0 MPa	2 172	3 577(螺旋钢管,壁厚 12 mm)	3 545(K8,壁厚 13.6 mm)	
	1.0~1.6 MPa	2 487	4 181(螺旋钢管,壁厚 14 mm)	4 004(K9,壁厚 15.3 mm)	
	1.6~2.0 MPa	2 862	4 786(螺旋钢管,壁厚 16 mm)	4 797(K10,壁厚 17 mm)	
	2.0~2.5 MPa	3 355	5 424(直缝焊接钢管,壁厚 16 mm)	4 797(K10,壁厚 17 mm)	
	2.5~3.5 MPa	6 902	6 920(直缝焊接钢管,壁厚 20 mm)	5 205(K12,壁厚 20.4 mm)	经咨询,玻璃夹砂管、球墨铸铁管厂家建议此压力条件下使用钢管
	大于 3.5 MPa		6 920(直缝焊接钢管,壁厚 22 mm)	6 080(K13,壁厚 22.1 mm)	

　　由以上对比可知,DN1 200 管径,内压 2.0 MPa 及以内玻璃钢夹砂管价格具有绝对优势,螺旋钢管与球墨铸铁管价格相当;内压 2.0~2.5 MPa 采用直缝焊接钢管参与对比,钢管价格最高,球墨铸铁管次之,玻璃钢夹砂管最低;内压 2.5~3.5 MPa 采用直缝焊接钢管参与对比,钢管与玻璃夹砂管价格相当,球墨铸铁管较低,球墨铸铁管和玻璃夹砂管厂家建议此压力条件下使用钢管。

　　根据以上论述,综合三种管材的性能及单位造价,管材选择建议如下:

　　(1)设计压力 2.5 MPa 及以内管道,玻璃钢夹砂管综合单位造价具有绝对优势,但鉴于目前国内的工程案例,管材质量离异性大,爆管事故率较高,基础及管沟施工回填要求最高,供水管线多为山地石灰岩地形,管沟精确开挖较困难,且当地缺乏中粗砂材料,回填质量更是难以保障;设计压力 3.5 MPa 及以上管道,玻璃夹砂管的综合单位造价最高,且厂家不建议使用,故不再选用玻璃钢夹砂管。

（2）设计压力 1.6 MPa 及以内管道,球墨铸铁管综合单位造价较螺旋钢管稍低,且低压条件下一般地形坡度较缓,施工条件较好,球墨铸铁管承插口安装方便快捷,可加快施工进度,且较缓段可避免承插口变形过大导致的密封不严问题,故设计压力 1.6 MPa 及以内管道采用球墨铸铁管。

（3）设计压力 1.6~2.0 MPa 管道,螺旋钢管综合单位造价较球墨铸铁管稍低,且考虑压力高的一般地形坡度较大,球墨铸铁管承插口容易变形过大导致密封不严,故选用螺旋钢管。

（4）设计压力 2.0~2.5 MPa 管道,直缝焊接钢管综合单位造价较球墨铸铁管高,但考虑压力高的一般坡度较大,球墨铸铁管承插口容易变形过大导致密封不严,经综合比较选用直缝焊接钢管。

（5）设计压力 2.5~3.5 MPa 管道,直缝焊接钢管综合单位造价较球墨铸铁管高,但考虑压力高的一般坡度较大,承插口容易变形过大导致密封不严,出于安全考虑选用直缝焊接钢管。

（6）设计压力 3.5 MPa 以上管道,此段高压管道主要位于泵站至高位水池之间,运行过程中承受频繁的水锤动水压力,球墨铸铁管厂家不建议使用球墨铸铁管,故选用直缝焊接钢管。

因此,取水泵站至上游高位水池之间,高差大(总高差约 300 m),距离稍短(单根总长约 1 234 m),管道设计内水压力 2.5~4.5 MPa,山体陡峻,管道承受内压大,且需经常承受水锤压力波动,对管材强度及韧性都有较高要求。根据以往工程经验,以及咨询目前国内管材生产厂家反馈,从管材性能、管道造价、管道制造能力和实际使用状况等综合分析,选用直缝焊接钢管。

高位水池至刘官镇水厂为重力流输水,地形起伏比较大,起点终点高差不足 20 m,中部最大高差约 177 m,管道设计内水压力 1.0~2.5 MPa,距离长(全长约 7.01 km),部分地段需要埋深较大或者需要穿越公路,根据上述原则,桩号 Lc0+000~Lc2+456.847 段及 Lc5+569.764~Lc6+890.859 段,设计压力 1.6 MPa 及以下,选用球墨铸铁管,单根管线长度约 3 800 m;桩号 Lc2+456.847~Lc3+092.277 和 Lc3+405.375~Lc5+569.764 段,设计压力 1.6~2.0 MPa,选用螺旋钢管,单根管线长度 2 853 m;桩号 Lc3+092.277~Lc3+405.375 段,设计压力 2.5 MPa,选用直缝焊接钢管,单根管线长度 351 m。

四、管道结构计算

球墨铸铁管管径 DN1 200,设计内水压力均在 1.6 MPa 以内,管顶覆土不深,一般为 1~2 m,根据管径及压力分别选用 K8 和 K9 级,可满足工作要求。仅计算球墨铸铁管抗浮稳定,在最小埋深 1.5 m 及地下水位高于管顶情况下,球墨铸铁管 DN1 200 抗浮系数 K 均大于 1.1,满足抗浮要求。球墨铸铁管抗浮计算结果见表 6.5-3。

表 6.5-3 球墨铸铁管抗浮计算结果

球墨铸铁管	管内径/mm	管外径/mm	土容重/(kN/m³)	管重/kN	覆土厚/m	地下水距地面/m	向下土压力/kN	浮托力/kN	管重+土压力/kN	抗浮系数
DN1 200	1 200	1227.2（K8 级）	18	4.07	1.0	0.5	22.09	11.82	26.16	2.21
DN1 200	1 200	1 230.6（K9 级）	18	4.58	1.0	0.5	22.15	11.82	26.73	2.26

钢管按埋地管设计,采用《给水排水工程埋地钢管管道结构设计规范》(CECS 141: 2002)中相应计算公式,对钢管进行强度、稳定、刚度计算。上游管线钢管管径 $D1\,200$,根据不同设计压力,管壁厚度采用 14~20 mm。

计算考虑荷载:土重、水重、管自重、设计内水压、地面车辆或地面堆积荷载、温度作用力、真空压力等。钢管的强度、稳定、刚度计算结果均满足规范要求。埋地钢管计算结果见表 6.5-4。

表 6.5-4 埋地钢管计算结果

计算项目		$D1\,200-4.0$ MPa		$D1\,200-2.5$ MPa	
		计算值	允许值	计算值	允许值
强度计算	最大组合折算应力 $\gamma_\sigma/(N/mm^2)$	272.0	295	247.4	295
	最大环向应力 $\eta\sigma_\theta/(N/mm^2)$	189.5	295	166.8	295
稳定计算	钢管管壁截面临界压力/(N/mm²)	0.052	1.846	0.052	1.079
刚度计算	最大竖向变形/mm	5.64	24.36	8.88	24.28

五、管道附件设计

(一)泵站加压段管道附件设计

根据过渡过程计算结果,在两根输水总管前端(EL1419.10 副厂房)各安装 1 台 DN400 水击预防阀,三台机同时运行时,阀后最大压力为 364.41 m。为防止水击预防阀在使用过程中产生拒动情况,输水总管上安装 1 台 DN400 的水击泄压阀,其整定值初定为 350.00 m。阀前、后设置 DN400 手动球阀便于检修。

在交通桥两侧水平输水总管起点处各设置 1 台空气阀,在过渡过程时,防止竖向管段出现真空而进行补气。

泵站的出水管线最大正压力值均小于阀后最大压力,且按照当前空气阀布置方式,管线各相对高点不会出现负压及脱流的状况。

(二)重力自流段管道附件设计

根据管线的布置情况,每根管线的峰顶处设置排气装置,其余管段排气装置的布置间距为 0.5~1.0 km。排气装置采用复合式排气阀和检修闸阀组成的阀组,公称直径均为 DN200,与管路排气三通连接,竖直布置在单独的阀门井内。

在管线的最低点及需要排水的管段设置排泥三通,排泥三通接排泥管、排泥干井,排泥干井内设置排泥阀,后接排泥湿井,湿井内污水通过溢流管或泵排出。选用 DN300 的排泥阀,每个排泥阀前设检修闸阀。

考虑管线分段停水维修及有压重力流段管线进水、出水端事故工况检修,管线进水端、出水端各设置 1 台 DN1 200 检修蝶阀,起点的信号传送至泵站中控室的计算机监控系统、终点的讯号就近传送至集中供水点中控室的计算机监控系统。每根管线中部每隔一段距离设置 1 台 DN1 200 检修蝶阀。为提高供水保障率,在双管之间设置两处连通管。检修阀选用手电两用蝶阀。为控制管道充水速度,在管道首端检修阀前后设置旁通阀。

为监测管线漏损量,在自流供水管线进水、出水端各设置 1 台流量监测设备,起点的信号传送至泵站中控室的计算机监控系统、终点的信号就近传送至集中供水点中控室的计算机监控系统。将两个信号的差值送至泵站或者集中供水点。该套设备可监测泵站向集中供水点的输水量,也可监测输水管路从高位水池到集中供水点漏水量。出水端流量计还有提供管线流量信息给流量调节设备以进行流量调节的功用。

在每条自流供水管线的末端计量间里,各安装 1 套 DN1 200 流量调节设备,采用活塞式流量调节阀,根据流量计传来的信号及供水点需水量的变化,自动调节过水量。流量调节阀调节型电动装置直接接入供水点中控室计算机系统。

第六节　重庆市武隆区花园水库

一、工程概况

武隆区花园水库位于武隆区西北部羊角镇花园大沟上游源头左、右两条支沟上,距武隆区 21 km,羊角镇 10 km。花园水库工程是一座综合利用水利工程,主要任务是向邻近花园大沟下游沿河两岸农村供水和农业灌溉。

根据工程地理现状,分别在花园大沟上游源头左、右两条支沟拟建两座水库:花园水库左库坝址集水面积 0.686 km²;花园水库右库坝址集水面积 0.342 km²。花园水库左库正常蓄水位 1 597.50 m,右库正常蓄水位 1 601.00 m,总库容 43.24 万 m³,供水灌溉工程采用供水和灌溉共管布置,灌溉设计流量为 0.072 m³/s;供水设计流量为 0.013 m³/s,总干管设计流量为 0.085 m³/s,其中右库干管设计流量为 0.028 m³/s,左库干管设计流量 0.057 m³/s。在都园林场分为左、右供水支管,左支管供水范围包括庙岭、田湾村,支管设计流量 0.033 m³/s;右支管供水范围包括茶岭、艳山红村,支管设计流量为 0.052 m³/s。

花园水库按水库总库容确定工程等别为 V 等,规模为小(2)型。主要建筑物混凝土重力坝、坝顶溢流表孔、取水兼放空孔等为 5 级建筑物,次要建筑物为 5 级建筑物,临时建筑物为 5 级建筑物。灌区渠系建筑物设计流量均小于 5.0 m³/s,渠系建筑物级别为 5 级。

二、输水线路布置

干线沿线采用有压流自流灌溉,不提灌。灌溉线路分别从花园水库左库和右库坝后引水放空钢管末端接入,线路分为3段:第一段(左库分干管):从花园水库左库坝后引水放空钢管分岔口接入,主要沿现状山脚顺河势往下游至输水隧洞进口水池,线路平面距离长94.422 m,管道直径为DN250,设计流量为0.057 m³/s。第二段(右库分干管):从花园水库右库坝后引水放空钢管分岔口接入,主要沿现状山脚顺河势往下游至输水隧洞进口水池,线路平面距离长322.204 m,管道直径为DN200,设计流量为0.028 m³/s。第三段(主干管):从进口调蓄水池沿输水隧洞采用有压自重流入出口调蓄水池,输水隧洞断面净尺寸为2.0 m×2.5 m,输水隧洞内干管水压小,选用球墨铸铁管,隧洞段管道总长1 371.36 m。

干线后分左、右两条支管,受水点分别为庙坝子和山垭大堰,左支管供水设计流量为0.052 m³/s,管道直径为DN125,最大静水压力420 m,总长为2 058.203 m,采用无缝钢管。右支管供水设计流量为0.033 m³/s,管道直径为DN150,最大静水压力327 m,总长为2 241.926 m,采用无缝钢管;右支流量小但流速快,末端控制阀富裕水头大。输水系统示意见图6.6-1。

三、管道及附件设计

为满足下游灌溉用水温度要求,花园水库左库和右库进水口均采用竖井式分层取水,从左库和右库分别引水汇至隧洞进口调蓄水池,调蓄水池后汇合为一条管道,再接入隧洞出口调蓄水池,根据供水灌溉片区要求在隧洞出口调蓄水池后分为左支管和右支管,分别向庙坝子和山垭大堰两个供水点输水。

花园水库左库取水放空管分5层取水,取水口中心线高程分别为1 595.75 m、1 589.75 m、1 583.75 m、1 577.75 m及1 571.75 m,均采用DN500压力钢管输水。根据水位出现概率,上面3层取水口有足够的时间检修工作阀门,无须再设检修阀门,故上面3层取水管进口沿水流向分别设有1道拦污栅、1套工作阀门,下面2层取水管进口沿水流向分别设有1道拦污栅、1套检修阀门、1套工作阀门。5层取水钢管汇合至1条DN500钢管,钢管在坝后采用分岔管布置方式引出1条DN500的水库放空支管及1条DN250的左库分主管钢管。在水库放空支管上引出1条DN100生态流量支管,在管道上配置相应的阀门设备以满足放空、释放生态流量及供水灌溉的功能。在左库内设1套水位计,可根据水位计信号调整取水工作阀门的工作状态。

放空支管管径为DN500,在末端设置1套DN500锥形放空阀,锥形阀45°向下安装,将库水排放至下游消力池中。为防止放空时高速水流产生气蚀,要求锥形阀带有补气装置。为满足锥形阀检修要求,在锥形阀上游设1套DN500检修闸阀。当锥形阀需要检修时,直接关闭闸阀进行检修。在放空支管检修阀门的上游设有生态流量支管,管径DN100,在支管出口设置1套DN100工作闸阀,闸阀全开时释放下游生态流量至下游消力池中。

左库分主管末端与隧洞进口调蓄水池相连,设计流量为0.057 m³/s,管径DN250。在管道末端顺水流向依次设置1套DN250检修闸阀,1套DN250电磁流量计,1套DN250流量调节阀。隧洞进口调蓄水池设水位计,根据水位信号可调节流量调节阀开度。

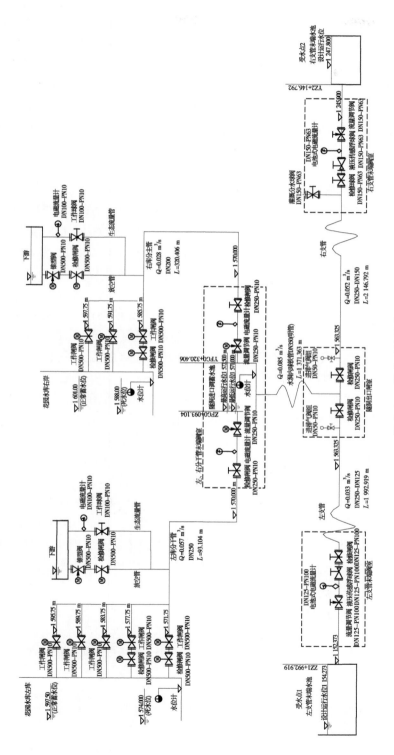

图 6.6-1　输水系统示意

花园水库右库取水放空管分 3 层取水,3 层取水口中心线高程分别为 1 597. 75 m、1 591. 75 m 及 1 585. 75 m,均采用 DN500 压力钢管输水,根据水位出现概率,中层和上层取水口有足够的时间检修工作阀门,无须再设检修阀门,故中层和上层取水管进口沿水流向分别设有 1 道拦污栅、1 套工作阀门,下层取水管进口沿水流向分别设有 1 道拦污栅、1 套检修阀门、1 套工作阀门。

右库分主管末端与隧洞进口调蓄水池相连,设计流量为 0. 028 m³/s,上游段管径 DN200,下游段管径 DN250。其余布置与左库相同。左右分干管末端在隧洞进口调蓄池前设阀室。

左库和右库汇至隧洞进口调蓄水池的水经过隧洞内的球墨铸铁管接入隧洞出口阀室,根据供水灌溉片区要求,分为左支管和右支管。左支管和右支管均采用单管、埋管输水,管材为无缝钢管,输水方式采用重力自流式。其中,左支管平面长度为 2 372 m,最大静水压力约 550 m,设计流量为 0. 033 m³/s,管径采用 DN250、DN125 两种规格;右支管平面长度为 1 837 m,最大静水压力约 350 m,设计流量为 0. 052 m³/s,管径采用 DN250、DN200 和 DN150 三种规格。输水特点为:输水规模小、管线较短、水头高、管径小,根据管线纵剖面布置,左、右支管基本上均是由高到低的走向,中间起伏较少。

为便于左、右支管单独检修互不影响,左、右支管头部均设 1 套 DN250-PN10 检修闸阀。在检修闸阀后设置 1 套 DN50-PN10 复合式进排气阀组,用于管线运行初期充水过程中排出管内空气,或排出运行时从水中析出的气体,防止气囊阻塞水流影响输水能力和发生水压振荡;水力过渡过程中管网发生负压时,该装置还可快速吸入空气抑制负压,防止水锤破坏。每套阀组安装在单独的阀门井内,以免通气口被浸。

由于灌溉供水管水头高,根据规范重力流输水管道最大流速不超过 3 m/s,以免发生较大的末端关阀水锤。经过水力计算输水管道末端剩余水头仍较大,经过初步的水锤计算,考虑在输水管末端设减压恒压阀及增长关阀时间来减小关阀水锤。水头高需选择中高压阀门,经过比选,选择球阀作为左、右支管末端检修阀。

左支管末端顺水流方向依次布置有 1 套 DN125-PN100 检修球阀、1 套 DN125-PN100 液压传感浮球阀、1 套 DN125-PN100 电磁流量计,1 套 DN125-PN100 流量调节阀,后接入受水点末端水池。右支管末端顺水流方向依次布置有 1 套 DN150-PN63 检修球阀、1 套 DN150-PN63 液压传感浮球阀、1 套 DN150-PN63 电磁流量计,1 套 DN150-PN63 流量调节阀,后接入受水点末端水池。

四、运行操作工况

管道阀门口径小,压力高,且分层取水采用阀门,运行工况复杂。

(一)左、右库进口闸阀运行工况

1. 在正常运行工况

检修闸阀为常开状态,当工作闸阀需要检修时关闭。

2. 首次充水工况

须先开启最下层(左库高程 1 571. 75 m、右库高程 1 585. 75 m)工作闸阀充水升压。

3. 分层取水工况

左库:当水位高于 1 598 m 时,开启上层(高程 1 595.75 m)工作闸阀取水;当水位在 1 592~1 598 m 时,开启第二层(高程 1 589.75 m)工作闸阀取水;当水位在 1 586~1 592 m 时,开启第三层(高程 1 583.75 m)工作闸阀取水;当水位在 1 580~1 586 m 时,开启第四层(高程 1 577.75 m)工作闸阀取水;当水位在 1 574~1 580 m 时,开启下层(高程 1 571.75 m)工作闸阀取水。

右库:当水位高于 1 600 m 时,开启上层(高程 1 597.75 m)工作闸阀取水;当水位在 1 594~1 600 m 时,开启中层(高程 1 591.75 m)工作闸阀取水;当水位在 1 588~1 594 m 时,开启下层(高程 1 585.75 m)工作闸阀取水。

4. 分层取水工作阀门切换工况

水位下降过程,先开启下一层工作闸阀,待运行平稳后,再关闭上一层工作闸阀;水位上升过程,先开启上一层工作闸阀,待运行平稳后,再关闭下一层工作闸阀。

(二)左、右库放空管阀门运行工况

放空阀平时处于常闭状态,水库需要放空时打开。

(三)左、右库生态流量管阀门运行工况

生态流量球阀平时处于常开状态,流量计信号接至中控室。

(四)左、右库分干管末端阀门运行工况

检修阀常开状态:流量调节阀各设 1 个 PLC 控制柜,电磁流量计、水位计信号接入对应的 PLC 控制柜。流量调节阀与电磁流量计联动控制流量,在水池内设水位计,及时监控水池的最高水位、最低水位,水位计作为水位限位开关用。若水池水位超出最高运行水位,应有水位过高报警信号,且流量调节阀应做出关阀动作;若水池水位低于最低运行水位,应有水位过低报警信号,且流量调节阀应处于设计流量对应开度运行,左、右支管末端工作阀应减小流量运行,直至隧洞进口调蓄水池水位上升至正常工作区间。阀门开启、关闭规律按照 30 s 一段直线启闭。PLC 控制柜预留远控接口。流量调节阀、电磁流量计、水位计信号接入中控室。该调蓄水池最高(设计)水位为 1 572.500 m,最低运行水位为 1 571.000 m。

(五)左、右支管末端阀门运行工况

左支末端调蓄水池设计水位 1 154.273 m,右支末端调蓄水池设计水位 1 247.800 m,液压传感浮球阀为水力自动控制启闭,最高水位不超过设计运行水位;流量调节阀常开,可现场调试确定其运行开度,阀门手动操作开启、关闭时间均不少于 30 s。流量计为锂电池供电式电磁流量计。左支管:设计流量 $Q=0.033$ m³/s,阀前静水压力为 420 m,设计流量运行时阀前富裕水头为 112 m。右支管:设计流量 $Q=0.052$ m³/s,阀前静水压力为 327 m,设计流量运行时阀前富裕水头为 90 m。

右支管末端检修阀前预留灌溉分水口,并设灌溉分水球阀,平时处于关闭状态。由于该处内水压力极大,禁止开启灌溉分水球阀对空排放,为了安全起见,待后续灌溉工程建成后方可打开该阀门。工程首次充水和检修完成后再次充水,管道内充水流速应不大于 0.3~0.5 m/s。

参考文献

[1] 刘子慧. 长距离输水工程[M]. 武汉:长江出版社,2010.

[2] 陈玉恒. 国外大规模长距离跨流域调水概况[J]. 南水北调与水利科技,2002 (3):42-44.

[3] Mine Islar, Chad Boda. Political ecology of inter-basin water transfers in Turkish water governance[J]. Ecology and Society,2014,19(4).

[4] 陆伟,冯梦雪,等. 水利水电工程金属结构设计技术与实践[M]. 郑州:黄河水利出版社,2022.

[5] 杜培文. 长距离输水工程应用技术研究[M]. 郑州:黄河水利出版社,2016.

[6] 葛春辉,王恒栋. 城市地下埋管与顶管[M]. 上海:同济大学出版社, 2018.

[7] 詹胜文,吴建军,黄亮,等. 大跨度悬索管桥减震支座设置研究浅析[J]. 工程建设与设计,2015, 34(10):2083-2090.

[8] 姜树立,宋宏伟,刘清利,等. 滕子沟水电站下管桥设计[J]. 东北水利水电,2006, 24(11):4-5, 21.

[9] 吴婉玲,周兆佳. 西岙管桥输水钢管的设计与施工[J]. 中国农村水利水电,2004(12):91-93,95.

[10] 李振富,杨业,周潜. 普渡河管桥结构抗震分析[J]. 水利水电技术,2001, 32(12):59-61.

[11] 路军. 悬索管桥动特性及地震非线性时程反应分析[D]. 成都:西南石油大学,2020.

[12] 马亚维. 梁式跨越输水管道的抗风及抗震性能研究[D]. 西安:长安大学,2007.

[13] 聂思敏,李应周. 拱式管桥上压力钢管应力有限元分析[J]. 水利科技与经济,2022, 28(7):14-17.

[14] 官杨,朱海燕,范永涛,等. 油气集输悬索管桥动特性及地震非线性时程反应分析[J]. 地震工程与工程振动,2021, 41(3):220-234.

[15] 杨永清,冯睿为,黄坤,等. 管桥耦合下管线悬索桥的动力特性和地震反应[J]. 沈阳工业大学学报,2016,38(2):211-215.

[16] 郇滢. 基于监测数据分析的黄河管桥预警及可靠性计算[D]. 北京:北京交通大学,2016.

[17] 高建,王德国,何仁洋,等. 考虑脉动风速的悬索跨越管桥涡激振动响应及疲劳分析[J]. 中南大学学报(自然科学版),2011,42(3):780-784.

[18] 杨泽艳. 羊湖电站部分压力明管变位分析与加固对策[C]// 全国水电站压力管道学术会议. 2006.

[19] Stutsman R D. Forum:penstock safety:proactive or reactive[J]. Journal of Energy Engineering,1996, 122(2):2-9.

[20] 诸葛睿鑑. 明钢管支座的横向推力[J]. 云南水力发电, 2007,23(3):33-34.

[21] 王增武,张战午. 日照温差作用下压力明钢管横向变形计算方法比较[J]. 水电能源科学,2016, 34(10):87-90.

[22] 杜超,伍鹤皋,石长征,等. 日照温差下明钢管变位特性分析[J]. 长江科学院院报, 2017, 34(11):126-131.

[23] 徐海洋,伍鹤皋,石长征. 日照温差影响下明钢管支座受力特性研究[J]. 水力发电,2010, 36(12):27-30.

[24] 陆伟,伍鹤皋,杨云科,等. 新平县十里河水库工程高压管道跨红河断裂带仿真分析(水塘~元江断裂带)[R]. 2021.

［25］陆伟,张健,杨云科,等. 新平县十里河水库工程输水管道水力过渡过程仿真分析［R］. 2021.

［26］陆伟,张健,杨云科,等. 新平县十里河水库工程输水管道充放水操作规程研究［R］. 2021.

［27］陆伟,苏章卓,杨云科,等. 新平县十里河水库工程高压管道成型及性能试验研究［R］. 2021.

［28］靳红泽,张小阳,胡木生,等. 新平县十里河水库工程高压三通岔管、直管水压爆破试验监测［R］. 2021.

［29］陆伟,马志祥,杨云科,等. 新平县十里河水库工程高压复合式排气阀研发［R］. 2021.